心理咨询与治疗系列丛书　　李　丹　李正云 主编

心理评估与诊断

刘世宏　高湘萍　徐欣颖 著

上海教育出版社
SHANGHAI EDUCATIONAL PUBLISHING HOUSE

总　　序

十年前,上海师范大学应用心理学系曾推出"学校心理辅导系列教材",该套教材共五本,分别是《学校心理辅导基础》《学校心理病理学》《学校心理卫生学》《学校心理测量学》《学校心理干预的技术与应用》。该系列教材由广西教育出版社出版,被诸多高等院校以及自学考试选用为教材,迄今已多次加印,为我国学校心理健康教育起步作出了贡献,得到学界肯定,并因此获得国家教学成果二等奖、上海市教学成果一等奖。

十年来,随着中国社会转型,社会经济结构已经发生了令人瞩目的变化,经济、社会的迅速发展给人们带来的不仅是机遇和希望,也带来了压力和挫伤。伴随着人们对心理健康的重视与追求,有关心理健康的自我探求以及各类心理咨询的培训大大增加,涉及的领域不再限于学校,而是扩展到社会、社区以及不同类型的组织领域。有鉴于此,我们在"学校心理辅导系列教材"的基础上编撰了"心理咨询与治疗系列丛书",希望兼顾该领域系统训练所要求的理论基础和应用技术,同时反映该领域专业发展和专业成熟度的现状,亦回应近些年学校和大众对心理健康和心理咨询的特定需求。原系列教材的大多数作者都参与了本系列丛书的撰写,同时我们也吸收了几位在该领域已有一定成就的年轻教师,以及在心理咨询与治疗领域具有丰富实践经验的资深教师加入到本系列丛书的作者队伍中。

本系列丛书涵盖专业基础和应用技术两方面内容,专业基础类三本,分别是《健康心理学》《心理评估与诊断》《心理咨询理论与技术》;应用技术类四本,分别是《行为矫正:原理、方法与应用》《游戏治疗》《团体辅导:理论、设计与实例》《职业心理咨询》。丛书作者均为上海师范大学咨询心理学和发展心理学领域的中青年骨干教师和资深教授,他们在各自擅长的研究和教学领域均已取得较好的成绩,同时也都在心理健康教育或临床咨询与治疗领域积累了丰富的经验。总体而言，本系列丛书具有以下几个方面的特点。

一、内容体系完整且新颖。在参照和吸纳前人已有知识框架的基础上，每本著作都力求在内容与框架体系上有所创新。《健康心理学》从健康、健康心理学的概念与发展历史入手，侧重探讨影响健康的心理与社会因素，影响健康的生活方式，以及对以各种心理与社会因素为主要诱因引发的心身疾病的预防和干预。《心理评估与诊断》从生物—心理—社会的视角，以多元文化观来看待异常行为，关注了导致来访者问题的生物因素、心理因素和社会文化因素，并涉及认知评估、环境评估和生理评估等多种方法。《心理咨询理论与技术》着重介绍心理咨询的基本原理、过程和技术，以及主要的干预体系。《行为矫正：原理、方法与应用》由三部分组成，分别介绍了行为矫正的基本知识、基本原理和基础工作，行为矫正的技术方法，以及行为矫正在实践中的应用，包括处理不良行为和发展良好行为。《游戏治疗》侧重介绍游戏治疗的基础理论，游戏治疗的几种模式及技术方法，游戏治疗的过程，并重点介绍沙盘游戏治疗的理论与技术。《团体辅导：理论、设计与实例》在理论方面着重介绍了团体辅导的内涵和心理学基础、青少年团体辅导的特征与设计以及团体辅导者的特征和成长，在实务方面主要介绍了结构化团体辅导方案实例和非结构化团体辅导方案实例。《职业心理咨询》在剖析职业心理咨询的对象、性质、内容、特点和介绍相关理论的基础上，重点阐述职业心理咨询的工作模式、一般方法、常用技术与工具、常见问题及其对策，并通过案例教学来训练读者进行相关咨询的专业敏感与实战技能。

二、理论基础与实践运用并重。丛书非常强调理论基础先行，在心理咨询与治疗的框架体系下，作者将系统梳理的理论学说与相关的实践运用加以整合，不仅用于诠释现实社会中发生的种种身心问题，而且有助于读者全面了解和使用相关的操作策略和技术。诸如，健康整体性观念在实际病症中的反映，生物—心理—社会模式在致病原因探寻中的作用；在心理评估与诊断中强调以多元文化观来看待异常行为；精神分析治疗、行为主义治疗、认知治疗和人本主义治疗等理论在心理治疗中的操作运用；行为矫正技术方法的基本原理以及相应的操作步骤与注意要点；沙盘游戏治疗的理论与技术及其与自我沟通、自我理解的关系；团体辅导形式对新颖性、自发性和创造性的强调,以及心理剧、社会剧、萨提亚团体治疗等常用团体技术的特点与操作;职业心理咨询的工作模式、一般方法、常用技术与工具的介绍,等等。这些理论、原理的阐述辅以针对具体个案的操作方法介绍,读者或治疗工作的实践者将从中获取更加明晰的知识内容,也更容易达到对治疗方法的透彻理解。

三、普适性与针对性兼具。丛书的内容涉及大量健康常识的介绍,包含大量的个案分析与实际操作层面的内容。这些常识或案例源自生活和临床实践,又经过了作者的加工改造,融入了作者自身的思考和专业考量。不少具体事例更是积聚了作者十多年甚至数十年的智慧与经验。丛书涉及面广,既具有理论的宽度和深度,又具有较好的可操作性,无论是作为心理咨询与治疗领域的理论和实证研究的参考读物,还是作为实践应用的指导指南,都值得广大临床心理学工作者、爱好者,教育工作者和家长阅读参考。系列丛书因其理论系统性,可以作为各大学心理学系的教科书或教学参考书,也可以为各类心理咨询培训机构所使用。

本系列丛书作为上海市重点学科"发展与教育心理学"和上海市教育高地建设项目"心理学应用人才培养模式"的成果,得到了上海师范大学和教育学院各级领导的大力支持。丛书的顺利出版得到了上海教育出版社的鼎力相助,该出版社的谢冬华先生为本系列丛书的编辑出版多次与主编电话电邮沟通,付出了辛勤的劳动。在此一并致以衷心的感谢!

丛书主编
2013 年 1 月 18 日

前　言

　　心理评估与诊断是对来访者进行咨询/治疗之前的整个决策过程,代表心理咨询和心理治疗的科学性。分类诊断是精神科医生决定是否对患者采用药物治疗的依据,咨询/治疗师则需要对来访者进行心理特征评估。评估来访者的心理特征会因不同咨询/治疗师的理论取向不同而在内容和方法上都可能不同,有些理论甚至反对给来访者贴"诊断标签"。目前,采用折中/整合理论取向的咨询师超过采用某个特定理论取向的咨询师,本书试图以折中/整合理论取向的立场,介绍主要的心理咨询与治疗理论对来访者问题的评估。

　　对来访者进行心理评估与诊断是为了更好地理解来访者,从而更有效地帮助来访者。本书在这方面作出的努力是,以生物—心理—社会视角和多元文化观来看待异常行为,以帮助读者更好地理解来访者面临的生活问题或心理障碍。本书关注了导致来访者问题的生物因素(反映神经科学最新研究进展)、心理因素(发展的视角)、社会文化因素(如中国文化对来访者特别是儿童的影响);在介绍心理评估与诊断所使用的方法时,涵盖了认知评估、环境评估和生理评估等方法。

　　本系列丛书的读者群是心理咨询与治疗方向的学习者或从业者。尽管治疗师和咨询师都不能对来访者进行诊断,但治疗或咨询中忽略对心理障碍的识别,可能给来访者带来更大的伤害。本书立足于心理障碍的诊断标准,比较了三类分类诊断标准,介绍诊断性评估和症状评估的工具;同时不限于心理障碍,对心理咨询中来访者常见生活问题的评估工具同样予以重视,包括一些研究工具,如各种常用量表。儿童是特殊的评估对象,评估中涉及关于儿童行为异常的文化信念,儿童临床心理评估方法也与成人有差异,本书针对儿童的临床心理评估有专门的介绍。

本书遵循相应理论惯例来处理关于心理咨询中常见术语的使用。首先,本书第三章中的诊断也指对来访者问题(如认知、情感功能等)严重程度的大致判断。其次,心理咨询与心理治疗的差别众说纷纭,有研究者描述了一个连续体,一端是情境或教育性的相对较短的心理咨询,另一端是长期的深度寻求重建人格的心理治疗。在这两端之间,心理咨询与心理治疗相互重叠。传统上,心理治疗与医学环境和精神病医生相联系。在我国,治疗师在医院执业,治疗心理障碍患者,但不能从事心理障碍的诊断;心理咨询人员的工作场所更广泛,不能从事心理障碍的诊断和治疗。然而,咨询师和治疗师往往学习相同的理论知识和实操技能。在本书中,"咨询/治疗师"指两者都适用的情况,治疗师则特指工作对象为心理障碍的专业人士。同时,本书在涉及心理治疗理论部分时采用相应理论的实践者最常用的术语。最后,关于"来访者"和"患者"这两个术语,"患者"一般用于医学环境,"来访者"更常用于教育和社会服务环境。本书中,因为心理评估的对象不限于患心理障碍的人,还包括有生活问题的正常人,故用"来访者"指代心理治疗或心理咨询的接受者,尽管有些来访者已被诊断患有某种心理障碍。

本书由刘世宏、高湘萍和徐欣颖共同完成,高湘萍和刘世宏负责讨论并确定了全书的写作框架和核心概念,高湘萍完成第十二章的撰写,徐欣颖完成第九章的撰写,刘世宏完成其余各章的撰写以及全书的统稿和定稿。

本书作为上海市教育高地建设项目"心理学应用人才培养模式"的成果,得到了上海师范大学和教育学院各级领导的大力支持。上海师范大学心理学系李丹、顾海根、沈勇强和张志刚教授对本书的写作提出了有益的建议。本书的顺利出版得到了上海教育出版社的鼎力相助,谢冬华先生为本书的编辑出版付出了辛勤劳动。在此一并致以衷心的感谢!

希望本书能对读者有所帮助,并恳请广大读者给予批评指正。

著 者
2016 年 12 月
2022 年 6 月修订

目录

第一章 绪论 ……1

第一节 心理评估与诊断的概念 ……2
一、心理评估与诊断的含义 ……2
二、心理评估与诊断的作用 ……5

第二节 评估与诊断在临床咨询中的应用 ……9
一、来访者的问题 ……9
二、心理评估与诊断的内容 ……10

第三节 异常行为 ……14
一、异常行为的判别标准 ……14
二、异常行为的当代视角 ……15

第四节 心理障碍的分类诊断 ……19
一、分类的目的和方法 ……19
二、常用的心理障碍分类系统 ……24
三、心理评估与诊断的科学性 ……27

第五节 心理治疗方法的选择 ……29
一、咨询/治疗师的理论取向 ……29
二、心理咨询/治疗的共同特征 ……30
三、来访者在咨询中的特征 ……31
四、心理治疗方法的选择 ……33

本章小结 ……36
推荐阅读 ……36

第二章　咨询理论中的评估运用 38

第一节　精神分析疗法 39
一、心理动力学 39
二、人际心理治疗 44

第二节　行为主义疗法 48
一、行为主义疗法 48
二、多模式治疗：临床行为疗法 50

第三节　认知行为疗法 52
一、认知疗法 52
二、认知行为疗法 55

第四节　不以技术为中心的心理治疗 60
一、个人中心疗法 60
二、存在主义疗法 61
三、格式塔疗法 63
四、现实治疗 65
五、后现代主义治疗 66
六、女权主义疗法 69
七、家庭系统疗法 69

本章小结 72

推荐阅读 72

第三章　心理评估与诊断的常用方法 74

第一节　临床访谈 75
一、诊断/评估性访谈 75
二、访谈的形式及选择 78

第二节　认知与行为评估 81
一、行为评估 81
二、认知评估 88

第三节　测验评估 92

一、心理测验 92
二、核查表和评定量表 98
第四节　环境评估 102
一、生态学模型 102
二、评估内容 103
第五节　生理评估 105
一、生理评估方法 105
二、脑成像技术 106
本章小结 109
推荐阅读 110

第四章　心理评估与诊断的特殊方法 112
第一节　临床标准化心理评估 112
一、临床标准化心理评估概述 113
二、标准化评估工具 115
第二节　儿童临床心理评估 120
一、儿童的问题 120
二、评估儿童的发展理论 126
三、评估程序 130
本章小结 143
推荐阅读 144

第五章　心理发展障碍评估 145
第一节　精神发育迟缓 145
一、精神发育迟缓的病因学知识 146
二、精神发育迟缓的诊断标准 148
三、心理发展的测评工具 149
第二节　广泛性发展障碍 155
一、自闭症的病因学知识 156

二、自闭症的诊断标准 157
三、自闭症的测评工具 160

第三节　特殊性发展障碍 169
一、阅读障碍 170
二、算术障碍 174
三、交流障碍 175

本章小结 180
推荐阅读 180

第六章　儿童青少年行为与情绪问题评估 181

第一节　注意缺陷多动障碍 181
一、注意缺陷多动障碍的病理学知识 182
二、注意缺陷多动障碍的诊断标准 185
三、注意缺陷多动障碍的测评工具 191

第二节　品行问题 195
一、品行问题的病理学知识 195
二、品行问题的诊断标准 199
三、品行问题的测评工具 204

第三节　分离性焦虑障碍 206
一、分离性焦虑障碍的病理学知识 207
二、分离性焦虑障碍的诊断标准 207
三、分离性焦虑障碍的测评工具 209

第四节　儿童青少年抑郁 209
一、儿童抑郁症的病理学知识 209
二、儿童抑郁症的诊断标准 211
三、儿童抑郁症的测评工具 212

本章小结 212
推荐阅读 213

第七章 青春期问题 214

第一节 神经性厌食症 214
一、神经性厌食症的病因学知识 215
二、神经性厌食症的诊断标准 218
三、神经性厌食症的测评工具 219

第二节 神经性贪食症 221
一、神经性贪食症的病因学知识 221
二、神经性贪食症的诊断标准 223
三、神经性贪食症的测评工具 225

第三节 儿童青少年自伤 225
一、自伤的病因学知识 225
二、自伤的特点 227
三、自伤后的评估 228

第四节 儿童青少年自杀 230
一、自杀的病因学知识 231
二、自杀的分类 236
三、自杀的测评工具 237

第五节 青少年网络成瘾 242
一、网络成瘾概述 242
二、网络成瘾的诊断标准 244
三、网络成瘾的测评工具 247

本章小结 251
推荐阅读 251

第八章 焦虑与抑郁情绪评估 252

第一节 情绪问题概述 253
一、情绪问题 253
二、轻微的情绪问题 255

第二节 广泛性焦虑障碍的评估 256

一、广泛性焦虑障碍的病因学知识 257

二、广泛性焦虑障碍的诊断标准 259

三、广泛性焦虑障碍的测评工具 261

四、焦虑障碍的跨文化变异 264

第三节　社交焦虑障碍的评估 266

一、社交焦虑障碍的病因学知识 267

二、社交焦虑障碍的诊断标准 268

三、社交焦虑障碍的测评工具 269

第四节　强迫障碍的评估 272

一、强迫障碍的病因学知识 273

二、强迫障碍的诊断标准 275

三、强迫障碍的测评工具 277

第五节　抑郁的评估 280

一、抑郁的病因学知识 280

二、抑郁的诊断标准 283

三、抑郁情绪的测评工具 285

本章小结 287

推荐阅读 288

第九章　人格评估 289

第一节　人格障碍的诊断 289

一、人格障碍概述 289

二、人格障碍的诊断标准 290

三、人格测评工具 300

第二节　人格特征的评估 303

一、人格特征的性质 303

二、常用的人格量表 304

三、常用的投射测验 312

本章小结 315

推荐阅读 315

第十章 生活质量综合评定 316

第一节 幸福感与生活满意度评估 317

一、幸福感与生活满意度概述 317

二、幸福感与生活满意度的影响因素 318

三、幸福感与生活满意度的测评工具 320

第二节 健康问题的评估 329

一、健康概述 329

二、健康的测评工具 331

第三节 社会关系的评估 336

一、人际视角 337

二、社会关系与健康 337

三、社会关系的测评工具 339

本章小结 344

推荐阅读 344

第十一章 家庭功能与家庭关系评估 345

第一节 家庭功能评估 346

一、家庭功能评估概述 346

二、家庭功能 349

三、家庭评估的测评工具 350

第二节 父母养育方式评估 354

一、家庭关系 355

二、家庭影响 359

三、父母养育方式的测评工具 360

第三节 婚姻问题评估 362

一、婚姻质量概述 363

二、婚姻问题 365

三、婚姻质量的测量工具 368

第四节　家庭暴力 373

一、儿童虐待和忽视 373

二、婚姻暴力 376

三、家庭暴力的测评工具 377

本章小结 381

推荐阅读 382

第十二章　评估和诊断结果的整合与交流 383

第一节　测评环境的构建 384

一、测验模拟环境的特征 385

二、模拟环境变化的维度 386

第二节　心理评估报告的结构 391

一、背景信息 391

二、印象和发现 395

三、诊断和建议 407

第三节　评估结果反馈咨询 409

一、评估干预的原理 409

二、评估干预的过程 409

本章小结 415

推荐阅读 415

参考文献 416

第一章 绪 论

本章导引

1. 什么是心理评估？什么是心理诊断？两者关系如何？
2. 为什么要进行评估诊断？
3. 异常行为是否就是心理障碍？判断标准是什么？标准的科学性如何？
4. 选择心理治疗方法的依据是什么？

日常生活中的各种过程都可能被冠上诊断性标记，如"山雨欲来风满楼"，字面意义及隐喻都隐含诊断。常识意义上的诊断就是要对偏离的状态进行描述，把它们加以归类，找出现象之间的关系，以便对其作出解释。在社会现实中，环境、概念、现象通常被认为相当稳定，一旦现象偏离正常状态，人们就会将其归类并试图解释偏离的原因。

对人的判断也有相似的过程，从我们记事起，我们就开始了自我评价与相互评价，"好人""坏人"诸如此类的评价。我们希望了解自己，了解他人，人与人只要有交往就会有评估，于是很早就出现了对人进行诊断的观点，如类型说、体型说、特质说等。心理评估与诊断在传统心理学中没有独立的位置，在19世纪以前局限于测量个体差异及测验的应用方面，心理评估与诊断是从人群中选拔出与众不同的人（在个体差异的基础上）的工具和步骤。到了19世纪，精神病学和心理科学成为心理诊断的理论、内容和诊断程序的源头，精神病诊断是最早的心理诊断（在一个疾病分类系统中对疾病进行分类）。随着心理测量理论、心理学理论的发展，人的发展与环境关系的理论建构在对人的诊断中起了重要作用，心理评估与诊断的目标和内容发生了很大变化。

第一节　心理评估与诊断的概念

一、心理评估与诊断的含义

（一）心理评估的含义

森德伯格（Sundberg, 1977）指出，"评估"（assessment）作为心理学术语，最早出现在《对人的评估》（*Assessment of Men*）一书中，用于描述第二次世界大战中确定人才执行特殊任务所需技能及素质的过程。现在的心理评估意义扩展为范围广泛的技术和过程，包括标准化的测验评估、临床访谈、认知与行为评估、环境评估和生理评估。马洛尼和沃德（Maloney & Ward, 1976）认为，心理评估（psychological assessment）是一个解决问题或回答问题的过程。

心理评估就是运用心理评估技术对人的心理特征和行为表现进行评估，将所获信息加以整合，对评估对象形成一个评价、建议或分类诊断，其实质是一个决策过程。心理评估在一种特定的情境中进行，被评估者的行为是一种典型的行为取样，根据这种取样来推测来访者的心理品质，或确定来访者问题的性质和原因，或对来访者是否符合一种或多种心理障碍作出正式诊断。

心理评估在心理学的几乎所有领域都有应用，如普通心理学、医学心理学、教育心理学、人力资源管理心理学、军事心理学、司法心理学等，将心理评估运用于临床心理学，也称临床心理评估或简称临床评估。在心理咨询中，当来访者与咨询师接触，心理评估就开始了，所有的心理咨询师都采用某种形式的评估来获得对来访者的整体了解，单独或辅助对心理问题进行识别和判断，指导制定心理干预措施，并常作为效果的指标。心理咨询/治疗需要依靠心理评估这个决策过程，最终为个体及其家庭面临的难题找到有效的解决办法，促进和提高他们的健康水平。

（二）心理诊断的含义

对心理诊断（psychodiagnosis）的界定有两种含义。

1. 心理诊断的第一种含义

诊断（diagnosis）本是一个医学术语，指"识别导致身体疾病的病源"（Nathan & Harris, 1980）。这是狭义的诊断，诊断的对象是疾病，把病例划归到分类系统的类别里去。许多临床工作者特别是精神医学倾向于取诊断的这一层含义。

戈德斯坦和赫森(Goldstein & Hersen,1984)在《朗文心理学与精神病学辞典》(*Longman Dictionary of Psychology and Psychiatry*)中认为,心理诊断是以症状、征兆或测验、检查为基础,确定使某人痛苦的障碍的类型,以及根据某一疾病、某种变态或一系列特征对个体进行归类。

科西尼(Corsini,1984)在《心理学百科全书》(*Encyclopedia of Psychology*)中认为,诊断,更确切地说心理诊断,主要包括两个方面,一方面主要指对与个体的情绪和行为状态有关的信息进行分类的过程,另一方面依据某种通常为人们共同接受的分类体系对个体状态确定名称。

朱智贤(1989)主编的《心理学大词典》认为,心理诊断就是用心理学的方法评定患者(来访者)的心理障碍,确定它的性质和程度,从而有助于疾病的判别。

2. 心理诊断的第二种含义

心理诊断的第二种含义非常宽泛,把心理诊断看作是收集信息的过程,是对问题的分析,用于理解个体问题的性质、可能的原因、治疗方案的选择和预后。心理诊断是一门运用和发展测量工具以评价人、情境、机构甚至物体有关特性的科学学科,获得的信息必须加以整合,形成一个评价或建议。

沃尔什和贝茨(Walsh & Betz,1990)认为,心理诊断是为帮助他人应付各种疑难问题和困境的过程,主要包括信息的收集、对信息的理解、对信息的整合和解决问题的干预方案等四个要素。

耶格尔和彼得曼(Jäger & Petermann,1992)认为,心理诊断是指系统地收集资料,对其进行科学加工,以便为提出解决问题方案和实施方案提供证据,同时监控实施过程,使之最优化。决定的作出是以复杂的信息加工为基础的。在这一过程中,必须用到各种规则、工具和数学算法等,从而查明那些明显的特征并据此作出结论。作为这些特殊的载体,可以是个体、群体、机构、客观事物等。

国内学者对心理诊断的含义也提出独特的见解。黄月霞指出,诊断过程应视为帮助儿童的起始评定阶段,是认识儿童和了解儿童的过程。也有学者认为,心理诊断是通过资料的分析与综合对来访者的心理过程和心理状态、智力水平及人格特征等作出判断。

（三）心理评估与心理诊断的关系

1. 心理诊断（狭义）与心理评估的区别

心理诊断（狭义）更强调结果和确定性，是相对静止和孤立意义上的概念，要求对问题进行定性或定量并进行归类。心理评估更强调过程，是动态和变化意义上的概念。如森德伯格（Sundberg，1977）提出："某个人或某些人对另外一些人的个性类型和性格特点形成了某种假说和印象，为了完善和发展这些假说与印象，他们就要采取一系列措施，这一系列措施称为人格评估。"

心理诊断的对象是人群中处于心理障碍边缘及心理障碍中的人，心理评估则更多地指向正常人。心理诊断确定心理问题的性质、程度和类别，心理评估判断心理状态、水平。心理诊断对心理问题的性质、程度和原因作出判断，只有通过全面的心理评估，才能更透彻地了解来访者的各种心态和人格特征，才能更有根据地作出诊断，心理评估是心理诊断的先决条件。

一般来说，心理诊断主要用于心理咨询与治疗；心理评估除用于临床咨询治疗外，还为企业、政府或相关机构部门进行人才选拔服务。

2. 心理诊断（广义）与心理评估的区别

有些咨询理论流派的诊断观，如格式塔疗法，倾向于以动词而非名词来作诊断，格式塔系统聚焦当下的变动过程，而不聚焦静止的状态以及长期、持续、固定的特征标签。格式塔疗法的治疗是过程取向，当下的评估事实上就是诊断。从广义来说，所有的咨询师无论理论取向如何，都在进行某种形式的诊断。

德·泽乌（De Zeeuw，1978）认为，心理诊断的目的在于对个体差异进行评价，并为了个人或社会的利益而将从评价中获得的认识应用于个体。心理诊断不局限于有心理问题的人，而是个体差异。斯通和尼尔森（Stone & Nielsen，1982）也认为，诊断并不局限于缺陷，而是适合所有学习者的有效教学的内在组成部分。诊断是对学生的需要状态、学习条件或缺陷的科学描述或分类。陈会昌（1982）认为，在教学过程中的心理诊断，就是在分析、研究学生的生理心理特点基础上，查明学生在学习和行为中的一些偏态如成绩不良、品德不良产生的原因，并提出消除这些偏态的方法。显然，诊断的外延被扩展。

心理诊断的第二含义与心理评估趋向一致。本书中，单独提到"心理诊断"意味着取其狭义，分类诊断。心理评估与诊断则指为临床心理咨询与治疗进行的心理测评，包含分类诊断在内的整个决策过程，涉及精神科医生对心理障碍的诊断或辅助诊断，也涉及来访者问题评估。心理评估与诊断代表心理咨询和心理治疗的科学性，能提供标准化的方法如智力测验和人格测验来获得对来访者整体心理功能的客观了解。

霍恩希尔（Hohenshil，1996）指出，心理诊断与心理评估是互相联系的过程，心理评估为心理诊断提供了必要的信息。

二、心理评估与诊断的作用

有研究者提出，好的治疗方案应该包括三点：(1) 准确诊断，并由相应的诊断工具确认与验证；(2) 治疗有效，为来访者所接受；(3) 应用恰当的测量方法对整个治疗结果进行了测量与评估。心理评估与诊断可满足好的治疗方案的这三方面。

（一）确定来访者的问题

1. 进行分类诊断

分类诊断的确立发生在心理评估之后，并由相应的诊断评估工具确认与验证，心理评估是诊断的基础。分类诊断的作用表现在以下四方面。

其一，描述症状。当前通行的诊断是描述性的叙述，清楚说明来访者当下被注意到的情况：他/她怎么了？美国《精神障碍诊断与统计手册》（*Diagnostic and Statistical Manual of Mental Disorders*，简称 DSM）从第三版开始，诊断标准以描述性诊断为特点，不进行解释。该手册用准确的描述模式说明异常行为的症状，罗列症状的现象和表征，对病例的病因理论持中立的立场，没有试图解释异常行为的原因，也没有采用任何理论框架如精神分析或行为理论来探讨心理障碍的成因，从而摆脱了不同学派的干扰。也就是说，无论咨询师的咨询与治疗理论取向如何，对某一来访者的心理障碍的分类诊断是一致的。这也是美国《精神障碍诊断与统计手册》（现已出版第五版）具有深刻影响力的主要原因之一。

其二，推测预后。预后是对特定条件下的未来行为作出预测。诊断意味着超越当下，有决策与预测的功能。来访者会怎么样？他/她问题的轻重缓急如何？确立诊断后，咨询师可以作出预后，某障碍在某种条件下会有怎样的发展，得出一般性的结论，即对特定条件下的未来行为作出预测。来访者想知道自己的问题是否容易克服，如果没有得到治疗，其将来可能会发生什么事情？问题会随着时间推移或年龄增长而自动消退吗？特别是当评估对象是儿童，父母想确定，他们孩子的短期或长期结局如何，以及如何才能改变这种结局？许多童年问题如恐惧、忧虑和尿床等在某些年龄阶段非常普遍，对儿童的某个特殊问题作出是否治疗的决定，都必须以已知的预后为依据。临床咨询师必须权衡在治疗或不治疗的情况下，问题保持现状、得到改善还是恶化的概率，同时还要考虑应该采用怎样的治疗方法。除了有助于作出治疗决定和预测之外，以详细评估为依据的预后估计，还有助于来访者了解，现在采取哪些措施可能避免预后恶化。

其三，药物治疗。《精神障碍诊断与统计手册》的医学模式对于药物治疗来说至关重要，诊断决定了精神科医生的药物选择，如用抗抑郁药物治疗抑郁症，用阻断幻觉的药物来治疗精神分裂症的幻觉，幻觉的内容与药物选用无关。

其四，有效沟通及满足相关机构要求。哈曼（Hamann，1994）指出，大多数治疗师积极进行诊断，以便于更有效地与其他专业者进行沟通。在专业理论领域及个人考虑之外有很多强制性因素迫使治疗师以一种更正式的方法来诊断。在美国，医疗保险公司坚持要求根据《精神障碍诊断与统计手册》来作正式的诊断、治疗计划和治疗结果。分类诊断为保险公司提供必要的信息，其他如健康维护组织（Health Maintenance Organization，简称HMO）、专业提供者组织（Professional Provider Organization，简称PPO）之类的组织也提出与保险公司类似的诊断标准，要求治疗师按《精神障碍诊断与统计手册》进行诊断。这些要求影响了心理治疗的自主性，使所有专业及理论学派的治疗师都尽力解决诊断的两难困境。正是出于上述两个原因，格式塔疗法开始认同在评估中作诊断的必要（Melnick & Nevis，1987），他们主张对"贴标签"过程保持更多敏感，治疗师需要调整评估和诊断的程序来适应来访者正涌现的独特需求。

大多数咨询师将初步印象诊断结合到咨询过程中，当现实疗法的咨询师初步判断来访者可能患有心理障碍，并将其转介给精神科医生诊断。当然也有理论对诊断"标签"提出不同意见,见专栏1-1。

专栏1-1 对诊断"标签"的反对意见

《精神障碍诊断与统计手册》关注心理障碍的分类,目的是确定人们是否患某种障碍,它并不描述人们行为的优势和劣势,在特定情境中是否能更好地发挥功能。因此,诊断标签对心理治疗方式的采用,影响不大,如心理治疗师治疗精神分裂症来访者时,会关注来访者幻觉的本质、产生背景,期望从中发现适合该个体特定需求的治疗方法,来帮助他克服或应对这些问题。

某些理论视角如现实疗法认为,诊断会给来访者贴上不正确及有害的标签,有些咨询理论强调诊断标签可能简化并减少了信息,使之难以发挥作用。大多数个人中心疗法咨询师倾向于避免诊断,他们相信诊断不是必需的(Bozarth,1991);在博伊(Boy,1989)看来,对来访者进行深层次、有意义的理解,与心理诊断是不相容的。西曼(Seeman,1989)认为,只有生理损伤影响到心理机能,心理诊断才有用。

格式塔疗法避免因局限性的、不可治疗的标签式诊断而加重来访者与治疗师的负担,而将诊断视为可利用的改变工具,可促进来访者觉察、成长与健康的手段(Melnick & Nevis,1987)。

与诊断有关的核心出版物也尝试对贴标签的过程保持更多的敏感,如指某人患有精神分裂症,而不是说某人是精神分裂的。

然而,在国外,不论治疗师的咨询理论取向如何,他们中多数人将诊断视为划分异常行为的便利途径,是形成策略的要素,是快速沟通的一种方式(Hohenshil,1996),满足他们与其他从业者共同交流的需要,部分原因也是响应心理健康中心和医疗保险公司的要求。

2. 确定来访者问题

即便来访者未达到某心理障碍的分类标准,咨询师仍需要判断来访者的行为是过分还是不足,在什么样的情境下可能是一个问题,来访者行为发生的频率、持续时间以及可能导致的后果。整个过程与诊断一样,不过诊断时需要评估来访者问题是否达到某一障碍的分类标准。

(二) 探索来访者问题的可能原因

1. 评估来访者心理特征

《精神障碍诊断与统计手册》是医学模型，假设医学模型是异常行为分类的基础，躯体症状是潜在躯体疾病的征兆，那么问题行为就是潜在心理障碍的症状。尽管心理障碍的描述性诊断没有采用任何理论框架，但一旦诊断确立，就传达了到目前为止关于该障碍对应的某些病因学信息，如现在研究一般认为，儿童孤独障碍的病因主要是生物因素；抑郁症除生物因素外，还与功能紊乱的思维模式有关。因而，诊断可以包括一种因果的概念（当然也可以不包括）：来访者为什么会这样？不同的心理学理论在解释和治疗心理障碍方面存在不同，对同一现象有不同看法，这并不意味着一个模型绝对正确，另一个模型肯定错。没有一个心理学理论观点可以独立解释复杂的人类异常行为，每种观点都有助于我们理解，但没有完美无缺的理论，多数心理障碍起因于生物、心理和社会的综合作用，这是生物—心理—社会模型。

一般来说，来访者被精神科分类诊断之后，治疗师可能结合自己的理论取向对来访者的心理特征进行评估，包括来访者动机是否适合该理论取向等，如心理动力学取向流派评估来访者的人格结构，认知行为流派会评估来访者的歪曲认知和不良思维图式，人际心理治疗理论评估来访者人际方面的问题领域等，然后依据咨询理论的指导来治疗和处理来访者问题。

格式塔咨询师梅尔尼克和内维斯（Melnick & Nevis, 1997）指出，格式塔疗法与其他流派在诊断方面的主要差异就在于心理诊断的病因模式，格式塔疗法不指向原因系统，治疗师相信因果，但视因果为天生不可知，格式塔的诊断是试图从无限的经验中找出意义——把一个模式加在某个本质是不可知的东西上。

2. 病因假说结构化

一些咨询理论如心理动力学治疗、认知疗法、行为治疗等，将心理咨询过程概念化或结构化，即形成印象，建立假说（不同理论取向，假说模型不一样），验证假说。咨询师通过访谈、观察和其他途径，将各种渠道来的信息综合成整体，形成一个初步假说，再加以核实和修正，以便形成新的假说，确定来访者问题。

另一些咨询理论反对进行心理诊断，它们不进行分类诊断，而是依据所主张的理论对来访者进行评估，甚至不主张因果解释。如个人中心疗法咨询师在共情性理解来访者体验和需要时，进行评估。但罗杰斯反对诊断的结构性框架，认为这种类似处方的治疗方案对心理障碍是治标不治本，对心理动力的诊断不仅不必要，有时候可能有害。

哈曼（Hamann，1994）指出，许多心理咨询师在常规的基础上采用诊断程序，但他们通常没有接受过适当的培训，可能导致潜在的伦理问题。

（三）制订干预计划和疗效评估

心理评估与诊断是一个比单独访谈或测验更宽泛的过程，某些问题是暂时的，可以自然缓和；另一些问题则会持续存在。心理评估与诊断需要给出建议，从而制订干预计划。评估与诊断直接指向实用有效的干预。

评估还可以作为判断心理咨询与治疗疗效的指标，评估与干预之间紧密连续的关系是至关重要的，有研究者认为它们不应该被看成是分离的过程。

无论理论取向如何，临床心理评估满足心理咨询过程的各个环节。好的心理评估就是应用恰当的心理评估手段对整个咨询与治疗过程（包括分类诊断）及结果进行测量与评估。

第二节 评估与诊断在临床咨询中的应用

心理咨询的决策过程从心理评估与诊断开始，咨询师依据的理论不同，评估的内容可能会有不同（第二章将详细讨论）。同时，本书所指的心理评估与诊断是为心理咨询与治疗服务，来访者问题不同，咨询目标不同，评估内容会随之不同。

一、来访者的问题

大多数心理健康服务旨在帮助面临生活问题的或有心理障碍的来访者。

（一）生活问题

赫申森和鲍尔(Hershenson & Power,1987)将生活问题定义为"一个人朝着生命周期发展的进程前行的过程中出现的失常(aberration)及自然的艰难困境"(p.87)。心理障碍会导致生活问题,但没有心理障碍的来访者也会出现生活问题。咨询师帮助来访者解决当前问题,应对生命中的过渡期,作决策,应付危机,学习特别的生活技能等。

典型的生活问题包括：(1)人际关系问题,良好的人际关系使人心情愉快,有安全与归属感,不良的人际关系使人压抑和紧张,承受孤独与寂寞。人际关系出现困难,如婚姻问题、角色转换问题,进而导致适应性问题。(2)自我意识问题,如理想自我与现实自我方面的问题,主观自我与客观自我方面的问题,自我评价、自我纳悦、自我关注等方面的问题。(3)学习心理问题,学习兴趣缺乏、成绩攀比、记忆力的波动、焦虑综合征。(4)缺乏生活意义,觉得工作没有价值。(5)与压力有关的问题,如身心疾病。(6)性问题,性意识的困扰,包括被异性吸引,常想到性,总是性幻想及性梦等表现,对手淫产生恐慌的心理。(7)心理危机,主要是指自杀意念和自杀行为。

（二）心理障碍

"心理障碍"与"精神障碍"这两个术语经常互换使用,我国精神医学界将"mental disorder"译为"精神障碍"。精神障碍与医学模型的观点相联系,将异常行为视为潜在疾病症状的生物学观点,是理解异常行为的一个重要观点。但本书采用一种中立的语言来描述异常行为,用心理障碍来替代精神障碍。心理障碍是异常行为的一种表现形式,这些异常行为与以下状况相联系,如感情上的痛苦状态,焦虑和抑郁,或者是功能受损的行为和能力,如无法维持一份工作,或者无法分清幻觉和现实。治疗师治疗有心理障碍的来访者。

二、心理评估与诊断的内容

心理咨询与心理治疗是否有差别,众说纷纭,两者的划分是相对的,两者的相似大于差异。专业工作者可能将两个过程融合在一起,既进行心理咨询,也进行心理治疗。咨询目标分为发展性目标和治疗性目标,本书从咨询目标的角度来谈心理咨询与治疗过程的区别。

(一)心理咨询与心理治疗的区别

根据我国《精神卫生法》,治疗师和咨询师工作性质的区别是,心理咨询人员不能从事心理治疗。心理咨询适合没有被诊断为严重心理障碍的来访者,即遇到生活问题的来访者。心理治疗帮助更复杂的来访者,即正式诊断为心理障碍的患者。

心理咨询处理来访者有意识的心理状态,心理治疗还可能探索来访者的潜意识心理过程,如为来访者提供洞察。

心理咨询关注发展,本质上属于预防型或发展型,心理治疗重在治疗。

心理咨询的治疗计划根据来访者问题有所不同,包括使用预防性策略解决来访者关心的问题,心理治疗方法复杂,有严格规范的治疗手册和流程,可能涉及意识和潜意识两个过程。

咨询师和治疗师往往学习相同的理论知识,在实际工作中对心理咨询与心理治疗较难作严格区分。心理咨询与心理治疗的相互转换一般没有中间环节,这就要求咨询师同时具有心理咨询和心理治疗两种能力。对于不适宜的来访者,及时转介,体现咨询师对来访者的负责态度和良好的职业道德,否则可能贻误时机,酿成不良后果。

(二)咨询目标分类

咨询目标可分为治疗性目标和发展性目标。通过心理评估手段,咨询/治疗师了解来访者,同时也让来访者了解自己,采取相应的心理护理措施,探究各种心身疾病的影响因素,维护和提供大众的心理健康。

1. 发展性目标

咨询师帮助来访者发现问题,挖掘来访者自身的能力来解除心理困扰,心理咨询为来访者提供用来应对各种挑战的工具,目标是着重解决来访者的即时困难。

治疗性目标中也常包括发展性目标。纳尔逊-琼斯(Nelson-Jones,1992)认为,所有取向的心理咨询与治疗,如行为治疗、埃利斯的理性情绪治疗、贝克的认知治疗以及拉扎勒斯的 BASIC ID[①] 治疗,都向来访者传授某

---

① 多模式理论认为,人类的复杂人格可区分为七个主要功能领域:(1) B—行为(behavior);(2) A—情感反应(affect);(3) S—感官知觉(sensation);(4) I—心像(imagery);(5) C—认知(cognition);(6) I—人际关系(interpersonal relationships);(7) D—药物(drug)、生物功能。

些外在生活技能。如格式塔疗法协助来访者获得有用的生活技能，帮助来访者理解内心感受和生理变化；人本主义疗法帮助来访者提高倾听自我内在评价的技能，与生活中的重要他人坦诚相处；荣格的分析疗法也通过积极联想向来访者传授技巧。

纳尔逊-琼斯提出，生活技能咨询模式将重点放在协助来访者满意处理发展性任务所需的技能或是日常生活技能，协助他们成为完全成熟的人。帮助来访者完成"自我实现"，是对咨询目标的一种正面陈述，自我实现的特征包括创造力、自主性、社会兴趣以及问题中心化，还包括显示出高水平的善意、同情心、慷慨和热心这些完全成熟个体的特征。

2. 治疗性目标

心理治疗目标着重解决现有问题，如抑郁和焦虑，需要按治疗程序进行。包括短期目标，也有长期目标。短期目标重点与心理咨询类似，长期目标涉及特定的心理障碍。

治疗缺失与发展力量之间的分界线并不明显，同时达到治疗性和发展性的目标可以产生预防的作用，帮助来访者避免在未来陷入困境。无论咨询者立场怎样，咨询的目标都旨在增强来访者的个人责任感以创造和安排自己的生活，来访者学会更有效地体验和表达感受，理性地思考和有效地行动以达到目标。咨询的终极目标是促使来访者自我帮助，使来访者成为他自己最好的咨询师，如果咨询师能使来访者在咨询结束后自助，就是最有效地发挥了咨询效能。

（三）心理评估与诊断的内容

1. 发展性目标下的心理评估与诊断内容

一般来说，发展性目标中，咨询师需要评估来访者的生活问题，如人际关系困扰、职业选择、教育问题、婚姻家庭问题等。

在纳尔逊-琼斯（Nelson-Jones，1992）看来，发展性任务包括管理消极的心理品质和培养积极的心理品质。许多来访者的问题有重复性，某些过去发生过的自毁行为或生活技能缺陷，将来还会重复出现。如来访者可能会在各个场景中重复他们的自毁行为，在工作、休闲活动中都表现出不自信。此外，在人生的各个阶段中，大多数人会不可避免地需要面对发展性任务，如独立、发展亲密关系、养育孩子及适应年龄衰老。

纳尔逊-琼斯（Nelson-Jone，1991）提出，培养来访者生活技能需要评估以下内容：（1）来访者的情绪和身体反应，包括心境、感受情绪的能力、自尊、焦虑和防御、心理痛苦、主导情绪、情绪的强度和持续性、复杂和冲突的情绪、不清晰的情绪、情绪的前因和后果、情绪的恰当性、对咨询师和咨询过程的情绪。（2）来访者的各种不良思维方式，如自我挫败观念。（3）来访者的沟通与行为能力，包括口语（音量、清晰度、音调、重音、语速）和肢体沟通技能类别（面部表情、注视、目光接触、手势、姿势、身体距离、衣着、修饰）。

2. 治疗性目标下的心理评估与诊断内容

治疗性目标包括分类诊断和心理学评估。

分类系统《精神障碍诊断与统计手册》（DSM）是医学模型，对于药物治疗，分类诊断尤其重要。诊断标准对于精神科医生决定是否采用药物治疗以及采用何种药物非常有帮助。大多数心理障碍基于可识别的症状或异常行为，诊断评估需要收集来访者信息，如来访者的症状、病程、家族史及药物使用情况，对其进行心理状态检查，借助标准化诊断性评估表，评估来访者的临床症状或症状群及严重程度是否符合诊断标准，对来访者问题作出诊断，治疗师则对来访者问题原因进行整体评估，包括生活质量的评估。

心理学模型具备以下两个主要功能：一是指导治疗师做什么；二是帮助建立评估干预治疗的标准。异常行为的心理学观点试图识别心理障碍产生和持续的心理根源。这些因素可能是外在的，如消极生活事件、丧失亲人等，也可能是内在的，如对世界歪曲的解释，导致恐惧症的过度换气。治疗师的目的就是帮助来访者识别导致问题产生并持续的因素，这些因素就是治疗干预的目标。心理障碍的解释性假说通常反映了治疗师的理论取向，不同咨询理论对异常行为提出自己的理论视角，并形成相应的心理评估方法、内容和治疗方法。例如：心理动力学关注个体行为如何与潜意识过程相联系；认知疗法关注来访者歪曲的自动思维；行为主义对来访者进行行为评估（或称功能评估），识别行为存在的原因、导致的结果和关联环境的作用。

第三节 异 常 行 为

一、异常行为的判别标准

某些情况下，奇怪的行为可能使个体被贴上"怪人"而不是"精神病"的标签。被贴什么样的标签，取决于个体偏离常模的程度、异常行为的比重，以及这些行为对他人的影响。本书中，异常行为并不能与心理障碍画等号，心理障碍是异常行为的一种表现形式。

（一）确定异常行为的标准

心理学界使用很多标准来定义异常行为，尼维德等人（2009）提出判别异常行为的如下最常见标准。

1. 不常见或统计学上罕见

不常见的行为通常被定义为"异常"，如"看到周围人都看不到的东西"被视为异常。与正常的人越不一样，说明其异常程度越高。不常见的行为本身并不是异常，如刘翔因超越普通运动员的卓越成绩被很多国人视为"国宝"。显然，偏离统计数据常态的现象不是定义异常行为的充分条件。不过，不常见仍然是判断异常的常用尺度。

2. 偏离社会

违背社会常理或不为社会所接受的行为。所有社会都有对特定环境中可接受的正常行为的准则。但在某种文化中被视为正常的文化，在另一种文化中未必是正常。同时，随着时代的发展，上代感到不可思议的异常行为，这一代可能觉得正常。现如今，精神病学家不再把同性恋视为心理障碍。

遵从社会准则中的正常标准可能会导致这样的后果，将不符合传统规范的人定义为心理问题，将不赞成的行为认定为"病态"，而不是持中允的观点——即使这些行为冒犯或引起我们困扰，它们仍可被视为正常。

3. 对现实错误的感知或解释

通常情况下，我们的感觉系统和认知过程会使我们形成对环境的准确心理表征。看到或听到不存在的事物被称为幻觉。幻觉被普遍认为是潜在心理障碍的标志。坚持无根据的想法,被称为妄想,是精神错乱的标志。

4. 严重的个人痛苦

由于焦虑、恐惧或抑郁等不良情绪产生的个人痛苦状态可能是异常的,有时候焦虑和抑郁是对情境的正常反应。适当的痛苦感是正常的,如果痛苦源消失很久仍然痛苦,对于绝大多数人来说已经恢复正常了,或者强烈的痛苦造成个人机能的损伤,就不正常了。当生活中发生真实的威胁或损失,对这些情况缺乏情感反应被认为是异常的。

5. 适应不良或自我挫败的行为

导致不开心而不是自我满足的行为也是异常的,限制我们预期角色功能发挥或限制我们适应环境的行为是异常的。

6. 危险行为

对自己或别人有危险的行为是异常的,这里,社会环境的因素起重要作用。因正常生活压力威胁他人或企图自杀被认为是异常的。

(二) 分类诊断的标准

本内特(Paul Bennett,2007)认为,只有符合以下标准,异常行为才能被看成是心理障碍的标志:(1) 异常行为由歪曲的心理过程导致;(2) 这种异常行为起因于或导致了苦恼或/和功能失调;(3) 异常行为是对特定情境的非正常反应;(4) 个体对世界的歪曲认知使其处于危险,此时其异常行为才成为心理障碍的标志。

这些标准可概括为四个"D":偏离(常模)(deviance)、苦恼(distress)、功能失调(dysfunction)和危险(dangerous)。这些是心理障碍的一般标准,也有例外,如反社会人格的人杀害他人不一定会因此自责。此外,分类标准还受文化、时代、种族等因素影响。如飙车在某些群体中被视为异常行为,在其他群体中可能是可接受的,甚至是令人羡慕的。

二、异常行为的当代视角

(一) 生物学观点

由希波克拉底(Hippocrates,前 460—约前 370)创建、克雷佩林(Emil Kraepelin,1856—1926)传承的医学模型仍然是当代理解异常行为的一种重要模式。医学模型将异常行为模式视为障碍,现代心理学偏向选择用生物学观点来代替医学模型,解释异常行为的生物学基础,使用生物学的方法如用药物来治疗心理障碍。

遗传因素在许多行为特征中扮演重要角色,如害羞、智力、寻求新奇、攻击性和社交能力(Ellis & Boning,2003;Garlick,2003;Plomin & Crabbe,2001;Schwaetz et al.,2003)。遗传因素在许多心理障碍中也发挥重要作用,如精神分裂症、心境障碍、自闭症、物质滥用和依赖等。

越来越多的证据表明,遗传因素对许多行为特征具有决定性作用,但不能支配行为的结果。同卵双生子研究发现,一个患精神分裂症,另一个患精神分裂症的机会是48%左右。单独的遗传因素不能解释任何心理障碍(Carey & Dilalla,1994)的发病机制。

遗传因素对心理障碍的影响也涉及多重基因,而不是单个基因的作用。遗传造就了特定行为的易感性,但不是确定性。生活经历、家庭背景和压力水平这类因素与遗传相互作用(Frank & Kupfer,2000;Sapolsky,2003),还有证据表明,种族和性别也影响基因在体内的作用(William et al.,2003)。心理因素与许多躯体障碍及状况有联系。

(二)心理学观点

心理学模型诊断的理论取向指导咨询/治疗师在评估诊断过程中提出问题和解释问题。心理学评估的优点在于,咨询师以相对简单的方式,从无数潜在的因素中选择出最有可能与确定诊断问题相关的因素,有针对性地实施干预。其不足之处是,使咨询/治疗师运用"选择性注意",过于关注自己主观认为的来访者经历中重要的部分,忽略可能真正重要但因治疗者的盲点被认为不相关的部分。因此,有人提出,优秀的咨询/治疗师对不同的病因模型应该都要了解,整合成一个有意义的综合模型,或能够识别哪种模型适合特定的来访者。下面简述几个主要的理论模型。

1. 心理动力学治疗

心理动力学治疗由奥地利精神病学家弗洛伊德(Sigmund Freud,1856—1939)于19世纪末创立。弗洛伊德认为,人的心理活动和行为动机是潜意识转换和交换的过程,个体出现的焦虑、冲突等症状是能量不能顺利释放的结果。心理动力学模型通过分析来了解来访者潜意识中的欲望和动机,认识对挫折、冲突或应激的反应形式,领悟病理症状的意义,促进个体的人格成熟,增强社会适应能力。

2. 行为治疗

行为学派对个体的心理疾病的看法是,不适应行为是习得的,异常行为是后天错误学习的结果。行为治疗(behavior therapy)利用行为主义的理论和技术,帮助来访者直接改变或改善行为,重新学习新的适应行为。目前,行为治疗越来越重视认知因素的作用。

3. 认知疗法

认知疗法(cognitive therapy)认为,认知过程是行为和情绪的中介,不适应行为和不良情绪可以从认知中找到原因。改变那些非理性的认知,重建合理认知,不良情绪和不适应的行为也会随之得到改善和解决。认知疗法也重视行动在改变中的作用,故发展出认知行为治疗。

心理障碍表现为两个层面,即表层心理问题和潜在心理问题。表层心理问题主要是指情绪、行为和想法三个方面,情绪是指不良情绪体验,如焦虑、抑郁、失望等;行为是心理问题的行为表现形式,如动作、言语、出汗等;想法是指功能失调性自动思维,不由自主流露出来的念头。一般情况下,情绪、行为和想法三者之间相互联系、相互影响。潜在心理问题是指心理深层次中存在着的较为固定的曲解认知成分,主要包括信念、假设和图式。这种曲解的认知是在个体生长发展过程中逐步形成的,通常处于潜伏状态,遇到特殊生活事件就可能被激活,从而影响表层的心理状态。

认知治疗中常见的曲解的认知包括:(1)情绪化推理;(2)以偏概全;(3)个人化;(4)任意推断;(5)猜心思;(6)非此即彼。这些曲解的认知,有的是逻辑错误,有的是评价曲解,都会给情绪和行为带来负面影响,引发各种心理问题。

4. 个人中心疗法

个人中心疗法(person-centered therapy)最初称为非指导性治疗,后来称为来访者中心疗法(client-centered therapy),现在称个人中心疗法。罗杰斯(Carl Ransom Rogers,1902—1987)发展的理论观点来源于人本主义哲学。该疗法重视来访者与治疗者之间的关系,认为治疗关系的特定性决定了治疗的效果,一旦来访者与治疗者建立起真实的关系,来访者内在的成长力量就会源源不断地产生。心理治疗方法从积极的角度看待个体,强调理解和关心,而不是诊断、建议与说服。

罗杰斯认为,从出生开始,个体就在内在和外在体验的意义上体验着现实,体验着生存环境中不同的社会、文化和物理内容。个体一生都经历价值约束(conditions of worth)的体验,价值约束指基于他人信念或价值观来评价自身,这种评价会制约个体发展。遭遇有条件的积极关注,个体会失去与自己的联系,感到与自己疏离。为了应对有条件的积极关注,个体发展出防御,导致对世界的错误和僵化的知觉。个体的体验与自我概念之间不和谐,就可能在行为上表现出问题。异常行为在很大程度上就是别人在自我实现上设置障碍所致,当别人选择性地认同我们童年期的情感和行为时,我们可能会否认自我批评的部分,久而久之,我们形成歪曲的自我概念,变得不适应环境。

5. 系统观的家庭治疗

各类家庭治疗包括结构家庭治疗、系统家庭治疗以及不同学派倾向为主的家庭治疗如心理分析家庭治疗、行为家庭治疗等,各种家庭治疗各有自己的理论观点与技术方法,但都强调个体问题是系统问题的反映,治疗注重了解个体在成长环境中受到不同背景因素影响的重要性,认为调整个体的家庭或其他使之受到影响的系统,才有助于个体改变的产生。这类治疗涉及整个家庭,而非治疗个体。

(三) 社会文化观点

社会文化理论家关注引起异常行为的社会应激源,他们主张在社会的不足中寻求个体异常行为的原因,而不是在个人身上找。一些激进的社会心理学家甚至否认心理障碍或精神疾病的存在。萨斯(Szasz,1961,2000)认为,"变态"是社会给那些行为背离社会可接受准则的人贴的标签,是对社会背离者的污名化。社会原因模型认为,来自较低社会经济族群的人患严重行为问题的风险更大,与富裕的人相比,贫穷的人遭受更大的社会压力(Costello et al.,2003)。下滑假说则提出,问题行为使人们沦落到社会底层,从而可解释低社会经济地位与严重行为问题的关系。

(四) 生物—心理—社会观点

生物—心理—社会观点提出,大多数心理障碍或其他形式的异常行为是多种原因导致的复杂现象,多种原因在心理障碍中起交互作用,不同的人可在不同原因影响下发展为相同的障碍。

素质—应激模型认为,心理障碍来访者通常有易感性体质(多为遗传性),当遭遇生活环境中的应激源,如分娩并发症、童年创伤或受虐待、家庭冲突、重大生活变故等负性生活事件时,易感体质与应激源相互作用导致心理障碍。

不是所有的素质—应激模型都是以生物易感性与生活应激相互作用为基础,心理素质如适应不良的人格特征和功能失调性思维模式,提高了面对应激时发生特定心理障碍的风险(Harris & Curtin,2002;Lewinsohn,Joiner & Rohde,2001)。

第四节 心理障碍的分类诊断

由于大部分心理障碍缺乏客观的诊断指标,不同的咨询师对同一障碍的诊断存在差异,导致对同一来访者的诊断一致性较差。诊断不一致使研究结果无法比较,难以解释,同行之间也难以沟通和交流。随着精神病学的发展,尤其在第二次世界大战以后,许多国家的学者都迫切认识到必须改变过去分类上的混乱状态,要求制定一个为多数心理障碍工作者所接受的、统一的分类系统。

一、分类的目的和方法

(一)分类的目的

分类是科学的核心,不对异常行为进行分类,研究者就无法与同行沟通和交流自己的发现,无法深入理解和认识这些障碍。分类系统可以加强国际学术交流。

只有在分类基础上,才能进行心理治疗方法之间的比较,提高诊疗和科研水平。

分类可以帮助心理咨询师预测来访者的异常行为,如预测精神分裂症的病程。

分类帮助咨询师识别相似异常行为类型的人,比较不同地区心理障碍的流行情况。

(二) 分类的方法

1. 症状学分类方法

医学各科遵循的基本原则是对疾病按病因、病理改变进行诊断与分类。经典的类别方法假定,每种诊断都有一个明确的潜在原因,而且每种障碍在根本上都是与其他障碍不同的,不同的病例可以被划归截然不同的类别。

大部分精神病理学家认为,生物因素与心理—社会因素相互作用,造成了心理障碍。只有10%左右心理障碍病例的病因、病理改变比较明确,而90%左右病例的病因不明,心理障碍的诊断和分类无法全部贯彻病因学分类的原则。心理健康领域没有采用经典医学病因病理分类模式,主要依据症状表现,这种诊断反映疾病当时的状态,若主症状改变,诊断可能随之改变。病因不同但症状相似的异常行为会被诊断为同一障碍,症状学分类有利于目前的对症治疗。

2. 维度分类方法

维度分类方法记录来访者展现出的各种认识、心理与行为,并将它们量化。例如,以从1到10的评分标准,某来访者可能被评为重度焦虑(10)、中度抑郁(5)以及轻度狂躁(2),这样就得到一个情绪功能特征图(10,5,2)。

精神病理学采用了多维分类方法,特别是针对人格障碍,由于很多理论家对需要考察几种维度不能达成一致,这种方法至今仍相对令人不满。

3. 原型分类方法

原型分类系统具有分类与维度的特点,原型方法识别出来访者的一些本质性特征,根据几条原型标准以及一些额外标准将来访者问题归类;同时允许来访者之间存在一些非本质性差异,这些非本质性差异不影响问题分类。使用这种方法对心理障碍分类时,一种障碍各种可能的特征或属性均被列出,任何一个可能的来访者必须满足其中足够(而不是所有)的条件,才能被归为这一种类型。

原型分类方法并不完美,它使不同种类的分界更加模糊,同一症状可能被归为不同的障碍。但其优点在于,最好地适应了现阶段我们具有的精神病理学知识,而且比较容易使用。《精神障碍诊断与统计手册(第四版修订版)》保持了原型分类方法,表1-1中严重抑郁发作诊断标准,是原型分类的一个很好的例子。

表1-1 《精神障碍诊断与统计手册(第四版修订版)》严重抑郁发作诊断标准

在2周时间内,出现与以往功能不同的明显改变,同时表现下列五项或以上的症状,其中至少一项是(1)或(2)[明确属于普通内科情况、心境不佳、妄想或幻觉的症状应排除在外]:
(1)一天的大部分时间心境具有抑郁心境。
(2)对所有或绝大多数活动的兴趣或快乐感明显减低。
(3)体重明显减轻(未节食)或增加。
(4)几乎每天失眠或睡眠过多。
(5)心理运动(psychomotor)活跃或迟缓。
(6)几乎每天感到疲劳或缺乏精力。
(7)无价值感,过度或不合理的内疚感。
(8)乱思考,注意能力降低,犹豫不决。
(9)反复出现的死亡念头。

表1-1所述的标准包含许多非本质性症状,如果来访者有抑郁心境或乐趣、快乐感减低,并至少具有8项症状中的4项,与原型足够接近,就符合严重抑郁发作的诊断标准。比如,一人有抑郁心境,体重明显减轻,失眠,精神活动兴奋及缺乏精力;另一人则具有以下症状:兴趣或快乐感明显减低,疲劳,无价值感,思考或注意困难,有自杀意念。尽管两人都满足5项症状,接近原型,符合诊断标准,但因他们只有一个共同症状,看上去则非常不同。

(三)分类诊断标准的特点

心理障碍是发生于个体的临床上明显的行为或心理症状群或症状类型,伴有痛苦体验或功能不良(即在某一个或一个以上重要方面的功能缺损),或伴有明显发生死亡、痛苦、功能不良或丧失自由的风险。这种症状群或症状类型不是对于某一事件的一种可期望的、文化背景认可的(心理)反应。

1. 诊断标准的组成

诊断标准包括内涵标准和排除标准两个主要部分。

内涵标准包括症状学、病情严重程度、功能损害、病期、特定亚型、病因学等指标,其中症状学指标是最基本的,又分必备症状和伴随症状。

如疾病完全符合诊断要点的各项要求,诊断即可"确立"。如仅为部分符合,那么在多数情况下记录一种诊断也是有益的。诊断者和其他使用者应决定在这些情况下是否作出某种不确定的诊断。当有可能获得更多的资料时,诊断是"临时性"的。或者当无法获得更多的资料时,则是"试验性"的。

关于症状持续时间的说明,应视为一般性要点,而不是严格的标准。当某些特殊症状的持续时间较指定时间略长或略短时,精神科医生应根据自己的判断选择适当的诊断。

排除标准指确定一个"诊断"的前提是排除其他心理障碍。

2. 多轴诊断

多轴诊断是指采用不同层面或维度来进行疾病诊断的一种诊断方式。英国儿童精神病学家拉特(Rutter,1972)首先提出儿童心理障碍的多轴诊断,之后有研究者提出四轴诊断,即症状学、严重程度、病程、病因(躯体的、心理的、多种因素、原因未明)诊断心理障碍。《精神障碍诊断与统计手册》从第三版开始使用多轴诊断,由多个不同的信息领域(轴)构成的分类体系,通过对临床信息进行组织和交流,捕捉临床状况的复杂性,描述诊断相同的个体的异质性,从而为对个体特殊情况的描述添加更多的关联和细节材料,有助于精神科医生对某个障碍制定治疗计划。

《精神障碍诊断与统计手册(第四版修订版)》及之后版本采用五轴诊断:轴Ⅰ——临床障碍、可能成为临床注意焦点的其他情况;轴Ⅱ——人格障碍、精神发育迟缓;轴Ⅲ——躯体情况;轴Ⅳ——社会心理和环境问题;轴Ⅴ——全面功能评估。

轴Ⅰ用于记录除人格障碍和精神发育迟缓以外的各种障碍,也包括可能成为临床注意焦点的其他情况,如普遍性发展障碍、学习障碍、动作技能障碍以及交流障碍列在轴Ⅰ。

轴Ⅱ报告人格障碍和精神发育迟缓,把这两种障碍单独分列一轴的目的在于保证对它们予以考虑,尤其是当呈现出一种更为明显和准确的轴Ⅰ障碍时。由于青春期晚期个体的行为或内心体验的模式的持久性和可预知性才表现显著,因此,青春期晚期以前,轴Ⅱ通常用于诊断精神发育迟缓儿童,人格障碍极少被诊断。此外,轴Ⅱ还记录突出的适应不良的人格特征和防御机制。

轴Ⅲ用于报告目前可能与理解或处理个体心理障碍相关的一般身体疾病。由于《精神障碍诊断与统计手册》假设心理障碍与身体和生物因素密切相关，对一般身体疾病进行区别的目的在于鼓励对其进行彻底的评估，促进专业人员之间的交流。一般身体疾病可能通过多种途径影响心理障碍。某种身体疾病会引发心理反应，例如被诊断为癌症后产生焦虑。而在某些情况下，身体疾病是行为或心理问题的直接原因，如抑郁导致睡眠障碍。诊断中兼顾身体和心理问题，对获得对个体问题的整体了解并制定适宜的治疗计划非常重要。

轴Ⅳ用于报告可能会对在轴Ⅰ和轴Ⅱ中列明的障碍的诊断、治疗和预后造成影响的任何心理社会问题和环境问题。这些问题包括负性生活事件、环境的破坏或缺乏、家庭或其他人际压力以及缺乏社会支持或个人资源（American Psychiatric Association，2000）。

精神科医生通常只注意过去一年里出现的生活问题，但儿童期的某些事件可能对心理障碍的发生造成重大影响，如儿童虐待等因素对于理解个体的行为和情绪有潜在的重要性，可影响心理障碍（轴Ⅰ和轴Ⅱ）的处理和预后。

轴Ⅴ用于报告精神科医生对个体整体功能水平的评定，主要目的是制定治疗计划和对治疗效果进行监控，预测转归。一个等级从1至100的全面功能评估（Global Assessment Function，简称GAF）量表提供了一个假设，有关心理、社交和职业功能的心理健康和心理疾病连续体，得分低意味着在社交功能或个人关怀方面的损害，比如自杀念头或回避朋友，反之，得分高反映了轻微或短暂的症状，或者没有症状。

五轴评估法，每个轴涉及不同方面的信息，这就可以帮助咨询师作出全面评估并有助于预后。即使在轴Ⅰ上诊断失误，也可以通过其他几轴的评估全面地了解来访者病情，然后再作轴Ⅰ的诊断。使用这一多维系统，可以对一系列信息作出组织，这些信息与障碍可能的病程有关，还可能与治疗方法有关。例如，两个人可能都表现为强迫障碍，但在第二维度至第四维度的表现非常不同，这些差异会在很大程度上影响精神科医生对他们的建议。

3. 等级诊断

由于大多数心理障碍病因不清，来访者症状可能符合两个心理障碍的诊断标准，解决问题的方法是对疾病诊断进行等级排列：（1）按疾病症状严重性的金字塔排列方式分主次，从顶到底为器质性障碍、精神分裂症、情感障碍、神经症、人格障碍。如果符合等级较高的标准，就不诊断等级较低的障碍。（2）按当前急需处理和治疗的疾病情况分主次，如某来访者同时存在心境障碍和人格障碍，当心境障碍已缓解，人格障碍上升为主要诊断。

二、常用的心理障碍分类系统

现今国际上影响最大且为很多国家所采用的心理障碍分类系统有世界卫生组织的《疾病和有关健康问题的国际统计分类（第十版）》和美国精神病学会的《精神障碍诊断与统计手册（第四版）》，另外，我国根据前两者编制了《中国精神障碍分类与诊断标准（第三版）》。后面章节涉及的心理障碍，本书提供了这三个系统的诊断标准，并进行了比较。

（一）《疾病和有关健康问题的国际统计分类（第十版）》

世界卫生组织1992年公布了《疾病和有关健康问题的国际统计分类（第十版）》（*International Statistical Classification of Diseases and Related Health Problems*, 10th Edition，简称ICD-10）。法国人口统计学家贝蒂荣（Jacques Bertillon, 1851—1922）1893年提出的《疾病死亡原因统计分类》（*Bertillon Classification of Causes of Death*）为ICD-1的雏形，先后共出版了五版。1948年由世界卫生组织接手，更名为《国际疾病、外伤与死亡统计分类（第六版）》（*International Statistical Classification of Diseases, Injuries and Causes of Death*, 6th Edition，简称ICD-6），第一次增加了一个有关心理障碍的章节（第五章），心理障碍与其他严重疾病一起被收录入ICD。以后每10年修订一次，目前已出版第十版（1992），简称ICD-10，包括各科疾病，第五章是关于心理障碍的分类，为欧亚多数国家所采用。

ICD-10分类描述了每一障碍的主要临床特征，以及任何重要而特异性较差的有关特征，为大多数障碍提供了诊断要点，指明了确立诊断所需症状的数量和比重，若干组障碍提供了临床描述和一般性诊断要点。

（二）《精神障碍诊断与统计手册（第四版）》

《精神障碍诊断与统计手册（第四版）》（*Diagnostic and Statistical Manual of Mental Disorders*, 4th Edition，简称DSM-Ⅳ）属于原型分类系统，考虑障碍的异质性，某个不完全符合标准的来访者可以被诊断为特定亚型,同时诊断相同的个体常可能表现出完全不同的症状模式。

20 世纪 80 年代晚期,精神科医生与研究者认识到建立一个统一的、全球性的疾病分类系统的重要性,ICD-10 与 DSM-Ⅳ的编制工作基本同时进行,使 ICD-10 和 DSM-Ⅳ尽可能一致。DSM-Ⅳ对专家共同意见的依赖程度减到最低,诊断系统中的任何改变,都基于合理的科学数据。工作人员查阅属于诊断系统所有领域的庞大文献资料,最后 12 个独立研究或实地测试机构检验了不同定义或标准的信度与效度,考察了对某些病历评价建立的新诊断的可能性,涉及 6 000 余病例,于 1994 年 5 月正式出版 DSM-Ⅳ。2000 年美国精神病学会修订出版 DSM-Ⅳ-TR,DSM-Ⅳ-TR 是由五轴组成的多轴系,包含与 DSM-Ⅳ同样的诊断标准,更新了文本的措辞和信息,反映自 1994 年 DSM-Ⅳ首次提出以来在普遍特征和关联特征方面的新信息和新成果。

为提高对精神疾病的评估,美国精神病学会在 2013 年 5 月 18 日正式公布了 DSM-Ⅴ。工作小组引进了多维取向诊断,为治疗提供更精确的信息。与 DSM-Ⅳ相比,DSM-Ⅴ的疾病分类发生了变化。此外,工作组认识到,很多非精神科医生经常面对各种精神障碍,而他们需要量化评估工具,让他们能像测血压、量血脂一样评估阈值,所以 DSM-Ⅴ提供了四方面评估工具(具体评估工具可见 http://www.psychiatry.org)。

这四方面评估具体是:(1) 横断面症状评估(Cross-cutting symptom measures)。第一级(Level 1),简单筛查问题,其中成人版涉及 13 个领域,儿童青少年版涉及 12 个领域;第二级(Level 2),针对特定领域的进一步评估。(2) 疾病严重程度评估(Severity measures)。与诊断标准密切相关;可以自评(如抑郁症的 PHQ-9 问卷),也可以他评(如精神病性症状的他评严重程度问卷);世界卫生组织残疾评定量表(WHODAS 2.0)。(3) 自评问卷,全面评估健康相关功能障碍水平。涉及沟通理解、四处走动、自我照顾、与他人相处、生活活动、社会参与六个方面。(4) DSM-Ⅴ人格问卷(The Personality Inventories for DSM-Ⅴ)。评估负性情绪(negative affect)、分离(detachment)、敌对(antagonism)、解离(disinhibition)、精神病性(psychoticism)五个方面的人格特质。

鉴于目前国内对 DSM-Ⅳ的熟悉度高,相关参考书基本上是对 DSM-

Ⅳ的介绍,本书在比较三类分类诊断标准时仍用 DSM-Ⅳ。

(三)《中国精神障碍分类与诊断标准(第三版)》

《中国精神障碍分类与诊断标准(第三版)》(*Chinese Classification and Diagnostic Criteria of Mental Disorders*,3rd Version,简称 CCMD-3)工作组于 1996 年召开黄山会议,1996—2000 年得到卫生部科学研究基金资助,对 17 种成人心理障碍及部分儿童有关心理障碍的分类与诊断标准开展现场测试与前瞻性随访观察。专家们结合现场测试结果,对 CCMD-2R 作适当修改,经中华精神科学会常委会讨论通过,完成了 CCMD-3 和《CCMD-3 相关心理障碍的治疗和护理》的编制。CCMD-3 兼用症状分类和病因病理分类方向,例如器质性心理障碍、精神活性物质和非成瘾物质所致心理障碍、应激相关障碍中的某些心理障碍按病因病理分类,而功能性心理障碍则采用症状学的分类。

CCMD-3 正确处理了保持传统优点和与国际接轨的关系,诊断标准参考 ICD-10 研究用标准和美国的 DSM-Ⅳ,除另有说明外,要求明确诊断必须满足诊断标准中全部所列项目的条件。CCMD-3 研究了中国人的实际情况,是具有中国特色的诊断手册。

(四) ICD-10 与 DSM-Ⅳ-TR 的比较

ICD-10 系统为在世界范围内应用而设计,DSM-Ⅳ-TR 是美国官方标准,但也为全世界广泛使用,使用 DSM-Ⅳ-TR 的精神科医生比用 ICD-10 系统的多。大多数精神健康专业人士使用 DSM-Ⅳ-TR 识别一个特定的心理障碍,形成诊断。

DSM-Ⅳ-TR 具有深刻的影响力,主要原因是:(1) 非理论性,准确描述模式,罗列病症的现象和表征,对诊断病因理论持中立立场,不探讨心理障碍的成因;(2) DSM-Ⅳ-TR 的多维模式,强调以多角度观察整个人,不狭隘地关注障碍本身;(3) DSM-Ⅳ-TR 中的社会与文化考虑,强调了来访者在环境中的应激水平,有利于了解来访者情况更完整的情形;(4) DSM-Ⅳ-TR 引入一个从整体上考虑社会与文化因素对诊断影响的计划,称为"文化说明指导",从来访者个人经验或来访者所属的社会文化群体(如西班牙人、中国人)的角度,来描述来访者的障碍。

总的说来,ICD-10 为各国使用,强调病情的跨文化共性。DSM-Ⅳ-

TR 在美国文化背景中制定,更适合美国人的特点,主张多元文化视角。

三、心理评估与诊断的科学性

(一) 诊断的科学性

判断心理评估与诊断结果的科学性考虑以下四个方面:(1)方法是否可靠,操作是否合理,是否合乎逻辑(常模要求)?(2)评估报告与来访者的真实情况是否一致,各种心理评估的结果之间是否吻合(内在逻辑一致性)?(3)测评方法是否合乎心理学原则,有无心理学理论依据(框架)?(4)应接受临床检验。在无干扰因素的前提下,疗效也可作为诊断的一种检验指标。

为保证心理诊断的科学性,应做到:(1)任何单项测定均应有可比较的常模、信度和效度;(2)诊断不能根据一个单项测定而得出,而是对多项测定进行综合分析的结果,要求各单项测定之间必须有内在逻辑性,测定结果与临床症状应有相对一致性,心理学各基础学科验证了的规律是心理诊断方法的出发点,心理诊断的提出和方法设计都应以各基础学科的规律和操作原则为依据;(3)心理诊断应接受临床实践的检验。

(二) 信度与效度

1. 信度

所有分类系统都描述一些特定症状群,这些症状应该明显、明确,而且精神科医生可以容易地确认。如果两个精神科医生分别在一天里的不同时间与一个来访者谈话,假设来访者的情况在一天内没有发生变化,那么两个精神科医生应该看到或测量到相同的行为或情绪,来访者的心理障碍能被可靠地诊断。如果这一障碍不明显易查,则两个精神科医生的诊断结果可能存在偏见。精神科医生先入为主的印象永远是一个潜在的问题,但疾病分类学或分类系统的信度越高,这种偏见就越不容易蔓延到诊断中。

即使在同一国家,诊断的一致性水平也比较低,利普顿和西蒙(Lipton & Simon, 1985)对一所精神病院的医生的诊断与调查小组的诊断结果进行比较,精神科医生诊断出89例精神分裂症,调查小组诊断出16例;15例被医生诊断为抑郁症,调查小组诊断为50例。分类诊断如 DSM 的目标是将这种误差的可能性降低到最小,很多临床工作者对 DSM-Ⅳ-TR 进行检验,确保其诊断的一致性,不过其可靠性还有待进一步评估。

即使一个明确的诊断体系也可能面临这样的困境:临床工作者诊断过程中带有某种偏见。他们可能因不同的咨询方式或评估偏见获得不同信息,从而作出不同诊断。临床工作者关于疾病的知识、其他医生的诊断结果、他碰到的情况的频率以及作出某一特定诊断的利弊等都会影响诊断结果。在没有把握的情况下,他可能作出对来访者益处最大、伤害最小的诊断结果,即使是错误的。

在目前分类系统的类别中,信度最差的是人格障碍。人格障碍是个人长期的、特征性的、一系列不合理的行为及情绪反应,表现了一个人与外界交流方式的特征。对某些人格障碍,仅通过一次谈话确定这种障碍的存在与否仍然十分困难。莫里和奥乔亚(Morey & Ochoa, 1989)让291名精神科医生描述最近遇到的人格障碍来访者,并说明他们的诊断。同时,向他们收集来访者表现出的实际症状的详细情形。通过这种方式,他们想确定,这些精神科医生作出的实际诊断与客观诊断标准对来访者症状的判断是否一致。换言之,这些精神科医生的诊断是否准确?来访者的症状是否确实符合这一诊断?结果发现,诊断中存在不可忽视的偏见:(1)与规定标准相比,缺乏经验或女精神科医生更多地将介乎正常与障碍之间的来访者诊断为人格障碍,有经验丰富或男精神科医生则比标准更不倾向于诊断为人格障碍;(2)白人女性或贫穷的来访者比诊断标准更易被诊断为人格障碍。

洛兰格等人(Loranger et al., 1994)指出,对不同人格障碍类型,评分者的内部一致性不一样。偏执型人格障碍是75%,边缘型人格障碍和依恋型人格障碍为89%。

2. 效度

效度的含义是指,运用一个方法所测量的是否就是其被设计来进行测量的或其应该测量的内容。诊断的效度包括四种:(1)结构效度(construct validity),其意义是,被选作为诊断标准的不同表现及症状应该始终相互关联或结合成一体,并且它们确认的与其他种类不同。符合抑郁标准的人,应该能从符合社交恐惧的人之中区分出来。这种可分辨性不仅在症状上是明显的,而且可能在障碍的发展过程及疗法的选择上也是很明显的。可分辨性可预测家族聚集性,即障碍在多大程度上会在来访者亲属身上出现。

(2) 预测效度(predictive validity)，有效的诊断可以告诉精神科医生，原型来访者可能会出现哪些情况，心理障碍的原因以及某种疗法可能的效果，这种有效性常被称为预测效度。(3) 标准效度(criterion validity)，当结果是我们用于判断一个类别有用程度的标准时，这种有效性被称为标准效度。(4) 内容效度(content validity)，如果对一个诊断建立标准如社交焦虑障碍，应该反映大多数专家对社交焦虑障碍的看法，与其他障碍如抑郁不同。换言之，需要一个正确的标签。

分类诊断的效度也值得商榷，最大的争议可能是关于精神分裂症。现在的分类系统如DSM-Ⅳ-TR考虑了精神分裂症症状的成因，对精神分裂症各种不同的症状和特征进行因素分析表明，混乱症状、阳性症状和阴性症状这三种症状群一般同时发生(Liddle et al., 1994)。

即使诊断标准有较高的信度和效度，也还存在一定的消极影响，诊断过程暗示个体是具有"异常的"医学疾病。

第五节 心理治疗方法的选择

一、咨询/治疗师的理论取向

关于心理咨询师理论倾向的研究调查了美国超过1 500名心理学家、心理咨询师、精神病学家和社会工作者，要求他们确认自己的理论倾向(Prochaska & Norcross, 2007)，结果见表1-2。中国情况的相关调查目前尚未看到。

表1-2 美国心理咨询师的理论取向

理论取向	临床心理学家	咨询心理学家	精神病学家	社会工作者	咨询师
阿德勒	0	1	1	1	2
行为主义	10	4	1	4	6
认知	28	26	1	4	6
建构主义	2	1	0	2	1
整合/折中	29	29	53	34	37
存在/人本主义	1	6	1	3	13
格式塔	1	1	1	1	2
人际	4	7	3	1	1

(续表)

理论取向	临床心理学家	咨询心理学家	精神病学家	社会工作者	咨询师
精神分析	3	2	16	11	3
心理动力学	12	13	19	22	8
罗杰斯/个人中心疗法	3	4	0	2	8
系统	3	4	1	13	7
其他	5	3	3	2	2

资料来源：Bechtoldt et al., 2001; Norcross, Karpiak, & Santoro, 2005; Norcross, Strausser, & Missar, 1988.

折中/整合倾向的咨询师人数超过某个特定理论取向的咨询师，从事心理健康职业种类不同，认同的理论有很大差异。精神分析及心理动力学是各种领域中的咨询师(特别是精神病学家和社会工作者)使用的常见理论取向。临床心理学家比其他工作者更多地使用认知和行为治疗。咨询心理学家也较其他领域的工作者倾向于认知疗法。社会工作者比其他领域的咨询师更多地使用系统疗法。

二、心理咨询/治疗的共同特征

(一) 心理咨询/治疗的特征

心理咨询/治疗是来访者与咨询师之间的系统的交互作用，咨询师运用心理学原理帮助来访者改变其行为、认知和情感，克服异常行为，解决生活中的问题，或促进个体发展。心理咨询/治疗的特征包括：(1) 系统的交互作用。系统是指咨询师以能反映其治疗观念的方式与来访者建立特殊的人际互动关系。(2) 心理学原则。心理咨询师将心理学的原理、研究和理论应用到实践中。(3) 行为、认知和情感。心理治疗从行为、认知和情感上帮助来访者克服心理问题，引导其更满意地生活。(4) 异常行为、问题解决和个人成长。至少有三类人群需要心理治疗：第一类为行为异常如心境障碍、焦虑障碍、精神分裂症来访者；第二类因为个人问题而非异常行为寻求帮助，如社交困难者、职业选择困难者；第三类寻求个人成长者，心理治疗是帮助他们自我探索、发挥自身潜能的一种方法，这些人包括父母、演员、运动员等。(5) 心理咨询/治疗都是谈话疗法，以咨询师与来访者之间的言语交流为治疗基础。一些案例中，咨询师与来访者总是有一个持续性来回的对话，另一些案例中,来访者一直叙述,咨询师是一个积极的倾听者,用言语和非言语线索表达对来访者话题的兴趣。

(二) 非特异性因素

心理治疗的某些共同特征对于任何一种治疗形式都不例外,在各种专门的治疗形式中能起到特别的治疗效果,这些特征称为非特异治疗因素,包括以下两方面。

1. 期待改善

心理治疗的一个共同特征是给来访者灌输一种充满希望的信念,来访者带着通过咨询师帮助他们解决问题的期望接受治疗,负责的咨询师不会许诺任何治疗结果或治愈保证,但他们鼓励来访者充满希望,与他们一起解决问题。

2. 咨询师与来访者关系

咨询师与来访者关系的特点为:(1)咨询师表达共情、支持和关注;(2)治疗联盟或来访者对咨询师、治疗过程形成依恋;(3)工作联盟或发展有效的工作关系,咨询师与来访者共同鉴别并面对来访者的重要问题和困难(Busseri & Tyler, 2003; Klein et al., 2003; Perlman, 2001; Wampold, 2001)。

三、来访者在咨询中的特征

来访者在咨询中的特征对咨询疗效产生重要的影响,具体包括功能缺陷、应对方式、阻抗水平和问题性质。

(一) 功能缺陷

来访者功能缺陷水平取决于他们得到和利用的社会支持水平,也取决于某些受到来访者问题负面影响的特定功能领域。来访者功能缺陷水平决定了咨询师应该提供的咨询频率和强度,有功能缺陷的来访者从咨询中获益的程度与咨询强度直接相关。来访者功能缺陷水平越高,对实施高强度咨询的需求就越强。来访者功能缺陷的三个特征:(1)家庭出现了问题,如原生家庭或当前家庭有问题,或两个家庭都存在问题;(2)存在社会孤立和社会退缩;(3)存在不能得到任何支持的人际关系。

（二）应对方式

1. 外指化应对

外指化应对是指使人直接逃离或回避所害怕环境的行为，外指化不能自制和缺乏控制；与这种应对方式有关的问题多产生于过度和打断性行为。这些来访者常会令他人感到生气或恼怒，并表现出过度的行为。

2. 内指化应对

内指化应对是指使人被动而间接地控制像焦虑情绪这样的内部体验的行为，缺乏某些活动或某些行为不足。长期思虑者常患有与应激压力有关的疾病。

一般来说，外指化来访者选用以暴露和技能培养为基础的咨询方法；内指化来访者容易领悟，选用与领悟和情绪意识有关的干预方式。

（三）阻抗水平

当来访者的自由感、自我形象、安全感、心理完整性或力量感受到威胁时，阻抗就会发生。阻抗暗示来访者"正在努力防止或恢复受到威胁的损失"。阻抗既可能是来访者人格或性格中一个持续存在的模式（特质），也可能是来访者面对受到威胁而出现的一种情境性反应（状态）。对于阻抗水平较高或重复出现阻抗的来访者，需要选择和使用指导性较低的咨询方法，并为其提供较为安全的环境。尽可能不使用提供信息、释义和结构化的家庭作用等。咨询师不鼓励或甚至延缓来访者的改变，咨询的步骤要比来访者预期的慢很多。鼓励延迟改变传达的信息减小了来访者感到的威胁，从而降低了他们的阻抗。"缓慢进行"的指令或者通过使来访者安心而直接发生作用，或通过增进来访者的控制感而反向地发生作用。这种策略对于否认存在问题的来访者以及要求咨询师给出迅速解决的方法而自己却被动怠惰的来访者特别有效。咨询师通常采用的方法会驱使有阻抗的来访者反对任何改变，从而保护自己的独立自主性，但暗示他们无法改变或者说他们不应改变，反而会引导他们通过改变自己的努力，从而确定自己的自主性。

（四）问题性质

一般来说，需要区分来访者的问题是痛苦症状问题还是象征性冲突的问题。如果来访者的问题是由环境造成的，问题与情境有关，并有清楚的前因后果，那么它就是症状问题。改变的目标是可观察到的过度行为、缺失行为或认知障碍。如果来访者症状反复出现,似乎并不与特定环境中的前因和后果有任何联系,而且再次发生症状的环境与最初的引发环境没有任何相似之处,那么该问题有可能是来访者自己内部冲突体验的象征。改变的目标是那些被症状掩盖着的情感以及内心深处的潜意识矛盾冲突。

四、心理治疗方法的选择

(一)心理治疗的评价

心理治疗的有效性得到许多文献的有力支持。取许多研究结果的平均数来说明心理治疗有效性的总体水平,即用元分析的统计技术回顾科学文献来评估。

1. 心理治疗的疗效

在最常引用的心理治疗元分析研究中,史密斯和格拉斯(Smith & Glass, 1977)对375篇比较不同治疗方法(包括精神分析、行为疗法、人本主义疗法)的研究结果分析,设置了控制组和对照组,结果发现,经过心理治疗的来访者比超过75%的未接受治疗的来访者状态好。

一项有475名被试参加的控制性研究,接受治疗的来访者比超过85%的未接受治疗的来访者状态好(Smith, Glass, & Miller, 1980)。

其他元分析也肯定心理治疗结果的乐观性,心理治疗不仅在临床研究中有效,在一般形式的临床实践中也是有效的(Shadish et al., 2000)。

2. 非特异性因素

相对于控制组,元分析显示,采取不同治疗形式获得的治疗效果,差异并不显著(Crits-Christoph, 1992; Smith, Glass, & Miller, 1980; Wampold et al., 1997)。这表明心理治疗的有效性与各种疗法中共同存在的非特异性因素相关高,与使他们相互区别的特殊治疗技术相关较低(Lambert & Bergin, 1994)。非特异性因素包括期待改善、咨访关系。

研究还表明,来访者与咨询师形成强大的工作联盟,与好的治疗效果密切相关(Barber et al., 2000; Klein et al., 2003; Martin, Garske, & Davis, 2000; Meyer et al., 2002),但非特异性因素不能解释治疗收益(Grissom, 1996; Oei & Shuttlewood, 1996)。

3. 特定的治疗方法

有研究者相信,特定的治疗方法带来的改变是非特异性因素的 2 倍 (Stevens, Hynan, & Allen, 2000)。治疗性改变可能依赖于特殊技术、非特异性因素及它们的交互作用(Ilardi & Craighead, 1994)。某种治疗方法可能对某个来访者或某种类型的问题更有效(Wampold, 2001),如行为治疗对不同类型的焦虑障碍、睡眠障碍、性功能障碍和精神分裂症患者以及思维迟缓者的适应能力效果更明显,认知疗法对抑郁和焦虑障碍有明显效果,心理动力学在增强自我洞察力和促进人格成长方面效果更好。

即使有足够证据表明某些心理治疗方法对问题行为和心理障碍有很好效果,其他治疗方法仍可能被证实其干预效果同样良好,如认知行为疗法对抑郁症效果明显,人际心理治疗对抑郁症疗效相当。此外,不能轻易推论:一种治疗方法在某次治疗中有效,应用到其他案例也会有效。

(二) 来访者特征决定心理治疗方法

临床工作者认为,没有必要说哪种心理治疗方法更好,而需要关心哪种治疗方法对哪一类型的问题更有效,哪一类来访者更适合哪种心理治疗方法。治疗师不能只根据自己的训练背景而不根据来访者的问题来确定计划和选择干预方法,通常应该由来访者问题的性质来决定心理治疗的方法,具体见表 1-3。

心理治疗方法的选择原则包括:(1) 咨询早期应聚焦直接改变来访者的症状问题,优先于使用通过领悟和理解来间接影响症状的咨询程序。(2) 对于以症状为主的问题,应考虑改变来访者的行为和认知。建议的咨询手段应包括行为和认知干预策略,如示范法、逐步练习法、认知重建法、自我监测法等。这取决于症状是外显的(行为干预方法)还是内隐的(认知疗法)。对于外部归因的来访者,行为和认知疗法也能取得较好的效果。(3) 对于以象征冲突为主的问题,咨询方法包括情绪和感觉结果增强干预策略,如情感反省法、格式塔双椅及梦幻工作法、表象法、身体表现及相关活动法。解决潜意识冲突的疗法包括探寻潜意识经历、强调人际关系模式以及隐藏动机的干预策略,如解释法、对抗法、早期经历回忆法和双椅工作法等,对于内部归因的来访者更有效。(4) 如果来访者典型的应对方法是主动回避责备或责任,并具有冲动性和攻击性或其他外源症状,咨询策略是明确告知来访者,这些回避行为可能产生的恐惧后果,并帮助来访者培养出技能来选择其他的行为。(5)如果来访者典型的应对方法是强调自我反思和批评、社会退缩、情绪回避和内部反应控制,咨询策略应该促使来访者意识到这些内部事件是如何影响他自己。

表1-3 问题的性质与相关的咨询治疗方法

问题的本质	改变的目标	相关的咨询与治疗方法
痛苦症状	行为(第一改变顺序)	1. 社会技能训练 2. 对逃避事件的现场暴露法 3. 阶段训练法 4. 行为强化法
	认知(第一改变顺序)	1. 找出认知的错误 2. 估计出认知歪曲的程度或危险性 3. 向失效的假设和信念进行挑战 4. 自我监督 5. 自我引导 6. 训练替代性思维 7. 检验新的假设
象征性冲突	情感(第二改变顺序)	1. 关注感觉状态 2. 情感反省法 3. 情感"分裂"的双椅治疗法 4. 与未完事件相关的空椅子治疗法 5. 构造意象法 6. 格式塔释梦法 7. 隐藏自我的镜像反射法 8. 扮演对立情感 9. 感觉线索的自由联想法 10. 身体感表达和放松训练
潜意识冲突	(第二改变顺序)	1. 自由联想 2. 释梦 3. 对转换投射进行鼓励 4. 对阻抗和防御机制进行剖析 5. 评估常见错误或口误,分析隐藏的动机 6. 自由联想探索 7. 对早期记忆进行讨论 8. 对家谱图进行重建和分析 9. 对个人内心"分裂"的双椅治疗法

总的说来,采用什么心理治疗方法,谁去治疗,在什么条件下进行治疗才是最有效的,对于特定的来访者来说仍是一个挑战。现代咨询强调使用

多维治疗观点的重要性,根据来访者问题选择治疗方法。

本 章 小 结

　　心理评估与诊断是咨询/治疗之前的整个决策过程,代表心理咨询和心理治疗的科学性。诊断结果决定了对来访者是进行心理咨询还是进行心理治疗,但对采用具体的咨询或治疗方法仅提供参考意见,因而除了对来访者进行诊断性评估(不等同作诊断),咨询/治疗师还需要对来访者进行心理特征评估。

　　异常行为的外延大于心理障碍,只有符合偏离(常模)、苦恼、功能失调和危险四个标准的异常行为,才被视为心理障碍。当代看待异常行为的视角包括生物学观点、心理学观点、社会文化观点。没有一个观点可以独立解释复杂的人类异常行为,多种原因在心理障碍中起交互作用,不同的人可能在不同原因影响下发展为相同的障碍,这是生物—心理—社会观点。

　　分类诊断描述症状而不是进行解释,不涉及理论和原因,得到保险公司和健康组织的认可,还因其有利于快速沟通,被许多治疗师采用。常用的分类系统有 DSM-Ⅳ-TR、ICD-10、CCMD-3。

　　国外研究发现,采用折中/整合的咨询/治疗师人数超过某个特定理论取向者,心理咨询/治疗方法通常由来访者问题的性质来决定。

推荐阅读

　　American Psychiatric Association(2000). *Diagnostic and Statistical Manual of Mental Disorders-Text Revision*, 4th Edition. American Psychiatric Association. Washington, DC.

　　J. J. F. ter 拉克(2000). 心理诊断[M]. 陈会昌,译. 北京:华文出版社.

　　James Morrison(2009). 精神科临床诊断[M]. 李欢欢,石川,译. 北京:中国轻工业出版社.

　　Nathan, P. E. & Gorman, J. M. (2007). *A Guide to Treatments that Work* (3rd ed.). New York: Oxford University Press. (提供了针对众多心

理障碍的药物治疗和心理治疗的有效性证据）

World Heath Organization（1992）. *The ICD-10 Classification of Mental and Behavioural Disorders: Clinical Descriptions and Diagnostic Guidelines*. World Heath Organization，Geneva.

张仲明，李世泽(2005).心理诊断学[M].重庆：西南师范大学出版社.

第二章 咨询理论中的评估运用

本章导引

1. 对来访者的评估与咨询理论有关吗？
2. 是否需要评估来访者适合某一心理治疗？
3. 你赞成心理障碍的"生病角色"吗？

不同心理咨询流派对异常行为提出了自己的理论视角，并发展出相应的心理评估方法、内容及治疗方法。强调描述性诊断意味着对来访者的临床症状学进行诊断性评估，赋予来访者生病角色或被指为贴标签。美国社会学家帕森斯（Parsons，1951）最早提出生病角色（sick role），认为疾病本身不仅是一种状态，也提供了一个社会角色，这个角色可以免除来访者某些正常的社会义务和社会责任，在社会上被定义为"需要给予帮助"，来访者的义务是既然自己生病，必须与别人合作，迅速恢复健康。在一个真正的生物—心理—社会模型的诊断与治疗中，一个描述性诊断符合DSM（或其他分类系统）诊断标准，由诊断提示的躯体治疗是整个治疗计划的一部分。如果来访者有躯体症状或疾病，治疗师可能建议来访者进行生理检查，关于标准化的描述性诊断评估参见第四章。然而，有的心理治疗理论反对对来访者进行诊断性评估，反对给来访者贴标签，认为诊断性标签会限制治疗师的视角，来访者还会因自我实现的预期导致更糟的结果，因此这种取向的治疗师主张聚焦来访者的问题。

本章比较了心理咨询理论流派中对待诊断分类的观点和发展出来的评估运用技术。

第一节 精神分析疗法

一、心理动力学

精神分析的当代趋势是由一系列的基本理论和原则组成了心理动力学的基础,心理动力学理论背景包括内驱力理论、自我心理学、客体关系理论、自体心理学和依恋理论。其基本原则如下:绝大部分的精神生活都是潜意识的;童年经历与遗传因素一起塑造了成人;来访者对治疗师的移情是理解来访者的主要途径;治疗师的反移情对理解来访者在他人身上引起什么反应提供有价值的信息;来访者的阻抗是治疗的主要关键;症状和行为有许多功能,由复杂而且是潜意识的力量决定;心理动力学帮助来访者获得一种真实感和独特感。

就心理评估来说,心理动力学认为对来访者进行的评估应该包括来访者的心理特征和临床症状的评估,就是根据来访者使用心理动力学方法的能力对来访者进行心理特征评估,治疗师必须适应来访者的人格,了解来访者与治疗师合作探索来访者问题的能力,帮助来访者改善状况。同时,为了治疗有效,也必须评估来访者的临床症状。一些精神分析师可能使用投射测验来探索来访者的潜意识过程,还有一些治疗师开发出工作同盟调查表,用来评估与治疗关系相关的治疗变化,认为这有助于评估来访者的问题(Goldberg, Rollins, & McNary, 2004; Busseri & Tyler, 2003)。

(一)相关概念

1. 移情与反移情

在心理动力学看来,来访者对治疗师的移情是理解来访者的主要途径,认为聚焦解释治疗师与来访者的关系会带来特别的益处。利用治疗师与来访者互动中此时此地的移情与反移情信息来理解来访者过去和现在关系中的困难,预测来访者的关系模式如何出现在咨询与治疗过程中,以及如何影响治疗进程。

2. 早年经历

了解来访者早期的生活经历有助于理解当时环境是如何引起心理障碍

的一个方法,治疗师评估这些发展阶段的固着在什么时间、以何种方式形成。这些是个体动力及心理障碍来源的基础。有些分析师认为治疗初期并不一定需要进行全面的信息收集,这些信息可以通过以后的分析逐步呈现。

3. 心理治疗谱系与精神病理谱系

个体心理治疗是从支持性心理治疗到精神分析性治疗的谱系(见图2-1)。这一谱系始于支持性心理治疗,经过支持表达性心理治疗、心理治疗、表达支持性心理治疗,最后为精神分析性治疗。支持性心理治疗指基于诊断性评估,治疗师有目的采用一些特定的行为方式来达到一定治疗目标,是心理动力学治疗中的一种。治疗师不涉及来访者潜在的潜意识冲突和人格歪曲,将移情视为一种关系,鼓励发展积极感受,但一般不讨论移情,来访者问题的改善不靠内省获得。

		受损水平		
严重受损		中度受损		轻度受损
支持性心理治疗	支持表达性心理治疗	心理治疗	表达支持性心理治疗	精神分析性治疗

图2-1　损害/心理治疗谱系

表达性心理治疗用来描述通过分析治疗师与来访者之间的关系,帮助来访者发展内省以了解自己过去未认识到的感受、想法、需要和冲突,使来访者试图有意识地解决和整合各种冲突而获得人格改变的治疗方法。当达到心理治疗谱中间点时,不同治疗之间的差别变得模糊难区分(Dewald,1994)。大多数来访者接受了支持表达性心理治疗,但谱系左端的来访者受损严重,他们的心理结构或自我功能有明显损害,治疗关键是减轻症状或预防心理障碍的复发。

精神病理谱系如下:谱系左边的严重受损的来访者包括严重心理障碍、广泛性发育心理障碍、严重边缘型人格障碍、智力低下、教育和社会化程度不足。需要针对自我功能、日常应对及自尊的直接干预,不适合表达性为主的心理治疗。谱系中间是自恋型人格障碍或非精神病性抑郁患者。谱系右边:可能患有强迫型人格障碍、依赖型人格障碍或回避型人格障碍、心境恶劣、惊恐障碍或适应障碍。物质成瘾问题可出现在谱系任何一处。

(二) 临床症状评估

心理动力学总是按生物—心理—社会模型来理解来访者,同时在治疗过程中获得更多信息时不断修正一系列假设。因此,在心理动力学治疗之前,治疗师要对来访者的症状深入评估,关注症状程度、病程、家族史和药物使用情况,以全面掌握来访者的临床情况,直到类似于上述的各种问题对心理治疗不会造成干扰性影响。

(三) 心理特征评估

精神分析与心理动力学治疗的一个基本原则是,治疗投入有时是非常痛苦的探索,因此需要来访者足够的心理动机,治疗必须是来访者自己选择的,心理治疗的成功取决于选择真正适合心理动力治疗的来访者,治疗必须符合来访者的需要。为了判断来访者是否适合动力学治疗,必须评估来访者人格结构水平。

1. 评估人格结构水平

其一,超我的性质:来访者是否整合良好?

其二,来访者的典型防御机制。治疗师评估来访者的特定防御机制,借助访谈中来访者的阻抗发挥的作用来评估来访者的防御机制。当前的心理动力学评估专家将防御看作是在羞耻和自恋性脆弱面前保持自尊感,在一个人感受到被抛弃或其他可怕威胁时,确保安全感,通过否认或轻视把自己和外在的危险隔绝开来。

防御机制不是简单地防御一种感情或观念,还会改变自我和客体关系,使来访者能够处理与来自过去的内在客体或当前的外在现实中重要人物的冲突。防御有不成熟(原始)、中间(较高水平)、成熟三个发展水平。不成熟(原始)的防御包括分裂、投射认同、投射、否认、分离、理想化、付诸行动、躯体化、退行、分裂性幻想。较高水平(神经症性)的防御包括内投、认同、移置、理智化、情感隔离、合理化、性欲化、反向形成、压抑、抵消。其中,内投、认同可以是正常发展的一部分,起非防御的功能。成熟的防御包括幽默、抑制、禁欲、利他、预期、升华。

防御总是深植于来访者的关系中,特定的防御与特定的人格类型或某些情况下特定的人格障碍相联系。如原始防御机制如分裂和投射认同,通常与原始性结构的人格相联系(如边缘型人格障碍);强迫型人格特征者更可能使用情感隔离、反向形成、理智化等防御。这些防御的目的是缓和强烈的情感，强调认知。

来访者的典型防御机制会与一系列的内在客体关系一起，在评估过程中引起特定期望的相互作用，如强迫型人格障碍来访者在面对愤怒时，可能会关注事实和信息，以理智化来回避强烈的感受，表现出善解人意来回避表达敌意（反向形成）。

其三，反映来访者内心世界的特征性的客体关系模式。客体关系涉及个人与其生活中的重要人物以一种有意义的方式保持关系的能力，其中包括建立亲密关系、忍受分离和丧失、保持独立性和自主性的能力，同时包括自我感受及形成内聚、稳定、没有对自己或他人进行贬低或过度理想化的自我印象的能力。评估来访者的客体关系对判断其在精神病理—心理结构谱系上的位置至关重要：能建立至少一种有意义的"给予和接受"关系的来访者倾向于谱系右侧，而退缩、对他人无兴趣或自恋、高度依赖及关系混乱的来访者位于谱系左侧，需要支持性治疗方法。如强迫型人格障碍来访者在治疗师面前，可能表现得像一个尽职尽责的孩子，从权威人物（访谈中的治疗师）那里获得肯定。以这种方式，期望的相互作用本身就可看成是对害怕的一种相互作用的防御。在这个害怕的相互作用中，治疗师变成他严厉而苛刻的超我的化身。

其四，自我力量和自我脆弱性。自我力量强的来访者位于谱系右侧，自我脆弱的来访者位于谱系左侧，需要支持性治疗方法。

其五，冲突或缺陷基础的病理学存在。冲突的三角关系聚焦在希望/需要/情绪与抵挡它们的防御和焦虑。来访者会在治疗师探索其情绪时作出防御性反应，也可能害怕冲突性情绪作出焦虑性反应。

其六，反省功能的能力。来自依恋理论的反省功能和心理化的概念，提供了另一个心理动力学评估的维度。福纳吉等人（Fonagy et al.，1996）在研究原始的人格障碍（如边缘型人格障碍）来访者时发现，无法解决他们经历的早期忽略和创伤，进而提出"反省功能"这个概念，把它定义为"一种发展性的获得，能够让儿童对他人的行为，对他们的信念、感受、希望、计划等作出反应"。反省功能依赖心理化的能力，当依恋是安全的时候，心理化就会自动地、潜意识地发生，发展出根据人们的感受、愿望、信念和期望来理解他们的能力,儿童能区别自己对他人表征的感知与现实的他们。

这种能力在治疗中帮来访者认识到对治疗师的移情性感知与治疗师实际上是什么样之间的区别,在诊断性评估中治疗师可以探索来访者区分感知或信念与事实的能力。

2. 人格结构水平分类

心理动力学治疗师将来访者的人格结构水平分为神经症性水平和边缘性水平两类。这样的评估与 DSM-Ⅳ-R 基础上的评估不同,它不仅是对来访者的诊断标签,更是对来访者的诊断性理解,提示其是否需要心理动力学治疗。来访者的人格结构水平对判断其适合何种心理动力学治疗非常有用,心理动力学治疗师在一个高探索性或表达性到支持性或克制的连续谱上调整方法以适应来访者需要。

神经症性水平的来访者超我整合良好、功能水平稳定,同时具有严厉的批判性、惩罚性;来访者可能在很多时间是自责和内疚的,可能对一些看上去琐碎的小事操心;更可能有神经症范畴的高水平防御包括压抑、理智化、情感隔离、合理化、反向形成、抵消和置换;来访者将自己及他人看成既好又坏,在很长时间里有相当稳定的身份认同,内在客体的特征是内心矛盾地把客体看成是完整的客体和三角关系的冲突;体验到大量的内心冲突,有完整的反省功能;能区分他人的表征与实际之间的差别,表现出明显的自我力量,能控制冲动,进行完整判断,具有一致的现实检验及保持工作的能力。

边缘性水平的来访者超我整合少,功能不稳定,关心和内疚的能力波动大,可能在某个时刻伤害他人没有任何的内疚,而在另一时刻为自己的行为感到特别内疚,甚至想自杀;来访者表现与原始的防御机制有关,如分裂、投射认同、理想化和贬低。来访者身份认同混乱,对他人来说,他们每天看上去都不一样。客体关系的性质是"部分"而不是"完整"的,分裂为"绝对好"或"绝对坏"。有非特定的自我薄弱包括冲动性、判断受损、难以保持稳定的工作,现实检验能力短暂受损。来访者除冲突外,还伴明显的缺陷,同时反省功能发展得很差,常感觉事情是突然发生在他们面前,而不是内在状态激发。结果,应激状况下出现短暂的偏执性思考,或在缺乏结构的情境下联想轻度散漫。

神经症性结构水平预示非常适合进行高度探索的心理动力学治疗,而边缘性结构水平需要提供支持和心理教育性的干预，提高其反省功能，支持其自我有缺陷的领域，整合对自己和他人的极端看法。

3. 心理动力学治疗的能力

来访者具有下述特征，适合进行探索性或表达性心理动力学治疗：神经症性的人格结构、了解自己的动机强烈、痛苦明显、挫折承受能力良好、具有领悟及根据类比和隐喻进行思考的能力。

适合进行支持性心理治疗的来访者具有以下特征：边缘性的人格结构、处在严重的生活危机中、承受挫折或焦虑的能力差、过分具体化、缺乏领悟或思考能力、低智商、几乎没有自我观察的能力、与评估者难以建立信任关系。

二、人际心理治疗

人际心理治疗（interpersonal psychotherapy，简称IPT）由美国精神病学家克勒曼（Gerald L. Klerman，1928—1992）创立。他利用医学模式开发了人际心理治疗，即设计一个模式来治疗抑郁症（而不是其他心理障碍），他制订了治疗手册，治疗严格按照手册进行。人际心理治疗代表循证心理治疗，人际心理治疗的抑郁症治疗效果在临床研究中得到证实，并被修正来治疗多种心境障碍及其他心理障碍如焦虑障碍、进食障碍等，这些障碍中人际问题大多数类似抑郁症。

（一）人际心理治疗的理论背景

来自神经生物领域的新进展提示，早年的人际关系构成了经验表征的结构，形成对世界连续一致的看法，这种塑造的过程贯穿生命始终（Siegel，1999）。人际心理治疗主要以沙利文（Harry Stack Sullivan，1892—1949）的精神分析的人际关系学派为基础，沙利文（Sullivan，1953）强调社会关系的作用大于性驱力和攻击性，他认为作为心理健康的主要来源，童年和青少年同伴关系对个体后来的人际关系产生影响。迈耶（Meyer，1957）认为，心理障碍在个体试图适应环境时出现，早年对家庭和各种社会群体的体验影响着个体对环境的适应。鲍尔比（Bowlby，1969）相信，儿童存在着维持与母亲亲近的整个行为系统。在依恋理论中，儿童的动机不仅寻求客体，而且旨在获得因母亲或照料者亲近带来的一种安抚性心理状态。鲍尔比相信，在大多数心理病理条件的发展中,与父母分离与丧失(父母)的问题是首位的。安斯沃思(Mary Ainsworth,1913—1999)通过研究婴儿对陌生情境的反应对依恋进行分类,这些依恋类型在某种程度上与类似的成人依恋类型相关:安全/自主型、不安全/回避型(理想化、诋毁、否认及贬低过去及当前的依恋)、焦虑型(对亲密关系感到困惑或不知所措)、未解决型/混乱型(创伤或忽略的牺牲者)。虽然他们不是主流精神分析的著述者,但他们的观点构成人际心理治疗的理论来源,也成为心理咨询中人际关系视角的理论来源。人际心理治疗运用的框架和干预与这些理论直接相关。

(二)人际心理治疗的评估运用

克勒曼(Klerman,1992)认为心理障碍的症状由多种原因造成,通常表现在社会及人际背景中。不过,他不关心抑郁症起因,更关心如何帮助个体应对生活问题,确认来访者的重要人际情境,对来访者提出个性化的解决方案。

来访者的问题特别是心境障碍,有三个重要的组成方面:(1)症状功能,人际心理治疗认为心理障碍有生理和心理的病因。(2)社会及人际关系,人际心理治疗强调人际关系在心理健康中起重要作用。来访者以社会角色与他人相互作用,这种作用基于童年经验、社会强化学习及个人的控制和能力。(3)人格问题,来访者持久的特质如压抑对愤怒的表达,以及重要他人的沟通不良、自尊不足等,这些特质决定一个人对人际体验的反应。

人际心理治疗干预来访者的前两个方面,即症状功能和社会及人际关系,不仅适合轴Ⅰ诊断的患者,同样适合有各种人际问题如工作冲突或婚姻问题的来访者。

1. 赋予生病角色

人际心理治疗将来访者的临床症状学评估放在首位,对其进行 DSM-Ⅳ-R 的诊断。通过对症状的整理和回顾让治疗师确定来访者是否进入生病的角色。确诊后,明确告诉来访者,有时还通知家属,这一过程使生病的角色合法化,将来访者定义为一种需要别人协助的状态,同时免除某些社会义务和责任。

生病角色将对来访者的指责或自责转向疾病本身,向来访者描述整个恢复的过程,告诉来访者必须努力合作让自己恢复,角色中的关键部分是帮助来访者去除症状并恢复,恢复的阶段从来访者投入治疗开始。这样,通过赋予来访者生病的角色,让来访者能够接受一种补偿性的但有时间限制的照顾和协助,在此之前,该角色没得到足够的照顾,也不觉得别人能提供这样的照顾。

生病角色是人际心理治疗帮助来访者减轻自责,支持其积极行为的特征;帮助抑郁者将注意力从过度自我挑剔和自责,转移到抑郁疾病本身和人际情境中。如果抑郁症来访者对抑郁持道德批判,认为抑郁是失败和脆弱的表现,是为过去做错的事受到惩罚或者是一种刻意的表现,人际心理治疗师让来访者知道,这些负性想法其实是抑郁情绪的产物。

2. 人际评估

评估依恋模式和人际交流模式能帮助人际心理治疗师预测治疗中可能发生的问题如阻抗或依赖,以此调整治疗方法使这些问题最小化。在评估确认来访者的合适性后,人际心理治疗才正式开始。

其一,评估依恋模式。人际心理治疗师运用来访者的依恋模式评估来预测在治疗中可能发生的问题。焦虑型的来访者对结束关系感到困难,治疗师需要通过强调治疗的限时性及更早地讨论治疗结束来调整来访者的治疗方式,重要客体也应该纳入治疗,以确保来访者对治疗师的依赖不会成为问题。对回避型来访者,治疗师需要计划更多的时间来完成评估,以更多的关照来传达理解和共情,寻求来访者对治疗密度的反馈,可能是改善与回避型来访者治疗联盟的一种策略。

其二,评估人际交流模式。基斯勒和沃特金斯(Kiesler & Watkins, 1989)提出,依恋需要是在人与人之间交流的,多数安全依恋的个体能够与他人有效交流,不安全依恋型个体的交流方式往往是不直接或适得其反,他们对帮助不明确或矛盾的态度可能引来中立甚至礼貌性的反应,由此,他们相信永远不能得到合适的照顾,导致其需求不断升级而最终被拒绝,同时他们不能认识到自己的交流模式一直作用于他人。

来访者与他人交流需要的方式对治疗进程及来访者的提高程度意义深远,治疗师需要评估来访者的人际交流模式,直接问来访者与重要客体的冲突是怎么发生的。通过观察来访者描述相互交流的方式,以及其呈现出画面的平衡程度来判断来访者的内省力,注意来访者是否能精确陈述他人的观点。人际心理治疗用人际问卷(Klerman et al.，1984)探查来访者的人际问题，帮助治疗师和来访者确定治疗关注的关系，也有助于治疗师收集更多关于来访者的依恋模式和交流模式的信息。

人际问卷要求来访者简单描述：与生活中重要人物的互动，与他们接触的频率和质量等；人际关系中的双方对关系的期待，包括过去及现在满意的部分；整理人际关系中令人满意的和不满意的部分及其详例；来访者希望发生改变的人际关系方式，通过改变自己的行为还是他人的行为。

此外，人际心理治疗也建立在心理动力学基础上，治疗师的移情体验提示治疗中的潜在问题，预知可能的治疗结果，有助于理解来访者如何寻求帮助、如何结束关系、别人不回应他的需求时如何反应。因此，治疗师运用移情，但不干预治疗关系中的移情关系。

其三，评估治疗师与来访者之间的契合度。治疗师有自身特有的依恋和交流模式，人际心理治疗师需要评估自己与来访者之间的契合度，如过分直接的治疗师对回避型来访者感到困难，对治疗结束感到困难的治疗师可能对依赖型来访者束手无策。

其四，确定来访者的问题领域。完成初始评估，确定来访者对人际心理治疗的契合度后，咨询师需要找出主要的问题领域。

人际心理治疗将问题领域分为四类：(1)悲伤反应(复杂的哀痛)。当严重、长时间悲伤干扰了功能的正常恢复或对逝者不能适当表达悲伤，可以诊断为异常的悲伤反应。人际心理治疗处理异常的悲伤反应时的原则性假设是，不适当的悲伤反应可能导致抑郁。(2)人际角色的冲突。来访者对至少一个重要他人有一种非互惠性的期待。典型特征是来访者意志消沉、觉得什么事都干不了，有不良沟通习惯，完全无法协调差异。(3)角色转换。在快速适应新的、不熟悉的角色时常发生社会功能障碍，临床表现为抑郁症状的人容易把角色转换体验为丧失。这种丧失可以是即刻、明显的，如离婚，也可能是微妙的，如孩子出生后失去休闲的时间。社会角色的转变，其实是因为社会阶层及历史背景的改变，包括进大学、婚姻、升职或退休，不一定就是好的或坏的，通常同时有优缺点。此外，搬家、离家、换工作、经济和疾病带来的家庭角色改变，都是角色转换的重要例子。(4)人际关系缺陷。来访者无法建立持续的亲密关系，普遍感到孤独和社会隔离。在社交技能上的缺陷可能是长期的,也可能是暂时的。

人际心理治疗师通常选择聚焦1—2个问题关系,而不是"诊断"一个特殊的种类,接受来访者对问题的看法,如来访者认为离婚是悲伤问题而不是角色转换问题,就将其归于悲伤问题,不能因对问题领域作出"正确诊断"而影响治疗联盟。

第二节 行为主义疗法

行为主义疗法假定,行为遵从学习律,心理障碍是特定习得经验的结果,也能以同样的原则加以治疗。行为主义疗法为心理障碍的形成提供一个概念框架,治疗师系统地坚持准确性和经验的评估,强调在治疗一开始就对个体的问题行为进行评估,通过客观评估问题行为及当前行为模式相关方面(包括具体问题行为及维持这些行为的各种刺激因素),发现来访者具体的症状和导致障碍的原因,进而让治疗师选择合适的治疗技术,使新的行为和学习具体化,形成时间表,为治疗的有效性提供框架和指标。

一、行为主义疗法

(一)行为主义疗法概述

"行为矫正"和"行为治疗"经常交替使用,但两个术语的含义有不同。行为矫正是一种评价、评估的方法,它聚焦个体的行为,而不是个体的特点或显著特征,如行为矫正不是用于改变自闭症(一个类别),它用于改变患有自闭症的个体表现出来的问题。行为变化(行为过度或行为不足)指日常生活中,适应的、亲社会的行为发展和不适应行为的减少(Kazdin,2001)。

行为治疗是一种临床的方法,用来治疗各种情况下发生在特殊群体身上的各种各样的行为障碍,它对焦虑障碍、抑郁、物质滥用、饮食障碍、家庭暴力、疼痛管理都进行了成功的治疗。

因此,行为矫正不强调诊断分类,不必进行临床症状评估;行为治疗建立在诊断分类的基础上,需要对来访者的一些基本特征进行评估,包括完整的病史和心理状况检查。

（二）行为分析

行为主义疗法治疗师根据来访者在访谈中提供的信息作出最初的假设，然后采用行为评估方法（观察法、行为核查表、评定量表等），对该假设作进一步的验证。

1. 行为评估的 ABC 模式

在行为主义看来，来访者的问题行为具有某种功能。对问题行为有关的先行原因或引起问题行为的刺激、结果或强化的维持因素进行分析称为功能分析或评估。行为主义将关注的问题行为称目标行为，行为分析或行为的功能评估就是收集目标行为发生有关的前提和后果的过程，是一种对涉及多个层面的前提、行为和后果的评估信息进行组织和应用的一般性方法。这一简单的框架叫作行为评估的 ABC 模式。A＝前提或某个行为刚出现前发生的事件；B＝关注的行为或问题行为；C＝后果或紧随行为之后的事件。

问题行为由前提 A 和后果 C 控制，在某些情况下，通过改变前提 A 和后果 C，看行为 B 是否有相应的变化，从而接受或拒绝假设。同时，通过控制 A，改变 C 可矫正问题行为 B。

2. 整合认知理论的功能评估

现代的行为疗法认为，大多数来访者问题行为不是孤立发生的，是更大行为系统或行为链中的一部分，每一个问题行为通常都有不止一个组成部分，来访者主诉的抑郁体验，可能含有情感成分、躯体成分、行为成分和认知成分；同时，问题行为可能会因背景因素和人际关系因素有所不同。

行为疗法整合认知疗法相关理论，从情感、躯体、行为前因、认知图式、情境、人际关系六个方面评估问题行为。（1）情感，指问题发生时的感受、情绪、心境或掩饰了的情感、情绪。（2）躯体，指躯体感觉、生理性反应、器官障碍、疾病医疗。（3）行为，指外显的行为，活动过度或不足。（4）认知，指自动的、有帮助的、没帮助的、理性合理或非理性的想法、信念、内心独白、知觉和错觉。（5）关联情境，指时间、地点或引发事件，文化背景社会经济地位。（6）人际关系，指问题对重要他人的影响，重要他人对这个问题的影响，存在/缺乏的社会支持。然后，通过对这六个方面进行评估，咨询师形成概念化框架 ABC 模式（见表 2-1）。

表 2-1　现代行为疗法的功能评估 ABC 模式

前因 A	目前的问题行为 B	后果和二级获益(补偿)C
情感方面	情感方面	情感方面
躯体方面	躯体方面	躯体方面
行为方面	行为方面	行为方面
认知方面	认知方面	认知方面
关联情境(背景)	关联情境(背景)	关联情境(背景)
人际关系	人际关系	人际关系

3. 行为分析的过程

其一，从行为访谈开始，访谈结果应可以清楚地界定问题行为，通过访谈还可获得有关替代行为、动机变量、其他强化刺激和既往治疗史的重要信息，形成关于前提和后果的假说。

其二，一旦通过访谈形成了假说，治疗师需要在真实情境中进行观察。如果观察结果与访谈得到的信息一致，最初的假设也就得到了支持，多重评估达成一致，形成严谨假说，就可以结束功能评估，制定最合适的治疗方案。

其三，如果观察的信息与行为访谈结果不一致，必须重新评估，澄清不一致的地方，直到达成一致，形成严谨的假说，才可结束评估。

4. 功能评估的不足

功能评估的主要缺点在于需花费很多时间、精力和技能来处理前提、后果以及行为的最终改变。同时，ABC 模式更多地反映了欧洲中心及男性主义倾向，这些来访者依赖于归纳或演绎进行推理。故 ABC 模式不一定适用于所有来访者，特别是女性及其他文化中的来访者(如中国文化不提倡直接地自我暴露)，这些评估内容可能会受到挑战。

二、多模式治疗：临床行为疗法

(一) 多模式治疗

南非心理学家拉扎勒斯(Arnold Allan Lazarus，1932—2013)致力于作出正确判断：来访者的特殊环境，采用什么治疗关系和治疗策略能取得最好的疗效？他创建了一种包括广泛的、有系统的、整体观取向的行为疗法，称为多模式疗法(multimodal therapy)，扎根于社会学习理论和行为治疗，不断将行为治疗体系的新进展和新发现整合于多模式疗法中。这个概念化模型,对后来的咨询师形成问题概念化临床模型颇具影响。

1. 概念化模型的假设

其一,来访者受困于各种不同领域的问题,治疗应矫正来访者人格历程的多种功能,否则只有短期效果。

其二,长期性的改变是多种治疗策略与技术并用的结果。

其三,广度比深度重要,来访者从治疗中学到的应对反应越多,旧问题复发的可能性就越小。

2. 行为分析

多模式理论假设人类的复杂人格由多个历程形成、维持和改变,拉扎勒斯将复杂人格分为七个主要相关联的功能领域,用首字母表示出来,就是BASIC I.D.。这七个要素相互联系、相互作用,但各具功能。多模式疗法从广泛评估来访者的人格七个要素及它们之间的相互作用开始,完整地评估BASIC I.D.中的每一要素。用一种详细的生活问卷进行七要素的初步调查,BASIC I.D.建立后,下一步是评估不同要素的交互作用。

(二) 多模式治疗的评估

1. 评估内容

评估内容就是 BASIC I.D. 模型的七个方面,B=行为,A=情感,S=感觉,I=表象,C=认知,I=人际关系,D=药物或生物功能。

B(behavior,行为),主要指外显行为,包括可观察可测量的行为、习惯、反应等,以及各种简单和复杂的心理运动及活动,如发笑、说话、书写、吃东西、吸烟和性行为等。治疗师要特别注意来访者过度或缺失的行为。

A(affect,情感),指情绪、心情与强烈的感觉,包括感觉到或报告出来的情绪和情感。应注意某特别情感是否存在,以及是否存在着隐藏或被扭曲的情感。拉扎勒斯认为,这是心理治疗中研究最多但了解最少的领域。

S(sensation,感觉),包括视觉、动觉、听觉、嗅觉和味觉五种主要基本感官知觉。经验中的各种感觉元素对于个人的自我完善是很重要的。有时来访者的主诉是感觉躯体不适,如胃痉挛或头晕。治疗师需要注意来访者报告的感觉是愉快还是不愉快以及那些没有被意识到的感觉。

I(imagery,表象),包括各种能对个人生活产生影响的心理图像,包括记忆、梦和幻想。拉扎勒斯认为,对于那些过度使用认知特性并将情感理性化的来访者来说,了解其表象特性会特别有帮助。

C(cognitive,认知),指人的思想和观念,与形成一个人的基本价值观、态度及信念的洞察力、哲学观、意见、自我言语及判断力有关。拉扎勒斯最感兴趣研究人们的错误观念,以及那些不合逻辑或不合理性的观念。他认为,以下三种错误假设最常见,比其他观念的潜在危害更大:(1)"应该"式的专制观念,经常将不合理的要求强加于自己和他人。(2)完美主义,期望自己和他人完美,毫无差错。(3)外部归因论,认为自己是他人和外部环境的牺牲品,对发生的事情不能控制,也没有责任。

I(interpersonal relationships,人际关系),指与别人的互动关系。人际交往过程中的问题,可从来访者的自陈报告和角色扮演中发现,也可通过观察来访者与咨询者的关系而发现。对人际关系的评估包括:观察来访者如何表达和接受他人的情感,以及他们的行为和对别人的反应。

D(drugs/biology,药物或生物功能),包括药物、饮食习惯和运动状态。药物是一种需要加以评估的重要的非心理方面,神经生理和生物化学因素能够影响来访者的行为、情感、认知、感觉等。除精神药物治疗要求的一些特殊的调查项目之外,药物评估还应包括如下内容,检查治疗需要咨询医生或其他健康专家的参与,或由他们进行会诊:(1)整体外貌,如衣着、皮肤、话语流畅性、痉挛等;(2)躯体生理主诉和已经确诊的疾病;(3)一般健康状况和幸福感,如身体健美、参加运动、饮食与营养状况、职业兴趣和爱好、闲暇时间的消遣等。

2. 评估方式

多模式疗法在开始治疗阶段以评估为主,评估持续整个治疗过程。评估方式包括:(1)对来访者进行临床访谈;(2)来访者自己填写自己的模式;(3)使用评估工具,多模式生活史调查问卷(Lazarus & Lazarus,1991)

第三节 认知行为疗法

一、认知疗法

情绪心理学研究认为,情绪产生是由环境事件(刺激因素)、生理状态(生理因素)、认知过程(认知因素)三个条件制约的,其中认知因素是决定情绪性质的关键因素。认知疗法注重帮助人们矫正不合理的信念，如引起情绪问题的自动思维和自我挫败的态度。认知理论家认为，焦虑、抑郁等消极情绪是人们对挫折事件的解释，而不是事件本身。他们对情绪障碍的心理学解释建立在对情绪障碍诊断分类之上。

（一）合理情绪行为疗法

埃利斯(Ellis, 1993, 2001; Ellis & Grieger, 1977; Dryden & Ellis, 2001)认为，负性事件本身并不导致焦虑、抑郁或紊乱的行为，而是不合理、自我挫败的信念导致心理问题和消极情绪。他发展的治疗模式被称为合理情绪行为疗法(rational emotive behavior therapy, 简称 REBT)，治疗师通过从来访者如何使用语言，出现"必须""应该"这样的表述来获得线索，从而帮助来访者识别其对负性事件背后的不合理信念。埃利斯认为儿时的经历与不合理信念有关，但他坚持这种信念在"此时此地"循环往复，不断给我们制造痛苦。对于大多数焦虑、抑郁的人来说，获得更多快乐不在于发现和释放内心深处的冲突，而在于认识和矫正不合理的个人要求。

合理情绪行为疗法存在两种相互重叠的评估类型。第一种是对作为问题来源的认知和行为的评估，以及对认知、情绪和行为主题的评估，可用米伦临床多轴量表(Millon Clinical Multiaxial Inventory, 简称 MCMI)、贝克抑郁量表(Beck Depression Inventory, 简称 BDI)。第二种是使用 ABC 理论来确认来访者的问题。评估工具可以用理性情绪行为治疗自助量表(Self-Help Form)。来访者填写自己的诱发性事件及其后果，确定相应的非理性信念。该量表兼诊断和治疗的作用。

这两种方法，特别是后一种，在整个治疗过程中持续使用。倾听来访者的过程中，咨询师形成假设，假设推动评估过程向前发展。

（二）认知疗法

贝克(Aaron Temkin Beck, 1921—)认为，抑郁源于错误的思维，也称为认知歪曲。其实质是以个人的缺点或失败来评价自己，以消极的眼光解释事件(Beck et al., 1979)。贝克发展的治疗模式被称为认知疗法(cognitive therapy)，旨在帮助有心理障碍的个体识别和纠正错误的思维。

1. 基本认知歪曲

其一，选择性概括，指从部分可得信息中推出结论，忽略或过滤掉其他显而易见的信息。如一个学生数学较差,文科成绩优异,他认为自己成绩不佳。

其二,过度概括化,指从一项或更多孤立的事件得出结论,然后将结论不合逻辑地推广到很多领域。如某学生从数学成绩不佳,概括为:"我的生活中,不管在哪都不顺;我什么事都做不好。"

其三,夸大,指一种特征、一个事件或一种感觉被夸大。一位惊恐障碍的女性在一次发作中感到头昏眼花,就认为"我可能心脏病发了"。

其四,绝对化思维,指对于自己、个人经验或他人判断被归入两个类别中,非此即彼,全好或全坏。

2. 认知加工的主要层次

贝克和他的同事(Beck et al.,1979;Clark et al.,1999;Dobson & Shaw,1986)定义了认知加工的三个主要层次。

其一,意识,这是一种知觉状态,是认知的最高层次。在这种状态下,我们可以理性地作出决定。有意识的注意可以使我们监测和评估与环境之间的影响,将过去的回忆与当下的体验相联系,控制和策划未来的行动。

其二,自动思维,即在一些情境(或回忆事件时)迅速经过我们头脑的念头。如果加以注意,我们能识别并理解这些想法。克拉克等人(Clark et al.,1999)描述自动思维时使用了"前意识"这一术语,我们能下意识地意识到自动思维的存在。每个人都有自动思维,它出现的一个重要线索是强烈情绪的出现。

其三,图式,指一些核心信念,用于信息加工的模板和规则。这些规则用于支持表层的自动思维。

3. 病态信息加工的关键特征

其一,抑郁症中比较突出的特点:绝望、低自尊、对环境的消极看法、具有消极主题的自动思维,错误归因,对消极反馈的过度评价,在要求努力或抽象思维的认知任务中成绩不佳。

其二,焦虑障碍来访者在信息加工中表现出特征性偏差,具体表现为:对损害或危险的恐惧,对环境中潜在威胁的信息的注意力增加,对情境中的危险过度评价,在危险难以控制的状态时产生自动思维——自己无能力,对自己应对恐惧情境的能力评价过低,对身体刺激的错误解释。

其三,抑郁和焦虑障碍身上自动信息加工增加、不良适应图式、认知错误的频率增加,问题解决的认知能力下降,任务表现较差,自我的关注增加,特别是感觉到的不足或问题。

4. 评估技术

评估技术包括诊断性访谈、自我监测、意念取样、信念与假定评估、自我报告问卷。其中,自我报告问卷包括贝克抑郁量表、贝克自杀念头量表、不良心态量表、图式调查问卷。问卷简短,治疗中随时运用以监测治疗进程。

二、认知行为疗法

20世纪50年代行为疗法的代表人物斯金纳(Burrhus Frederic Skinner, 1904—1990)、沃尔普(Joseph Wolpe, 1915—1997)、拉扎勒斯、克伦博尔茨(John D. Krumboltz, 1928—)等人将咨询目标定为使个人行为发生结构性变化,侧重改变人的外显行为。60年代以来,心理治疗中认知模式和行为模式结合形成认知行为疗法(cognitive-behavioral therapy,简称CBT),认为外显行为(可观察的行为)和内隐反应(情绪和思想)同样重要。认知行为疗法的假设是思维方式和信念影响行为,认知的改变引起有价值的行为改变(Dobson & Dozois, 2001; McGinn & Sanderson, 2001)。心理动力学假定,人们的防御机制使他们不能觉察自己的思想;与之形成对照的是,认知行为治疗强调通过特定的治疗技术,帮助来访者觉察并修正他们的深层思想,尤其是与抑郁、焦虑、愤怒等情绪相联系的深层思想。

(一) **诊断性评估**

认知行为治疗师认识到,生物过程(如基因、神经递质、大脑结构和内分泌系统)、环境、人际和认知行为因素在心理异常的起源和治疗之间存在复杂的影响(Wright, 2004; Wright & Thase, 1992)。认知行为治疗模型假定认知和行为的改变通过生物性过程加以调节,神经药物治疗和其他生物性治疗影响认知(Wright et al., 2003)。对药物治疗和心理治疗相结合的研究进一步支持了实施认知行为治疗模型时考虑生物性影响的观点,认知行为治疗与药物治疗相结合可改善疗效,特别是对长期的或阻抗的抑郁症、精神分裂症和双相障碍等严重病情时尤其明显(Keller et al., 2006; Lam et al., 2003; Rector & Beck, 2001; Wright, 2004)，但阿普唑仑这类高效的苯二氮䓬类药物可能会破坏认知行为治疗的疗效。

由此，认知行为疗法虽聚焦来访者的认知和行为部分，但生物学及社会影响因素也是评估组成的重要特征，需要考虑认知行为、生物、社会和人际关系等各个方面。评估的线索大部分来自诊断，治疗师需要对来访者的一些基本特征进行评估，包括完整的病史和心理状况检查。治疗师在完成标准的访谈和作出多方诊断后获得丰富信息，来评估来访者是否适合认知行为治疗。

（二）来访者问题评估的案例概念化

认知行为治疗模型用来帮助咨询师将临床问题概念化，实现具体认知行为治疗。作为一个工作模型，其被简化，使治疗师将注意力直接指向思想、情绪和行为之间的关系，指导治疗干预。一项研究探讨了治疗师形成假设的技能与咨询有效性的关系，结果发现，高水平的假设形成技能与来访者对治疗师的积极评价成正比。不同的治疗师在临床实践中会形成或使用不同的概念化框架，这里主要介绍一种常见的概念化框架，即赖特等人开发的多侧面案例概念化系统。

认知行为治疗的个案概念化解析和治疗计划包含认知—行为—社会—生物观，为形成一份精练、高质量的案例概念化，治疗师需要作详细评估，对来访者目前遇到的典型压力状况，分析其中的认知行为成分，考虑生长史对其核心信念和习惯性行为的影响，形成工作假设，设计一份治疗计划。

在认知治疗协会制订的指南（网站 http://www.academyofct.org 上提供详细的指导）的基础上，赖特等人开发出多侧面案例概念化系统，包括七个关键维度：诊断和症状；成长的重大影响；近况和人际交往；生物、遗传和医学因素；优点/资源；典型的自动思维、情绪和行为模式；潜在的图式。他们从认知治疗协会提供的个案概念化指南中选取最主要的内容，编成案例概念化工作表（见表2-2），借助该工作表，帮助大家理解认知行为治疗评估包括所有作最初评估的一般项目（包括完整病史、来访者优势和精神状况检查），但作为认知行为治疗的特点是引出来访者的自动思维、图式和伴随行为的典型模式，用以判断来访者是否适合进行认知行为治疗。

表 2-2 认知行为疗法案例概念化工作表

来访者姓名		日期	
诊断和症状			
影响因素			
近况和人际交往			
生物、遗传和医学因素			
优点/资源			
治疗目标			
事件1	事件2	事件3	
自动思维	自动思维	自动思维	
情绪	情绪	情绪	
行为	行为	行为	
图式			
工作假设			
治疗计划			

（三）认知行为疗法的适合对象

两位重要的治疗实践理论家普罗查斯卡和诺克罗斯（Prochaska & Norcross，2007）提出，在各种心理治疗中，认知行为疗法是目前增长最快的疗法，也是被研究最多的疗法，将是未来五年最主要的疗法。认知行为治疗对多种轴Ⅰ疾病的疗效已经在 300 多项的随机对照中得到证实（Butler & Beck，2000）；认知行为治疗是抑郁症、焦虑障碍、神经性贪食症等的首选治疗方法之一（Wright et al.，2003）；对于精神分裂症或双相情感障碍来访者而言，认知行为治疗配合药物治疗被认为是有效的（Lam et al.，2003；Rector & Beck，2001；Sensky et al.，2000）；认知行为的改良模式对边缘型人格障碍有效（Linehan et al.，1991）；也用于其他轴Ⅱ情况（Beck & Freeman，1990）及物质滥用（Beck et al.，1993；Thase，1997）的治疗。但反社会型人格障碍、明显损害治疗关系、无法有效合作、信任感比较差的人不是认知行为治疗的理想对象，虽然这些限制认知行为治疗应用的因素在其他心理治疗中也同样存在。

萨夫兰和西格尔（Safran & Segal，1990）制订了一个用于研究的半结构化访谈提纲（访谈需要 1—2 小时），用来评估来访者是否适合作时间限定的认知行为治疗。赖特等人在萨夫兰和西格尔访谈提纲的基础上，整合自己的实践,列出了适合进行 2—4 个月认知行为治疗的来访者标准。

1. 病程和病情复杂程度

病程和病情复杂程度是预后估计的常用指标。长期存在的问题需要更长时间的治疗,病情复杂如焦虑障碍来访者同时有物质滥用、明显人格障碍、早年被虐待或被长期忽略及其他并发症时,提示需要更长时间的治疗。如果来访者之前接受过长期足程的心理治疗和药物治疗,均以失败告终,提供一个 12—16 周的治疗计划对其是否适合将是一个问题。

2. 对治疗成功的态度

对治疗成功的乐观/悲观态度是预后估计的常用指标,对建立治疗关系非常重要,对认知行为治疗尤其重要。极度悲观从两方面减少来访者对治疗作出反应的能力,悲观反映了来访者对他/她有严重困难的有效评估,尤其是当其存在不成功的治疗经验时;同时,悲观使来访者丧失参与治疗训练的能力,通过自我实现的预言使治疗效果大打折扣。由于悲观与无望、自杀意念关系密切,治疗师需要保持警觉。当某些来访者存在明显的悲观时,提示需要改变对其治疗方式,必要时建议其住院治疗。从某种意义上讲,来访者悲观背后可能隐藏着虚无妄想,通常提示需要抗精神病药物治疗。

3. 对变化负责的可接受度

准备改变并对心理社会因素对症状的影响表现出兴趣的来访者,更容易接受认知行为治疗,并从中获益。相反,那些表达强烈愿望希望通过药物进行治疗的来访者说明他们对心理治疗的前景存在怀疑;相信他们目前状况是激素失调或机体平衡失调造成的来访者,对认知行为治疗的热情并不高。

4. 对认知行为基本原理的兼容程度

对认知行为的兼容程度与第三个维度紧密相连,涉及来访者和治疗师彼此对认知行为治疗是否适合来访者的具体印象。芬内尔和蒂斯代尔(Fennell & Teasdale, 1987)以及肖等人(Shaw et al., 1999)研究表明,在接受治疗之前对认知行为治疗给予较高评价的来访者,较之对认知行为治疗第一印象中性或负性的来访者,治疗效果更好。

对认知行为基本原理的兼容程度的另一个方面,是来访者完成自助练习或作业的意愿,家庭作业是认知行为治疗的基本组成部分。布赖恩特等人(Bryant et al., 1999)研究表明,没有定期完成家庭作业的来访者治疗效果明显低于定期完成作业的来访者。

值得注意的是,兼容性不意味着来访者对充满逻辑错误和认知歪曲的认知过程进行思考,报告功能失调性负性思维的来访者不意味着是认知行为疗法的最佳人选。惠斯曼(Whisman, 1993)研究表明,这样的来访者不如认知干扰程度低的来访者治疗反应好。文化水平较高的重症抑郁来访者倾向于认为问题是有解决方法的,并愿用积极手段去解决问题,他们的认知行为治疗反应比文化水平低的来访者治疗效果好(Burns et al., 1994)。

5. 识别自动思维和相应情绪的能力

有能力识别自动思维和相应情绪反映了来访者对认知行为治疗的真正态度,如果来访者在指出情绪波动方面存在困难,对认知行为治疗而言是一个非常不利的因素,来访者在识别自动思维时有困难,也很难进行运用认知重构去改善提高情绪。

6. 参与治疗联盟的能力

咨询访谈中,评估来访者参与治疗联盟的能力,可以从三个方面进行:(1) 治疗师可以直接提问如"你对今天的会谈有什么感觉",获得来访者的反馈;(2) 观察来访者保持接触的能力,如眼神交流、姿势、与咨询师建立关系的舒适度等;(3) 询问与父母、亲戚、老师、爱人建立关系的亲密程度,这些问题能提供有用的信息,特别是来访者的模式是反复失望、被拒绝或剥削。如果来访者之前接受过心理治疗,其对上一次治疗关系的印象是本次治疗前景的预测。

7. 保持和解决焦点问题的能力

萨夫兰和西格尔(Safran & Segal, 1990)提出,这个维度有安全操作和聚焦两个成分。安全操作指来访者在治疗中遇到心理威胁的时候,运用潜在的干扰治疗的行为来恢复情绪,使自己获得安全感。安全操作的具体表现:(1) 试图在访谈中过度控制谈话的节奏和话题;(2) 避免产生强烈情感的素材;(3) 长篇大论的多方面的谈话。聚焦则指来访者在认知治疗访谈结构下进行工作的能力,从开始到结束都能保持注意,同治疗师讨论与自己问题最相关内容的能力。

第四节 不以技术为中心的心理治疗

一、个人中心疗法

（一）人本主义诊断观

治疗中是否应当使用心理诊断，个人中心疗法治疗师中也有异议。罗杰斯早期工作中使用诊断性程序，后来抛弃了，转向来访者的机能。罗杰斯认为，心理问题的最好处理方式是保持来访者自己的评价功能，避免外来评价。他质疑诊断或评估工具的价值，认为诊断的结构性框架类似处方，结果治疗方案对心理障碍治标不治本；同时，治疗师将自己放在上帝的位置。罗杰斯认为，对心理动力的诊断不仅不必要，有时候可能有害，理由如下。

1. 评价重心

心理诊断过程把评价重心放在治疗师身上，增强来访者的依赖倾向，使来访者将理解和改善情况的责任放在治疗师身上，会进一步使来访者远离治疗过程。如果来访者相信只有专业人士能准确评估自己时，个体感会有一定程度的丧失，他认为个体价值标准在他人手中，导致了信心丧失。这种态度越强，他越会远离有效的治疗结果和真正的心理成长。

2. 社会学和哲学含义考虑

如果个体很少有能力进行自我评估和自我指导，基本的评价功能依赖专家，长此以往，会出现少数人控制大多数人——某种类型的社会控制。

大多数个人中心疗法治疗师相信，过多收集来访者的信息可能导致治疗师先入为主；过于关注来访者的过去经历，会忽略来访者当前的行为和态度；诊断可能会导致治疗师裁决式的态度，过于注重告诉来访者应该做什么，而不是努力倾听来访者的情况，这将阻碍治疗师真切地体验来访者的主观世界，限制来访者找到并探索他们真正关注的主题，影响咨询的发展和来访者的改变。

（二）个人中心疗法的评估

对大多数个人中心疗法治疗师来说，在治疗师共情性理解来访者体验和需要时，会发生评估现象。以诊断为目的的评估没什么地位，但有时候进行测验也可能是适宜的。博扎斯(Bozarth,1991)提出,在专业咨询中,如果来访者要求,就可以使用测验。有时候,治疗师和来访者或许发现,用一种外在的参照来帮助作出决定或实现其他目的有其好处。博扎斯相信,需要在咨访关系背景中处理测验得到的信息。个人中心疗法治疗师不能根据一次测验结果替来访者作决定,作决定是来访者自己的责任。朔尔(Schor,2003)设计的艺术统觉刺激反应测验(Art Stimulus Apperceptive Response Test)可用于辅助咨询过程。

罗杰斯认识到评估对于研究的价值,开发了进度等级,用以测量心理治疗过程的阶段(Rogers & Rablen,1958)。大多数个人中心疗法治疗师相信,这类等级应用于研究目的,不能用于治疗。

二、存在主义疗法

在问题被揭示之初,存在主义心理治疗师倾听与责任、死亡、孤独和无意义有关的议题;然后对来访者梦中的存在主义议题进行类似的评估。一些治疗师使用特别设计的客观测验,评估存在主义主题。

(一)存在主义诊断观

存在主义心理治疗师关注的不是诊断类型和具体的行为失调,而是存在主义主题,诊断、心理测验和外部测量被认为是不重要的。亚隆(Yalom,1980)指出,今天的心理治疗过度强调诊断。医疗保健系统的管理者要求治疗师迅速地给出诊断,然后进行一个与诊断匹配的短程焦点治疗。如果来访者存在伴有生理因素在内的严重情况,诊断对治疗方案起关键作用;但是,日常的心理治疗中,面对困扰较为轻微的患者来说,诊断经常会起反作用。治疗是一个渐进的深入展开的过程,治疗师应该尽量全面深入地了解患者,而诊断会限制治疗师的视角,会影响治疗师把来访者当作患者来建立关系。一旦作出某种诊断,可能倾向于选择性忽略来访者不符合诊断的方面,过度注意那些会证实治疗师最初诊断的特征。此外,诊断可以成为一个自我实现的预言过程。

(二)评估内容

初步评估中,存在主义心理治疗师需要评估以下内容。

1. 来访者是不是合适的咨询对象

不是所有的来访者都适合存在主义心理治疗,希望从治疗师那里得到指导和建议的人，可能会对存在主义治疗感到失望。如果一位来访者想减轻躯体上的不适但不希望涉及更广阔的议题，存在主义治疗就不适合。

2. 评估存在主义议题

存在主义心理治疗师通过倾听责任、死亡、孤独和无意义这些主题，评估并确定实施治疗处理的存在主义议题。

3. 评估来访者的洞察力和承受问题的能力

治疗师评估来访者对自己问题的觉知程度，对问题负责任的程度，合作能力，真诚面对生活议题的能力。

（三）评估手段

1. 梦作为评估手段

在存在主义治疗师看来，梦类似清醒（waking），是存在的一种形式，清醒生活中的事件是与他人相联系，并与他人分享的，梦中事件为做梦者独有，作为理解做梦者存在的窗口（Cohn，1997）。重要的是做梦者对梦的体验，而不是治疗师的分析。

亚隆（Yalom，1980）研究了在普通人群及近来经历朋友或亲人死亡的人群中，个人梦到死亡的发生频率。对于许多个体来说，梦到疾病、被带有武器的人追赶或遇到威胁生命的风暴或大火的情况并不多，这种梦提供了讨论死亡和濒临死亡主题的机会。他主张不用精神分析方法去分析梦，对梦进行精确的解释；而是利用梦，用任何一种可以促进治疗的方式使用梦，不必尝试理解整个梦，聚焦与当前治疗相关的方面，抽取来访者梦中对治疗有价值的部分如来访者的安全感问题、阻抗问题等，才是适用于治疗的梦。

2. 测验的使用

存在主义疗法的大多数评估在治疗师和来访者的互动中完成，一些治疗师使用投射测验如罗夏墨迹测验和主题统觉测验，一些使用存在主义主题的客观量表来评估存在主义主题。一般来说，这些工具用于研究，而不适合心理治疗。

生命意义量表（Purpose in Life Test，简称 PIL），由克伦博和亨里翁（Crumbaugh & Henrion，1988）基于弗兰克尔（Frankl，1963，1992）提出的意义治疗（logotherapy）编制而成。量表包含 20 个等级，用来调查个体对生活目标、世界和自己死亡的看法。

体验量表（Experiencing Scale），由根德林和汤姆林森（Gendlin & Tomlinson，1967）编制，测量个体积极体验自己情感的程度和真实地感受自我觉知的程度，用于评估治疗过程中的参与程度。

坦普勒死亡焦虑量表（Templer's Death Anxiety Scale），涉及癌症、心脏病、战争等项目，反映文化和个人观点。

一线希望问卷（Silver Lining Questionnaire），用来测量对疾病的乐观是属于妄想还是存在主义成长。

三、格式塔疗法

（一）格式塔疗法的评估观

对传统格式塔疗法而言，正式的诊断与测验不是治疗必须要求的部分，评估的许多概念使格式塔疗法治疗师处于两难境地，对有些格式塔疗法治疗师来说，诊断可能意味着一种不利的标签，引起治疗师的偏见。近年来，有些格式塔疗法治疗师认为，格式塔本身对某些障碍如边缘性或自恋性障碍不能提供足够的信息（Youtef，1988），加之管理和保险费等项目，格式塔治疗师越来越多使用传统的诊断分类。乔伊丝和西尔斯（Joyce & Sills，2001）反对贴标签，但不反对评估，"我们无法不评估……人类是具有目的性的生物。我们感知世界的方法可以说是不断进行评估或诊断的形式"，"如果我们能使诊断具有描述性、现象学及灵活性等特征，而不是简单地定义或套用名称，那么诊断就显得极其重要"。他们建议在格式塔治疗中使用诊断手段，让来访者和治疗师设法找出能够加以处理的问题。他们设计了"来访者评估表"，用来评估来访者的觉知和边界接触障碍。由于格式塔治疗师以各自方式整合使用其他疗法，如许多治疗师使用精神分析的关系形式来作为评估过程的一部分，格式塔治疗的评估手段千变万化。

格式塔治疗以正式而有系统的方式作诊断的原因包括：（1）诊断给人一张地图，描述一个人如何和能够发展的可能性，治疗师从一个有助于组织信息并提供一个方向的线索中获益。（2）诊断过程可帮助治疗师控制焦虑，借由将他自己从数据中移开，在等待图像浮现时保持冷静。诊断过程就会变得扎实，免于在等待时轻率地跳入那个无限。(3)将格式塔疗法理论联结到其他诊断系统，向临床工作者开展了大量的研究及理论。治疗师不必每次都必须等待数据而由立即性的经验浮现就能够作出预测，诊断经济、有效。(4)格式塔疗法的过程取向靠近来访者的立即性经验，可能导致一种不连续的感觉，片刻无论如何有力，必须与其他部分结合才能形成恒久的图像，因此格式塔疗法治疗师特别需要基于可以包括过去和未来这种更为开放的观点。(5)虽然使用诊断分类可能不完全与格式塔疗法理论一致，但诊断使格式塔疗法治疗师与其他不同理论取向的人沟通，不至于孤立于不同理论取向的同仁。弗罗姆(From，1984)和托宾(Tobin，1985)发现，即使在"过程对结构"(process versus structure)之类议题的辩论中，格式塔疗法治疗师仍会使用精神分裂症、自恋型及边缘型等传统的诊断。

(二)格式塔诊断评估的特点

其一，诊断时，格式塔系统聚焦当下的变动过程而不是长期、持续、固定的特征标签。格式塔治疗师会注意来访者在过程中的障碍，将之描述成干扰或神经质的自我调节(投射、融合、回射、内摄与偏离)。这种此时此地的评估在治疗上是一种乐观的态度，支持来访者可能会发生改变。当下的诊断使人开放并看到可能性，提供了系统中的新意义及改变的线索。负面的暗示是治疗师可能无法了解或知道来访者陷入一种行为模式的程度，来访者可能因这种乐观主义及疏忽感到失望。

其二，格式塔疗法倾向于以动词而非名词来下诊断，以一种主动而潜藏着变化的方式来看世界，治疗师会选择强调行为的词，如"强迫地想"而不是"强迫性思考的"，格式塔治疗的方法是找出行为模式而非性格缺陷。

其三，格式塔治疗是过程取向，个体被视为在有开始、中间及结束这些连续的系列重叠的经验中移动，由于这些现象的复杂性，一个人可能会被卡在这些连续经验中许多不同的点，诊断工具的价值在于帮助临床工作者发现来访者的困难点，以恰当而适合的技巧在正确的层面(如感官、觉察、动员能量、行为)来介入。

其四，格式塔治疗的过程取向可能会使治疗师忽略他们当下的评估事实上就是诊断，因此格式塔治疗师需要认识到格式塔疗法结构中诊断的本质，健康地纳入较为传统的诊断式的取向，避免因过于执着于此时此地而未能了解来访者习惯性行为模式的陷阱。

四、现实治疗

(一) 现实治疗的评估观

现实治疗(reality therapy)创立者格拉瑟(Glasser,1998)用选择理论的概念代替控制理论概念,选择可以用来克服外部控制导致的心理敌对力量,选择确定一个人的幸福和成就,控制他人不能带来幸福。格拉瑟(Glasser,2000)整合了选择理论和现实治疗,他认为现实治疗的核心在于帮来访者知觉到,是来访者自己在关系中选择做什么,不是他人选择做什么。治疗目标是帮助来访者以负责任且不干扰他人权利的方式来过自己的生活。

格拉瑟在1961年开始采取一种反精神病学的立场,他不承认《精神障碍诊断与统计手册》描述的各种心理障碍,认为代表了有害的贴标签。此外,他认为人们受心理健康状况的控制。根据这一理论,当一个人感受到抑郁时,就会按照抑郁模式行动。他建议来访者用"I'm depressing"代替"I'm depressed"的模式,这样来访者认识到他们能够控制自己的心理健康。

现实治疗不是以技术为中心的心理治疗,咨询过程本质上是教育性的,咨询师集中关注当前的行为,不尝试探索过去的事件如童年创伤,选择理论解释了人们作出行为的方式和原因。评估作为现实治疗不可分割的一部分,发生在治疗的整个过程。格拉瑟没有直接讨论评估问题,他把评估当作一种改变来访者行为的手段加以关注。现实治疗很少使用投射测验和客观测验,但开发出两种工具来测量基本需要的强度。非正式的讨论或报告也被用来评估来访者的需要和要求、图景、总体行为或选择。

(二) 现实治疗评估

现实治疗的评估包括:(1)评估来访者的要求,揭示来访者希望得以实现的需要,即对归属、权力、自由和乐趣的需要。(2)评估来访者总体行为包括来访者行为、思维、情感和生理。在来访者谈论自己的躯体感受、情绪感受、自己意念和作为时进行评估。(3)帮助来访者评价自己行为,作出价值判断,从而为自己的选择承担起责任,来访者从自我评价中领悟改变,并制订做到更好的计划。(4)评估来访者其他适宜的选择,对之作出反应。

选择理论把行为看成是试图控制知觉的持续努力,咨询师把行为看成是意志性的,来访者自己作出选择,去控制事件。咨询师倾听来访者的话,从中寻找暗含的选择与控制,对适宜的选择作出反应。

五、后现代主义治疗

(一)后现代主义的评估观

后现代主义是心理咨询理论的一个新兴方向,对咨询领域的理论发展和范式转化将产生重大影响。比特和科里(Bitter & Corey, 1996)从看待现实的不同角度区分了现代和后现代。现代主义相信独立于观察者的客观现实,后现代主义认为主观现实根据观察者的变化而发生情境上的变化。现代主义类似行为主义理论,集中于明显可测量的行为,如当一个人睡眠有问题、胃口差、对以前感兴趣的事情不再有兴致等,评估其处于抑郁的状态。后现代主义与体验主义理论一致,认为当人们感受到社会文化力量的情境定义的抑郁时,他们就是抑郁的。

建构主义和社会建构主义是从后现代主义发展而来的两个心理学流派。建构主义主要与认知行为方法有关(Neimeyer & Mahoney, 1995)。马奥尼和默斯(Mahoney & Moes, 1997)指出,建构主义强调解释外在事件时认知所起的作用;社会建构主义强调在建构现实时,社会力量所起的作用(Gergen, 1994),成为婚姻和家庭咨询的一个重要维度(Anderson & Goodlishian, 1992)。格特曼(Gutterman, 1992)对比建构主义和社会建构主义,提出建构主义认为现实是基于个体的主观认知,社会建构主义认为现实是建立在人们谈话的基础上。

后现代主义治疗师认为知识和真理都是主观性的,不同意将治疗师视为客观的观察者与专家,心理测验被理解为一种社会建构,即治疗师将心理测验纳入与来访者的对话中,让来访者、治疗师以及常模人群一同来重构故事,常模人群参与并赋予意义的过程。对后现代主义者来说,测验建立了一种话语体系,这是一致性检验,而不是现实性检验。不过,对建构主义治疗师来说,什么建构是有效的?对叙事咨询来说什么故事是好?这些仍然要评估。

策略取向治疗(solution-focused therapy)的主要创立者德·沙泽(Steve

de Shazer，1940—2005)和金·伯格(Insoo Kim Berg，1934—2008)夫妇不进行诊断分类，认为诊断是寻找来访者的消极方面，他们关注的不是问题的形成或原因，而是聚焦问题的解决，将疗程限制在 5—10 次，实施解决方案。其疗程比短程治疗(如认知治疗还要短)，平均治疗次数为 2 次，认知治疗是 5 次(Rothwell，2005)，国内有些译者将其译为"精要治疗"。

叙事治疗的主要创立者是埃普顿和怀特(Epston & White，1992)，关注来访者有问题的故事，换个角度讲同一个故事或强调故事的不同方面，能使来访者处理生活中的问题。叙事治疗不作诊断，也不追究问题出现的缘由，治疗师要做的是倾听来访者的故事如何发展，以便形成新的版本。

(二) 策略取向治疗

1. 评估内容

策略取向治疗发现对来访者起作用的方面，咨询的关键是迅速及时地进行评估，了解来访者的问题是否需要改变，从而确定治疗目标。治疗目标应清晰、具体。

评估内容包括：(1) 来访者是否适合进行短期疗法？有严重人格障碍者，滥用药物或精神障碍可能会产生哪些副作用？(2) 来访者是否有改变的动机？(3) 来访者是否知道自己想要改变什么？(4) 来访者的优势和能力，如何利用这些能力解决问题？

2. 评估技术

评估时，常采用分级评估和心理图。

策略取向治疗常用一种独特的评估方法，即分级评估来帮助来访者设定治疗目标、衡量进程或确定行动的轻重缓急。这种分级法，让来访者把自己的问题列成 0—10 共 10 个等级，10 代表最好情况或问题解决，0 代表最糟糕情况，采用分级的问题可以强调转变、问题的例外及问题的期望，该方法可与结合传统的评估方法一起使用。分级评估运用见表 2-3。

表 2-3 分级评估运用

1. 评定目标的实现过程 奥康奈尔(O'Connell，2005)提供若干分级询问的例子，如下： 在从 0—10 的等级上，10 代表最好情况，0 代表最糟糕情况，你今天处于什么位置？ 考虑到你受到的压力，如果你现在的等级位置保持不变，是否已经不错？

(续表)

要防止你的等级位置下降,你需要做什么？或不做什么？
2. 评估来访者变化的动机
在帮助来访者应对惊恐发作时,经常会使用分级评估。
治疗师：在从 0—10 的等级上,10 代表你会尽一切可能克服惊恐发作,0 代表你确实想克服但很可能什么也没做。你今天处于什么位置？
来访者：3 级
……
治疗师：你需要在等级的哪个位置,才能感到可能克服惊恐发作？
来访者：5 级
治疗师：你怎么知道自己到了 5 级？
……
治疗师：如果你今天是 3 级,什么可以帮你变成 4 级？
3. 评估来访者的动机层次
治疗师通过量化动机层次,了解来访者想作出什么行为,在某种程度上就是问题解决方案。

资料来源：O'Connell, 2005, 转引自：Michael S. Nystul(2007). 心理咨询入门[M]. 张敏, 王锦霞, 武敏, 米卫文, 译. 北京：高等教育出版社.

德·沙泽(de Shazer, 1985)大量使用的一种方法是绘制出家庭、夫妻或个人发生行为的序列图,称为心理图(mind mapping),在治疗期间或治疗后给出,治疗师借助心理图,把注意力放在形成治疗目标和问题解决上。

(三) 叙事治疗评估

叙事治疗师考察来访者讲述故事的各种角度,以便了解来访者看待自身生活的方式,帮助个人及家庭把有问题的情节转换为结局更积极的情节。治疗师应该做的是倾听来访者的故事如何发展,以便形成新的另类版本的故事,关注点在问题如何影响到人物,或人物及其生活如何影响问题。

1. 评估治疗目标

叙事治疗评估时,从一开始就询问来访者希望取得什么样的治疗变化。

2. 问题外在化

治疗师提问使关注点从责备来访者转向使问题外在化。治疗师的询问引导来访者作建设性回答,同时探索来访者避免问题严重化所做的努力,帮助来访者意识到自己的优势,从而出现积极独特的治疗结果。

六、女权主义疗法

（一）女权主义评估观

女权主义疗法重视这样一些内容：影响心理问题的社会和政治因素、文化多样性、与来访者的平等关系，女性对生活的理解。因此，治疗师对传统的诊断系统《精神障碍诊断与统计手册》予以尖锐批判，认为种族主义、性别、异性恋主张、年龄或阶级的微妙影响了对来访者的评估，得到一个适当的诊断是不可能的。

许多女性主义治疗师不拒绝使用《精神障碍诊断与统计手册》，但不主张贴诊断标签，认为诊断标签有严重的缺陷，表现为：作为白种男性心理医生建立起来的系统的一部分，诊断也许就是一种压迫工具，诊断可能强化性别角色定型，可能反映了治疗关系中不适当的权利，过于强调个人问题而不是社会改变，可能降低对来访者的尊重。

（二）女权主义评估要点

女权主义疗法中，评估是来访者与治疗师不断进行的过程，并与治疗相联系。（1）治疗师偏好一种替代的评估方式是性别角色分析，来访者参与评估过程的每一阶段，治疗师与来访者对性别在来访者的痛苦影响上所起作用的共同分析。（2）女权主义疗法对问题的诊断排在个人优势、技能和资源的确认和评估之后，诊断来自来访者与治疗师之间的交谈，治疗师给出诊断时与来访者讨论诊断带来的可能影响，集中在社会化和文化引发的作用，注意问题的社会来源，不将来访者问题归咎于来访者本人。

七、家庭系统疗法

（一）家庭系统疗法的评估观

根据系统论的观点，一个家庭成员作出的行为会影响所有其他家庭成员的活动，从而影响家庭系统的功能，包括最初引发活动的人（Goldenberg & Goldenberg, 2005）。系统（如一个家庭）维持成员的症状，这些症状反过来维持着成员之间的关系模式。系统理论的假设是，家庭结构、互动模式和观念系统与家庭成员症状的关系大于病因和病史与症状的关系。家庭系统疗法认为评估来访者家庭交互作用的类型具有重要意义，个体将家庭中学到的人际行为模式表现在与家庭成员之外其他人的交往中。

所有家庭治疗师都对家庭实施持续的评估，不过大多数没有事先确定的评估程序。有些治疗师认为，测验的独立、支配的特性可能会受到家庭成员的抵制，增加治疗师进入家庭的难度。为保证评估的自然，许多治疗师利用家庭治疗互动，治疗师和来访者共同努力，进行评估，最终帮助来访者找到来自家庭的问题，来判断家庭行为模式或信念系统。

也有一些研究者坚持开发评估家庭功能的工具，他们相信正式的测验情境在治疗中能防止家庭治疗走错方向。治疗师巴加罗齐（Bagarozzi，1985）倡导，选择测验工具，获得多维度的家庭概况，更能确定治疗目标和评价治疗效果。拉巴特（L'Abate，1994）认为，家庭系统的整体印象掩盖了个人对问题的作用，传统的系统观强调治疗师理解家庭的主观性，心理学的观点发现客观理解家庭的必要。对系统（家庭）的评估与心理学（个人）的评估都有必要，应同时使用主观的（访谈）和客观观察（问卷、等级评定、测验）方法。

总之，家庭治疗师根据各自的理论取向使用相应的心理评估技术，从经验、认知到行为。评估可能涉及家庭目标、家庭结构、家庭权力结构、交流方式、家族历史、生活周期以及可揭示家庭动力整体画面结构的跨代模式。下面介绍家庭治疗理论中对家庭功能的评估。

（二）鲍恩的代际疗法

鲍恩（Murray Bowen，1913—1990）系统理论方法强调家庭的情感系统及其历史，可从父母甚至祖父母的家庭动力系统中探查到其踪迹。他认为，家庭能把影响家庭互动的不良心理特征在几代人中传递。他选择对父母而不是对整个家庭加以治疗。鲍恩的家庭治疗系统中，治疗干预之前必须评估。评估内容包括家族史中关注家庭中的三角、家庭成员的分化。

评估时常采用评估性访谈和家庭谱系图。家庭谱系图是指家庭的图示，包含家庭重要信息，如年龄、性别、婚姻、死亡、事件发生地。它提供对扩展家庭的概括，把分化类型追溯到一个原生家庭，甚至更早。提供了夫妻双方的扩展家庭中寻找情感类型的机会。

（三）结构家庭治疗

米纽钦（Salvador Minuchin，1921—　）创立结构家庭治疗，通过处理家庭成员互动中的问题来帮助家庭，特别关注家庭成员之间的边界。结构家庭治疗师使用家庭图示（mapping）来描述家庭当前发生关系的方式，用不同的图线代表家庭中不同类型的边界（见图2-2）。这些符号使治疗师能以象征的方式表征家庭组织，确定对问题有最大影响的亚系统。

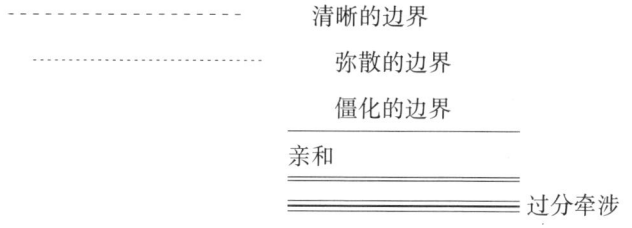

图2-2 米纽钦用于家庭图式的符号

资料来源：Salvador Minuchin (1974). *Families and Family Therapy*. Cambridge, MA: Harvard University Press. Copyright 1974 by the President and Fellows of Harvard College.

（四）策略治疗

黑利（Jay Haley，1923—2007）强调治疗的目标是解决问题，而不是顿悟问题。他关注家庭中的权力关系，父母处理权力的方式，关注症状，症状是家庭中不被承认的沟通方式，在不存在其他问题解决方案时出现。症状是一种隐喻，表征家庭中的一种感受方式或行为方式，包括外显的成分如"我肚子痛"，也包括内隐的部分如"我被忽略了"。策略治疗师评估家庭权力结构、家庭目标，并决定治疗目标。

（五）经验治疗

经验和人本家庭治疗师认为，不良行为源于某些因素对于个人成长的干扰。家庭成员的成长，需要家庭成员的公开沟通和个体公开的自我表达，尊重各家庭成员的独特性和差异。

经验治疗代表人物惠特克（Carl Whitaker，1976）把理论看作是临床治疗的障碍，他使用直觉，治疗师自己的智慧，利用反移情在倾听潜意识行为的冲动和象征时，有意识或无意识地作出反应。萨提亚（Virginia Satir，1916—1988）用人本主义手段关注家庭成员的情感，处理他们在家庭里的日常活动和情绪体验。她使用家庭生活年表，评估家庭成员之间的相互态度，观察评估家庭系统中的阻碍，进行干预，促进每位家庭成员成长。

家庭治疗师在进行评估的时候，可能会问来访者，从与父母的交往中都学到了什么；然后了解父母与每个子女的交往中都学到了什么。

本 章 小 结

治疗师对来访者进行的心理学解释和评估，与治疗师的理论取向有关。有些咨询理论强调需要评估来访者是否适宜该理论取向的治疗。

心理动力学、行为主义、认知行为学派取向都在诊断性评估基础上，对来访者问题作出相应的心理学解释和评估。它们评估来访者的症状或问题，然后侧重对来访者的心理特征、外显或内隐行为、认知加工方式进行评估，同时评估本治疗模式是否适合来访者。

人本主义、存在主义、格式塔治疗、后现代主义咨询师主张慎重使用诊断分类，不轻易给来访者贴"生病"的标签。所有的家庭治疗师都对家庭实施持续的评估，但大多数没有事先确定的评估程序。女性主义治疗不拘于诊断分类，不拒绝使用《精神障碍诊断与统计手册》，但也不主张贴诊断标签。

推荐阅读

Barrett-Lennard, G. T. (1998). *Carl Rogers' helping system: Journey and substance*. London: Sage.

Beck, J. S. (1995). *Cognitive therapy: Basic and beyond*. New York: Guilford.

Bill O'Connell (2001). *Solution-focused stress counseling*. London; New York: Continuum.

Deurzen, E. Van (2001). *Existential counseling and psychotherapy in practice* (2nd ed.). Thousand Oaks, CA: Sage.

Gabbard, G. O. (2004). *Long-term psychodynamic psychotherapy: A basic text*. Washington, DC: American Psychiatric Association.

Jesse H. Wright, Monica R. Basco, & Michael E. Thase (2010). 学习认知行为治疗[M]. 武春艳,张新凯,译. 北京：人民卫生出版社.

Kopala, M. & Keitel, M. A. (Eds.) (2003). *Handbook of counseling women*. Thousand Oaks, CA: Sage.

Martin Payne (2006). *Narrative therapy: An introduction for counselors* (2nd ed.). London: Thousand Oaks, Calif.: Sage.

McGoldrick, M., Giordano, J., & Garcia-Preto, N. (2005). *Ethnicity and family therapy* (3rd ed.). New York: Guilford.

Melnick, J. & Nevis, S. (1997). Gestalt diagnosis and DSM-Ⅳ. *British Gestalt Journal*, 6(2): 97-106.

Michael P. Nichols & Richard C. Schwartz (2005). 家庭治疗：理论与方法[M]. 王曦影, 胡赤怡, 译. 上海：华东理工大学出版社.

Persons, J. B., Davidsons, J., & Tompkins, M. A. (2000). *Essential components of cognitive-behavior therapy for depression*. Washington, DC: American Psychiatric Association.

Phil Joyce & Charlotte Sills (2005). 格式塔咨询与治疗技术[M]. 叶红萍, 等, 译. 北京：中国轻工业出版社.

Robert J. Ursano, Stephen M. Sonnenberg, & Susan G. Lazar (2010). 心理动力学心理治疗简明指南——短程、间断和长程心理动力学心理治疗的原则和技术[M]. 林涛, 王丽颖, 译. 北京：人民卫生出版社.

Spiegler, M. D. & Guevremont, D. C. (2003). *Contemporary behavior therapy* (4th ed.). CA: Belmont, Wadsworth.

Worell, J. & Remer, P. (2003). *Feminist perspective in therapy: Empowering diverse women*. Hoboken, Wiley.

Wubbolding, R. (2000). *Reality therapy for the 21st century*. Philadelphia: Brunner-Routledge.

Yalom, I. D. (1980). *Existential psychotherapy*. New York: Basic Books.

阿诺德·A. 拉扎勒斯(2009). 简明综合心理治疗：多模式方法[M]. 方莉, 程文红, 译. 北京：商务印书馆.

卡尔·R. 罗杰斯, 等(2004). 当事人中心治疗：实践、运用和理论[M]. 李孟潮, 李迎潮, 译. 北京：中国人民大学出版社.

张传琳(2003). 现实治疗法：理论与实务[M]. 台北：心理出版社股份有限公司.

第三章 心理评估与诊断的常用方法

本章导引

1. 如果你要对来访者的问题进行评估，你会从哪里着手？
2. 心理评估包含哪些内容？
3. 心理评估的方法有哪些？
4. 你应该与来访者本人、家庭成员或其他重要人物如老师访谈吗？

心理评估根据评估程序可分为标准化测量和非标准化测量。标准化测量是指有标准的常模群体的测验，包括各种心理测验。咨询中使用较多的是智力测验、人格测验、神经心理测验等，它提供来访者的客观信息，相对于常模群体的特定信息，如信度、效度信息（信度、效度用于评价测验）。

非标准化测量则没有标准的常模群体，包括访谈、观察、认知评估、行为评估、环境评估、生理评估等。戈德曼（Goldman，1990）将非标准化测量称为定性评估，在很大程度上，不能提供标准测验中发现的量化的原始分数。但与标准化测量相比，非标准化测量有许多优点：来访者可积极、主动参与评估过程而不是被动的被测量的反应者角色；强调对个体的整体研究而不是孤立准确测量定义的智力或人格；鼓励来访者在发展性的框架里了解自己；减少了咨询与评估之间的区别，能激发更好地使用咨询方法；容易调整以适应个体差异；在团体工作中特别有效，帮助来访者了解个体差异，了解自己与团体中其他人的关系。

一个全面的评估，需要评估多个功能领域，评估过程中发现某个特殊领域需要进一步详细探查，那么就需要针对此领域作更为深入的评估。假如初始评估表明某些功能领域不存在问题,没有必要对其作进一步评估。例如,当某儿童在学校的学习表现不好时,对其进行智力功能和学校表现的评估是必需的,但如果儿童仅在家里遇到困难,学校表现学习正常,就不需要进一步评估其智力功能和学校表现。

本章按心理咨询中的使用情况来介绍上述临床心理评估的方法。这些评估工具可以单独使用,也可与其他评估方法结合使用,从不同的侧面为全面评估来访者提供信息。单一的评估方法或许无法完整地描绘个体的全部,要全面评估来访者的心理状况,确定其问题行为和心理障碍的性质和程度,往往需要综合各种不同评估方法获取的资料和信息。此外,临床精神病学的诊断有自己的系统和一整套标准,使用某些心理学方法取得的某些结果,如本书介绍的症状量表,即使标准化程度高,也只供参考而不作为心理障碍的诊断依据。

第一节　临 床 访 谈

心理咨询与治疗中,来访者与治疗师一接触,心理评估就开始了。心理咨询都是谈话疗法,以治疗师与来访者之间的言语交流为治疗基础。一些心理治疗流派中,治疗师与来访者总是有一个持续性来回的对话,另一些心理治疗流派或案例中,来访者一直叙述,治疗师是一个积极的倾听者,用言语和非言语线索表达对来访者话题的兴趣。临床访谈按目的可分为诊断/评估性访谈与干预/治疗性访谈。不过,这种区分是相对的。收集信息阶段中的访谈本身也可含有治疗的成分,特别是那些反对贴诊断标签的咨询治疗。同时,治疗过程中可能发现初步印象不正确,需要重新评估。本节的临床访谈是描述性诊断印象评估,而不是进行心理障碍诊断,也不是治疗性评估。

一、诊断/评估性访谈

(一) 诊断/评估性访谈概念

1. 诊断/评估性访谈

在重视描述性诊断的心理咨询治疗流派中,运用最久远、最广泛、最多样化的评估方法是临床访谈(clinical interview)。临床访谈是指咨询/治疗师与来访者面对面交流,通过与来访者建立良好的咨询/治疗关系,收集来访者的信息,对来访者进行心理状态检查,从中发现来访者问题的重要线索,确认来访者问题的性质和严重程度,形成或初步形成来访者问题原因的假设。概括之,诊断/评估性访谈包括收集个案史、心理状态检查。一个标准化的诊断评估,包括访谈、观察、核查/评定量表等各种方法,在第四章有详细介绍。

2. 访谈问题的顺序

在较短的时间里,迅速地把来访者叙述的零散信息连接起来,获得必要的信息,分析和确认对方的问题,不是一件轻而易举的事。信息采集中获得上述信息的顺序很重要,一般来说咨询者由最容易回答的问题着手,而将更敏感的话题放在会谈的末尾部分,那时双方已建立起更大的信任,来访者会更轻松自然地对一个完全陌生的人说出个人隐私。可能归类为敏感话题的具体问题包括:(1) 自杀的想法和行为;(2) 杀人念头和暴力行为;(3) 物质滥用,包括酒精、毒品和医生处方药品;(4) 与性有关的问题,包括性功能障碍等。

临床访谈中,人们有时会保留一些信息,这些信息可能令人尴尬,也可能来访者并未意识到它的重要性。通过询问那些了解来访者的人,获得来访者在日常生活情境如家里、单位或学校里的行为表现材料,获得第一手的观察资料,就显得非常重要。

3. 临床访谈的用途

临床访谈具有四方面用途:(1) 建立相互合作和信任的关系。临床谈话的方式有助于咨询师与来访者之间建立起融洽的关系,使咨询师产生同感,赢得来访者信任。对建立儿童、家庭成员及其相关人员之间的协商合作关系至关重要。(2) 收集个人的健康史,全面详尽地评估来访者的生活、社会关系,尤其是来访者的心理应激情况。(3) 获得信息并确认来访者问题,对其心理症状和有关精神病理问题进行精确描述。通常来访者会大体上对自己的主要问题有清楚认识("我很焦虑"),但有时候他自己报告的问题与评估者经过评估后形成的看法可能并不一致。(4) 向来访者介绍有关心理健康知识,支持来访者寻求改变的意愿,提供解决问题的策略。

(二) 收集个案史的访谈

在一些心理咨询机构,收集个案史在访谈的最初阶段刚刚开始时进行,也称为"采集访谈"。可由咨询师以外的工作人员完成,他们将访谈的信息作出书面总结,将这些信息交给咨询师。也有的信息采集由咨询师自己完成,由咨询师让来访者描述现时的苦恼,作为访谈的开始。接下来,咨询师探查来访者问题的各个方面,如行为异常、不适的感觉、问题出现的情境,过去发作与现时问题如何影响来访者的日常生活。咨询师还可探查问题的促发事件,如生活环境、社会关系、职场或学校的变化。咨询师鼓励来访者用他自己的话描述,以便从来访者角度了解问题所在。

大多数访谈包括以下话题:(1)身份资料。关于来访者社会统计学特征的数据:住址、电话、婚姻状况、年龄、性别、民族/种族、宗教信仰、职业、家庭结构等。(2)现存问题的描述。来访者报告的困扰行为、想法等,出现的时间、发生的频率等。(3)心理社会史。描述来访者成长的信息,包括教育、社会与工作史、早期家庭关系、社交和人际关系。(4)医学/精神病治疗史。医学/精神病治疗和住院病史,现在问题是否为复发? 过去治疗是否成功?(5)医学/药物治疗。当前的医学问题和治疗方法,包括药物治疗。

从收集的资料中,咨询师判断来访者问题最初出现的时间,判断可能同时出现的其他事件,如生活压力、创伤、身体疾病等。

(三) 心理状态检查

心理状态检查(mental status examination)是用一个结构化的临床评估表通过临床访谈和观察来确定来访者心理功能的各个方面,筛查出需要转介到精神卫生中心进行进一步检查和治疗的来访者。

心理学检查具体内容可变化,但都典型地包括以下特征:(1)外表,即来访者总体形象、面部表情、姿势与动作、社交行为。(2)言语,即来访者的语速、言语流畅性等。(3)心境,即访谈中暴露的主要情绪,还包括自杀观念。(4)知觉和思维过程,即思维清晰的能力和识别现实与幻想的能力。咨询师需要通过言语评估来访者的思维情况,言语表达的内容记录到思维部分。(5)认知功能,访谈早期,来访者表现出任何明显的认知困难,应该进行认知功能评估,简易精神状态检查(Mini-Mental State Examination,简称MMSE)广泛用于认知筛查,其中包括定向力(知道自己是谁等)、注意力水平(保持注意和关注访谈问题的能力)、判断力(日常生活中作出合理决定的能力)。

二、访谈的形式及选择

（一）访谈形式

临床访谈按是否标准化可分为三种形式，即非结构化访谈、半结构化访谈和结构化访谈。

1. 非结构化访谈

在非结构化访谈中，咨询/治疗师采用自己独有的提问方式，而不是遵循标准、固定的格式进行，这种访谈不限定具体问题，只依预定的谈话范围自由交谈。谈话自发、开放、灵活，气氛轻松，给双方很大的主动性：来访者在轻松的状态下较少受到约束，更容易倾吐有关问题、自身的态度和情感，咨询/治疗师根据对方的回答及反应调节谈话的内容和方法，提出更有意义的问题，了解其细节内容和深层次问题，从而挖掘出对进一步评估具有价值的资料。大多数咨询/治疗师与儿童及其父母的访谈都是非结构化的，表3-1是对一个患社交焦虑障碍的14岁女孩吴月进行非结构化访谈的例子。

表3-1 一例社交焦虑障碍的非结构化访谈

咨询师：你在什么情况下感到最焦虑？
吴　月：在课堂上发言、在学校餐厅吃饭或者去上体育课，几乎所有有其他人的场合。
咨询师：如果你要在课堂上发言，你在什么时候开始感到焦虑呢？
吴　月：在前一天只要想到这件事情就已经让我感到焦虑，第二天早上会变得更加严重，到了上课时我就完全崩溃了。
咨询师：告诉我你在焦虑时有什么感觉？
吴　月：我感到胃部空空的，心跳加快，手心出汗。我的大脑一片模糊，不知道自己要说什么。这太可怕了。有时候我只能逃课。
咨询师：想到什么事情的时候，会让你逃课？
吴　月：我担心老师叫我发言，我不知道说什么好。万一我要说什么又说不出来，老师和其他同学都会认为我是傻瓜，一个真正的蠢家伙。
咨询师：你在班里的成绩如何？
吴　月：中等，不过如果我没缺那么多课的话，成绩还会更好。
咨询师：就是说你成绩不错，那为什么你会认为，在课堂上发言的时候，同学会认为你蠢呢？

由于非结构化谈话没有标准化顺序，来访者的表述可能没有重点和方向，谈话容易出现顾此失彼的情况，谈话需要的时间会比较长，影响评估的效率；同时，咨询/治疗师的主观印象甚至偏见有时是不可避免的，导致有选择或偏好性的信息收集，影响到对访谈结果的评价，降低结果的信度，同时难以对不同评估对象的评估结果作客观的比较。

为避免上述情况出现,临床咨询/治疗师有时候会使用结构化访谈的方式获取某些具体的信息,补充收集到的信息,使访谈能够全面涵盖特定的问题。

2. 半结构化访谈

半结构化访谈遵循一个用于搜集基本信息的问题提纲,提纲中的问题事先设置,并经过测试,以一致的方式引出有用的信息。不过,在访谈过程中,咨询/治疗师可随意安排提问顺序,对他们认为重要的方面进行追问,也可能会偏离设定好的问题去探讨其他特定的问题,这就是称半结构化的原因,可看作是非结构化访谈与结构化访谈的结合应用。

在一定程度上,半结构化访谈剥夺了谈话的自发性,但发挥了非结构化访谈与结构化访谈各自的长处,避免它们各自的不足之处,获得结构化和一致性。表3-2给出一个半结构化访谈的例子。

表3-2 对进食障碍来访者进行的半结构化访谈提纲

目前进食模式
- 你的饮食方式是否与别人不同?

特别的进食问题
- 你会避免吃喜欢吃的食物吗?
- 你有没有偷偷吃东西?

体形
- 你是否常常希望瘦一点?
- 你害怕超重吗?

对饮食和食物的态度
- 你曾经是否吃完东西后感到内疚?
- 你是否控制自己的饮食?

体重
- 近3个月你的体重是否发生变化?(如果有的话)变化多大?
- 你现在有没有尝试减肥或者你正在节食减肥?

锻炼和活动模式
- 你进行哪些锻炼活动?
- 你的锻炼活动与进食有何联系?

其他用于控制体重的方法
- 你会使用泻药、减肥药丸或其他方法控制体重吗?
- 你使用这些方法的频率如何?(举例说明)

健康状态
- 你的牙齿如何?(由于反流的胃酸会腐蚀保护牙齿的釉质)
- 告诉我你的月经周期。(适用于女性)

3. 结构化访谈

结构化访谈也称为标准化访谈,结构化访谈按照评估的要求、固定的方式和顺序来编制谈话提纲或问卷,在访谈时根据这种提纲或问卷逐项提问,对评估对象的回答进行评定。这种谈话方式能系统获取进一步评估需要的资料,根据这些问题,无论谁做这个访谈都能够以相对一致的方式进行,诊断中提供了最高的信度和一致性水平,在研究领域得到频繁应用。

访谈提纲通常保证了某个特殊障碍的大部分重要方面都被涵盖在内,重点突出,又节省谈话的时间。尤其对于有些评估对象来说,访谈可以通过电脑来实施,比面对面的访谈更少威胁性。

(二)访谈结构化的选择

访谈的结构化程度,提出的问题由咨询/治疗师的目的决定。通常在摄入性访谈中,访谈目的是让来访者轻松,建立治疗联盟,访谈结构会显得松散,是非结构化访谈。但一般而言,由于咨询/治疗师对他们需要的信息有清晰的认识,不会浪费过多时间来获得所需信息,大多数访谈有明确的结构,越来越多的精神健康专业人士将半结构化访谈作为常规方法。

评估结果的方法也可从非结构化到结构化。即使在一个结构化的问答后,咨询师仍可主要根据自己的主观印象对来访者作出评估,也可按照详细的手册对来访者的回答打分,如某种回答计 1 分,另一种回答 2 分,以此类推。

访谈的评估人员有自己的喜好,对来访者高矮、胖瘦、口音、漂亮与否等主观印象可能带来不同的感受,更别提特殊的偏见和价值观取向。因评估人员的主观偏见无法控制,会影响访谈评估和诊断,有计分系统的结构化访谈经常会被推荐。当临床访谈的目的是临床精神科医生进行心理障碍诊断,尤其用于研究时,研究者用高度结构化的访谈。

常见的心理障碍结构化访谈工具有:(1)为《精神障碍诊断与统计手册》(DSM)诊断设计的结构化访谈——诊断用临床结构检查(Structured Clinical Interview for DSM,简称 SCID),为临床广泛使用,帮助咨询师作出基于《精神障碍诊断与统计手册》(DSM)的诊断。(2)国际心理健康组织的诊断访谈提纲(Diagnostic Interview Schedule,简称 DIS),有计算机版。(3)心境障碍和精神分裂症提纲(Schedule for Affective Disorders and

Schizophrenia,简称 SADS),有自己的计分系统,有很高信度。

第二节　认知与行为评估

认知行为疗法将认知与行为的原则和方法综合在一起,产生了比其他任何心理治疗模型都多的实证研究,得以广泛应用。今天的咨询师使用认知行为疗法比其他咨询方法要多,他们在心理咨询与治疗的初始阶段开展症状评估、行为评估、认知评估,并在整个咨询治疗过程各个阶段进行核查,评估来访者的进步。

一、行为评估

行为评估由行为心理学演化而来,指对行为的系统测量,这里行为的定义是广义的,包括态度、情感和认知。行为评估把测验结果看成是在特定情境中出现的行为的抽样,而不是潜在的人格特征,是一种重视客观记录和描述问题行为的临床评估方式,是实施行为治疗、认知行为治疗的基础,也常用于心理学行为研究中。

行为评估的适宜对象包括因障碍性质或认知缺陷损伤而不能用言语表达的人及儿童,他们的心理发展水平低,言语表达能力和理解力都较弱,行为不随意性强,自控力差,不适合进行临床访谈,行为观察评估可能比任何访谈都适用,可以了解在自然状态下他们行为的真实表现,无须要求他们作超出自身水平的反应,是最适合评估儿童的基本方法之一。

(一) 行为的功能分析

行为评估的原则是,不管行为是否恰当,主要由环境和情境因素(如刺激和强化)决定,不适应行为或问题行为表现为行为过度、缺陷或其他不适当。严重者如恐惧障碍、贪食、酗酒、慢性紧张等,一般性问题如消极自我概念、同一性危机等。功能评估 ABC 框架的观点是,假设问题行为 B 由前提 A 和后果 C 控制,某些情况下,通过改变前提 A 和后果 C,看问题行为 B 是否有相应的变化,从而接受或拒绝假设。同时,通过控制 A,改变 C 可矫正问题行为 B(参见第二章第二节行为主义疗法)。

功能评估的 ABC 框架可用于组织有特定前后关联的信息，也可作为来访者问题评估的一般性框架。如通过功能分析可发现患者障碍的组成成分，如恐惧状态由预期焦虑、回避行为和应付策略组成，恐惧与环境刺激（如高处）、普通场景（如拥挤的地方）或内在线索（如察觉心跳）的关系。行为治疗关注问题行为的诱发因素，在恐惧障碍中非常明显，在其他障碍中也十分重要，如神经性贪食症的贪食行为可能是由导致来访者感到不适的情境诱发的。在恐惧障碍和其他焦虑障碍中，回避是维持症状的常见原因，阻止了因情境而诱发的焦虑反应的产生；行为也可通过其后果维持，如逃离焦虑诱发情境使焦虑降低，但也强化了恐惧性回避。过多的关注是行为的另一个强化因素，如孩子表现出攻击行为，父母给予的关注多于孩子表现好时，就起到了对攻击行为的强化作用。

同一问题行为的形成可能存在多种原因，由不同的刺激因素或强化因素形成，咨询师根据功能分析结果，推断出问题行为发生的原因，制定针对性的治疗方案，才可能改善来访者的问题。如有研究显示，某些患有自闭症和精神发育迟缓的学生在学习难度最大时出现的捣乱行为最多，逃避学习是问题行为的强化物；另一些学生在受到老师较少的注意时出现较多的问题行为，老师的注意强化引起他们的捣乱行为。研究还发现，不同孩子的自伤行为具有不同的功能，一些孩子的自伤会因注意而强化，另一些由逃避任务强化，还有一些由感官刺激强化（自动强化）。

（二）行为评估方法

行为的功能评估 ABC 框架需要确定目标行为 B，探索问题行为的前提 A，维持和强化问题的后果 C。确定 B，发现 A 和 C 的方法，也称行为评估方法，包括行为访谈、直接观察、自我监测、模拟评估、实验评估和行为评估量表。

1. *行为访谈*

行为访谈集中于将问题行为与先行刺激和强化后果联系起来的临床访谈。对问题行为的功能评估首先从与来访者或知情者的访谈开始，访谈结果有时可以清楚地界定问题行为，同时，通过访谈也可以获得有关替代行为、动机变量、其他强化刺激和既往治疗史的重要信息，形成关于前提和后果的假说。

治疗师要求来访者或知情人在每次问题行为出现时,简单描述问题行为、每一个前提和后果。这种描述是开放式的,结果是对与问题行为相延续的所有事件的描述。如行为出现之前发生了什么(你做了什么,别人做了什么,等等)？行为刚刚结束之后发生了什么(你做了什么,别人做了什么,等等)？

　　治疗师获得的前提和后果的信息要求描述环境事件(包括其他人的行为),不包含推论和解释。例如,小强父母说:"小强在不让他看电视,来吃饭的时候就会发脾气。"父母提供的信息是客观的,描述了直接发生于问题行为之前的有关环境事件。如果孩子父母说"如果小强不能做他想做的事就会发脾气"就是对情景作了解释。这种回答没有描述特殊的环境事件,没有提供客观的信息。

　　行为访谈可能需要从他人处间接获得来访者问题行为的相关信息,而提供信息的人可能未受过观察目标行为的训练,可能会忽略某一行为的出现,导致有关目标行为的信息建立在不完整的基础上,结果可能会不够准确。

　　2. 直接观察

　　由于目标行为直接被观察到,在某些案例中可能是被听到,称为直接观察,或行为观察,或 ABC 观察法,直接观察是行为评估的特点。

　　其一,通过直接观察,咨询师能确定并量化问题行为。评估者在来访者的目标行为发生时进行观察和随时记录,不依靠记忆获取消息,使得信息的准确度大为提高。观察者通常受过训练,观察结果往往比间接获得的信息(如行为访谈)要可靠。行为评估中,行为访谈不一定准确,如下例通过直接观察,咨询师发现女孩的问题行为比母亲访谈时说的严重。

　　　　一个 15 岁女孩的母亲告诉咨询师,她的女儿"没礼貌,不听她的话",咨询师在访谈中看到当女孩妈妈说:"怎么没把吃饭的碗洗掉?"女儿不顾他人在场,冲她妈妈瞪白眼,嚷道:"怎么又是我错?"走进自己房间,用力关上房门。

　　这个母亲没有准确描述出她对女儿激烈爆发的反应。如果没有家庭访问、直接观察,咨询师对问题的诊断和治疗的建议完全不同。

其二,评估者利用直接观察将问题行为、刺激因素和强化物联系起来。使用直接观察进行功能评估时,评估者记录目标行为的同时观察并记录与之相关的前提和结果。要想使观察更有成效,预先知道最可能出现问题行为的时间、场景是非常有益的。咨询师需要观察问题行为最可能发生的真实场景。如果一学生的问题行为只发生在某一课堂上,而在其他课上不出现,那么咨询师应该到这一特殊课堂观察记录。

其三,家庭观察评估儿童与父母的相互作用。可用直接的家庭观察或单向镜观察儿童与父母的互动,家庭观察可以发现父母对问题行为的描述是否正确,与儿童的交流方式是否存在问题。如下例中一位母亲为4岁儿子丁丁来咨询。

> 在妈妈看来,丁丁的行为问题是过度活跃,她在接受行为访谈时说:"简直不可能给他穿衣服。"咨询室见到丁丁时,他显得很安静。
>
> 咨询师试图让他母亲叫他遵循某些游戏规则时,马上引起他们两人之间的对抗——他把想要的玩具抢在手里,掉头就跑,而她则十分生气,一边追他一边大声叫他把玩具放下。"你看,"她转向观察者说,"他完全不按照我所说的去做。"这时,小男孩抓住他的玩具,把电视机打开,扑通一声坐在电视机前,安静下来。

通过对母子互动进行家庭观察,发现是妈妈强化了丁丁不服从行为。咨询师可提供一些方法,帮助丁丁妈妈改进与丁丁的交流,强化丁丁妈妈想要的行为。

行为观察也有不足,表现为:对问题行为的定义可能缺乏一致性;不同时间、不同观察者之间的测量缺乏一致性;观察者可能表现一些反应倾向,觉察到一个孩子的多动症,可能使观察者将孩子正常改变作为多动的微妙线索。此外,有时行为观察、记录过程会引起来访者的目标行为改变,这种改变甚至在治疗实行以前就会发生,这种情况称作反应性。反应可能在观察者观察别人的行为时发生,也可能在自我监测的情况下发生。因此,一般而言,观察中得到的行为样本,无论是在实验室还是在自然环境中得到的,都应当被视为"观察者面前的行为"。

在坚定的行为主义治疗师看来,行为观察仅适用于收集外显行为,他们仅相信直接观察到的数据。不过,许多咨询师如认知治疗师,考虑评估隐性的行为如歪曲的认知模式,将直接观察和对来访者内心体验的评估结合起来。

3. 自我监测

有些案例中,观察者就是出现目标行为的人,训练来访者在日常记录并监测自己的问题行为被称为自我监测(self-monitoring)。这是将来访者问题行为与它出现的背景联系起来的一种方式,来访者在自我监测中评估自己出现的问题行为,由于行为是在出现时记录下来,而不是记忆重构,自我监测准确测量了问题行为。

自我监测时,来访者一整天都对目标行为进行观察和记录,不受观察阶段的约束,获得对问题更详细的信息。如自我监测每日吸烟数量的来访者可以在任何时候对他们抽过的烟进行记录。当不可能由其他观察者对目标行为进行记录时(例如,目标行为并不经常出现,或者目标行为发生时没有其他人在场),自我监测是很有价值的。为了测量治疗的效果,咨询师会鼓励来访者在治疗开始前进行一个自我监测的基线测量。自我监测还可以与咨询师进行的直接观察相结合,例如,治疗师对一位正在接受治疗的有紧张习惯(如揪头发)的来访者进行直接观察和记录,并要求来访者在治疗期间对目标行为进行自我监测。不过,行为矫正项目中使用自我监测的方法,必须用与训练观察者相同的方法训练观察对象记录他自己的行为。

来访者在自我管理项目中记录自己的行为时,作为自我监测的结果之一,可能会产生适应行为,目标行为朝向其期望的方向改变,故自我监测有时作为一种治疗方法,用于改变目标行为。如米尔滕贝格尔等人(Miltenberger, Fuqua, & McKinley, 1985)发现,对肌肉痉挛的自我监测可以减少这种行为的发生频率。研究显示,当智力障碍的成年人自我监测其工作效率时,他们的生产率提高了。

自我监测的不足在于,来访者可能出现不准确记录及较少低期望行为的情况。

4. 模拟评估

来访者问题的完整情形需要在自然环境中直接观察才能获得,而深入来访者家庭、工作场所或学校有时不现实,评估者让来访者在控制场景下,模仿自然发生的场景被称为模拟评估。角色扮演是常见的模拟评估,咨询师也可以参与到角色游戏中,角色扮演可能会暴露来访者一些自我表达上的缺陷,从而用于治疗或决断的训练。渐进性放松训练就是广为应用的模拟评估,常用于社交焦虑障碍的评估与治疗。

5. 实验评估

实验评估指在临床和实验室条件下进行,涉及特定任务或指导的观察。被试接受刺激材料,评估者观察并记录被试的反应。控制条件下,评估者观察问题行为的前提和后果的影响及作用,确切地证实控制变量和问题行为之间的功能关系。实验环境下可观察到的行为范围有限,但个体某些特征如适应方式在实验中表现更明显、有效。如对自闭症儿童自伤行为的实验评估,通过让他们独自坐在座椅上、在群体中工作或完成一项困难的任务这三种条件,观察他们在这三种不同条件下的行为,发现他们自伤的原因。

实验评估通常用于测定有发育缺陷的成人和儿童中问题行为的控制变量。卡尔等人(Carr, Newsom, & Binkoff, 1980)对两个精神发育迟缓男孩的攻击行为进行了功能分析,假设攻击行为的前提是学习任务,其强化物是逃避学习。设计了两种实验条件,第一种条件,对两个孩子下达教学指令;第二种条件,没有指令下达。结果发现,第一种条件下问题行为出现的频率很高,第二种条件下问题行为则固定地减少。孩子在高指令条件下采取攻击行为,这表明逃避学习是攻击行为的强化物。

实验评估经济、有效,让评估人员对感兴趣的现象进行集中观察。这种方法对研究日常情况下发生频率不高的儿童行为特别有用。

6. 行为评估量表

行为评估量表指提供问题行为的频率、强度和范围的清单,行为评估量表中评估具体行为,不包括人格特征、兴趣或态度。常用的有行为核查表和行为评定量表。

行为核查表常作为了解个体行为特征,尤其是异常行为的调查工具。在性质上既属于他评量表,也属于自评量表。量表操作简便,项目具体,通常包含一系列行为描述语句,评估人员需确定各行为项目是否在评估对象身上出现,结果记录一般是类似"是"或"否"以及"有"或"无"这样的二分变量,三分变量("是""否""不确定")也会出现在某些核查表中。

行为评定量表,要求评估者在 3 个或更多种类的有序系列中作出评估判断。

行为核查表和行为评定量表是简便、经济、适用性很强的心理测量工具,在普及程度上仅次于成就测验。标准化行为评估量表在日常的临床工作中经常被采用。有时如果没有现成的量表可用,临床心理学家常自己设计一些特殊量表,可靠评价患者的治疗效果。例如,为衡量住院抑郁症患者的治疗进展情况,可设计一个由护士用的 5 级评定量表来评价患者的活动时间,其中的每一项标准都是针对具体患者的适宜行为如玩扑克或与他人交谈。

(三) 行为评估的步骤

行为评估的步骤有以下四步。

1. 第一步:定义目标行为

治疗师的定义要准确,能区分目标行为和非目标行为。定义的行为要求外显,可观察测量,不包括情绪状态,不推断他人意图,不用行为类别。如父母咨询儿童的不顺从行为,治疗师将"不顺从"被定义为"拒绝完成父母布置的任务和要求"。

2. 第二步:借助行为访谈,形成初步假设

治疗师在对孩子父母行为访谈中,对不顺从行为的功能进行评估。家长说,当孩子拒绝听从要求时,他们就再三嘱咐、训斥,或以惩罚威胁,或恳求孩子。了解到这些情况后,咨询师假设,家长的注意强化了孩子不听话的行为。

3. 第三步:进行 ABC 观察

其一,确定观察环境。治疗师通常选择目标行为经常发生的环境,如家庭或教室等。在人为环境(又称相似环境)中进行观察时,治疗师通常模拟在自然环境下可能发生的事件(模拟测量)。上述"不顺从行为"在孩子的家里进行了 ABC 观察。

其二,确定观察内容并进行记录。治疗师选择能够代表目标行为通常发生情况的观察阶段,记录目标行为的频率、持续时间、强度和潜伏期。治疗师可事先列一个清单(行为评估核查表),记下每次的具体问题如不顺从

行为伴随的前提和后果,在对应的栏目中打"√"。

以"不顺从行为咨询"为例,让孩子家长对孩子提出众多要求,记录孩子不顺从行为和紧随其后的家长的注意。观察表明孩子没有听从其中50%—80%的要求,而且每次家长对此都报以注意。

4. 验证假设

观察结果与行为访谈所得信息一致,为假说提供了有力的支持。"不顺从行为咨询"一例中,成功的治疗方案包括要求家长对孩子参加给予积极关注,家长逐渐消除对不顺从行为的注意。这个方案是建立在功能评估的基础上的。

ABC观察能证明前提、后果与问题行为相关,但不能证明假设的因果关系。不过,找出可能引起问题行为的触发事件或因素,起强化作用的事件或因素,形成行为假设,当行为访谈得到的信息支持观察评估时,令人信服的假说足以成为制订有效治疗方案的依据。故有研究者建议使用多重评估法,合并使用访谈法和观察法有助于获得最准确的信息,提出更准确的问题行为功能的假说。

为了弄清问题行为的功能和有效的治疗,实验评估有时是必需的,一项研究关注发展障碍儿童和青少年的自伤问题,他们因严重自伤而住院。实验结果表明,这些孩子的自伤行为具有不同的功能:一些自伤由注意强化,另一些由逃避任务强化,还有一些由感官刺激强化(自动强化)。这个结果具有很重要的意义,帮助不同的孩子获得针对性的有效治疗。

二、认知评估

(一) 认知评估的相关概念

认知治疗理论认为,持有自我挫败或认知功能失调的人有形成情绪问题的高危性,如面临压力或失望的生活经历时感到抑郁,抑郁患者存在认知歪曲,认知疗法用自我提升、理性的思维模式来代替功能紊乱的思维模式。

认知疗法通常关注两种不正常的思维:自动思维、不合理的信念和态度。认知评估就是对认知的测量,即思维、信念和态度的测量,发现来访者不正常的思维。

自动思维(automatic thoughts),或称闯入性思维(intrusive thoughts),自动思维能诱发快速的情绪反应,通常是焦虑和抑郁。

不合理的信念和态度（dysfunctional beliefs and attitudes）或不合理假设（dysfunctional assumptions）决定了来访者对处境的感知和解释方式。维持不合理的信念和态度的因素有三个：(1) 选择性注意。患者会选择性注意支持他们信念和态度的因素，忽视其他相冲突的因素。如社交焦虑障碍患者更注意他人的批评，对赞许注意很少。(2) 寻求安全的行为。来访者认为寻求保护的行为能立即减少他们面临的威胁，但这些行为的长期后果是持续忧虑。(3) 认知歪曲。它有多种形式，普遍的认知歪曲有选择性概括、过度概括化、绝对化思维（参见第二章第三节认知行为疗法）。

除此之外，莱希（Leahy，2003）还提出如下歪曲的认知。

读心术（mind reading）：即使没有他人在想什么的充分证据，你也以为自己知道人们在想什么。例如，"他认为我是个失败者"。

预测未来（fortune telling）：你对未来进行预测——事情会变得更糟或者前面有危险。例如，"我会考不过这次考试"，或者"我不会得到这份工作"。

灾难化（catastrophizing）：你相信已经发生的或者即将发生的事情是如此糟糕和难以忍受，以致你不能够承受它。例如，"如果我失败了，那将太可怕了"。

贴标签（labeling）：你给自己或他人以整体的负性评价。例如，"我是不受欢迎的"，或者"他是个极讨厌的人"。

应该（should）：你根据事物应该是怎么样而不仅仅依据事物是什么来评价事物。例如，"我应该做得好。如果我做不好，那么我就是一个失败者"。

个人化（personalizing）：你将消极事件更多地归因于自己的过失，而没有看到他人也有责任。例如，"离婚是由于我失败"。

责备（blaming）：你认为是其他人引起你的负性情绪，从而拒绝承担改变自己的责任。例如，"她应该为我现在的感受而受到谴责"，或者"我的父母造成了我所有的问题"。

不公平的比较（unfair comparisons）：你根据不切实际的标准来解释事件，并主要关注那些比你做得好的人，然后在比较中作出你比较差劲的判断。例如,"她比我更成功","这次测验其他人比我做得要好"。

后悔倾向(regret orientation):你认为在过去你应该能做得更好,而不是关注你现在能在哪些方面做得更好。例如,"如果我努力的话,我就能拥有一份更好的工作",或者"我本不应该那样说"。

如果……怎么办(what if?):你持续地问一系列诸如"如果某事发生了该怎么办"的问题,不满意任何答案。例如,"是,但是如果我紧张了怎么办?"或者"如果我不能屏住呼吸怎么办?"

情感推理(emotional reasoning):你让你的感受支配了对现实的解释。例如,"我心情沮丧,因此,我的婚姻不会有好结果"。

不能驳斥(inability to disconfirm):你拒绝任何可能与你的负性想法相矛盾的证据或者观点。例如,当你有"我不可爱"这样一个负性想法的时候,你拒绝任何人们喜欢你的证据,从而你的想法不会被驳倒。另外一个例子是:"那不是真实的观点。那有更深的问题,还有一些其他的因素。"

聚焦判断(judgment focus):你以一种黑白评价的方式(好—坏或者优—劣)来看待自己、他人和事物,而不是简单地描述、接受或者理解。你根据武断的标准不断地衡量自己和他人,发现自己和他人的不足。你关注对他人的评价,也关注对自己的判断。例如,"在大学里我的表现不够出色",或者"如果我打网球的话,我不会打得很好",或者"看她是多么成功啊,我是不够成功的"。

(二) 认知评估的方法

1. 思维记录或日记

贝克(Beck et al., 1979)设计了一个思维日记或"不合理思维的日记"来帮助来访者识别与问题情绪状态相关的思维模式:(1)情绪状态出现的情境;(2)来访者头脑中出现的自动化或混乱的思维;(3)自动化思维所代表的有障碍的思维类型或分类(选择性注意、过度概括化、扩大化、极端思维);(4)对烦恼思维的理性反应;(5)情绪发泄或情绪的最终反应。

思维日记也成为治疗计划的一部分,在计划中来访者学习用理性、选择性的思维去代替不合理的思维。

2. 自动思维问卷

自动思维问卷（Automatic Thoughts Questionnaire，简称 ATQ-30）（Hollon & Kendall，1980），是一个自陈问卷，让来访者自我报告与抑郁相关的认知，30 个自动思维在每周出现的频率和程度。ATQ-30 分为 4 个相关思维（见表 3-3）。

表 3-3 自动思维问卷的 4 个因素

因素 1：个人的心理失调和改变渴望	我希望我是更好的人 有些事情不得不改变
因素 2：消极的自我概念和消极的期望	我是一个失败者 我从来都没成功
因素 3：低自尊	我是无价值的 我恨自己
因素 4：放弃/无助	我不能完成任何事 它不值得我这样做

问卷样题如下：

我认为我不能继续下去了。
我恨我自己。
我让人失望。

总分通过计算每个项目出现的频率获得，得分较高说明是典型的抑郁观念模式。问卷可区分出抑郁被试和非抑郁被试，较高分数的被试比得分低的被试存在更严重抑郁状态(Blankstein & Segal，2001)。认知行为治疗期间也可用该问卷来评估来访者的认知转变。ATQ-30 有良好的信度、效度，实施简便，在临床上很强的实用性。

3. 不合理的态度量表

不合理的态度量表（Dysfunctional Attitudes Scale，简称 DAS）(Weissman & Beck，1978)，由一套相对稳定的与抑郁相关的潜在态度或假设组成，被试用 7 点量表评估他们支持的每个观点的程度。量表测查与抑郁相关的思维——影响个体产生抑郁的潜在假设，对探查抑郁的易感性十分敏感(Derubeis，Tang，& Beck，2001；Weich，Cherchill，& Lewis，2003)。

也有研究者认为，量表测量的是抑郁而不是抑郁的易感因素（Calhoon，1996）。

认知评估在理解思维与异常行为的关系方面为心理学家开辟了新的领域。坚定的行为主义对认知技术的反对理由是，临床治疗师没有直接的途径来核实来访者主观的经历、思想和信念，个体的这些经历是报告出来的，不能被直接观察和测量，自陈式报告不可信。

第三节　测　验　评　估

测验评估包括心理测验和评定量表。心理测验是指在标准情境下，对行为样本进行客观分析和描述的一种标准化方法，它以数据为依据，对测定的心理活动作相对的定量分析，获得较高可信度的量化记录。评定量表是指观察个体或群体的心理和社会现象，将观察结果以数量化方式记录、评价和解释的一种方法。行为问卷、调查表归类于评定量表。

评定量表和心理测验在性质上接近，两者之间无绝对界限。区别在于，心理测验更接近实验室方法，用标准的测验手段，在严格的控制条件上，从横断面对被试行为取样；评定方法偏向观察、访谈等临床方法，纵向地进行行为取样，评定方法可看作是观察法与测验法的结合。有些量表如人格自陈量表既可当作测验，也可当作评定量表。评定量表并不都具备标准化特征，有些评定量表的标准化程度高，如标准的客观人格自陈量表。有些评定量表的标准化程度不高，其信度、效度远不如心理测验。不同种类的评定量表，其信度要求有所不同。一般客观的自陈量表要求较高，评定异常行为的主观评定量表一般都不太高，某些用于特殊人群的临床量表，由于其样本通常不是正态分布，不具备制定标准分常模的条件。

心理测验的缺点是容易产生文化偏见，通常会导致"贴标签"，也会导致过分简单和误导测验结果。

一、心理测验

心理测验与高度结构化的访谈相似，被试回答指定的问题，但因测验的特性,评分更容易、更客观,是一种比标准化访谈更结构化的评估方法。许多心理测验由计算机评分,心理学家作出解释。心理测验用来评估相对稳定的特征,如智力测验和人格测验;或用于判断与某一特定障碍相关的认知、情绪、行为反应的专门测试。

心理测验以大量的实验对象为基础进行标准化,提供用来比较来访者得分和平均分的常模,通过比较无心理障碍的样本人群和诊断性的心理障碍人群,可以推断异常行为的反应模式的类型。尽管医学测试被当作"黄金标准",最近一项研究表明,许多心理测验与医学测试几乎相同,具有预测标准变量(如潜在状况和未来结果)的能力(Daw,2001;Meyer et al.,2001)。

许多标准化的测验可供选用,对于临床咨询而言,智力测验及高级神经功能检查最有用。其他的测验虽仍在使用,但没有更普遍的应用价值,详细内容参见相关章节。

(一)智力测验

智力测验评估来访者的智力资源,帮助诊断精神发育迟缓,也评估其他障碍引起的智力损伤,如大脑损伤引起的器质性心理障碍,区分出不同智力水平的来访者有助于设计治疗计划。智商得分低于70是用来诊断精神发育迟缓的一个诊断标准。使用最广泛的智力测验是韦克斯勒智力量表,针对不同年龄组有不同版本:WPPSI-R(3—7岁)、WISC-Ⅳ(6—16岁)、WAIS-RC(中国的修订本名,16岁以上的成人)。

韦克斯勒智力量表有以下特点:(1) 10—12个分测验。韦克斯勒智力量表使用多个分测验,可得到总智商,还可分析个体在智力上的强项和弱点。(2) 言语量表和操作量表各由5—6个分测验组成,可单独评价言语或操作的各项智力成分,可以显示个体的职业能力倾向。(3) 共同的智商计分系统。对所有测验和所有年龄组,智商平均为100,标准差为15。每个分测验的平均分为10,标准差接近3。可比较被试的各项分测验分数,了解其相对强弱。(4) 不同年龄组有相同的8个核心分测验,方便了施测者,也有助于测验之间的相互比较。

针对成人心理障碍的咨询治疗,通常只有在精神状态检查中发现来访者的智力处于边缘或低于正常时,才需要进行智力测验。

（二）自陈式人格测验

1. 明尼苏达多相人格调查表

明尼苏达多相人格调查表（Minnesota Multiphasic Personality Inventory，简称MMPI）最初局限于作为一个诊断性工具，把原始的临床群体区分出来，但在心理动力学家看来，明尼苏达多相人格调查表不能告诉我们有关潜意识的东西；同时，由于只能识别出一个特定的诊断类别，作用被更经济的诊断方法如结构化临床访谈取代。

MMPI-2揭示出轴Ⅰ诊断中如心境障碍、焦虑障碍、精神分裂症的人格模式，如量表4精神病态量表得分高表明回答者具有高于平均水平的反叛倾向，是反社会型人格障碍的特征，但与《精神障碍诊断与统计手册》（DSM）标准没有明确的联系，故MMPI-2得分不能用于诊断。许多临床治疗师主要用MMPI-2获得引起来访者心理问题的人格特征的一般信息，而不是用于诊断，详细介绍见第九章。

2. 米伦临床多轴量表

米伦临床多轴量表（Millon Clinical Multiaxial Inventory，简称MCMI）旨在帮助在《精神障碍诊断与统计手册》（DSM）多轴体系中作出诊断性判断，特别是轴Ⅱ人格障碍。MCMI是唯一专注人格类型和人格障碍的客观人格测验。MCMI和MMPI-2结合比单独使用，能作出更细的诊断分类，评估不同的精神病模式（Antoni et al.，1986）。

MCMI与评估出来的潜在人格障碍之间的关系有待研究，也有研究者声称MCMI可能会对一些人格障碍诊断过度（Guthrie & Mobley，1994；Wetzler & Marlowe，1993）。

（三）投射测验

投射测验是让被试最能自由表达自己的心理测验。在投射测试中，将意义含糊的刺激物，如人或物的图案，呈现给被试，让他们描述看到的内容。心理动力学理论认为，个体的人格结构大部分处于潜意识中，通过明确的问题难以表达自身的感受，而在面对意义不明确的刺激，让个体自由作出反应时，却常可使其隐藏在潜意识中的欲望、需求、态度和心理冲突流露出来。行为主义导向的治疗师则认为，投射测验基于临床治疗师的主观解释，缺乏实证基础。精神分析工作者编制许多投射测验，其中罗夏墨迹测验和主题统觉测验最著名,详细介绍见第九章。

大部分投射测验尚未建立常模,往往都是依据心理学家和精神病医生的经验对测验结果加以解释,未经过特殊训练或有丰富的经验,很难掌握这种方法。投射测验的信度、效度一直是争议之源,投射测验缺乏标准的记分,对来访者的解释在一定程度上取决于评估者的主观判断。美国心理学家埃克斯纳(John E. Exner,1928—2006)设计了罗夏墨迹测验记分过程的标准化程序,但罗夏墨迹测验(包括埃克斯纳体系)的信度、效度的争议仍在持续。支持者和反对者各持己见,支持者认为投射测验能揭示访谈和自陈问卷不能揭示的东西(Stricker & Gold,1999),被试通过投射测验自由表达,减少作出符合社会期望的反应倾向。反对者认为,投射测验记分缺乏客观标准,难以量化;缺少充分的常模资料,测验结果不易解释;信度和效度不易建立;原理复杂深奥,非经专门训练者不易使用;图片的刺激特征太强时,被试的反应可能受测验情境的影响而没有投射其人格特点。

临床实践中,投射测验过去是常用的心理测验之一(Watkins,Campbell,Nieberding,& Hallmark,1995),是精神病学评估的一部分,但其存在上述诸多不足,投射测验的使用频率开始减弱(Piotrowski,Belter,& Keller,1998);最近的研究显示投射测验的预测效度不如自陈问卷,后者又更容易实施,投射测验使用频率在继续下降(Lilienfeld,Wood,& Garb,2000)。

总之,投射测验不能探测与心理障碍相关的人格维度,也不有效地预测诊断或预后,目前已不被广泛使用(Michael Gelder,Philip Cowen,& Paul Harrison,2006)。不过,大部分临床治疗师至少偶尔使用投射测验,许多相应的博士生课程也提供对如何使用这些技术的训练。

(四)神经心理测验

神经心理测验主要评估由脑功能和器质性改变产生的各种行为障碍,如记忆减退、反应迟缓、失语等。通过观察脑功能障碍对患者完成一些任务能力的影响,对脑功能和器质性损害的程序、部位和预后作出判断。这种评估脑功能障碍的测试方法,使我们在不能看到损伤的情况下看到损伤的后果。神经心理测验由神经学专家完成。

神经心理测验主要用作筛选性测验,辅助其他评估方法,来推测患者的行为表现以及可能存在的脑损伤,提高对问题的发现。交互式远程通信技术的进步,可以开展对边远地区患者进行神经心理测验的尝试。

1. 信度、效度问题

神经心理测验在信度与效度方面表现出色,对效度的研究表明,一般来说,这些测验在检测器官损伤时有效。一项研究显示,LN 神经心理成套测验、HR 神经心理成套测验在检测能力上相同,正确率约为 80%。不过有研究提出虚正(false positives)与虚负(false negatives)的问题:有时测验显示出问题,但事实上它并不存在(虚正),有时测验未发现问题,而事实上确实存在(虚负)。出错的可能性为脑功能障碍测验带来很大困扰,未能发现某种损伤的临床医生可能忽略需要治疗的重要疾病。

因此,神经心理测验主要用作筛选性测验,一般只在怀疑有脑损伤时才使用,通常辅助其他评估方法,以提高发现真实问题的概率。此外,神经心理测验需要几个小时的时间。

2. 与智力测验的关系

神经心理测验评估的许多技能同样在智力测验中也被评估,两种方式有大量的重叠。

3. 常用神经心理测验

常用的神经心理测验有本德视觉运动格式塔测验、HR 神经心理成套测验和 LN 神经心理成套测验。

本德视觉运动格式塔测验(Bender Visual-Motor Gestalt Test)是最早编制但还在广为使用的一项神经心理测验。它由表现出各种知觉格式塔原则的几何图片组成,要求来访者临摹几何图案(见图 3-1)。脑损伤迹象包括图形旋转、形状歪曲、图形尺寸不正确。之后,要求来访者凭记忆画出图形。脑损伤会破坏记忆力。

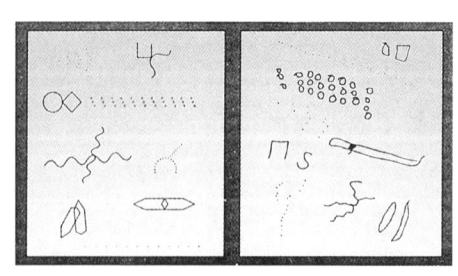

图 3-1 本德视觉运动格式塔测验

实施本德视觉运动格式塔测验简单、方便、经济,但也会出现错误判断,故研究者开发了更复杂的测验。HR 神经心理成套测验(Halstead-Reitan Neuropsycholoical Battery,简称 HRNB)、LN 神经心理成套测验(Luria-Nebraska Neuropsycholoical Battery,简称 LNNB)是两个更高级、应用更普遍的神经心理测验，能更准确地确定器官损伤所在部位。这些精心设计的一系列分量表用来评估人的各种技能。

HR 神经心理成套测验由美国心理学家霍尔斯特德（Ward C. Halstead，1908—1969）及其学生雷坦（Ralph Reitan，1922—　）编制，包含测量知觉、智力、运动技能和操作的测验，测验结果中各种不同的有缺陷的操作模式暗示存在某种器质性损伤，有助于确定损伤的性质和定位，还能评定脑与行为的关系。我国于1981年引进这一测验，并由龚耀先、解亚宁等人主持全国协作，于1985年完成了成人本的修订工作，简称 HRB(A)-RC(revised in China)，1986年及1989年分别完成了幼儿本（适用于5—8岁）和少儿本（适用于9—14岁）的修订工作。本测验的内容现以龚耀先等人修订的 HRB(A)-RC 为例加以说明。这一成套测验包括六个重要的分测验和四种检查（见表3-4）。此外，与智力和记忆测验等联用，可用于15岁以上的人。

表3-4　HR 神经心理成套测验的六个分测验

六个分测验

1. 类别测验。有156张幻灯片分成7组（原测验有208张幻灯图片），用投射装置（或卡片式）显示。被试在1至4个数字的按键上作出选择性的按压后，有铃声或蜂鸣声给以阳性或阴性强化。通过测量被试根据不同刺激物呈现，形成规则或分类的熟练程度，测量概念形成、抽象和综合能力，一般反映大脑皮层前额叶功能。

2. 触觉操作测验。采用修订后的塞金—戈达德形板测验（Seguin-Goddard Formboard Test），蒙眼后分别用利手、非利手和双手将小形板放入刻出相应形状的槽板中，然后要求回忆小形板形状和在板上的位置。计算时间、记形和记位。测验触觉鉴别、运动觉、上肢协调能力、手巧动作以及空间记忆能力。

3. 音乐节律测验。用西肖尔音乐技能测验中的节律测验，被试听30对录好的有节奏的鼓点，指出每对鼓点的异同。测量听觉鉴别力，持久能力，保持警觉能力和注意力。反映大脑皮层右额叶损伤。

4. 词语声音知觉测验。用磁带播放一个词音后，从类似的4个词音中选出与之相符合的词音。测量持久注意、听与视觉综合、听分辨的能力。

5. 手指敲击测验。左右食指敲击，测量双手的精细动作和速度。比较两手敲击速度的差异，可提示病变在何侧。

6. 线测验。A 式，1—25诸数字散乱分布，要求按顺序相连，记速度和错误。B 式，1—13，A—L 诸数字和字母散乱分布，需要按 1—A—2—B……数字与字母顺序交替相连。测量运动速度、视扫描、视觉运动综合、精神灵活性、字与数系统的综合和从一序列向另一序列转换的能力。

四种检查

1. 握力检查。比较利手与非利手的握力。

2. 感知觉检查。包括单侧刺激和双侧同时刺激。有触、听、视觉的，有手指辨认、指尖触认数字等，测量一侧化的障碍。

3. 失语甄别测验。包括命名、阅读、听辨、书写、计算、临摹、指点身体部位等，这是检查失语、失认、计算不能和构图不能的测验。

4. 侧性优势检查。检查利手、足、眼、肩等，以判别大脑优势半球。

LN神经心理成套测验，由内布拉斯加大学的心理学家基于神经心理学家鲁利亚（Alexandr Luria，1902—1977）的工作研发出来。LN神经心理成套测验评估更广泛的能力，包括：触觉、肌肉运动和空间能力；复杂的运动能力、听觉能力、言语接受和表达能力；阅读、写作和计算能力；一般智力和记忆能力。揭示特殊脑损伤位置的能力缺陷模式。同时，比HR神经心理成套测验更高效，完成LN神经心理成套测验只需花HR神经心理成套测验的1/3时间。

这两个神经心理成套测验的局限性表现为测验所需时间太长，结果处理复杂，并要求患者具有合作、清醒和基本的智能。因此，在临床上应用和推广有一定的限制。

二、核查表和评定量表

心理学临床实践和理论研究中，对个体或群体的心理和社会现象进行观察，对观察结果进行量化，量化按照标准化程序进行，按一定的规则实施观察，进行记分（包括记分方法和方式、分级标准、结果换算），评定结果具有较高的真实性，这种按标准化程序的方法就是核查表法或评定量表法。评估者的主观成分减少，同一个量表适用于不同社会文化背景下的不同评估者，并可适用于评定不同的评估对象。

心理测量学中，核查表（checklists）和评定量表（rating scales）是等级量表，以等级评分为特征。使用核查表时，检查（或自查）评估对象的各项心理特点或行为特征，结果记录一般类似"是"或"否"以及"有"或"无"这样的二分变量，三分变量（"是""否""不确定"）有时也会出现在某些核查表中。与核查表不同，评定量表要求评估对象对行为和特征的性质、频次或强度作出判断，在3个或更多种类的有序系列中作出选择，判断效率更高。比核查表提供的信息更详细，但需要更多的时间完成，两种工具之间可能存在速度与准确性的权衡。科恩等人（Cohen, Swerdlik, & Phillips, 1996）研究了评估人际关系和交往技能的标准相关核查表和评定量表的心理测量特征，评定量表的信度比核查表的信度要高。

核查表和评定量表以自然观察为基础，资料在自然情境下收集，可看成是自然观察的延伸。由于评定包括较长时间的纵向观察印象的综合，收集的资料更接近实际情况,是简便、经济、适用性很强的心理测量工具。

（一）核查表

将评估对象的各项心理特点或行为特征作为项目列于检核表中,通常包含一系列行为描述语句,如"好动""不合群""自我中心"等,当观察对象具有某些特点或行为特征时,就在对应的项目前作出标记(如打"√"),具备题目特征得1分,未选得0分。

核查表常作为了解个体行为特征,尤其是异常行为的调查工具。核查表多数属于他评量表,也有少数为自评量表。一些核查表是标准化的工具,也有的是为特定目的而编制的,或用于特定背景下,是非标准化的测量工具。

核查表的种类包括形容词核查表、发展性检查、问题核查表和症状核查表。

1. 形容词核查表

由一系列诸如"好斗的""野心勃勃的""具有竞争力的""能干的""爆发的""急躁的""易怒的""不安静的""紧张的"等形容词组成,非常简便实用。其中包括:(1)形容词核查表(Adjective Checklist,简称 ACL),用于正常的青少年和成人,在自我概念研究中非常有效,但在心理诊断和治疗计划中的效度还没确定。(2)状态—特质抑郁形容词核查表(State-Trait Depression Adjective Checklists,简称 ST-DACL),由卢宾(Bernard Lubin)编制,自陈报告,32—34个形容词组成,测量状态心情及特质心情如烦躁不安、悲伤、精神紧张,用于评估心理咨询中的紧张,鉴别抑郁达到显著水平的个体,验证干预效果。

2. 发展性检查

丹佛儿童发展筛查测验(Denver Developmental Screening Test,简称 DDST),实际上是一个核查表,提供儿童在个人—社会行为、精细动作、语言、大运动这四个发展领域的常模,对儿童早期发展进行筛选、诊断和评价。

3. 问题核查表

用来鉴别儿童行为问题的核查表很多,其中使用频率最高的是阿肯巴克儿童行为量表(Achenbach's Child Behavior Checklist,简称 CBCL)(参见第六章),另一个内容全面的问题核查表是行为问题核查表修订版（Revised

Behavior Problem Checklist,简称 RBPC)。CBCL 和 RBPC 是由家长和教师完成的他评工具,严格来说是评定量表,而不是核查表,评估对象对多种选项作出反应。

4. 症状核查表

症状核查表比形容词核查表和问题行为核查表更倾向于临床取向,最广泛应用的临床工具是 90 项症状核查表(90 Symptom Checklist,简称 SCL-90)。SCL-90 对九个主要症状维度评分:躯体化、强迫症状、人际敏感性、抑郁、焦虑、敌对、恐惧性焦虑、妄想和精神质。咨询师能在 12—15 分钟内对来访者作出评估,鉴别出来访者的心理问题,监控治疗过程中的进展和变化,并对治疗后的结果作出评定。SCL-90 反映心理症状广泛,准确暴露来访者的自觉症状,是当前心理咨询及心理治疗门诊应用较多的一种自评量表,正常成人、青少年以及精神病门诊患者和住院患者都有可用的常模,详细介绍见第十章。

(二) 评定量表

评定量表按临床诊断中的作用分为诊断评定量表、症状评定量表、整体功能量表;按年龄可分为儿童用量表、老年用量表等;按评定量表按评定方法分自陈量表、他评量表,具体针对来访者问题的评定量表参见第五至第十一章相关内容。

1. 自陈量表

自陈量表让评估对象自己按照量表内容要求,对照量表的各项目陈述选择符合自己情况的答案并作出程度判断,提供关于自己心理与行为材料的报告,独立完成填表过程,也叫客观量表。

自陈量表内容通常为一系列陈述句或问题,不对所要评定的特质、症状或现象作严格的界定,而由评估对象自己理解。每个句子或问题描述一种行为特征或现象,要求被试依自己实际情况从所列数值或等级中选出一个。自陈量表主要特点为项目数量多,内容较全面,量表实施方便,可以团体实施,但自陈量表要求评估对象有一定的阅读和理解能力,被试报告自己行为时常会带某些偏向或掩饰。

2. 他评量表

由评估者而不是由评估对象对测验项目进行评估,针对评估对象的心理特点、行为等项目逐项判断,判断其在每一项目中是否出现,并按照量表项目程度等级标准作出程度估计。由于他评量表是评定人员对评估对象进行主观的评价,在这种意义上又称为主观量表。他评量表结构明确,各项目描述精细,具有相当的真实性。虽然评估人员的评价是主观的,但评定依据来源却是客观的,如老年认知功能量表(Scale of Elderly Cognitive Function,简称SECF)。

他评量表对项目有比较严格的定义,以免评估人员对项目的理解产生混淆。例如,汉密尔顿焦虑量表(Hamilton Anxiey Scale,简称 HAMA)将"紧张"定义为紧张感、易疲倦、易动感情、易哭、颤抖、坐立不安、不能放松;简明精神病评定量表(Brief Psychiatric Rating Scale,简称BPRS)的第六个项目"紧张"指运动表现中的紧张,不包括主观体验到的紧张。

有些评估,由评估人员用临床量表等对评估对象进行系统观察,根据自己的观察印象直接记录评估对象在量表各项目的得分,这种评估称直接评定方法。不过,大多数评估通过知情者提供评估对象情况。知情者是指最了解评估对象日常生活、学习及工作情况的人,一般为评估对象的父母、兄弟姊妹等亲属,或了解情况的邻里、同事、老师等,或在生活和健康方面给予长期照顾的人如福利院的工作人员等。这种通过知情者提供资料的评估称间接评定法。评估人员既可根据自己的观察直接评定,也可询问知情者间接评定,或者综合这两方面情况对评估对象加以评定。不管是直接评定还是间接评定,评估人员最好应与评估对象现场见面,进行访谈,以取得某些项目评定的准确证据,或判断资料来源的可靠性,然后评估人员对各种来源的资料,对照评分标准进行评分。

3. 对评定量表的评价

评定量表中,特别是某些用于特殊人群的临床量表,由于其样本往往不是正态分布,不具备制定标准分常模的条件,多采用划界分。划界分(cut-off score)是指用一具体量数,对评定结果进行划界。如贝克抑郁量表(Beck Depression Inventory,简称BDI)采用划界分标准为:$\leqslant 4$ 分为无抑郁或极轻微;5—13 分为轻度;14—20,中度;$\geqslant 21$ 分,重度。筛查用量表中常用划界常模。

许多评定量表比心理测验容易掌握,非专业工作者稍加训练也可掌握,包括适应行为量表、精神症状评定量表、与心理应激有关的生活事件量表等。

第四节 环境评估

环境评估也称为生态评估,指在对心理功能进行评估时,将环境因素如社会文化考虑进去,它将评估的视野从个体扩展到处于社会环境下的人,关注社会文化力量在心理功能中所起的作用。沃尔什(Walsh,1990)指出,任何评估,如果没有对环境的评估都是不完整的。他建议心理咨询将环境评估包含在内,确定来访者如何看环境以及这些看法如何影响行为。在确定心理病理的原因时,环境评估尤其重要。

一、生态学模型

"环境之中的人"已经成为当今咨询治疗的一个核心特征,其理论假设在认知行为、社会学习模型基础上,多数行为是习得的,问题产生于社会背景中,故也被称为生态学模型。生态学模型对来访者的概念化是基于以下两个观点:第一,来访者的问题不仅存在于个体内部,也存在于文化、环境和社会系统或情境之中;第二,当今咨询实践存在着这样一种变化,即将关注点从个体的病态转向来访者本身的潜力、过去的成功、资源和应对技能。生态学模型从个体以及环境和文化两个层面对来访者进行评估。

(一)来访者个体层面

来访者将个人特点带入咨询中,主要包括内隐的、内部的经验和外在的行为。在对他们的问题进行概念化时,可能选用认知行为视角或其他。当前咨询倾向于评估来访者以往的解决方法和成功经验以及本身的潜力、资源和应对技能,对来访者的潜力和资源的关注能促进咨询/治疗师与来访者合作,弱化对来访者问题的诊断带来的"不良标签"作用,增加来访者的自我效能感,帮助来访者对自己当前问题情境及自己的生活获得更多控制感。

(二)环境与文化背景层面

生态学模型认为,来访者将影响他们当前问题的生态学和文化的变量带入到咨询中,评估来访者的生态学变量非常重要,来访者问题的原因可能存在于背景之中而不在来访者本身。影响来访者问题的生态学变量也称为背景和关系维度,包括个体与其所处环境之间的关系,对来访者问题起支持和阻碍作用。

来访者来自某种类型的家庭系统,受到所处文化、家庭系统结构和价值观的影响,受到从属的某个特定社会群体(如宗教群体、教育群体、社团群体、文化群体等)的结构、社会化和价值观的影响,受到所处的范围更大的社会和社团的影响,如政治、经济、地理和信仰传统等。谢里·科米尔和葆拉·S.努里斯(Sherry Cormier & Paula S. Nurius,2004)认为,评估来访者的文化背景有助于对来访者问题的理解,更重要的是不加重来访者负担。

赫申森、鲍尔和沃尔多(Hershenson,Power, & Waldo,1996)指出,在许多情形中,环境既是来访者问题的主要来源,也是心理咨询中干预的潜在对象。他们描述了环境评估的理论和策略,包括行为背景(behavior-setting)方法(环境塑造行为)、需求压力(need-press)理论(需求与环境压力之间的关系)、人类集聚(human aggregate)模型(个体与环境的匹配)、社会气候(social climate)模型(考虑个体对环境的知觉)。这些理论描述了个体与环境的复杂交互作用。环境代表了生活中的许多任务,如工作、婚姻和家庭、社会环境和精神环境,并受到各种因素影响,如贫困与富裕、压迫与相互尊重。这些环境力量为个体提供增援,有助于需求满足,也可能是压力和不满的来源。个体对于环境的知觉在实际经验中起了关键作用,环境评估的策略在于确定最终的来访者与环境契合度。评估各种不同的环境力量怎样相互影响,个体如何知觉这些力量,对这些方面的准确理解非常重要。

二、评估内容

(一)诊断窗口

西纳科雷-吉恩(Sinacore-Guinn,1995)指出,文化考量能更好地理解来访者当前问题,从文化角度对来访者问题进行概念化,建立的模型被称为西纳科雷-吉恩诊断窗口(diagnostic window)(见图3-2),以文化敏感的方式评估以下四个方面的内容：(1) 文化系统与结构，包括社会结构、家庭、学校、互动方式、疾病概念、生命发展阶段、应对机制、移民史；(2) 文化价值观，指文化中时间、活动、人际关系取向、人与自然的关系、人的本性；(3) 性别角色社会化，包括性别角色、意义、来访者对性别的态度、性别偏爱上的文化、种族和民族差异；(4) 创伤，包括直接、间接和潜伏的创伤体验，创伤的社会环境和社会政治背景。即使这些领域的问题引起来访者困扰或冲突，治疗师要避免将这些领域的问题自动地贴上病态的标签，只有窗口内存在病态行为才对来访者作出诊断。

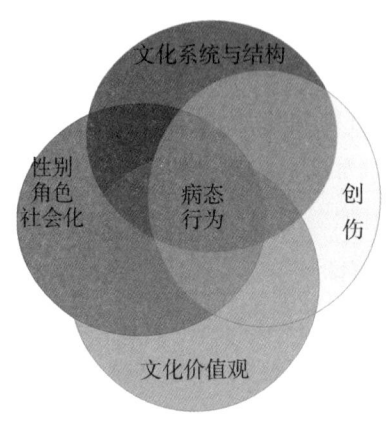

图 3-2　西纳科雷-吉恩诊断窗口

（二）ADRESSING 框架

海斯（Hays，1996）提出 ADRESSING 框架（ADRESSING framework），其中 A（Age and Generational Influences）指年龄和世代史，文化适应；D（Disabilities-Developmental，Disabilities-Acquired）指伤残状况；R（Religion and Spiritual Orientation）指种族，宗教和精神归属与价值观；E（Ethnicity and Race）指民族，文化身份；S（Socioeconomic Status）指社会状况与社会经济状况或阶级；S（Sexual Orientation）指性取向；I（Indigenous Heritage）指固有传统；N（National Origin）指民族起源；G（Gender）指性别。

ADRESSING 框架对来访者问题进行文化分析，评估关键症状、痛苦表现、压力源和创伤的文化与临床含义，如来访者总体的压力水平是如何与 ADRESSIN 框架的各个方面相联系。同时，框架的各个方面也导致了个体的潜力、资源和应对方式。

还有研究者将影响来访者心理与行为的环境因素分为微观和宏观社会环境，评估来访者所属的微观和宏观社会环境。宏观社会因素包括社会运行状况、社会失范状况、社会分配制度、社会保障制度、经济状况、人口状况、教育制度（或个体社会化模式）、职业状况、文化传统、风俗习惯、价值观等；微观社会因素包括个体遭遇的紧张性生活事件、社会支持状况、个体生活质量与行为方式、角色等。

第五节　生 理 评 估

一、生理评估方法

生理评估是指评估来访者与心理事件相关联的生理反应、身体部位反应(如心跳节律、呼吸频率)。生理评估有价值,如头痛、高血压等症状的评估与治疗,也同样重要。这些测验是生物反馈治疗的基础。进行生物反馈时,生理反应的强度,如血压读数,将通过仪器反馈给来访者(如果是连续的),帮助来访者尝试自己控制这些反应。

评估情感刺激的生理反应,对许多障碍都非常重要,如创伤后应激障碍,与创伤有关的情境或声音等刺激物会引起患者强烈的生理反应,即使他本人未完全意识到发生了什么。生理评估应用于许多性功能障碍与紊乱。

(一) 皮肤肌电反应和肌电图

情绪与生理活动关系密切,交感神经对压力与情绪激动非常敏感,如焦虑与自主神经系统的交感神经激活有关,表现为心率加快、血压升高,可用脉搏和血压计记录;焦虑时会出很多汗,皮肤变湿,增加导电能力等,这些变化能被多导生理记录仪(polygraph)监测并记录。多导生理记录仪有许多传感器与身体相连,能探测微弱的生理变化,通过多导生理记录仪内的前置放大器装置放大这些生物信号,并记录下来,从而可以监测体温、呼吸、脉搏、血压、肌张力、心电、脑电等多项生理指标,通过这些生理指标的变化来推断被试测验时经受压力或情绪刺激。

传感器测量皮肤通常是手上两点间的电量,记录的结果称为皮肤肌电反应(galvanic skin response,简称 GSR),这是汗腺活动的标志;传感器捕捉肌肉的电活动变化,记录结果称肌电图(electromyography,简称 EMG)。

多导生理记录仪通过记录生理变化,可推断可能存在的心理因素如焦虑等,但不能推断焦虑的原因,故用于测试来访者说谎并不可靠。

(二) 脑电图

德国精神科医生贝格尔(Hans Berger,1873—1941)发现人脑存在持续的电活动,并可记录。将电极直接放置在头皮的不同位置上,测量和记录脑的电活动,与特定神经群活动相关的脑电活动被称为脑电图(electroencephalogram,简称EEG)。EEG受到心理或情感因素的影响,当特定事件发生时,记录该事件的短暂EEG信号模式,该电位称为事件相关电位或激发电位。通常电流来自大脑皮层,特定的脑功能测量可以直接取自脑,也可以取自身体其他部位。

人在清醒和睡眠状态时可以通过测量脑电波进行评估。正常、健康、放松的成年人,清醒时的脑电特征是一种规律的电压活动,叫作α波。α波与放松和镇静程度有关,许多缓解压力治疗都试图通常通过一些使人放松的手段,提高患者的α波频率。睡眠最深、最放松的状态,通常在入睡1—2个小时,EEG信号呈现δ节律模式。与α波相比,δ节律更缓慢且更不规则,发生在深度睡眠时正常。熟睡时发生的惊恐发作,几乎都是在δ节律状态下发生的。如果清醒状态时δ节律频繁出现,可能标志着大脑局部区域的功能障碍。

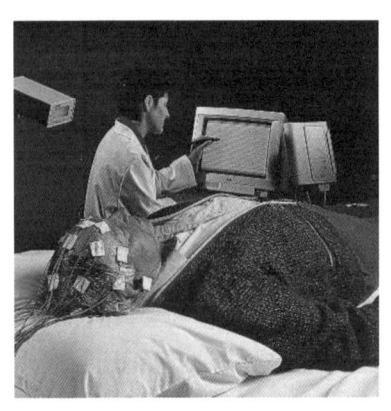

图3-3 脑电图的记录

EEG可用来检测与心理障碍如精神分裂症和脑损伤有关的脑波模式,也用于研究各种异常行为的类型,清醒时EEG信号中快速且不规则的尖峰有可能标志着癫痫障碍,EEG是确认癫痫的主要手段。

一般地,诊断十分重要的心理障碍时,熟练掌握生理评估技术的临床医生才使用,更加复杂的生理评估方法,主要应用于对心理障碍特别是对一些情绪障碍的理论性研究。

二、脑成像技术

随着人们对心理健康要求的提高和现代科学技术的迅速发展,心理评估也开始注意到神经科学的一些最新技术。一个多世纪以来,研究发现我们所做、所想以及记忆是由大脑的特定区域分别控制的。近年来,通过脑成像技术,我们已经能深入大脑内部,并作出愈加准确的脑结构与功能的图像。神经成像分为两种:一种检查脑结构,如各部分的尺寸以及是否有损伤;另一种检查脑的实际功能,途径是测绘血液流动及其他新陈代谢活动。对于揭示神经生物学因素与心理障碍的关系,脑成像技术有着巨大的潜力。

(一)脑结构成像

1. CT 扫描

计算机化 X 射线轴向分层造影(X-ray computed tomography)称 CAT 扫描或 CT 扫描,发展于 20 世纪 70 年代早期,利用复合 X 光对脑进行多角度成像,即让 X 光直接通过头部。对所有 X 射线,在骨骼处被阻挡或衰减较多,而在脑组织处较少,衰减的幅度在头的另一侧被检测,电脑将重建脑各个切面的图像。CT 扫描入侵性相对小,这一过程需要大约 15 分钟。

CT 扫描用于定位脑肿瘤、损伤以及其他结构性及解剖异常,结果非常准确。缺点是:反复的 X 射线辐射有损伤脑细胞的风险。

2. 核磁共振成像

核磁共振成像(magnetic resonance imaging,简称 MRI)比 CT 的分辨率(分辨能力与准确性)更高,而没有 X 射线固有的风险。患者的头部被置于强磁场中,其中传送了收音机频率的电磁信号。这些信号激活脑组织,影响氢原子中的质子,这种变化被测量,并测量质子"缓和"或恢复正常的时间。在有损伤的地方,信号会更弱或更强。现在的技术可以做到使计算机分层观察脑,并可以对脑结构作非常准确的检查。

MRI 比 CT 更昂贵,新的 MRI 方法只需 10 分钟,且耗时与花费每年都在减少。目前 MRI 的另一缺陷是,进行检查时人完全封闭在一个狭窄管道中,以使磁线圈环绕头部。患幽闭恐惧症的人常常无法忍受 MRI。脑成像技术在确定脑损伤方面非常有用,用于检查可能与心理障碍相关的脑结构异常(见图 3-4)。

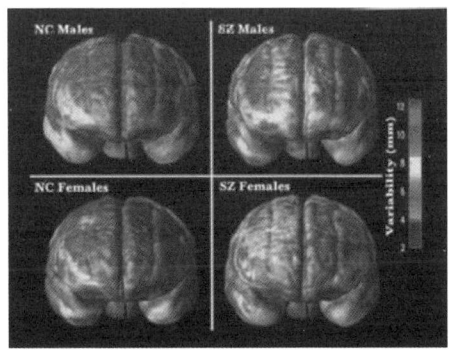

图 3-4　精神分裂症的 MRI 变化

(二)脑功能成像

脑功能检测方法有发射断层扫描和功能性核磁共振成像两种,用来测量脑的代谢功能,而不是测量脑的结构。

1. 正电子发射断层扫描

正电子发射断层扫描（positron emission tomography，简称 PET）用来评估大脑葡萄糖的代谢。葡萄糖是大脑能量的主要来源，测量其被使用的多少，可以反映大脑的活动水平。大脑对特定事件进行反应时，要动用不同有关联的脑区，以完成特定的功能。当某个区域被激活，活动水平增强，需要的能量增加，相应该区域血流灌注便会增多。为得到清晰的图像，被试必须保持静止至少 40 秒。这些图像可被叠加在 MRI 图像之上，以确定活动区域的确切位置。

PET 扫描可用作 MRI 与 CT 扫描的辅助工具，帮助因头部外伤或中风导致的创伤、脑部肿瘤进行定位。PET 还用于检查与不同心理障碍相关的各种新陈代谢模式。近期的 PET 扫描显示，早期阿尔茨海默氏痴呆患者顶叶处的葡萄糖代谢水平降低。PET 扫描成本极高，只有在大型医疗中心才能进行 PET 检查。

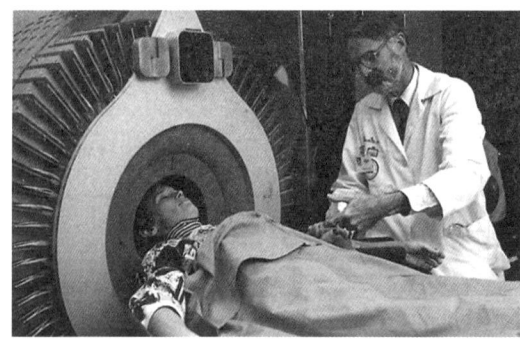

图 3-5　PET 检查

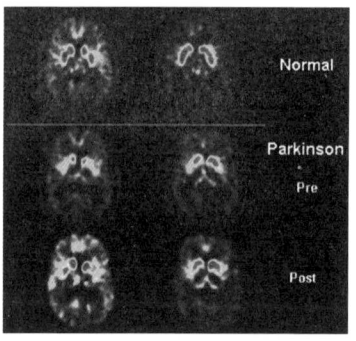

图 3-6　PET 检查结果

2. 单光子发射型电子计算机断层扫描

单光子发射型电子计算机断层扫描（single-photon emission computed tomography，简称 SPECT）的工作方式与 PET 很像，但使用的追踪物质不同，准确性也稍低。但其成本低，其检测信号的仪器也简单得多。因此，SPECT 的使用更加广泛。

3. 功能性核磁共振成像

功能性核磁共振成像（functional magnetic resonance imaging，简称 fMRI）检查血流的变化，生成清晰活动脑区的三维图像，帮助我们确定特定的功能区域或与某种障碍有关的区域。fMRI 是更先进的技术,工作时间仅为毫秒量级,可以记录到脑从现在到下一秒变化的图像,使研究人员看到脑瞬间的反应,如看到一张陌生的面孔,此反应称作事件相关 fMRI。

在发展心理病理学领域,神经影像学方法目前仍处在早期阶段。神经心理评估能发现某特殊障碍儿童脑区结构异常部位或活动水平低下的问题,将关注点从诊断向获取有关功能缺损信息的转变,这有利于神经障碍和学习障碍儿童的有效治疗和康复。

本 章 小 结

心理评估与诊断从不同来源、不同场合获取信息,辅助作出诊断。使用的方法按程序分为标准化测量和非标准化测量,标准化测量指测验评估,非标准化测量包括临床访谈、认知评估和行为评估、环境评估和生理评估等,提供灵活、个性化的方法,获得有关来访者的独特信息。表 3-5 列出临床心理学工作者使用频繁的 20 个评估方法。

表 3-5 临床心理学工作者使用最频繁的 20 个评估[①]

使用评估方法	使用百分比(%)	使用评估方法	使用百分比(%)
临床访谈	95	WAIS-R	93
明尼苏达多相人格调查表	85	句子完成测验	84
主题统觉测验	82	罗夏墨迹测验	82
本德视觉运动格式塔测验	80	投射性绘画	80
贝克抑郁量表	71	WISC-Ⅲ	69
广泛成就测验	68	韦克斯勒记忆量表修订版	65
皮博迪图片词汇测验修订版	50	米伦临床多轴问卷	49
WPPSI-R	44	儿童知觉测验	42
文兰社会成熟度量表	42	米伦青少年人格问卷	40
兴趣程度问卷	39	斯坦福-比内量表	38

① 指承认至少"偶尔"使用程序的临床心理工作者,选自:Timothy J. Trull & E. Jerry Phares. *Clinical Psychology: Concepts, Methods, and Profession.*

心理评估与诊断的方法,各有优点和局限性,它们之间的比较见表 3-6。在实际应用中各有价值,在具体应用中需要互相取长补短。全面了解临床心理评估方法,多种方法结合使用,综合所有方法收集的信息并结合评估的人群或个体的具体情况,才能对评估对象各个方面作出全方位的分析研究,较好地完成心理评估的任务。

表3-6 临床心理诊断方法的准确性、可靠性和客观性比较[1]

准 确 性	可 靠 性	客 观 性
访谈法	观察法(有训练)	神经生理测验
观察法(有训练)	评定量表	心理生理
投射测验	心理测验	认知动作测验
自我观察(有训练)	投射测验/访谈法	心理测验
自我观察(敏锐无训练)/生理评估	认知动作测验/生理评估	评定量表/投射测验
认知动作测验	自我观察(有训练)	访谈法/观察法(有训练)
自我观察(无训练)	自我观察(敏锐无训练)	观察法(无训练)
观察法(无训练)	观察法(无训练)	各种自我观察

[1] Lehmann, 1960. 转引自:陈仲庚. 实验临床心理学[M]. 北京:北京大学出版社, 1994, p.28.

推荐阅读

Miltenberger, R. G. (2000). 行为矫正的原理与方法[M]. 胡佩诚,等,译. 北京:中国轻工业出版社.

Morrison, J. (1995). *The first interview: An introduction to the art and science of mental health interviewing*. New York: Guilford Press.

Neil R. Carlson (2007). 生理心理学[M]. 苏彦捷,译. 北京:中国轻工业出版社.

Persons, J. B., Davidsons, J., & Tompkins, M. A. (2000). *Essential components of cognitive-behavior therapy for depression*. Washington, DC: American Psychiatric Association.

Ridley, C. R., Li, L. C., & Hill, C. L. (1998). Multicultural assessment: Reexamination, reconceptualization, and practical application. *The Counseling Psychologist*, 26, 827-910.

Ronald Jay Cohen & Mark E. Swerdlik (2006). *Psychological testing and assessment* (6th). 北京:人民邮电出版社.

Sherry Cormier & Paula S. Nurius(2004). 心理咨询师的问诊策略(第

五版)[M].张建新,译.北京:中国轻工业出版社.

凌文辁,方俐洛(2004).心理与行为测量[M].北京:机械工业出版社.

约翰逊(2008).心理诊断与治疗手册:给心理治疗师的指南[M].卢宁,等,译校.北京:中国轻工业出版社.

第四章 心理评估与诊断的特殊方法

本章导引

1. 如何进行标准化心理诊断？
2. 儿童临床心理评估与成人临床心理评估有什么差异？
3. 如何判断儿童是否患了需要专业人员处理的心理障碍？儿童的问题是否会随着年龄的增长自动消失？

第三章我们介绍了心理评估与诊断的常用方法，涉及的心理评估对象主要针对成人。本章我们关注心理评估与诊断的特殊方法，主要包括标准化的心理诊断手段，以及心理评估的特殊对象——儿童。

对儿童进行临床心理评估就是对来访儿童的认知、行为、情绪问题以及对可能造成这些问题的环境因素进行区分、定义和测量，评估过程与第三章的评估过程基本一样。但儿童问题有其特殊性，儿童临床心理评估方法与成人临床心理评估方法有很大差异，要用发展的视角对儿童进行评估。

第一节 临床标准化心理评估

临床心理实践中，诊断性评估的标准化方式有助于评估症状、综合征，以及心理障碍的能力丧失或其他结局。标准化的方法提高了可靠性，便于在不同时期比较结果。标准化的临床评估，需要评估来访者是否存在症状/问题，作出诊断，还要衡量症状/问题的严重程度，随时间的变化和对治疗的反应。临床精神病学工作者发展了诊断性评估表、症状评定量表。

一、临床标准化心理评估概述

(一)标准化方法分类

有些评定工具针对单个症状或者范围较为狭窄的一组症状(如焦虑或抑郁),有些评定工具评估广泛的症状群,有些全面评估某障碍的整体严重程度。大多数的评估工具不仅评估来访者是否出现症状,符合某一诊断,还要评估症状是否确实存在,以及症状的严重程度。临床评估的标准化方法有三种,它们通常在临床访谈中完成:(1)临床工作者借助标准化诊断性评估表,对来访者问题作出诊断。当代心理障碍分类的发展表明,大多数障碍基于可识别的症状或行为,而不是基于理论概念或病因学的推测,ICD-10及DSM-Ⅳ从定义上予以明确,简易精神状态检查是这种类型。(2)评估症状或症状群的严重程度。(3)评估心理障碍的全部证据和影响,又称为整体评估,包括生活质量的评估。

(二)评估工具的症状说明

诊断性评估表按评估者是否接受过精神科专业训练分为两类:第一类,即接受过精神科专业训练的精神科医生使用的诊断量表,它只需要提供症状评定的一般原则如诊断用临床结构检查(诊断用临床结构检查),参见专栏4-1提供的示例1。第二类,即未接受过精神科专业训练者使用的量表,它提供识别症状和综合征的明确规则如精神现状检查(PSE),参见专栏4-1提供的示例2。

专栏4-1 症状的标准化评估[①]

示例1:诊断用临床结构检查(SCID)关于妄想的问题(Spitzer et al.,1987)

精神病性及相关症状:这部分记录患者一生中曾出现过的精神病性症状及相关症状。所有精神病性症状及相关症状均编码"3"。要确定

[①] Michael Gelder, Paul Harrison, & Philip Cowen(2010). 牛津精神病学教科书(第五版)[M]. 刘协和,李涛,译. 成都:四川大学出版社.

症状是非器质性的,或者是否存在可能的或明确的器质性原因。如果总体的信息不能提供答案,下列问题可能有助于回答:当你出现这些精神病性症状时,是否在使用什么毒品或药物?大量饮酒吗?存在躯体上的疾病吗?

如果患者不承认有精神病性症状:现在我要问你一些有时人们会出现的不寻常体验?

如果患者承认有精神病性症状:你已经告诉我这些(精神病性体验),现在我想问你更多有关这类体验的情况?

妄想:这些是建立在对外界现实歪曲解释基础上的错误个人信念,尽管几乎无其他人相信,且有相反的确切事实或证据,但患者仍坚信不疑。超价观念(不合理的持久信念,但未达到妄想的程度)编码为"2"。

注:单一的妄想便可在下列一个以上的项目中编码"3":你是否曾觉得人们似乎都在谈论你或对你特别注意吗?……

关系妄想:将周围环境中的客体和事件错误地赋予个人含义:"有没有从电视、收音机、报纸或你周边的事情中接收到特殊的信息?"

(描述:?,1:2:3,1=可能/明确的器质性,3=非器质性)

被害妄想:个体或所属组织将被攻击、骚扰、欺骗、迫害或密谋反对:"有谁在故意刁难你或设法伤害你吗?"

(描述:?,1:2:3,1=可能/明确的器质性,3=非器质性)

夸大妄想:涉及超凡能力、知识或重要性:"你是否觉得自己在某些方面特别重要,或你有力量去做别人做不到的事吗?"

(描述:?,1:2:3,1=可能/明确的器质性,3=非器质性)

示例2:精神现状检查(Present State Examination,简称PSE)关于思维被读妄想的定义(Wing et al., 1974)

这通常是一种释义性妄想,常伴随关系妄想或曲解妄想,后者需要对其他人如何知悉患者将来的举动作出一些解释。思维被读可能是患者对思维被广播、思维插入、听幻觉、被控制妄想、被害妄想或物理影响妄想等症状的进一步阐释。它还可伴随夸大妄想存在(例如患者借此解释爱因斯坦是如何窃走了他的原创思想)。由此可见,这一症状诊断价值不大,重要的是不要将它误认为其他更具诊断价值的症状,如思维被广播或思维插入等。

如果患者仅仅认为存在他的思维被读的可能性而并不十分肯定,则评分为"1",如果十分确信则评分为"2"。要排除那些因为参加"读心"小组活动而认为可洞悉他人想法的情况,如果属于后者则应评定为83项症状1或2分。

PSE的幻觉评定部分继续关于非言语性幻觉和第三人称幻觉的有关问题。

二、标准化评估工具

(一) 诊断评估工具

1. 诊断用临床结构检查

诊断用临床结构检查(Structured Clinical Interview for DSM-Ⅳ,简称SCID)针对DSM的诊断而设计,包括利用封闭式问题来确定暗示特定诊断分类的行为模式的存在,还包括使用开放式问题允许来访者详细说明他们的问题和情感。SCID包含不同类别的所有诊断标准,检查者可根据患者达到标准来作出临床判断(Spitzer et al.,1990),SCID-Ⅱ可作出轴Ⅱ(人格障碍)的12个诊断。SCID在访谈过程中指导检查者验证诊断假设。

SCID(患者版)用于临床实践,精神科医生将其作为通常评估程序的一部分来确定诊断,其使用者不仅要求经过临床训练,而且要求接受过SCID的使用训练。SCID(非患者版)也用于研究或筛查中对整个医疗状况进行系统评估。

2. 精神现状检查

精神现状检查(Present State Examination,简称PSE)形成于20世纪50年代后期,开始只供作者自己研究使用。1974年精神现状检查第九版(PSE-9)问世,在全球广泛应用(Wing et al.,1974)。目前至少已有35种语言的版本,主要根据评估对象最近一个月内的精神症状、现场访谈情况进行评分,与ICD诊断系统配套。其主要原则是访谈结构化,保留临床检查。评估者用来确定评估对象特定时间范围内存在的异常行为,以及行为的严重程度。140个项目中的每一项在术语表中都有详细的定义,可通过计算机程序给出症状评分、诊断(CATEGO)、非精神病性症状严重性的临床测量(症状定义索引)。

PSE-9反映患者症状,可计算总的严重程度,即据1—8分的精神现状检查症状定义索引(Wing et al., 1974)评分,如果在5分或以上表明患者可能存在精神障碍。

3. 神经精神病学临床评估提纲

神经精神病学临床评估提纲(Schedules for Clinical Assessment in Neuropsychiatry,简称SCAN)以PSE-10为核心编制,于1987—1989年在全球17个中心进行测试和修订。与PSE-9兼容,可给出ICD-10和DSM-Ⅳ的诊断(Janca et al., 1994),有自己的计算机辅助版。SCAN专业性强,要求使用者熟悉内容及词条解释,具备基本的专业知识和临床技能。

SCAN含有症状组清单,将各类阳性症状聚类,还可向知情者收集资料,对不配合检查者的诊断具有重大意义。SCAN提供来访者的三种发作病期:现状(1个月)、本次发作(1年)、总病期(发病以来),覆盖ICD-10诊断需要的资料,用于诊断心理障碍包括进食障碍、躯体形式障碍、物质滥用和认知障碍等(WHO,1992)。

4. 诊断访谈提纲

诊断访谈提纲(Diagnostic Interview Schedule,简称DIS)以美国作为流行病学定点(ECA)研究的一部分发展而来(Robins et al., 1981),为非专业人员制订,是一种完全的结构检查提纲,同时采用了临床诊断标准。DIS包括仅基于临床访谈进行评估的大部分常见成年心理障碍。DIS先根据来访者一生经历建立诊断,随后探查和记录来访者的障碍发生时间。来访者可能遗忘或否认问题,加之,不同年龄人群形成某种心理障碍需要不同的持续时间,试图使用DIS作出终生诊断存在的问题(其他工具亦然)。通过精神科医生进行第二次DIS检查,临床检查证实DIS诊断的效度与信度良好。

5. 复合性国际诊断用检查提纲

复合性国际诊断用检查提纲(Composite International Diagnostic Interview,简称CIDI)由世界卫生组织、美国酒精和药物滥用与精神健康管理局制订,从 DIS 发展而来的一个完全结构化的检查工具,主要用于评估精神障碍并根据 ICD 和 DSM-Ⅳ作出诊断。目前已有 16 种语言的版本,可供不同文化背景下专业与非专业人员使用,CIDI 要求使用者擅长访谈(如市场调查人员)而不一定非得经过临床训练。

CIDI 套件包括核心版本(研究人员用)、临床版本(临床检查者用,有诊断索引,使问题与 DSM-Ⅲ-R 和 ICD-10 诊断标准联系起来)、问题模块(可供反社会人格和创伤应激障碍等使用)、培训手册及计算机程序等。检查提纲包括有关症状、一生中的症状体验以及目前状态等三类问题(WHO,1989;Essau & Wittchen,1993;Janca et al.,1994)。CIDI 效度与信度良好,需要评估对象高度合作。

6. 国际人格障碍检查提纲

国际人格障碍检查提纲(International Personality Disorder Examination,简称 IPDE)是半结构化检查表,要求评估者是精神科医生或临床心理学工作者。判断标准与 ICD-10 和 DSM-Ⅳ的两套诊断系统配套,世界卫生组织将其与 SCAN 和 CIDI 一起推广使用。

IPDE 没有按照人格障碍的每一类型来进行检查,而与 DSM-Ⅳ一样,按照被试生活的几个方面进行检查,规定某一行为至少持续 5 年考虑为人格特质,无论 ICD-10 和 DSM-Ⅳ诊断系统,要求至少有一种符合诊断标准的条目所述行为在 25 岁前出现。

(二) 症状评估工具

下面介绍的评估工具特别设计用于评估症状,但不作出诊断。有些评定工具可由来访者自行完成,有的则须由评估者自行选择适当的访谈方法或者严格采用标准化问题进行评估。

1. 评估单个症状和窄范围症状的工具

汉密尔顿焦虑量表(Hamilton Anxiety Scale,简称 HAMA),由汉密尔顿(Hamilton,1959)编制,目前广泛用于评定焦虑症状,但限于评定焦虑障碍患者,不宜用于评估伴有焦虑症状的其他障碍。HAMA 包含 14 个条目,5 级评分,评估者评分,具体方式由评估者自己决定。HAMA 包括一些抑郁症状,因而评定的是焦虑综合征而不是单纯焦虑的严重程度。

临床焦虑量表(Clinical Anxiety Scale,简称 CAS),由斯奈思等人

(Snaith，Baugh，Clayden，Husain，& Sipple，1982)自 HAMA 发展而来,评定的内容明确地集中于焦虑症状,因而删掉了 HAMA 中那些抑郁和躯体症状的评定内容,但它也不限于焦虑障碍患者。

状态—特质焦虑问卷(State-Trait Anxiety Inventory,简称 STAI),由斯派尔伯格等人(Speilberger et al.，1979)编制,为自评量表,包括 20 句陈述,评估对象以两种方式来完成每一陈述:评定完成答卷时的感受(状态)以及他的一般感受(特质)。

汉密尔顿抑郁评定量表(Hamilton Rating Scale for Depression,简称 HRSD),由汉密尔顿(Hamilton，1960，1967)编制,由评估者以非结构访谈方式进行评定,测定的是抑郁综合征而不是抑郁症状的严重程度。

贝克抑郁量表(Beck Depression Inventory,简称 BDI),由贝克等人(Beck et al.，1961)编制,包含 21 个项目,通常由评估对象自己完成,每一项目包含 4—6 句陈述,评估对象从中选择一个最能反映评定当时症状的陈述。

蒙哥马利—阿斯伯格抑郁评定量表(Montgomery-Asberg Depression Rating Scale,简称 MADRS),由蒙哥马利和阿斯伯格(Montgomery & Asberg，1979)编制,包含 10 个条目,采用 4 级评分,由评估者根据每一条目的定义进行评定,MADRS 限于评定抑郁症的精神症状。

耶鲁—布朗强迫量表(Yale-Brown Obsessive Compulsive Scale,简称 Y‐BOCS),由古德曼等人(Goodman et al.，1989)编制,用于对诊断为强迫障碍患者的强迫症状进行评定,由临床医师对 10 个项目的每一项按 4 级评分进行评估。量表内容不包括焦虑、抑郁症状以及强迫人格特质的评定。

阴性和阳性症状量表(Positive and Negative Symptom Scale,简称 PANSS),由凯等人(Kay et al.，1987)在简明精神病评定量表(Brief Psychiatric Rating Scale,简称 BPRS)基础上发展而来,评估不同类型精神分裂症患者症状存在与否及严重程度。情感迟钝、情绪退缩、感情交流不良、社会退缩、抽象思维困难和刻板思维以及自主性缺乏等症状,完成评定需 30 分钟的访谈。

锥体外系症状评定量表(Extrapyramidal Symptom Rating Scale,简称 ESRS),由舒伊纳德等人(Chouinard et al.，1980)编制,被临床医生用于量化评定帕金森病症状、肌张力障碍和运动障碍。

2. 评估广泛症状的工具

一般健康问卷(General Health Questionnaire,简称CHQ),由戈德堡(Goldberg,1972)编制,包含60个条目,目前也有30项、28项和20项的简本供选用,是基层医疗机构、全科医生和社区调查者等的症状筛选工具。完成完整版的调查只需10分钟,简本则更为迅速。精神科医生判断和记录评估对象是否患病,说明评估对象的健康严重程度,每一症状的评分相加,反映评估对象的总严重程度。79年版本还包含躯体症状、焦虑、失眠、抑郁和社会功能不良等若干分量表(Goldberg & Hillier,1979)。

简明精神病评定量表(Brief Psychiatric Rating Scale,简称BPRS),由奥弗拉尔和戈勒姆(Overall & Gorham,1962)编制,是精神科应用最广泛的评定量表之一。国内精神科临床中常用的是BPRS的18项版本,每一项均按7级评分。每一症状的定义均有标准,不用于严重程度评定。临床专业人员根据患者口头表述和观察,依据症状定义和临床经验评分。评定的时间没有明确规定,由评定者灵活掌握,一般需要20分钟左右的访谈和观察。BPRS不用于轻型,主要适用于严重精神疾病的评定。

3. 整体评定量表

功能整体评估(Global Assessment Function,简称GAF),采用百分制,对评估对象的总体功能水平进行评估,对心理功能、社会功能和职业功能的不同表现进行简要概括。

临床整体印象(Clinical Global Impression,简称CGI),由盖伊(Guy,1976)编制。精神科医生或咨询师与来访者访谈时,将其与其他相同患者进行对比,作出临床整体印象评估,从而对患者病情的严重程度进行评估;整体变化指数评估患者相对于基线的变化。CGI常用于药物实验疗效的评估。

生活质量评估。生活质量常被作为衡量药物治疗的结果,相关量表超过100种,精神科常用的是EuroQol(健康指数量表)、SF-36(健康调查简表)、生活质量评定量表(Lancashire Quality of Life Profile),有的量表是自评,有些由家属或护理者完成。

国家健康水平量表(Health of the Nation Outcome Scales,简称HoNOS)(Wing, Beevor, Curtis, Park, Hadden, & Burns,1998)有12个

条目,分别评定临床问题和社会功能水平。由英国皇家卫生机构评估精神疾病患者的健康社会功能水平的工具发展而来,后成为所有精神疾病患者的常规评定工具,用于其他国家,在老人和学习能力低下者中也使用。

第二节　儿童临床心理评估

对儿童进行心理评估比评估成人,比作身体评估要复杂得多。一方面,儿童评价工具并不完善,当今国内外的研究工作者设计了大量的评估方法,但是还远远没有达到完善的地步;另一方面,对儿童进行心理评估较困难,其原因可能就是儿童本身,特别是幼儿。幼儿正处于迅速发展的阶段,心理特征变化较大,有意注意时间较短,容易产生疲劳;不少孩子依赖性强,害羞怯生,难以适应评估情境,不能很好地配合评估工作;幼儿受认知水平、语言能力等多方面的限制,一般不能主动提供评估所需的各种信息。因此,对儿童进行心理评估,需要家长或老师真实反映问题;需要考虑不同文化背景和教养态度对儿童的行为有不同的要求和评估;需要熟悉儿童的心理发展特征和规律,掌握不同年龄儿童不同的发展水平和行为表现;需要考虑儿童对评估方法的接受程度。

一、儿童的问题

接受治疗的儿童身上的问题,很大程度上与一般儿童身上的问题相似,只不过一般儿童的问题发生方式不那么极端而已,故大部分单个症状不能反映儿童的整体功能,不足以成为诊断的依据,不能区分儿童是否需要接受治疗。孤立的情绪和行为症状与儿童整体的适应通常关联很小,如4岁以后还在吸吮手指。识别儿童和青少年问题的前提是关于儿童发展和行为问题的常模知识、经验和基本信息。

（一）儿童的问题与成人的差异

与成人不同,儿童和青少年在身体、认知和心理能力方面经历不断变化。同样的问题可能在某一阶段表现出某种症状,在另一阶段表现出不同症状,如某个3岁儿童在面临压力时大发脾气,到13岁时可能求助毒品来处理压力(Sallee & Levine，1992)，儿童问题临床上在以下五个重要方面不同于成人。

1. 儿童很少自己主动寻求咨询或看医生

通常是家长或教师判断儿童是否有问题，由家长决定是否带儿童去进行咨询。不同文化背景和教养态度对儿童的行为有不同的要求和评估，家长或教师对异常的界定有不同标准。儿童咨询很大程度取决于成人对儿童的态度或容忍程度，以及他们如何看待儿童的行为。健康儿童可能被焦虑的家长(或被老师建议)带去咨询，问题严重的儿童却可能被忽视。

父母对于儿童的哪些问题需要接受建议常感到困难，儿童的有些问题容易观察确定，如某儿童每到学期末考试就会生病，结果家长送他上医院打针、吃药，然后待在家里不用参加考试；而有些儿童问题比较复杂，在家或学校表现出多重问题，如儿童拒绝上学可能是其许多问题如社交回避、抑郁或分离焦虑中的一部分。

家长或老师反映儿童的问题与咨询/治疗师最后确定需要进行干预的目标行为之间可能有很大差异，如老师报告某儿童在幼儿园有推人行为，但他的攻击行为可能是想要与小伙伴交往，却缺乏社交技能的表现。

父母、教师与儿童的互动发生在不同的情境，儿童在不同情境中表现不同，对于儿童的评定可能不一致，咨询时需要询问问题发生的情境。差异说明儿童行为问题出现的范围，增加或减少目标行为的情境，可能强化了对儿童不现实的要求或期望。在幼儿园爱打小朋友，表现出攻击行为的儿童，家长反映在家里很少表现攻击性。

2. 儿童的问题可能反映了其他人的问题

儿童的问题可能是其家庭或学校其他成员心理障碍的反映，如母亲有抑郁障碍。儿童的问题通常隐藏在其家庭或学校中，家庭或学校的另外一些问题使儿童的应对能力降低时，孩子可能被带去就诊。

3. 确定儿童行为异常时，需要对照儿童的发展水平

判断儿童问题如儿童发展有无障碍、行为有无异常，智力否有缺陷，需要将儿童的具体表现与同龄人及儿童自身的发展阶段比较。暴怒是3岁儿童发展过程中的正常表现之一，单单存在这一项不能下诊断。大多数7岁儿童不具备侵犯他人民权(如暴力犯罪)的能力，在此年龄组中，这一表现也就

不能作为诊断的必需标准。某些行为出现在年幼儿童身上是正常，在年长儿童身上则是异常，如3岁儿童尿床属正常，7岁尿床则是异常。儿童对生活事件的反应随儿童年龄增长而不同，如分离性焦虑对年幼的影响大于年长儿童。通常，儿童在某一时期不能掌握某种应该掌握的技能，认为在心理发展上存在缺陷和障碍。不同年龄儿童的发展任务见表4-1。

表4-1 儿童适应环境的能力

发展任务	婴儿到学龄前	儿童中期	青春期
	对照料者依恋	适应学校（按时上学，良好品德）	成功地适应中学生活
	语言	学业成绩（学会阅读，做算术）	学业成绩（学习更高级的教育或工作所需的技能）
	将自我从环境中分化出来	与同伴相处（接纳，交友）	参加课外活动（如体育，俱乐部）
	自我控制和依从	他律道德（遵守道德行为准则）	与同性和异性建立友谊
			形成自我同一性的一致感

摘自：Masten, A. S. & Coatsworth, J. D. (1998). The development of competence in favorable and unfavorable environments: Lessons from research on successful children. *American Psychologist*, 53(2), 205-220.

4. 咨询目标不同

对于儿童和青少年，咨询目标是消除他们现有的某种症状，恢复他们原有的功能水平，还要促进他们的发展。如果心理评估表明某儿童的攻击行为与缺乏社交技巧有关，除了干预其攻击行为之外，还需要考虑教会孩子社交技巧，减少以后出现社交困难的概率。详细的儿童临床心理评估有助于作出治疗决定和预测，能告诉父母和其他人，现在采取什么措施有可能降低未来发生严重问题的可能性。

5. 干预或治疗重点不同

对儿童的治疗重点在父母及整个家庭，可能需要协调对儿童有帮助的各方面的关系，如学校。具体到评估儿童，年龄、性别和文化影响儿童症状和行为的表达方式，影响人们对它的识别，也同选择最佳的评估和治疗方法有关。

（二）儿童行为问题的流行病学

近年来，随着工业化、全球化、城市化进展，儿童行为问题的确呈明显增长趋势，一般报告已影响到学龄儿童的5%—10%。药物滥用、情绪障碍、青少年犯罪在一些国家和地区急剧增多,这些问题与童年期的一些行为障碍相关联。根据美国 2001 年的报告,1/10 的儿童有能够影响他们发展的心理障碍;7%的男孩和 14%的女孩在调查前半年受到抑郁症的困扰(Kilpatrick, Ruggiero, Acierno, Saunders, Resnick, & Best, 2003),5%的青春期前的儿童受到重型抑郁症困扰(Beardslee & Goldman, 2003)。在美国受到心理障碍困扰的儿童比患糖尿病、艾滋病和白血病的儿童之和还多(Chamberlin, 2001),患有心理障碍的儿童 60%—80%未得到正确的治疗,患有如焦虑或抑郁内化症状的儿童比外化疾病(如攻击)的儿童多。

20 世纪 80 年代,英国、荷兰、美国、加拿大、澳大利亚、新西兰等国家开展了许多大规模的儿童青少年心理障碍流行病学调查,由于研究人群、地域、评估者、使用的诊断标准不同等原因,调查结果显示,儿童青少年心理障碍的患病率为 1%—50%不等,比较公认的儿童青少年心理障碍患病率是 15.8%。随着年龄增长,患病率增高,学龄前期为 10.2%,学龄期 13.2%,少年期 16.5%。中国 20 世纪 50—90 年代开展的 7 项大规模流行病调查发现,儿童青少年精神障碍为 7.03%—14.89%。

(三) 儿童行为问题的分类

1. 儿童和青少年问题的诊断分类

ICD-10 有关儿童青少年心理障碍主要有儿童少年期常见的行为与情绪障碍、精神发育迟缓和心理发展障碍。通常起病于童年和少年期的行为与情绪障碍包括多动性障碍、品行障碍、品行与情绪混合障碍、特发于童年的情绪障碍、特发于童年和少年期的社会功能障碍、抽动障碍、其他行为与情绪障碍,共七组障碍。同时,在成年人出现的一些心理障碍,也可在儿童青少年期出现,如精神分裂症、心境障碍、进食障碍、睡眠障碍和性身份障碍等。

DSM-Ⅳ-TR 将通常首次在婴儿、儿童或青少年期诊断的障碍单独列出,包括精神发育迟缓(轻度、中度、重度、极重度)、学习障碍(在阅读、数学和书面表达方面)、沟通障碍(语言表达障碍、语言知觉和表达的混合障碍、发音障碍和口吃)、广泛性发展障碍(自闭症、雷特氏综合征、阿斯伯格综合征)、注意缺陷和破坏性行为障碍(注意缺陷多动障碍、品行障碍、对立违抗性障碍)、婴儿或童年早期喂食或进食障碍(异食癖、沉思默想、婴儿或童年早期喂食障碍)、排泄障碍(大便失禁、遗尿)以及其他婴儿、童年或青少年障碍(分离性焦虑、选择性缄默症、婴儿或童年早期反应性依恋障碍、刻板性运动障碍)。

传统认为,这些障碍始于童年期或只存在于童年期,轴Ⅰ报告的各种临床障碍或疾病;对儿童来说,轴Ⅱ通常用于诊断精神发育迟缓,有一个不同于鉴别成年人障碍的操作标准。

某些在 DSM-Ⅳ-TR 中没有单独列为儿童或青少年的障碍类别包括:情绪障碍(抑郁障碍、双相障碍)、焦虑障碍(特殊恐惧症、社交恐惧症、强迫症、创伤后应激障碍、急性应激障碍、广泛性焦虑障碍、由于一般身体疾病引起的焦虑障碍)、进食障碍(神经性厌食症、神经性贪食症)、睡眠障碍(睡眠不良、睡眠异常)。根据第一部分列出的诊断原则,某个儿童可能会得到不止一个轴Ⅰ诊断(例如,儿童多动症和学习障碍)。

儿童在主要生活转折期的问题包括与代理父母养育相关的问题、父母分居和离婚后的问题、与丧亲及危重疾病相伴的悲伤。儿童遭遇的虐待包括躯体虐待问题、情感虐待以及与忽视相关的问题、与性虐待相关的问题。

2. 不同年龄范围的儿童和青少年心理障碍

识别不同年龄阶段儿童的功能和能力发展的差异,是评估与治疗的基础(见表 4-2)。儿童的年龄影响对其正常与否的判断,影响对最合适的评估和治疗方法的选择,如多大年龄的儿童才可能在访谈中提供可靠的信息?在治疗方面,使用暂停方法治疗 3 岁和学龄儿童的不良行为时,应该有什么不同?事实上,完全依赖一定发展次序的"发展里程碑"去评估儿童的发展并不一定正确,许多儿童在获得某种或某些技能时的年龄比一般儿童大,但他们的心理发展完全正常。相反,一些儿童尽管较早掌握某种技能,但是存在严重的心理障碍和缺陷。因此,与年龄不相称的症状模式,通常比单个症状对儿童心理障碍的界定更有价值。

表 4-2 不同年龄范围的儿童和青少年多发的临床心理问题

年龄范围	儿童早期	儿童中期	青少年期
不同问题	睡眠问题	品行问题	物质滥用
	排泄问题	注意缺陷多动障碍	抑郁
	学习障碍	焦虑问题	进食障碍
	广泛性发展障碍		精神分裂症
重复问题	躯体主诉	躯体主诉	躯体主诉

3. 儿童和青少年障碍的性别模式

与年龄一样,儿童的性别与评估和治疗也有密切关系。大量研究显示,童年期障碍在发病率和症状表现方面存在性别差异。科恩等人(Cohen et al.,1996)对 700 个案例进行分析,发现:(1)品行问题多于情绪问题;(2)男孩心理问题多于女孩;(3)男孩品行问题总患病率高于女孩;(4)女孩情绪问题总患病率高于男孩,与女童和少年期女性相比,处于青春中期的女孩有较高的品行障碍、违拗障碍和重度抑郁患病率;(5)男孩长到 10—20 岁,各种障碍的患病率都逐渐下降(抑郁症除外)。

儿童和青少年障碍的性别模式如表 4-3 所示,某些童年期障碍,男孩比女孩更多,另外一些童年期障碍则在女孩中更常见,还有一些在两种性别都常见(Hartung & Widiger, 1998)。

表 4-3 部分儿童和青少年障碍的性别模式

男孩比例高障碍	女孩比例高障碍	男孩和女孩比例相等障碍
注意缺陷多动障碍(3—6M:1F)	进食障碍(9F:1M)	儿童品行障碍
自闭症(4—5M:1F)	青春期抑郁(2—3F:1M)	儿童抑郁
阅读障碍(1.5—4M:1F)	焦虑障碍(2F:1M)	儿童身体虐待和忽视
口吃(3M:1F)	性虐待(F>M)	喂食障碍
精神发育迟缓(1.5M:1F)	选择性缄默症(F>M)	
抽动秽语综合征(1.5—3M:1F)		
青少年品行障碍(M>F)		
对立违抗性障碍(M>F)		
遗尿症(M>F)		
语言障碍(M>F)		
功能性排泄障碍(M>F)		

注:M=男,F=女。引自:Hartung & Widiger (1998)。

(四)儿童行为异常的文化信念

儿童很少认为自己的行为不正常,是父母或教师从自己的文化视角理解孩子的行为是否正常(Lambert et al.,1992)。儿童行为正常与否的定义很大程度上取决于儿童行为如何被家庭、社会文化影响和理解,文化差异影响人们对不能接受的行为的定义,影响人们对儿童异常行为的把握尺度。了解儿童和家庭的文化信息(如宗教信仰、社会经济地位、生活方式、习俗和价值观),有利于准确诊断和提出有意义的治疗建议。评估儿童行为问题时,咨询师要考虑家长、老师的价值观与倾向。

不同文化的个体用不同方式看待自身所处的社会环境，魏斯等人（Weisz et al.，1988）针对泰国和美国父母做了调查，研究人员给两国的父母发放了调查问卷，问卷描述了两个儿童，一个过度控制（如害羞、害怕），一个不能控制为特点（如不听话、好斗）。与美国父母相比，泰国父母没有把这两个问题看得那么严重，也并未对此担心，泰国父母认为人是会改变的，认为随着时间的推移孩子问题最终会不治自愈。

中国传统文化的最基本特征之一是它的社会取向，即个体服从整体，将个人利益置于家庭利益及集体利益之上是不适合的。中国传统文化的社会取向又可具体分为家族取向、关系取向、权威取向和他人取向。来自文化上的特点直接影响到中国儿童早期社会化的内容与方式。在传统文化影响下，中国儿童的早期社会化多经历依赖、求同、自抑等方面的训练和塑造，强迫障碍、抑郁障碍、焦虑障碍的形成与此有直接或间接的关联。传统中国家庭中，代与代之间在人格和自我方面缺乏显著界限，父母往往把子女视为自己生命的延续，不希望代与代之间出现断裂。因此，孩子的独立不受欢迎，父母训练子女对自己的依附，依赖训练出自中国文化中人与人之间的相互依附关系，特别是家庭中子代对亲代的依附，结果可能导致子女独立性差、社会适应能力低，孩子一旦在实际生活中无所依附，就可能产生紧张焦虑、恐慌退缩等。求同与自抑训练在培养孩子遵守社会中大多数人的思想观和行为方式的同时，学习抑制自己被主流文化价值体系贬斥的个人情感欲望和思想行为。这种训练的实质是非个性化，抑制了个体本能欲望的正常表达，从而引起焦虑不安、情绪抑郁。此外，这种训练还可导致思维和行为方式的刻板和不灵活，产生强迫性观念或强迫性行为。

二、评估儿童的发展理论

评估儿童的情绪与行为障碍的相关因素可分为四个：（1）易感因素，指儿童具有的产生心理问题的倾向，由个人易感因素（生物因素、心理因素）和环境易感因素（早期亲子关系、早期家庭问题、早期生活压力）组成。（2）促发因素，指引发心理障碍或使心理问题显著恶化的因素，包括突然的生活压力、疾病或受伤、欺负、出生或丧失亲人、生命周期过渡、转学、分居或离婚、父母失业、搬家等。（3）维持因素，指心理障碍产生以后，使心理问题得以持续存在的因素,包括生物因素、心理因素、治疗系统因素、家庭系统因素、父母因素、社会网络因素等。(4)保护因素,指阻止问题进一步恶化,对来访者的预后及治疗有积极作用的因素,涉及内容与维持因素相同。对儿童的评估,采用发展的视角非常重要。发展的理论主要有儿童发展心理学理论、发展心理病理理论和发展的优势视角。

(一)儿童发展心理学理论

1. 认知理论

熟悉皮亚杰的认知发展四个阶段(Piaget,1952),可帮助我们更正确地理解儿童。如2—6岁的儿童处于前运算阶段,通常不能理解因和果,难以理解离婚、死亡等概念。面对离婚、死亡时,可能困惑不解,甚至责备自己。7—11岁儿童处于具体运算阶段,一般能很好地回答要求特定信息的问题,如:"你喜欢数学课吗?"开放式问题,如:"你今天下午在房间干了些什么?"对于儿童是困难的,通常导致局限性回答,如"没干什么"。青少年处于形式运算阶段,有抽象的能力,比儿童能更好地回答开放式问题。

埃尔金德(Elkind,1984)将皮亚杰的认知发展理论拓展到青春期自我中心思维。他认为,青少年思维倾向于自我中心,以自身的角度看待问题,会与反对的立场进行争辩,这些会阻碍沟通和心理功能。他们具有想象性听众(想象有人盯着他看等)和个人虚构(感觉自己不能受伤害,如他们不可能怀孕)等特征。咨询师应当根据儿童和青少年的认知水平来调整咨询方法。

2. 道德发展理论

皮亚杰(Piaget,1965)和科尔伯格(Kolhberg,1963,1973,1981)提出道德发展的理论。咨询师可根据不当行为的儿童和青少年的道德推理,利用道德发展理论更好理解这些孩子。吉利根(Gilligan,1987)指出女性的道德推理更关注他人的需求,而不是公正。强调个人的道德推理受到重要他人对其看法的影响,直接与社会情境相关联。帕尔和奥斯特罗夫斯基(Parr & Ostrovsky,1991)指出,代币制针对一年级学生非常有效,对青少年可能无效。青少年更在意同伴态度,团体心理咨询为青少年提供社交圈,处理他们关注的事情,有助于道德决定。

3. 社会心理发展理论

布洛克尔(Blocker,1974,1987)重点关注埃里克森(Erikson,1963)的社会心理发展理论和哈维格斯特(Havighurst,1972)的发展性任务概念,将发展的视角应用到心理咨询理论中。根据布洛克尔的观点,小学生面临的发展性任务是勤奋和主动,咨询师帮助他们执行各项任务,在同伴竞争中感觉自己有能力,重视自己,对环境有控制感。初中生的发展性任务是同一性形成,咨询师帮助他们增强自我觉察,澄清价值观。高中生的发展性任务是亲密,培养必要的技能建立与父母、兄弟姐妹、同伴和他人亲密、信任的关系。咨询师帮助他们促进社交技能和有效的人际交往技能。

4. 精神分析理论

弗洛伊德、阿德勒和荣格的经典人格理论提供了理解儿童和青少年的有用信息。这些理论强调早期社会经历在儿童和青少年发展当中的作用。

(二)发展心理病理理论

卡兹丁(Kazdin,1989)将发展心理病理学定义为"在成熟和发展过程的情境中,对临床功能障碍的研究",并指出,发展心理病理学最有意义的进展是 DSM-Ⅲ 和 DSM-Ⅲ-R,"代表了在给予婴儿、儿童和青少年障碍关注方面的巨大突破"。DSM-Ⅲ 开始认识到儿童与成人在心理病理学的性质和进程上的不同。DSM-Ⅳ 指出儿童抑郁与成人的不同。斯罗夫(Sroufe,1997)进一步指出,共病在儿童和青少年中很普遍,多重诊断可能会模糊或掩盖一个心理问题,使他难以得到正确评估。如一个儿童有物质成瘾、品行障碍和焦虑障碍,治疗焦点可能集中在毒品和反社会行为上,治疗师可能会忽略焦虑问题。

目前,针对青少年的发展心理病理学的研究缺乏重视(Kazdin,1993)。青春期由于生理上的波动处于不断变化中,导致研究者很难确定清楚的心理健康模式。

(三)发展的优势视角

优势视角代表了心理咨询中的主要范式转移,从病理学到健康的导向转变为特征。优势视角在咨询的各个方面起着关键作用,来访者发展了健康的导向。优势视角的发展观包括以下内容。

1. 最佳发展

罗杰斯(Rogers，1951)、马斯洛(Maslow，1968)提出内在的自我实现倾向的人类成长与发展模式。瓦格纳(Wagner，1996)将最佳发展作为一种强调健康和幸福的视角来呈现。朱和鲍尔斯(Chu & Powers，1993)指出，当一个人的需求与社会环境能够较好地相适应时，就能朝着最佳发展方向前进。当社会环境在促进个人独立、自我决定和决策方面对个体作出回应时，产生同步性。同步性在促进儿童和青少年的重要能力(如依恋、自主和社会能力)起关键作用。社会环境与个人的契合出现紧张时，个体变得失望、沮丧，缺乏积极参与的动机(Eccles et al.，1993)，这可能导致发展过程的中断，如青春期的过度反叛、辍学和吸毒。

2. 反弹力

反弹力被定义为一种克服挫折处境的倾向，有助于成长，从而促进最佳发展。沃纳及其同事(Werner，1992；Werner & Smith，1982，1992)对200名处于危境中的儿童进行了持续32年的追踪，这些儿童至少经历了家庭功能不良、父母酗酒、贫困等危机因素，这些儿童中1/3成长为能力强、快乐有成就的人。

拉克和帕特森(Rak & Patterson，1996)总结了反弹力特征，包括：积极的自我概念；乐观的态度；良好的人际交流技巧；良好的问题解决和决策技巧；良好的个人自主感；环境支持系统(家庭内或外)；一个提供正确指导的重要他人。咨询师可采用优势视角，发展儿童和青少年的反弹力。

3. 依恋理论

安斯沃思(Ainsworth et al.，1978)和鲍尔比(Bowlby，1969，1973，1988)提出依恋理论，与缺乏安全依恋的儿童相比，安全依恋的儿童有很多发展优势，早期生活中的依恋性质影响持续一生的发展。洛佩斯(Lopez，1995)指出，成人的依恋方式与成人的情感调节及社会能力有关。安全依恋的个体一般拥有适应性，能促进职业探索和决策成功。

评估亲子关系中的依恋行为，可以发现依恋方面存在的问题，在咨询中予以处理，为最佳发展扫清障碍(Blustein et al.，1995)。

4. 情绪智力

萨洛维和迈耶(Salovey & Mayer，1990)提出情绪智力，指个人对自己情绪的把握和控制，对他人情绪的揣测和驾驭以及对人生的乐观程度和面临挫折的承受能力。情绪智力以自我意识为基础，包括乐观、同理心、情绪自制、元心境（meta-mood）等，对人的成就具有决定性的意义。

戈尔曼（Goleman，1997）将情绪智力称为情商（EQ），包括五个因素：（1）认识自身情绪；（2）调节情绪，即保持乐观，摆脱消极情绪；（3）自我激励，即把情绪专注于某项目标，克制冲动，延迟满足，保持热情，积极向上；（4）认识他人情绪，包括沟通、同情；（5）人际关系调节，包括人缘、领导能力、人际和谐。

咨询师帮助儿童和青少年培养他们的自我效能，培养社会情绪智力。

三、评估程序

大多数运用于儿童和青少年的心理咨询方法都是对成人版的改编，对儿童与青少年的心理评估涵盖了上述标准化与非标准化的评估程序，但儿童问题有其特殊性，儿童与青少年的评估方法中比较特别的是临床访谈、绘画评估、沙盘游戏等。绘画评估、沙盘游戏等在诊断中的作用虽引起争议，但它们在与儿童建立良好关系中起到很好的作用。

（一）临床访谈

临床访谈运用到儿童与青少年身上是近20年来才开始的（Edelbrock & Costello，1988），代表着儿童和青少年心理障碍评估方面的主要进展（Kazdin，1989）。访谈法在发展心理学研究中的应用越来越广泛，取得了许多重要成果。与儿童、儿童的父母、抚养人和教师的谈话是获取对儿童进行评估所需有关信息的一种简单而又普遍运用的方法，被证明能提高诊断的可靠性。访谈法在儿童评估中具有特殊的意义和作用，一个全面的、完整的评估过程一般都需要结合某种类型的谈话。

由于儿童特别是幼儿的心理发展受制于许多因素，要想把握孩子的心理特点，仅对儿童进行观察是远远不够的。访谈是有关儿童心理发展和行为表现方面信息的一个重要来源，有时能挖掘到其他方法不能获取的有价值资料，比观察法可获得有关儿童的更多、更有价值、更深层的心理发展方面的信息，同时也比观察法更复杂、更难于掌握。

埃德尔布罗克和科斯特洛（Edelbrock & Costello，1988）提出，与其他评估方法(如观察法和心理测验)相比,儿童临床访谈有其优点和缺点。优点包括咨询/治疗师建立友好关系,澄清误解,获得来自父母/老师、儿童和青少年自我报告的有关儿童发展阶段和重要历史事件的信息,通过对儿童的发展史和家庭情况进行评估,探索儿童目前的问题。主要缺点是,缺乏时间来进行实证评估,其信度和效度受到质疑。

1. 不同对象的访谈

其一,对父母或监护人/照顾者、老师的访谈。通过与他们的谈话,获取资料并进行分析,可以初步地评定儿童的行为表现,探讨这些行为问题和心理障碍的性质和产生原因,为进一步评估儿童提供依据。但是,家长或教师提供的信息受他们自身的认知水平、人格特征、情绪情感以及对儿童的教养态度等多种因素的影响,访谈质量往往受到影响。访谈技巧参见专栏4-2。

专栏4-2 对儿童访谈的技巧

皮亚杰首创并使用最多的方法就是临床谈话法,他对儿童所说的话非常尊重,认为和儿童交谈,应想方设法挖掘他们的真实思想,而不应该人为地限制或引导他们的思想。对儿童访谈的技巧包括以下四方面。

1. 营造氛围,和儿童建立良好的关系

根据儿童的年龄,可能需要先让儿童的父亲或母亲,跟孩子一起参与一个游戏或活动,会比跟陌生人在一起时,更能表现得"像他们自己"。如果孩子有戒备心理,可以先和孩子玩耍或游戏,让孩子先接受自己,然后再开始交谈。在环境上,最好选择孩子熟悉的环境,使孩子减弱防御心理和对立情绪,容易说出心里话。

与儿童谈话时应提一些非研究性问题(如"你喜欢玩什么呀?")以便营造起合作、友好的交谈氛围。采用一种与该儿童的发展状况、问题的性质和访谈的目的相吻合的且又被儿童喜欢的方式,如使用游戏、手工艺和类似的娱乐活动,使他们感到更加舒适;跟他们一起绘画、涂颜色和进行类似有趣的活动,几乎总能有效地与他们建立起关系。

2. 给予儿童情绪回应

在谈话中对儿童的言行作出言语反应和非言语反应。回应能及时将自己的态度、感情传递给儿童，拉近和孩子的心理距离，从而使孩子在谈话中的态度更为积极，更愿意把自己的心里话说出来。

当儿童带着某种情绪情感谈话时，要对他的情绪情感给予反应，特别当儿童有某种情感而自己又表达不出时，谈话时的情感反应能帮助儿童更好地认识和了解自己。

3. 善于引导

采取灵活多样的方式，如用讲故事、讲寓言、猜谜语等方法引导儿童，以便从中获取我们需要的材料。

4. 访谈要注意以下问题

访谈对象可能会忽视或隐瞒对儿童进一步评估时需要的一些问题，尤其是这些问题给他们会带来消极作用的时候更容易被忽视和隐瞒。提出的问题尽可能具有客观性。

家长和教师对儿童的认识、态度和要求各有所不同，会妨碍客观、公正地收集有关儿童的各种资料：对子女偏爱的父母，在谈话时会夸大或缩小儿童的问题，如故意掩饰儿童的说谎、偷窃行为，将儿童的攻击行为描述为正当的防卫等；不关心儿童的家长，常常会忽视儿童已经存在的较为严重的问题行为；"望子成龙"的家长会对各方面发展尚好的儿童仍然表现出不满；有偏爱的教师，会对两个有同样性质的问题的儿童作出截然不同的评估。分析谈话所获资料时，应将访谈对象对儿童的教养态度、期望以及他们的人格特征等与儿童的问题联系起来。

由于与儿童的互动发生在不同的场景，不同情境中观察儿童时，可能会得出不一致的结论。父母与教师对于儿童评定的差异，可说明儿童行为问题出现的范围，增加或减少目标行为的情境，可能强加在儿童身上的不现实的要求或期望。无论存在什么问题，应当使父母、教师感到访谈是支持性的，不应挫伤他们的信心。

其二，对儿童的访谈和观察。格尔德等人（Michael Gelder, Paul Harrison, & Philip Cowen, 2006）提出，对6岁以上的儿童都应单独会谈。怀疑存在儿童虐待时,对儿童的访谈尤其重要。对于年龄较小、缺乏书面表达能力的幼儿来说,谈话法独特的优越性在于,整个谈话过程中,谈话者可以掌握谈话过程的主动权,积极影响儿童,尽可能使谈话按照预定的计划开展。

对于年长儿童,可采用与成人类似的访谈程序。年幼儿童不能或不愿用言语表达他们的想法和感受,观察他们的行为及与咨询师的互动非常重要,绘画和玩具非常有用。对儿童的谈话要考虑儿童的表达能力,儿童常用各种动作、表情来补充或表达。谈话时不但要记录儿童的原话,还要记录儿童的非语言表达方式。

访谈需要重点考虑的因素包括:儿童对自己被带来治疗的看法;对改善自己问题的期望和对评估的理解;儿童对自己生活中的重要事件的解释,如父母离异或家庭暴力。

其三,对家庭的访谈。这有助于评估家庭成员的相互作用,但对于获得家庭的真实信息并不是一种好方法。通常要对家庭成员单独访谈才能有效地获得关于家庭的情况。在家庭生活的不同层面,家庭不和谐、没有组织性与心理障碍发生的关系最密切。家庭访谈时,评估这些特征性方面尤其重要(Michael Gelder,Paul Harrison,& Philip Cowen,2006)。

通常最好将对家庭的访谈安排在第一阶段的评估或紧随其后,在没与孩子或父母建立密切的关系之前进行,否则可能阻碍与其他家庭成员的访谈。一个有用的问题是"您认为您的妻子(丈夫、孩子)如何看待这问题?"接下来问妻子(丈夫、孩子)如何看这一问题。作为替代,可以问在场的家庭成员认为没到场的成员如何看这一问题。

观察家庭成员对问题作出的反应,咨询/治疗师应注意以下问题:谁是家庭的代言人?谁对问题最焦虑?家庭内三角关系?家庭的等级是什么?谁作主?家庭成员的相互交流如何?他们如何应对冲突?

2. 临床访谈提纲

经常使用的针对儿童和青少年的临床访谈提纲,主要有以下三种。

儿童和青少年诊断性访谈(Diagnostic Interview for Children and Adolescents),这是一种高度结构化的诊断性访谈,用于6岁及以上儿童,涵盖广泛的童年期症状,包括频次和持续时间的信息,还有针对父母的版本,可获取相关的发展史和家庭史。

儿童访谈表（Interview Schedule for Children），这是科瓦奇（Kovacs，1982）编制的一个半结构化的访谈，针对8—17岁的孩子，是一个症状导向的访谈，重点关注抑郁，但也评估其他诊断标准。可针对父母、儿童与青少年进行单独访谈。

儿童诊断性访谈（Diagnostic Interview for Children），由科斯特洛等人（Costello，Edelbrock，Kalas，Kessler，& Klaric，1982）编制的、针对6—8岁儿童的高度结构化访谈，根据发作、持续时间和严重程度，提供了大量的症状和行为的信息，类似版本可用于父母和青少年。

3. 访谈内容

其一，儿童的出生情况和相关事件。了解母亲妊娠和分娩综合征情况，了解母亲妊娠期的年龄、胎次、健康状况、病史、营养状况、母亲本人及其家庭对妊娠的态度、情绪状态、劳动强度以及在妊娠期妊娠反应的程度、是否有妊娠中毒症、是否患过糖尿病、结核、风疹或受其他病毒感染、是否接受过大量的放射线照射、是否服用过镇静剂、安眠药、喝酒或抽烟，等等。了解儿童在出生时是足月还是早产或过期产、是顺产还是难产、产程的长短如何、是不是产钳分娩或剖腹产，婴儿出生时的体重是多少，以及在出生时有无窒息、惊厥、出血、黄疸、呼吸困难，等等。

其二，儿童发展的里程碑。儿童早期，特别是婴儿期身体发育和心理发展的一些情况，如开始走路、讲话、控制大小便和学会自助技能的年龄；早期营养状况、病史、生活习惯、亲子关系、与同伴间的关系以及以往的教养环境和状况，包括儿童由谁领养长大、儿童以前所处的家庭、社会环境是否给予儿童温暖和安全感，等等。

其三，儿童就医史，包括损伤、事故或手术、疾病和用药情况。

其四，家庭特征和家庭史。了解儿童的父母和父母的同胞兄弟姐妹以及双亲的家系中有无各种心理障碍、酒精中毒、吸毒、自杀等情况的存在，询问三代家系中有无近亲婚配的情况，等等；了解家庭成员的年龄、职业和婚姻状况，父母和兄弟姐妹的医疗、教育和心理健康状况，了解家庭各成员之间的相互关系和家庭气氛、家庭各成员在家庭日常生活中的角色和职责分工、父母对儿童的教养态度和方式以及儿童在家庭中所处的地位；了解家庭中的其他成员，包括祖父母、同胞兄弟姐妹或其他同住者与儿童的亲缘关系、年龄、文化程度、职业、人格特征、与儿童接触的密切程度,等等。

其五,儿童的人际交往技能,包括与成年人和其他儿童的关系,如游戏和社交活动。

其六,儿童的教育情况,包括上学情况,学习成绩,学习态度,与教师、同龄伙伴的关系以及特殊的服务情况;对于青少年,还要了解其职业和与其他同性及异性的人际关系。

其七,当前存在的问题。了解儿童当前的行为表现以及行为问题和心理障碍的客观症状。与此有关的问题包括,这些问题和障碍是如何发生和逐渐形成的,是属于单一的问题,还是同时存在着多方面的问题,其中主要的问题是什么;对问题和环境事件的关系以及对父母过去试图处理该问题的方法。

其八,父母对咨询/治疗自己孩子的期望。

(二) 绘画评估

绘画评估可同时在标准化评估和非标准化程序中采用。20世纪初,儿童绘画被用来评价概念的发展。儿童绘画不用于诊断儿童的智力(儿童智商对绘画没有影响)或情绪(构图策略与情绪困扰无关,颜色方面与心境之间有关,但需要进一步研究),但受压抑的情感表达被认为是艺术治疗过程的一部分(Golomb,1977,1994,2002)。借助绘画,治疗师帮助情绪沮丧和严重情绪困扰的孩子。对一些年幼儿童来说,绘画可以代替语言交流;对另一些儿童来说,绘画则是发现和沟通深藏的、对自己和他人而言重要情感的辅助途径。孩子通过绘画讲述自己熟悉的童话故事,将他们的情感、愿望、信念投射其中,测试过程轻松,孩子没有压力,这些不设防的反应形式帮助评估人员了解儿童。

英国精神分析学家温尼科特(Donald W. Winnicott,1896—1971)在对儿童诊断和治疗中用到一种被他称为潦草画线游戏的绘画技术。他指出,潦草画线游戏只是一种与儿童接触的方式,不仅是诊断工具,也是心理治疗性咨询(psychotherapeutic consultation)。之所以称为心理治疗性咨询,是为了与精神分析或心理治疗区别开来,表明第一次咨询有治疗能力。他在与儿童第一次访谈评估时开始使用潦草画线游戏;一开始,他先在一张纸上划几条线或潦草画一些线,要求儿童添画,把这些变成一些东西,如兔子、房子等任何东西。然后,儿童潦草画一些线,温尼科特将这些线变成一些东西。每次会谈通常会产生20—30幅画。"这些合成画的含义变得越来越深入,儿童感到它们是意义交流的一部分。"儿童逐渐依据画线的内容表现出自己的人格和他们关注的东西。"在纸上的相互作用结果类似梦,是潜意识的象征。"

1. 标准化绘画评估

古迪纳夫—哈里斯画人测验(Goodenough-Harris Drawing Test),是由哈里斯(Harris,1963)基于图画是儿童认知状态的指标之一这一假设编制的标准化绘人测验。该测验要求儿童和青少年根据自己性别,画一幅男人或女人的画及他们自己的画。如果被试年龄在6—10岁,这个测验得分与标准化智力测验之间存在相关。

房—树—人测验(House-Trees-Person Test),是由巴克(Buck,1949)基于古迪纳夫—哈里斯画人测验设计而成的一种人格投射测验,儿童首先画一栋房子,再画一棵树,最后画一个人。

2. 非标准化绘画评估

其一,儿童画的颜色、形象。20世纪30—40年代,对绘画的分析拓宽到人格方面。这些研究中,阿尔舒勒和哈特维克(Alschuler & Hattwick, 1947)提出正常发展中人格这一变量,通过儿童使用形状和运用的色彩,阐述图画与儿童的人格的关系。

麦克霍夫(Machover,1949)首先提出用绘人方式测试人格。测验开始时,要求儿童先画一个人,画完后要求儿童再画一个与第一张上人物性别不同的人,然后将两张人像画对照比较,分析画面各部位的比例,男女人像之间的异同及其他各项指标,定性地评定儿童的内在心理冲突、焦虑和其他人格特征。不过,麦克霍夫提出的指标缺乏实证研究支持,他假设的测量效度在很大程度上不能论证(Swensen,1968;Roback,1968)。

基于儿童通过绘画象征性表达自己这一假设,有研究认为,图画中形象的大小与自尊或个体适应能力有关(Machover,1949)。儿童绘画情绪指数能将适应良好与情绪困扰的个体区分开来(Koppitz,1968,1984)。

其二,绘画行为。咨询师除了分析作品,还要观察儿童的绘画行为(Malchiodi,1997),即儿童如何对绘画任务作出反应,如何使用材料,如仔细、自信、谨慎、不合群、重复很重要。

其三,绘画种类。斯特布勒(Stabler,1984)认为,绘画可获得对儿童与青少年的认知和心理发展及成熟水平的评估,并描述了三类绘画在评估过程中特别有用,提供了关于儿童绘画的非标准化应用的信息。(1)自由绘画,显示孩子关注问题的主题,如画中是学校,可能孩子关注学校有关的问题。(2)自画像,如缺胳膊少腿的自画像,可能暗示缺乏对环境的控制感;没嘴的自画像可能说明他人不重视该孩子的观点。(3)家庭画,孩子与其他家庭成员有很大距离,可能暗示孤立或疏远的感觉。

(三)评定量表

1. 父母评定量表

康纳斯父母症状问卷(Conners Parent Symptom Questionnaire,简称PSQ),1978年修订为48条,采用四级评分法(0、1、2、3),归纳为六个因子,基本上概括了儿童常见的行为问题,其信度、效度已经过较广泛的检验,能满足一般需要。

阿肯巴克儿童行为量表(Achenbach's Child Behavior Checklist,简称CBCL),是一个广范围测量工具,它包括社会、行为和情感机能在内的相当全面的检测。国内常用,适用于4—16岁的儿童,内容分三部分:一般项目、社会适应情况(7项)、行为问题(113条)。CBCL家长版本主要用于筛查儿童与青少年的社交能力、行为和情绪问题,不具有对儿童行为和情绪障碍的诊断功能,也不能准确反映儿童与青少年情绪和行为问题的严重程度;对儿童自闭症和精神发育迟缓的敏感性不足。

拉特儿童行为量表(Rutter Child Behavior Checklist),包括31项症状,父母问卷总分的最高分为62分,根据原量表及我国试测情况,父母问卷≥13分,确定儿童有行为问题。行为问题儿童量表中,A分大于N分者,为反社会行为亚型;N分大于A分者,为神经症亚型;评分相等者则为"M行为"(即混合性行为)。

行为问题核查表修订版(Revised Behavior Problem Checklist,简称RBPC)。由89个题目组成,用来鉴别5—18岁儿童的行为问题,也用于区分青少年罪犯。作为临床诊断的辅助手段,可用来测量与心理或药物干预有关的行为变化。

2. 教师评定量表

康纳斯教师用评定量表(Conners Teacher Rating Scale,简称 TRS),康纳斯等人(Goyette,Conners, & Ulrich, 1978)修订 TRS 为 28 个条目,采用四级记分法(0、1、2、3),归纳为四个因子,包括儿童在学校中常见的行为问题,主要用以筛查多动症。

阿肯巴克儿童行为量表—教师问卷(CBCL‐Teacher Report Form,简称 CBCL‐TRF),评价 5—18 岁儿童青少年的学校行为问题;有 126 个条目,包括 112 个问题条目和 14 个能力量表。

拉特教师评定量表,包括 26 项症状,教师问卷总分的最高分为 52 分。根据原量表及我国试测情况,教师问卷≥9 分,确定儿童有行为问题。行为问题儿童量表中,A 分大于 N 分者,为反社会行为亚型;N 分大于 A 分者,为神经症亚型;评分相等者则为"M 行为"(即混合性行为)。

行为问题核查表修订版—教师版,RBPC 也有教师版,由教师评定。

3. 儿童自评量表

大多数儿童自评量表仿照成人量表编制而来,适用于较大儿童,一般反映单个障碍。(1)儿童抑郁障碍自评量表(Self-Rating Scale for Depressive Disorder in Childhood);(2)儿童社交焦虑量表(Social Anxiety Scale for Children,简称 SASC);(3)阿肯巴克青少年自评量表(Youth Self-Report,简称 YSR),11—18 岁青少年行为和情绪问题自我报告形式,YSR 有 118 个问题条目和 7 个能力量表。

4. 专业人员评定量表

学前儿童焦虑观察表(Preschool Observation Scale of Anxiety,简称 POSA),由格伦农和魏斯(Glennon & Weisz, 1977)编制,共 30 个项目,安排了儿童一些特殊的焦虑行为,如咬指甲、视线回避、姿势僵硬、不回答问题等。POSA 用于直接观察儿童在自然环境或模拟环境中发生的行为动作。通过观察,可得知儿童焦虑行为的早期表现和显著症状,评定时需结合病史、检查及观察情况,与其他行为评定量表结合使用,更能反映儿童的问题。

儿童抑郁评定量表(Children's Depression Rating Scale,简称 CDRS),由波兹南斯基等人(Poznanski,Cook, & Carroll, 1979)根据成人的汉密尔顿抑郁量表改编,应用于 6—12 岁儿童,这个量表包括情绪、躯体症状、自觉症状及行为症状,用来检测当时的抑郁状态及严重程度,并不提供抑郁与其他疾病的鉴别诊断的内容。CDRS 有 16 个项目,每一项目都有严格的限定在 3—8 个点的陈述,陈述按疾病从轻到重,专业人员选择一个最适合来访者情况的陈述,查到对应的分数。

儿童大体功能评定量表法(Children's Global Assessment Scale,简称 CGAS),由谢弗等人(Shaffer,Gould,Brasic,Ambrosini,Fisher,Bird et al.,1983)根据成人大体功能评定量表改编,适用于 4—16 岁儿童。临床医生主要根据儿童近 1 个月的表现,评价儿童心理障碍的严重程度。适用于住院及门诊患者疗效评定及病情变化追踪。

(四)心理测验

1. 发展性评估

丹佛发展筛查测验(Denver Development Screen Test,简称 DDST),实际上是一个核查表,用于 6 岁以内的婴幼儿的早期发展进行筛选、诊断和评价。评定内容是个人及社会行为(对物体和环境的精细感觉、协调能力、社会应答指与人交往等)、精细动作(手指的运用)、语言(听、理解和表达的能力)、大运动(身体的姿态、头的平衡、坐、立、爬、走、跑、跳)。具有操作包括一系列引发儿童特定语言、认知、动作反应的提问、指令和行为,如考察 6 岁以内儿童能否回答问题,按要求行为,如 4 岁儿童能否单脚跳、听故事至少 5 分钟,然后将儿童行为表现与其对应的常模对照。DDST 需要时间短,10 分钟到 30 分钟,评分和解释方便,容易掌握。

贝利婴儿发展量表(Bayley Scales of Infant Development,简称 BSID),用于 2 个月至 30 个月大儿童的智力发展水平,确定儿童发展正常水平的程度,包括三个部分:心理量表(知觉、记忆、学习、问题解决、发音、初步的语言交流、初步的抽象思维)、运动量表(大动作和精细动作)、婴幼儿行为记录(情绪、社会行为、注意广度、目标定向等)。评估幼儿智力水平相对全面精确,缺点是方法复杂,评估者需专业培训,适用年龄范围小。

中国儿童发展量表(3—6 岁)(简称 CDCC),由北京师范大学张厚粲教授主持并参考国内外有关研究成果及结合我国特点编制而成,适用于对我国 3—6 岁幼儿的智能发展作诊断性测验和评估。

儿童发展量表的内容由语言、认知、社会认知、动作等四个方面构成,分为智力发展量表与运动发展量表两个部分。智力发展量表由11个项目106个题目构成,主要对幼儿言语发展,注意、感知、记忆、想象、判断推理能力与计算能力的发展,社会认知发展进行评价。测验是用语言和操作两种材料进行。运动发展量表由5个项目构成,主要对幼儿身体素质与动作发展进行评价。CDCC的常模团体2 368人,来源于全国六大行政区十八个城市(含四个近郊县),3—6岁12个年龄组(5岁前每隔三个月为一个年龄组,5岁后6个月为一个年龄组)。男女各约一半,考虑到家长的文化、职业的人口比例。

CDCC内容适合中国儿童,测验项目有较理想的难度和较高的区分度,并具有较好的因子结构,能够较准确地鉴别我国3—6岁儿童的发展水平。量表具有较高的信度与效度。量表长度适中,内容形式多样,容易引起幼儿参加测验的兴趣,便于施测,在近两年的试用中得到广大心理学工作者和幼教工作者好评,实践证明该量表是一个可靠有效的测验工具。

2. 智力评估

智力测验是最常用的儿童评估方法之一,评价儿童的智力和教育功能是对大量的童年障碍进行临床评估的一个重要组成部分。智力测验主要被应用于解答实际的问题,比如用于识别某些在普通班级中学习不好的儿童。对于一些儿童来说,尤其是那些智力落后或有学习和语言障碍的儿童,思维和学习方面的问题都可能是障碍本身的一部分。对于另一些儿童来说,在思维和学习方面的损害可能源于他们的行为或情绪问题。如一个孩子成绩下降可能是由于她拒绝上学以及对自己在学校的表现感到抑郁造成的。

许多其他情况下,儿童的心理障碍与儿童在思维和学习上的紊乱之间的关系并非如此清晰,测验分数的解释应该始终与其他评估信息结合起来。对儿童在某些场合的行为观察比儿童的测验分数能揭示关于该儿童的更多信息。如注意缺陷多动障碍儿童的标准智力测验分数较低,而且在学校的成绩也比其他儿童差,但他们成绩不好的原因究竟与他们在测验或上课时注意力不集中有关,还是与他们信息加工的方式存在某些更为基本的缺陷有关?智力和教育评估便可以回答这些问题。

用于评估儿童智力的测验,常见的有:韦克斯勒儿童智力量表,即学前儿童智力量表修订版(WPPSI-R)(Wechsler,1989)、学龄儿童智力量表(WISC)和修订学龄儿童智力量表(WISC-R);比内儿童智力量表(第4版)

(Binet-4);考夫曼儿童评估量表(Kaufman Assessment Battery for Children)(Kaufman & Kaufman,1983)。

3. 儿童人格量表评估

尽管儿童时期人格尚不成熟,但研究者认为,在某种意义上,儿童的早期气质为其以后人格的建立奠定了基础。如回避社交的儿童也许会被认为羞怯,交往频繁的儿童则可能被认为乐群。

对幼儿的人格调查往往由父母作出回答,使用得最频繁的有两个:明尼苏达多相人格量表(青少年版)(MMPI-A)(Butcher et al.,1992)、儿童人格调查表(第2版)(Personality Inventory for Children,2nd Edition)(PIC-2)(Lachar & Gruber,1995)。后者可用于3—16岁的儿童,由590个"是""否"项目组成,联系到儿童行为、态度与家庭关系等各个方面,通过问卷可以得出各种量表的分数值,为评估儿童的人格特征提供信息。

4. 投射测验

用于儿童和青少年的投射测验最有代表性的有罗夏墨迹测验、主题统觉测验、罗伯茨儿童知觉测验、绘人测验、填句测验、动态家庭画测验、沙盘游戏、儿童故事测验等。许多初级投射测验版本专门用于幼儿。这里介绍较新的沙盘游戏和儿童故事测验。

沙盘游戏最初作为一种心理分析和治疗的方法应用于临床实践。作为非言语治疗,沙盘游戏治疗适用于不愿说话的来访者;作为表现性治疗方式,沙盘游戏治疗适用广泛,是一种有效的心理治疗技术。

沙盘游戏的原理是投射理论,沙盘作品不仅反映人的心理状态,而且一定程度上反映了人的心理特质。由于沙盘游戏的非语言性,具有发展为类似罗夏墨迹测验、主题统觉测验等投射测验工具的特性。博尔加尔和菲舍尔(Bolgar & Fischer,1947)研究了各种文化背景的被试,对来自四个不同文化地区(中欧、斯堪的纳维亚、巴西和美国)的成人被试进行测验,发现只在一些内容的细节上存在着差异。这一发现对于将沙盘游戏发展为一种非语言、跨文化的临床诊断测验工具具有一定意义。

资深沙盘游戏治疗师米切尔(Rie Mitchell)将沙盘游戏的主题归纳为创伤主题和治愈主题两大类。创伤主题(themes of wounding)往往出现在初始沙盘以及沙盘游戏治疗的早期,随着治疗的进展,患者的情况逐步好转时，其沙盘主题也发生变化，创伤主题逐渐减少，而取而代之的则是治愈主题(themes of healing)。对沙盘主题作分析可以判断沙盘游戏者的症状和治疗进程，对制定心理障碍的防治措施有指导意义，可作为判断疗效的一个指标。如焦虑障碍来访者常在结束沙盘时呈现出"大团圆"心象，这是整合的一种表现，是焦虑障碍的"治愈"象。

研究者发现了一些心理障碍的沙盘心象（见表4-4），从而试图将沙盘游戏发展成为心理评估工具，已有许多沙盘游戏个案和临床研究的支持沙盘游戏发展为投射测验工具，其功能主要用于区别正常与心理问题，对心理障碍作出诊断，并作为心理障碍疗效判断指标。

表4-4　一些心理疾病的沙盘心象

(1) 躁狂症被试：使用很多小模具，沙盘显得过于拥挤和混乱。
(2) 精神分裂症被试：从很少类型中挑选过多的小模具，然后建造一个空洞的、非现实、奇怪的"世界"。
(3) 抑郁症被试：使用小模具的数量偏少，但很难做出具独创性的东西，多以某种模样或模仿呈现；有时也会出现黑暗寂寞僵硬、宗教性的意象。
(4) 强迫症被试：摆沙盘会出现困难，在意模具的大小比例，担心做出不完美的作品，一旦开始做了，会因为移动了一个小模具而重新布局其他的小模具，沙盘游戏过程中对来访者进行观察可帮助诊断。同时，沙盘图像方面，易呈现出不留任何空隙的填满空间、左右对称、排列整齐、符合大小比例等强迫性特征。
(5) 疑病症被试：沙盘常出现使用"直立"的制作方式，小模具与身体类似，最上方是头部、中央是胸部等情形很常见。
(6) 具有自闭症候群倾向被试：沙盘摆放小模具较少，空白领域较大；不同领域间缺乏相互联系；缺乏生机活力。
(7) 边缘型人格、焦虑症、抽动性障碍、进食障碍等，沙盘图像的形态各有特色。

但沙盘游戏作为评估工具仍存在以下争议：(1) 对沙盘游戏的疾病诊断功能，传统观点持怀疑态度，尤其是医学界。其某些方面的主观臆断性难以被一些学者接受，虽然已有一些沙盘游戏治疗评估的客观指标，但沙盘的一些研究目前仍处于主观的水平，其研究手段缺乏测量学支持，研究方法有待改进和完善。(2) 对于不同的心理问题，沙盘游戏的治疗是否需要区别对待，具体运用方法如何，有待进一步研究。(3) 沙盘游戏的心理评估功能虽已有一些"证据"，但至今还没有一套非常完备的诊断手册，可以真正运用到临床实践，其可操作性和评价性还需逐步完善。

童话故事测验(Fairy Tale Test，简称FTT)，由奥巴赫等人(Orbach, Feshbach, Carlson, Glaubman, & Gross, 1983)基于心理动力学和发展心

理学的理论编制而成,使用图片作为刺激材料,儿童通过对卡片内容的描述,将自己的思想、情感和冲突投射出来,从而可以评估儿童的人格特征如焦虑、抑郁、攻击性等,并进行定性分析。主要用于7—12岁儿童。童话故事测验面世以来广受关注,许多国家的心理学家用它对本国儿童进行相关的研究,研究结果表明,它是一种很有潜力的投射测验,与以往的大多数投射测验相比,它在结构、客观评分方面都有着不少优势。中文版由中国科学院心理研究所张建新研究员引进,是我国第一个对儿童人格进行测量的工具,已积累众多案例。其用途表现在:(1)教育和训练学生。了解儿童的人格发展特点,进行针对性教学,降低儿童可能发生的心理障碍;(2)评估儿童的人格和情绪如焦虑、抑郁、攻击性等,辅助临床诊断评估,包括精神发育迟缓儿童的人格测量;(3)可作为一种跨文化研究的工具。

投射测验应用于儿童比其他类型的临床评估引起更多的争议。一些临床医生认为游戏、故事和绘画在很大程度上与投射测验一样,都是通向儿童潜意识加工过程的一扇窗户,丰富了有关儿童的应付方式、情感、自我概念、人际功能和信息加工方法等方面的信息来源。咨询师可通过木偶表演、故事或使用其他道具及人物绘画去评估儿童的内心生活。

另一些临床医生认为投射测验达不到最低的信度与效度标准,是不适宜的方法,会损害普通大众,影响其他专业心理测验的信誉。沙盘游戏、故事并不是正式的投射测验,信度和效度受到质疑,尤其当依据表达的特定内容作解释时。

不过,模糊刺激的设计往往与家庭场景或动物图片结合,儿童容易接受。咨询师常运用游戏、故事或人物绘画来帮助小孩在作评估时放松,让他们更易于提供信息或表达出他们可能觉得用语言很难表达的事件。

本 章 小 结

标准化的诊断性评估有助于评估症状、综合征、心理障碍的能力丧失或其他结局,提高了心理评估的可靠性。

对儿童的评估,采用发展的视角非常重要。儿童问题与成人不同,儿童问题的诊断需要考虑特定年龄段、性别的正常标准,考虑儿童行为异常的文化信念。对儿童的临床心理评估方法也与成人有很大差异,对儿童的访谈与观察有其特殊性,还可利用绘画、沙盘游戏及故事对儿童进行评估。

推荐阅读

Claire Golomb (2008). 儿童绘画心理学[M]. 李甦,译. 北京:中国轻工业出版社.

Cooper, J. E. & Oates, M. (2000). The principles of assessment in general psychiatry. In Gelder, M. G., Lopez-Ibor, Jr. J. J., & Andreasen N. C. (Eds), *The new Oxford textbook of psychiatry*, Chapter 1. 10. 1 Oxford University Press, Oxford.

Hopkins, B., Ronalg, R. G., Michel, G. F., & Rochat, P. (2004). *The Cambridge encyclopedia of child development*. Cambridge University Press, Cambridge.

Rutter, M. & Taylor, E. R. (2002). *Child and adolescent psychiatry* (4th edn.). Blackwell, Oxford.

第五章　心理发展障碍评估

本章导引

1. 精神发育迟缓的诊断标准有哪些？如何评估？
2. 自闭症的诊断标准有哪些？如何评估？
3. 如何评估阅读障碍、算术学习障碍、交流障碍？

心理发展障碍(亦称心理发育障碍)起病于婴幼儿期或童年期，以功能发展损害或延迟为主要特征。心理发展障碍与神经系统生物学成熟过程密切相关，病程恒定，多不具有缓解与复发特点。多数儿童患者功能受损，尽管到成年期仍遗留一定缺陷，但损害随年龄增长而逐渐减轻。心理发展障碍主要包括三类问题：以智力发展迟缓为主要临床特点的精神发育迟缓，以自闭症为代表的广泛性发展障碍，以及特殊性发展障碍，如学习障碍(阅读障碍和算术学习障碍)、交流障碍。

第一节　精神发育迟缓

精神发育迟缓(mental retardation)是一组由生物、心理和社会因素所致的广泛性发展障碍，18岁以前起病，包括认知和社交能力发展的广泛损害(American Psychiatric Association，2000)，以智力低下(智商一般低于70分)和社会适应困难为特征。

一、精神发育迟缓的病因学知识

(一) 精神发育迟缓的流行病学

精神发育迟缓的儿童和成人占总人口的1%—3%,但有关精神发育迟缓人数的问题仍然有争议。精神发育迟缓的男性比女性略多,性别差异可能由于鉴定和治疗安排形式上的人为因素。男孩通常比女孩更容易被要求去做与行为障碍有关的心理测验,而且在适应功能测验中遭遇失败的可能性更大。实施智力测验的调查人员发现,一般人群样本中,中度精神发育迟缓的男女比例没有差异。

(二) 精神发育迟缓的病因

精神发育迟缓中有明确的器质性原因的通常属于重度和极重度;没有清楚的器质性原因的精神发育迟缓通常属于轻度,占所有精神发育迟缓的1/2到2/3,有关的原因了解甚少,只有1/4的轻度精神发育迟缓的原因已知,几乎2/3的中度到极重度精神发育迟缓的原因确定,涉及基因或环境因素;自1983年以来,精神发育迟缓的器质性原因增加5倍,超过1 000种。

1. 遗传因素及先天因素

遗传因素及先天因素:(1)染色体异常,如唐氏综合征(Down's syndrome)是G组第21对染色体三体型。(2)遗传代谢性疾病,由DNA分子结构异常导致机体代谢所需的酶活性不足或缺乏引起,有精神发育迟缓临床表现,如苯丙酮尿症、半乳糖血症等。(3)先天性颅脑畸形,如家族性小脑畸形、先天性脑积水等疾病可导致精神发育迟缓。

2. 围产期有害因素

胎儿和婴儿的发育受到不利的生物学条件的影响,可能直接或间接地导致较低的智力和精神发育迟缓,例如营养不良、接触有毒物质以及各种出生前和围产期的应激性刺激。这类问题占所有精神发育迟缓的10%,具体影响情况常取决于胎儿受影响的时间和受损的程度(头3个月是易感期)。

其一,感染。孕期的各种病毒、细菌、螺旋体、寄生虫等感染,如母亲在怀孕头3个月内受感染风疹,会对胎儿产生严重的影响。梅毒、猩红热、神经系统结核都会导致精神发育迟缓,麻疹和腮腺炎都可引起智力落后。

其二,药物。很多药物,特别作用于中枢系统、内分泌和代谢系统的药物,抗肿瘤和水杨酸的药物可导致精神发育迟缓。研究发现,母亲怀孕时服食某些药品如阿司匹林和抗生素会有负面影响。

其三,接触酒精。胎儿接触酒精是一种最广为人知的原因,即使胎儿出生前摄入的酒精不多,也会给智力带来负面影响。例如,母亲怀孕期每天喝酒超过 1.5 盎司(1.86 两),她的孩子智商分数在 4 岁时比标准低了 5 分。胎儿酒精综合征(fetal alcohol syndrome)尽管少见,但与智力损害的关系非常明确,是精神发育迟缓的重要病因。在美国,估计它的发病率为 0.7‰,特别是美洲印第安人,胎儿酒精综合征发病率几乎是普通美国人口的 4 倍(2.4‰)。胎儿酒精综合征的特征是,中枢神经系统功能障碍、脸部异常和生长发育落后正常标准的 10 个百分点。导致这种异常的机制还不清楚,但可能的机制是酒精对中枢神经系统发育的致畸作用(针对破坏胎儿发育而言)以及与酒精有关的代谢和营养问题。除了智力缺陷外,胎儿酒精综合征儿童经常有类似注意缺陷多动障碍的困难,包括注意缺陷、冲动控制差和严重的行为问题。平均来说,他们的智商属于轻度智力缺陷范围。

其四,毒物。环境、食物、水被有害物质污染,如铅。

其五,放射线。自 1945 年原子弹在日本爆炸后不久,科学家就意识到辐射的致畸作用,但是没有人能准确知道多大数量的辐射才会对胚胎或胎儿具有危害作用。即使婴儿出生时看上去正常,其长大后仍可能出现并发症。医生一般建议孕妇除非万不得已,不要进行 X 射线检查,尤其是子宫和腹部更要避免 X 射线辐射。

其六,分娩并发症。婴儿出生时头部受到机械压力或窒息导致缺氧。

3. 出生后因素

其一,脑损伤。婴儿期和童年期常见的中枢神经系统感染、颅脑外伤、意外中毒(如一氧化碳中毒)等,能增加智力缺陷的风险。占可疑或已知病因的精神发育迟缓的 5%左右。

其二,社会文化因素。精神发育迟缓在低社会经济地位和少数民族群体儿童中发生比率较高,这种情况常用经济不利和歧视来解释,但这种差异主要表现在轻度精神发育迟缓;严重的精神发育迟缓,则不论种族和经济地位的差异,患病率都几乎相等。不论是否有器质性原因的迹象,社会经济地位高的群体中,儿童被诊断为轻度精神发育迟缓的人数接近零,社会经济地位低的群体中,则增至 2.5%。数据显示,社会经济地位这个因素在精神发育迟缓的病因、认定和标识方面的作用有争议。

其三,环境因素。环境因素可导致精神发育迟缓,但了解最少,变化最多。环境因素大概可以解释精神发育迟缓的15%—20%,其影响在很大程度上是间接的,未经证实。如父母的虐待或忽略、贫穷、对儿童照顾不周、营养不良、父母患精神病、婴儿缺乏身体和情感照顾和刺激、伴随性精神障碍如自闭症,它们经常嵌入个人和家庭环境的不同层面中,影响儿童的心理发展。

其四,与病毒感染、免疫功能失调有关。5%患者有脑电图异常。

二、精神发育迟缓的诊断标准

(一)精神发育迟缓的诊断标准

有关精神发育迟缓的诊断标准,CCMD-3、DSM-Ⅳ、ICD-10基本一致。精神发育迟缓诊断需要同时符合三个标准:(1)智力比一般水平显著较低,即智商≤70(如是婴儿,作临床判断,不作测定)。(2)目前适应功能有缺陷或缺损(患者不符合其文化背景同年龄者应有的水平),至少表现于下列之二:言语交流、自我照料、家庭生活、社交或人际交往技巧、社区设施的应用、掌握自我方向、学习和技能、工作、业余消遣、健康卫生与安全。(3)起病于18岁之前。

根据严重程度可如表5-1那样对精神发育迟缓进行分类,通常智商在70—89称为边缘智力。

表5-1 精神发育迟缓的水平

严重程度	智商区间	心理年龄	接受教育训练能力	适应能力	百分比*
轻度	50—70	9—12岁	可教育	教育后可独立生活	大约85%
中度	35—49	6—9岁	可训练	简单技能,半独立生活	10%
重度	20—34	3—6岁	难以训练	自理有限,需要监护	3%—4%
极重度	低于20	约在3岁以下	需要全面照顾	不能自理,需要监护	1%—2%

*指每个分级占总的精神发育迟缓的百分比。

(二)精神发育迟缓的核心特征

精神发育迟缓具有四个核心特征:(1)智力低下,根据智力水平呈不同表现。(2)社会适应困难,由于智力低下带来的社会适应问题。(3)精神发育迟缓常伴发其他几种障碍,如注意缺陷多动障碍、自闭症,但精神发育迟缓儿童的主要问题——智力落后和受限的适应能力是一种慢性情况,会限制发展的许多方面。(4)精神发育迟缓儿童的发展阶段顺序与正常发育儿童的相同,但因经常受挫感导致对失败的期望,随着时间推移,他们的目标和动机就会减少。如果提供适当的训练和机会,适应技能和损害程度会随着时间推移而得到改善,特别对那些轻度精神发育迟缓儿童更是如此。

三、心理发展的测评工具

心理发展评估包括智力评估和适应行为评定两部分。

(一)智力评估

在临床评估与诊断过程中使用韦克斯勒儿童智力量表修订版和其他智商测验时,需要询问一些重要的问题:测验分数是如何互相关联的?是什么原因使儿童得到这些分数?在施测情境下,哪些环境因素(如焦虑、人格因素、动机、药物治疗)可能影响儿童的成绩?如何将该儿童的测验分数与其他年龄、性别、级别、社会等级、种族或残疾的儿童进行比较?如何将该儿童的测验分数与他在较早前所做的类似测验中得到的分数进行比较?

1. 韦克斯勒智力量表

韦克斯勒儿童智力量表修订版(Wechsler Intelligence Scale for Children-Revision Edition,简称WISC-R)目前最常用,适用于6—16岁儿童。量表分言语测验和操作测验两大类,由12个分测验,5个言语测验,5个操作测验,2个备用测验(背数和迷津)构成,共170个问题(见表5-2)。

表5-2 韦克斯勒儿童智力量表修订版的构成

言语测验			操作测验		
测验项目	问题数/个	最高分/分	测验项目	问题数/个	最高分/分
常 识	25	25	填 图	20	20
理 解	14	28	图片排列	11	57
算 术	16	16	积木图案	10	55
类 同	15	26	拼 图	4	34
词 汇	30	57	译 码	2种	A50 B93
背 数	14	17	迷 津	8	21

测验工具有玩具、画册、指导手册、记录单等,由一个受过训练的施测员,按照特定的程序对儿童进行个别施测。语言量表分测验,操作量表分测

验各有一个备用分测验而不计算智商。实施程序,先做一个言语测验再做一个操作测验,交替进行,其记分基本上和成人智力测验类似,可得到一个言语智商分数、一个操作智商分数以及一个全量表总智商分数。分测验能够从不同方面全面评估儿童的能力,但并不表示不同的智力类型。一个孩子从中得到的言语智商为107,操作智商为105,全量表总智商为106,就是说她的智力水平处于平均范围之内。

针对8岁以上和8岁以下的儿童,韦克斯勒儿童智力量表修订版开始测验的问题不同,但原则是对所有年龄施行同一问题。原始得分的基准是有其特征的。对练习的问题也记分。在某些问题中,对反应速度给予追加得分,将智力的速度因素也加在一起评价。成绩的评价除了合格和不合格的取法外,还按等级评价成绩,对能力进行细微的分析,时间限定式和时间不限式两种并用。韦克斯勒儿童智力量表中国修订版见表5-3。

表5-3 韦克斯勒儿童智力量表中国修订版(WISC-RC)

韦克斯勒儿童智力量表中国修订版(WISC-RC)由林传鼎、张厚粲等人1983年修订,常模是中等以上城市(3 000人),修订原则:使测试题适合中国儿童的特点;改动的测题尽可能与原题性质类似、难度接近。主要改动有:
(1) 我国社会中不常见的或我国儿童不熟悉的测题内容,如:"一个镍币等于几便士?""美国成年男子平均身高是多少?"
(2) 不合我国国情的,如:"为什么把钱交给慈善机构比施舍给街头乞丐好?"
(3) 由于语种不同,翻译后在难度上发生变化的,如:"三月过后是几月?""啤酒和黄酒的共同点是什么?"
(4) 凡外国人名、货币名称以及图片上的人物等尽量使之中国化。

韦克斯勒儿童智力量表修订版标准化程度以及信度和效度都很高,分半信度为0.70—0.86,再测信度为0.65—0.88,效标关联效度以年龄为效标,得分随年龄增长而提高。与学业成绩测验或其他学业行为的相关为0.50—0.60;与比内量表的相关为0.60—0.71,结构效度方面发现智力一般因素的存在。

韦克斯勒儿童智力量表修订版的智商分数是学习成绩的最好预测,作为临床工具,韦克斯勒儿童智力量表修订版可用于对智力迟缓进行诊断(与对儿童适应能力的测量相结合),由于它对言语和操作作出了区分,还可以用于评估失明、耳聋或残疾的儿童。

韦克斯勒学龄前和学龄初期儿童智力量表(Wechsler Preschool and

Primary Scale of Intelligence,简称 WPPSI)适用 4—6.5 岁儿童,由美国心理学家韦克斯勒(David Wechsler)1967 年为评估幼儿的智力发展水平编制而成,在国际上十分流行。我国的郭迪和龚耀先分别于 1983 年和 1984 年对该量表进行了修订,修订后的量表保持了原量表的可靠性和有效性,成为测量和评估我国幼儿智力的较为理想的工具。WPPSI 量表有 11 个分测验:5 个言语测验(常识、理解、词汇、算术、类同),5 个操作测验(填图、迷津、积木图案、句子复述),2 个备用测验(动物房、几何图案)。

图 5-1　图画排列

图 5-2　积木问题

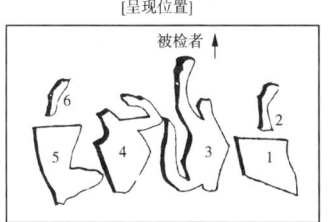

图 5-3　拼图问题

图 5-4　译码

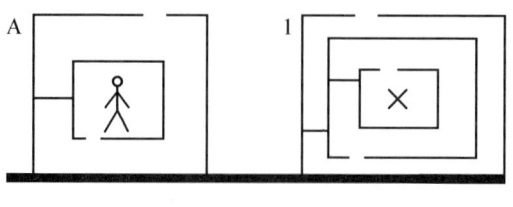

图 5-5 迷津

2. 韦氏儿童智力量表第四版

韦氏儿童智力量表第四版(Wechsler Intelligence Scale for Children-Fourth Edition,简称 WISC-Ⅳ)于 2003 年在北美公开发行,得到许多学校心理学家、儿童心理学家和临床心理学家的好评。与以往韦氏儿童智力量表相比,第四版不再使用单一的言语量表得分和操作量表得分来笼统概括儿童的智力水平,而是提供言语理解(Verbal Comprehension)、知觉推理(Perceptual Reasoning)、工作记忆(Working Memory)和加工速度(Processing Speed)四大分量表的索引得分以及一个全量表得分。这种更加细化的分类使得这一测验的结果有助于更精确地作临床诊断。心理学工作者和特殊教育工作者可以更直观、更具体地判断出被试是否在某一特定的认知功能方面有障碍或缺陷。与以往的韦氏量表相比,韦氏智力量表第四版不仅更新和扩大了常模,其设计理念的改进、记分方法的改变都使得该测验的结果更有助于心理学和特殊教育工作者作出更准确的解释和临床判断。

3. 斯坦福—比奈智力量表

斯坦福—比奈智力量表(Stanford-Binet Intelligence Scale)评价 2 岁幼儿到成人的一般智力水平,是诊断智力低下的重要方法之一。量表经多次修订,现常用 1972 年原版,1986 年修订版。我国吴天敏 1979 年修订过原版。由 4 个分量表,15 个分测验组成。由 4 个分量表分别为言语推理、抽象/视觉推理、数理推理、短时记忆。2—5 岁以每半岁为一年龄段,5 岁以后每岁为一个年龄段,每一年龄段设一组难度相近的测验项目,通常每组为 6 个项目,年龄越大测验项目难度越大。斯坦福—比奈智力量表测验项目排列灵活,易引起儿童的兴趣和动机,相对韦氏智力量表测验时间较短。

4. 瑞文推理测验

瑞文推理测验(Raven's Progressive Matrices)测定人的非言语智力,包括从易到难三个水平的版本：瑞文彩图推理测验（Raven's Coloured Progressive Matrices，5—11岁，3个系列，36个项目）、瑞文标准推理测验（Raven's Standard Progressive Matrices，6岁以上，5个系列，60个项目）、瑞文高级推理测验（Raven's Advanced Progressive Matrices，适合高智力成人，第一套12个项目，第二套36个项目）。

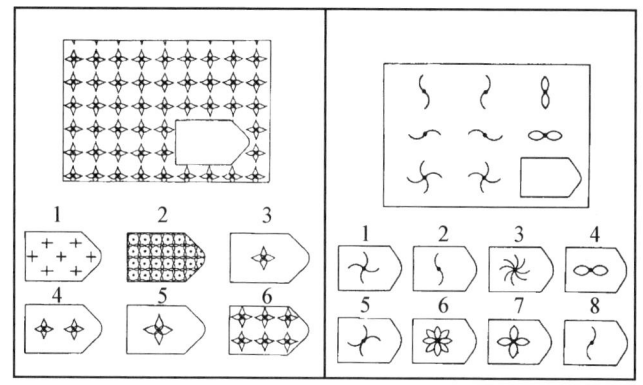

图5-6 瑞文标准推理测验

瑞文标准推理测验的内容：

A组：测知觉辨别力、图形比较、图形想象

B组：测类同、比较、图形组合

C组：测比较、推理、图形组合

D组：测系列关系、图套组合

E组：测套合、互换等抽象思维能力

瑞文标准推理测验中国修订本由张厚粲1985年修订，取样包括大、中、小城市，适于5岁至成人，与WISC-RC、高考成绩相关。

（二）社会适应行为评估

1. 适应行为量表

适应行为量表（Adaptive Behavior Scale，简称ABS）由美国智力缺陷协会（American Association on Mental Deficiency，简称AAMD）1969主持编制，分两种，一种适用于13岁以下年龄儿童，一种适用于13岁以上年龄的人。这两个量表后来经过修订，合并成一个，称为AAMD适应行为量表1974年修订本。1981年经过修订，成为现在流行的AAMD适应行为量表学校版,简称 ABS-SE,评估适应能力的六个水平为：

水平 1：在低竞争环境中有一定能力,但在个人事务管理上需要某些支持和监督。

水平 2：在部分竞争或竞争环境中具备有效的社会和经济功能。

水平 3：在无竞争或受保护的环境中具备有限的社会和经济功能。

水平 4：对有限的环境刺激和人际关系有反应,生计需要监督,在获得帮助的情况下过机械的生活。

水平 5：仅能对最简单的环境刺激和人际关系有反应,生计和日常生活事务完全依赖他人监督。

水平 6：有全面的生理或姿势上的残缺,需要继续医学全护理。

AAMD 提出智力低下按智商水平可分四级：轻度(智商为 55—69)、中度(智商为 40—54)、重度(智商为 25—39)和极重度(智商为 25 以下)。将智商分级和适应水平分级相结合,水平 1 与轻度相结合,水平 2—3 与中度相结合,水平 4—5 与重度相结合,水平 6 与极重度相结合。

ABS 分两部分：第一部分是综合了利兰等人(Leland, Shellhaas, Nihira, & Foster, 1967)制定的量表,补充了一些项目,包括 10 个方面；第二部分是新增加的,评定智力落后者的不良行为后者包括 14 个方面,具体内容见表 5-4。

表 5-4 ABS 内容

第一部分
(1) 独立功能：饮食技能、大小便、个人卫生、仪表、穿戴管理、穿衣和不穿衣、运动、一般独立功能
(2) 身体发展：感觉发展、运动发展　　　　(3) 经济活动：理财、购物技能
(4) 语言发展：谈和写、理解语言、一般言语发展　　(5) 数与时的概念
(6) 职业：家庭的清扫、炊事、一般家务　　(7) 职业：一般的
(8) 自我定向：运动的、始动性、持续性、计划和组织、自我定向(一般的)
(9) 责任感　　　　　　　　　　　　　　　(10) 社会化

第二部分
(1) 暴力和破坏行为　　(2) 反社会行为　　(3) 反叛行为
(4) 不能信赖的行为　　(5) 脱离环境　　　(6) 刻板行为和古怪姿态
(7) 不恰当的人际态度　(8) 不恰当的声响习惯 (9) 不能为人接受的或古怪习惯
(10) 自戕行为　　　　(11) 活动过多倾向　(12) 性变异行为
(13) 精神障碍　　　　(14) 药物滥用

2. 文兰适应行为量表

美国学者多尔(Doll, 1935)在新泽西州文兰训练学校制订文兰社会成熟

量表(Vineland Social Maturity Scale,简称 VSMS),主要目的在于鉴别人的社会能力水平或社会成熟,用于帮助诊断智力缺陷、儿童多动症等。1984 年修订为文兰适应行为量表(Vineland Adaptive Behavior Scale,简称 VABS),由调查表(评估一般适应能力)、扩展表(评估更广泛、更具体的适应行为)、课堂评定表(评估儿童在课堂中的适应行为)三套表组成。每套表涉及沟通、日常生活技能、社会化和运动技能 4 个领域。调查表和扩展表还把不良适应行为作为参考项目,由了解和熟悉被评定儿童的人(父母、看管人等)评定填写,课堂评定表主要由教师填写。VABS 前两个表适用年龄为 0—18 岁,测试时间分别为 20—60 分钟和 60—90 分钟;课堂评定表适用于 3—12 岁,测试时间 20 分钟。

VABS 日常生活技能和社会化领域的克龙巴赫 α 系数在 0.91—0.96 之间,运动技能的克龙巴赫 α 系数在 0.77—0.84 之间,总分的克龙巴赫 α 系数在 0.95 以上,与智力测验、AAMR - ABS 有适度相关,能将天才儿童、自闭症智力落后儿童、情绪障碍儿童与普通儿童进行区分,表明其有构想效度及高效标关联效度。VABS 有全国常模和若干特殊常模,为广泛使用提供了便利,可用于系统评估 0—18 岁个体适应性和社会适应性。

3. 儿童适应行为量表

儿童适应行为量表(Scale of Adaptive Behavior for Children,简称 SAB)由湖南医科大学姚树桥、龚耀先 1994 年修订,适用对象为 3—12 岁智力正常或智力低下的儿童,有全国城乡常模,主要用于评定儿童适应行为的发展水平。量表包括感觉运动、生活自理、语言发展、个人取向、社会责任、时空定向、劳动技能、经济活动 8 个分量表,这 8 个分量表可归结为 3 个因子:独立功能因子(包括感觉运动、生活自理、劳动技能、经济活动分量表)、认知功能因子(包括语言发展、时空定向分量表)、社会/自制因子(包括个人取向、社会责任分量表)。

第二节 广泛性发展障碍

广泛性发展障碍(pervasive developmental disorders,简称 PPDs)与特殊性发展障碍(specific developmental disorders,简称 SDDs)相对应,PPDs

儿童在许多方面表现出行为和功能的损害,一般在出生后头几年便会变得明显,并常与精神发育迟缓有关。自闭症(autistic disorder)是广泛性发展障碍的一种主要类型,阿斯伯格综合征(Asperger's disorder)是一种较轻的广泛性发展障碍,特点是社会交往障碍、范围狭窄、强迫或重复行为,行为限于某些主题或兴趣模糊的固定行为,如一个阿斯伯格综合征儿童沉迷于真空吸尘器,与自闭症相比,阿斯伯格综合征不会受到智力和语言的困扰(American Psychiatric Association,2000)。雷特综合征(Rett syndrome)仅见于女孩,6—18个月前外观和发育似正常,之后出现一系列躯体、行为、运动及认知的异常。儿童瓦解性精神障碍(Childhood Disintegrative Disorder,简称CDD)仅见于男孩,儿童出生头两年心理发展正常,随后丧失习得的技能,出现功能异常。

儿童自闭症(childhood autism)是脑部功能异常引发的一种广泛性发展障碍亚型,以男性多见,起病于婴幼儿期,通常在幼儿3岁前出现,主要表现为不同程度的言语发展障碍、人际交往障碍、兴趣狭窄和行为方式刻板。因为本症不仅仅见于儿童,DSM-Ⅳ用"自闭症障碍"(autistic disorder)代替"儿童自闭症"。CCMD-2(1989)正式将儿童自闭症归属于儿童精神病并在其后注明为广泛性发展障碍。

由于自闭症儿童的个体差异极大,加上致病原因不明确,因此尚未能发展出一套完全有效的治疗方法。借助行为治疗、认知教学、感觉统合训练、语言沟通训练等,可以减轻自闭症结局;通过药物治疗,可减轻自闭症儿童的某些问题行为,如情绪不稳定、精神不集中、过分活跃等;音乐治疗、艺术治疗、游戏治疗等方式,也有助于儿童舒缓自闭症带来的障碍。

一、自闭症的病因学知识
(一)自闭症的流行病特征

儿童自闭症各国报告不一,据丰博纳(Fombonne,2003a)综述,1966—1991年美国自闭症患病率0.43/1 000,有增高趋势,1992—2001年达到1.27/1 000。自闭症出现在第一胎男婴的机会比较高,大约是3/10 000—5/10 000,男性的出现率又较女性高出3—4倍。据估计,10 000名儿童中大约有30个儿童自闭症;将阿斯伯格综合征也算进去,患病率甚至可能翻番

(Fombonne,2003a,2003b)。2007年美国疾病控制中心公布最新的自闭症发病率6.6%,男女比率为:2.3∶1—6.5∶1。

陶国泰(1983)首次报告儿童自闭症4例,2001年天津5 000名0—6岁儿童抽样调查显示,患病率0.1%,男女比例约为2.6∶1—5.7∶1。

(二)自闭症的病因

现在研究认为,自闭症的病因主要是生物因素。

1. 高度遗传倾向

同卵双生同病率70%,异卵双生只有0—10%,染色体2,7,15,X上的基因参与发生,共患与认知缺陷有关的遗传病的概率高于正常人。

2. 生物因素

自闭症涉及的生物因素主要有五个方面:(1)孕产期危险因素,如风疹、服用反应停。(2)免疫因素,即自身免疫情况,链球菌抗体发现者超过正常人,与免疫接种无关。有研究发现,注射MMR疫苗[①]后突然失去认知技能,其中部分被确诊为自闭症,后来研究不支持。(3)30%患儿青春期出现痉挛障碍,说明有神经损伤。(4)神经内分泌和神经递质。研究发现,自闭症患者5-羟色胺异常,最新研究发现自闭症患者阿片肽含量过多。(5)MRI(磁共振成像)研究发现,2—4岁自闭症患儿大脑大于正常儿童,小脑蚓部小于正常儿童。皮层、小脑、脑干异常,执行面孔知觉和识别任务时,枕叶外纹状皮层—视觉联合皮层中梭状回面孔区激活很弱或无激活。

二、自闭症的诊断标准

(一)自闭症的分类诊断标准

1. CCMD-3自闭症诊断标准(见表5-5)

表5-5 CCMD-3自闭症诊断标准

儿童自闭症是一种广泛性发展障碍的亚型。以男孩多见,起病于婴幼儿期,主要为不同程度的人际交往障碍、兴趣狭窄和行为方式刻板。约有四分之三的患儿伴有明显的精神发育迟缓,部分患儿在一般性智力落后的背景下具有某方面较好的能力。
【症状标准】在下列(1)、(2)、(3)项中,至少有7条,且(1)至少有2条,(2)、(3)项至少各有1条:

---

① MMR疫苗(Measles,mumps and rubella vaccine)是指麻疹、腮腺炎和风疹的联合疫苗。

(1) 人际交往存在质的损害,至少 2 条:
① 对集体游戏缺乏兴趣,孤独,不能对集体的欢乐产生共鸣;
② 缺乏与他人进行交往的技巧,不能以适合其智力的方式与同龄人建立伙伴关系,如仅以拉人、推人、搂抱作为与同伴的交往方式;
③ 自娱自乐,与周围环境缺少交往,缺乏相应的观察和应有的情感反应(包括对父母的存在与否亦无相应反应);
④ 不会恰当地运用眼对眼的注视以及用面部表情、手势、姿势与他人交流;
⑤ 不会做扮演性游戏和模仿社会的游戏(如不会玩过家家等);
⑥ 当身体不适或不愉快时,不会寻求同情和安慰;对别人的身体不适或不愉快也不会表示关心和安慰。
(2) 言语交流存在质的损害,主要为语言运用功能的损害:
① 口语发展延迟或不会使用语言表达,也不会用手势、模仿等与他人沟通;
② 语言理解能力明显受损,常听不懂指令,不会表达自己的需要和痛苦,很少提问,对别人的话也缺乏反应;
③ 学习语言有困难,但常有无意义的模仿言语或反响式言语,应用代词混乱;
④ 经常重复使用与环境无关的言辞或不时发出怪声;
⑤ 有言语能力的患儿,不能主动与人交谈、维持交谈,及应对简单;
⑥ 言语的声调、重音、速度、节奏等方面异常,如说话缺乏抑扬顿挫,言语刻板。
(3) 兴趣狭窄和活动刻板、重复,坚持环境和生活方式不变:
① 兴趣局限,常专注于某种或多种模式,如旋转的电扇、固定的乐曲、广告词、天气预报等;
② 活动过度,来回踱步、奔跑、转圈等;
③ 拒绝改变刻板重复的动作或姿势,否则会出现明显的烦躁和不安;
④ 过分依恋某些气味、物品或玩具的一部分,如特殊的气味、一张纸片、光滑的衣料、汽车玩具的轮子等,并从中得到满足;
⑤ 强迫性地固着于特殊而无用的常规或仪式性动作或活动。
【严重标准】社会交往功能受损。
【排除标准】排除阿斯伯格综合征、海勒综合征、雷特综合征、特定感受性语言障碍、儿童精神分裂症。

2. ICD-10 自闭症的诊断标准(见表 5-6)

表 5-6 ICD-10 自闭症诊断标准

自闭症是一种广泛性发展障碍,在 3 岁以前出现发展异常和/或受损。特异性的功能失常可见于所有以下三方面:社会交往、沟通和局限的重复行为。男孩发病比女孩高 3—4 倍。
　　病前常没有正常发展期,即使有,3 岁以前也已出现明显异常,社交有性质损害。其表现方式为对社交情绪线索估计不当,对他人的情绪也就缺乏反应,不能根据社交场合调整自身的行为;不能利用社交信号,对社会、情绪和交流行为的整合能力弱;尤其缺乏社会性情绪的相互性应答。交流的性质损害同样普遍存在。表现为不能应用任何已掌握的语言技能;不能在扮演和模仿游戏中正确地充当角色;在交谈中跟不上,缺少应对;言语表达缺乏灵活性,思维相对缺乏创造性和幻想性;对他人的语言或非语言性暗示缺乏情绪反应;不能运用语调和语气的变化来适应交谈的气氛;在口语交谈中同样缺乏手势以强化或加重语气。
　　本状况还以行为、兴趣和活动的局限、重复与刻板为特征。倾向于采用僵化刻板、墨守成规的方式应付五花八门的日常活动;在新活动、旧习惯和游戏中都是如此。依恋某种少见的,通常

(续表)

是不柔软的物体,在童年早期尤其如是。患儿可能坚持履行无意义的特殊常规作为仪式;可能会刻板地专注于日期、路径或时间表;常有刻板动作;常对物品的无功能成分(如气味和质感)发生特殊兴趣;拒绝改变日常生活规律或个人环境的细枝末节(如移动居室内的装饰品或家具)。

除这些特殊诊断指征外,自闭症患儿还常出现其他一些非特异性问题,如害怕/恐惧,睡眠和进食紊乱,发怒和攻击。自伤(如咬手腕)较常见,伴有严重精神发育迟缓时尤其如此。大多数自闭症患儿对闲暇的安排缺乏自发性、主动性和创造性,在工作中也难以运用概念作出决定(即使这些任务是他们力所能及的)。自闭症的特征性缺陷的特殊表现形式随患儿年龄增长而有所改变,但这种缺陷一直延续到成年,类似的问题可表现在更广的范围内,如社会化、沟通和兴趣类型。只在3岁以前就已出现发展异常的患儿才可确诊该综合征,但在各年龄段都可作出诊断。

自闭症患儿的智商可高可低,但约3/4的病例有显著的精神发育迟缓。

包含:孤独性障碍、婴幼儿自闭症、婴幼儿精神病、坎纳综合征。

3. DSM-Ⅳ自闭症诊断标准(见表5-7)

表5-7 DSM-Ⅳ自闭症诊断标准

A 包括1、2、3总数6项以上,至少有2项是1,而(2)、(3)至少各1项。
1. 社会交往有质的缺损,表现为至少下列之二:
(1) 非言语性交流行为的应用有显著缺损,例如眼神交流、脸面表情、躯体姿态及社交手势等方面;
(2) 与相似年龄儿童缺乏应有的同伴关系;
(3) 缺乏自发地寻求和分享乐趣或成绩的机会(例如,不会显示、携带或指出感兴趣的物品或对象);
(4) 缺乏社交或感情的相互关系。
2. 言语交流有质的缺损,表现为至少下列之一:
(1) 口语发展延迟或缺如(并不伴有以其他交流方式来代替或补偿的企图,例如手势或姿态);
(2) 虽有足够的言语能力,而不能与他人开始或维持一段交谈;
(3) 刻板地重复一些言语或奇怪的言语;
(4) 缺乏各种自发的儿童假扮游戏或社交性游戏活动。
3. 重复刻板的有限的行为、兴趣和活动,表现为至少下列之一:
(1) 沉湎于某一种或几种刻板的有限的兴趣,而其注意集中的程度却异乎寻常;
(2) 固执于某些特殊的没有实际价值的常规行为或仪式动作;
(3) 刻板重复的装相行为(例如,手或手指扑动或扭转,或复杂的全身动作);
(4) 持久地沉湎于物体的部件。
B. 功能异常或延迟,表现在至少下列之一,而且出现在3岁之前:
1. 社会交往;
2. 社交语言的应用;
3. 象征性或想象性游戏。
C. 并非雷特综合征或儿童期瓦解性精神障碍。
如果孩子有相似的表现,但不满足诊断标准,则可以诊断为PDD-NOS(广泛性发展障碍—未能确定其他异常:Pervasive Developmental Disorder-not otherwise specified)。

(二) 自闭症的核心特征

自闭症具有五方面核心特征:(1)语言障碍,即患者语言发展明显落后于同龄儿童。说话内容、速度及音调异常,对语言理解和非语言沟通有不同程度的困难,可能欠缺口语沟通的能力。(2) 社会交往障碍,即患者对外界事物不感兴趣,不大察觉别人的存在,不关注别人的面孔,与人缺乏目光接触,不能主动与人交往,不能与他人建立正常的人际关系。(3) 缺乏想象力,极少通过玩具进行象征性的游戏活动。(4) 兴趣范围狭窄,即兴趣狭窄,会极度专注于某些物件,或对物件的某些部分或某些特定形状的物体特别感兴趣。(5) 刻板行为模式,即坚持某些行事方式和程序,拒绝改变习惯和规,并不断重复一些动作。

(三) 自闭症的相关特征

1. 智力障碍

70%左右的自闭症儿童有不同程度的智力落后,但在某些方面可具有较强能力,20%智力在正常范围,约10%智力超常,多数患儿记忆力较好,尤其是在机械记忆方面。

2. 感觉异常

表现为痛觉迟钝,对某些声音或图像特别恐惧或喜好等,可有恐惧、紧张情绪,甚至惊恐发作。

3. 并发症状

多数自闭症儿童并发注意缺陷和多动,约20%患者有抽动症状,12%—20%癫痫发作。

三、自闭症的测评工具

自闭症主要根据临床症状进行诊断,对自闭症的评估比诊断更应得到重视。

(一) 自闭症的评估方法

病史采集、临床观察、体格检查和神经系统检查、实验室检查。

(二) 自闭症的评估内容

评估时考虑以下因素:认知水平,语言能力,交流技能,社交技能和游戏,重复行动或其他异常行动,与年龄、心理年龄相适应的社会化发育阶段及语言发育阶段,相关的躯体情况,包括家庭需要在内的心理社会因素。

(三) 自闭症的诊断评估量表

常用的自闭症诊断量表有儿童期自闭症评定量表、自闭症行为评定量表、克氏自闭症行为评定量表。李建华、钟建民等人(2005)认为,这三种量表是辅助诊断自闭症的重要评估工具，相互间具有较好的一致性，但如果同时兼顾敏感性、特异性、一致性、阳性预测值及阴性预测值，儿童期自闭症评定量表优于自闭症行为评定量表，而自闭症行为评定量表又优于克氏自闭症行为评定量表。此外，还有自闭症行为综合评定量表和剖析图、婴幼儿自闭症筛查量表。

1. 儿童期自闭症评定量表

儿童期自闭症评定量表（Childhood Autism Rating Scale，简称CARS），由舍普勒和雷赫勒（Scholper & Reichler，1980）编制，包括15个项目（见表5-8），每一项都有附加说明指出检查要点，让评定者有统一的观察重点与操作方法，主要由医师或儿童心理测验专职人员观察，访谈，从病史中收集数据，根据行为的古怪、频率、严重、持续程度打分。应用时最好能结合儿童期自闭症家长评定量表共同使用，广泛用于自闭症儿童的诊断中。

表5-8 儿童期自闭症评定量表记分系统

量表	评定			
	正常1分	轻度异常2分	中度异常3分	重度异常4分
人际关系	与年龄相符的害羞、自卫及表示不同意	缺乏一些眼光接触，不愿意、回避、过分害羞，对检查者反应有轻度缺陷	回避人，要使劲打扰才能得到反应	强烈回避，对检查者很少反应，只有检查者强烈地干扰，才能产生反应
模仿词和动作	与年龄相符的模仿	大部分时间都模仿，有时激动，有时延缓	在检查者极力要求下有时模仿	很少用语言或运动模仿他人
情感反应	情感反应适应年龄、情境（通过面部表情姿势的变化来表达愉快、不愉快兴趣）	对不同的情感刺激有些缺乏相应的反应，情感可能受限或过分	不适当的情感的示意，反应相当受限或过分，或往往与刺激无关	极刻板的情感反应，对检查者坚持改变的情境很少产生适当的反应
躯体运用能力	身体使用和意识与年龄相适应	躯体运用方面有点特殊——某些刻板运动，笨拙，缺乏协调性	有中度特殊的手指或身体姿势功能失调的征象，摇晃旋转，手指摆动，脚尖走	如上描述的严重而广泛地发生
与非生命物体的关系	适合年龄的兴趣运用和探索	轻度的对东西缺乏或不适当地使用物体，像婴儿一样咬东西，猛敲东西，或迷恋于物体发出的吱吱叫声或不停地开灯、关灯	对多数物体缺乏兴趣或表现有些特别，如重复转动某件物体，反复用手指尖捏起东西，旋转轮子或对某部分着迷	严重的对物体的不适当的兴趣，使用和探究，如上边发生的情况频繁发生，很难使儿童分心

(续表)

量表	评定			
	正常1分	轻度异常2分	中度异常3分	重度异常4分
对环境变化的适应	对改变产生与年龄相适应的反应	对环境改变产生某些反应,倾向维持某一物体活动或坚持相同的反应形式	对环境改变出现烦躁、沮丧的征象,当干扰他时很难被吸引过来	对改变产生严重的反应,假如坚持把环境的变化强加给他,儿童可能逃跑
听觉反应	适合年龄的听觉反应	对听觉刺激或某些特殊声音缺乏一些反应,反应可能延迟,有时必须重复声音刺激,有时对大的声音敏感,或对此声音分心	对听觉不构成反应,或必须重复数次刺激才产生反应,或对某些声音敏感(如很容易受惊,捂上耳朵等)	对声音全面回避,对声音类型不加注意或极度敏感
近处感觉反应	对疼痛产生适当强度的反应,正常触觉和嗅觉	对疼痛或轻度触碰,气味、味道等有点缺乏适当的反应,有时出现一些婴儿吸吮物体的表现	对疼痛或意外伤害缺乏反应,比较集中于触觉、嗅觉、味觉	过度集中于触觉的探究感觉而不是功能的作用(吸吮、舔或摩擦),完全忽视疼痛或过分地作出反应
焦虑反应	对情境产生与年龄相适应的反应,并且反应无延长	轻度焦虑反应	中度焦虑反应	严重焦虑反应,儿童在会见的一段时间内不能坐下,或害怕,或退缩等
语言交流	适合年龄的语言	语言迟钝,多数语言有意义,但有一点模仿语	缺乏语言,或有意义语言与不适当语言相混淆(模仿言语或莫名其妙的话)	严重的不正常言语,实质上缺乏可理解的语言或运用特殊的离奇的语言
非语言交流	与年龄相符的非语言性交流	非语言交流迟钝,交往仅为简单或含糊反应,如指出或去取他想要的东西	缺乏非语言交往,儿童不会利用或对非语言的交往作出反应	特别古怪的和不可理解的非语言的交往
活动水平	正常活动水平:不多动亦不少动	轻度不安静或有轻度活动缓慢,但一般可控制	活动相当多,并且控制其活动量有困难,或者相当不活动或运动缓慢,检查者很频繁地控制或以极大努力才能得到反应	极不正常的活动水平,要么是不停,要么是冷淡的,很难得到儿童对任何事件的反应,差不多不断地需要大人控制
智力功能	正常智力功能,无迟钝的证据	轻度智力低下,技能低下表现在各个领域	中度智力低下,某些技能明显迟钝,其他的接近年龄水平	智力功能严重障碍,某些技能表现迟钝,另一些在年龄水平以上或不寻常
总印象	不是自闭症	轻微的或轻度自闭症	自闭症的中度征象	非常多的自闭症征象

对 CARS 分数的解释基于上述 15 个项目对儿童作出评定后,通过累加 15 个评定分数可得出一个总分,对儿童进行最后的归类是基于所有 15 个项目的信息,CARS 总分最低分是 15(儿童在 15 个评定项目上正常均计 1 分),最高分是 60 分(儿童在所有项目上均被评定为严重异常)。研究者在对 1 500 位儿童的 CARS 分数与专家临床评估进行比较的基础上,确立了一个诊断分类系统,有助于对 CARS 总分加以解释(见表 5-9)。

表 5-9 CARS 的诊断分类

CARS 总分	诊 断 范 畴	描述性称谓	百 分 比
15—29.5	非自闭症	——	46%
30—36.5	自闭症	轻-中度自闭症	27%
37—60.0	自闭症	严重自闭症	27%

CARS 各分量表的评分者信度系数在 0.55—0.93 之间,全量表的评分者信度系数在 0.71,内部一致性系数 0.94;效度方面,与精神科医生的临床诊断之间的相关为 0.84,与心理治疗师的判断相关 0.80。CARS 是筛查自闭症的有效工具。

2. 自闭症行为评定量表

自闭症行为评定量表(Autism Behavior Checklist,简称 ABC),由克鲁格等人(Krug, Arick, & Almond, 1980)编制,由家长或抚养人使用,适用年龄 8 个月至 28 岁。有 57 个项目描述自闭症儿童感觉、行为、情绪、语言等方面异常表现(见表 5-10),归纳为 5 个因子:感觉(S)、交往(R)、躯体运动(B)、语言(L)、生活自理(S)。每项的评分是按其在量表中的负荷大小分别给评 1、2、3、4 分。如第 10 项分值是 3,只要孩子有该项表现,无论症状表现轻重都评 3 分。为方便使用,设计者在每项后表明了应有的得分。编制者提出筛查界限分为 53 分,诊断分为 67 分以上,其阳性符合可达 85%,两位评分者间一致性相关系数 0.94,同一评分者先后评定的一致性为 0.95。

ABC 由杨晓玲 1989 年引进并修订,问卷项目数量适中,评定由孩子的父母或与孩子共同生活达两周以上的人评定,测试时间 10—15 分钟。中文修订版重测信度为 0.78,父、母评定一致性系数为 0.78,信度有待提高。以总分≥62 分为分界分,普通人群的灵敏度和特异度分别为 95% 和 100%,智力落后组灵敏度和特异度分别为 95% 和 90%,对鉴别自闭症儿童有较高的效度。

表 5-10 ABC 的 57 个项目

1. 喜欢长时间的自身旋转
2. 学会做一件简单的事,但是很快就"忘记"
3. 经常没有接触环境或进行交往的要求
4. 往往不能接受简单的指令(如坐下、来这儿等)
5. 不会玩玩具等(如没完没了地转动或乱扔、揉等)
6. 视觉辨别能力差(如对一种物体的特征——大小、颜色或位置等的辨别能力差)
7. 无交往性微笑(无社交性微笑,即不会与人点头、招呼、微笑)
8. 代词运用的颠倒或混乱(如把"你"说成"我",等等)
9. 长时间地总拿着某件东西
10. 似乎不在听人说话,以致怀疑他/她有听力问题
11. 说话无抑扬顿挫、无节奏
12. 长时间地摇摆身体
13. 要去拿什么东西,但又不是身体所能达到的地方(即对自身与物体距离估计不足)
14. 对环境和日常生活规律的改变产生强烈反应
15. 当他和其他人在一起时,对呼唤他的名字无反应
16. 经常做出前冲、脚尖行走、手指轻掐轻弹等动作
17. 对其他人的面部表情或情感没有反应
18. 说话时很少用"是"或"我"等词
19. 有某一方面的特殊能力,似乎与智力低下不相符合
20. 不能执行简单的含有介词的指令(如把球放在盒子上或把球放在盒子里)
21. 有时对很大的声音不产生吃惊的反应(可能让人想到儿童是否耳聋)
22. 经常拍打手
23. 发大脾气或经常发点脾气
24. 主动回避与别人进行眼光接触
25. 拒绝别人接触或拥抱
26. 有时对很痛苦的刺激(如摔伤、割破或注射)不引起反应
27. 身体表现很僵硬很难抱住(如打挺)
28. 当抱着他时,感到他肌肉松弛(即他不紧贴着抱他的人)
29. 以姿势、手势表示所渴望得到的东西(而不倾向用语言表示)
30. 常用脚尖走路
31. 用咬人、撞人、踢人等来伤害他人
32. 不断地重复短句
33. 游戏时不模仿其他儿童
34. 当强光直接照射眼睛时常常不眨眼
35. 以撞头、咬手等行为来自伤
36. 想要什么东西不能等待(一想要什么就马上要得到什么)
37. 不能指出 5 个以上物体的名称(注:能指出则勾"0",一个也不能勾"4")
38. 不能发展任何友谊(不会和小朋友来往交朋友)
39. 有许多声音的时候常常盖着耳朵
40. 经常旋转碰撞物体
41. 在训练大小便方面有困难(不会控制大小便)
42. 一天只能提出 5 个以内的要求(注:达到或超过 5 个则勾"0",一个不会提则勾"4")
43. 经常受到惊吓或非常焦虑、不安
44. 在正常光线下斜眼、闭眼、皱眉

(续表)

45. 不是经常帮助的话,不会自己给自己穿衣
46. 一遍一遍重复一些声音或词
47. 瞪着眼看人,好像要"看穿"似的
48. 重复别人的问话和回答
49. 经常不能意识所处的环境,并且可能对危险情况不在意
50. 特别喜欢摆弄并着迷于单调的东西或游戏、活动等(如来回地走或跑、没完没了地蹦、跳、拍敲)
51. 对周围东西喜欢触摸、嗅和/或尝
52. 对生人常无视觉反应(对来人不看)
53. 纠缠在一些复杂的仪式行为上,就像缠在魔圈子内(如走路一定要走一定的路线,饭前或睡前或干什么以前一定要把什么东西摆在什么地方或做什么动作,否则就不睡、不吃等)
54. 经常毁坏东西(如玩具、家里的一切用具很快就弄破了)
55. 在两岁半以前就发现该儿童发育延迟
56. 在日常生活中至今仅会用15个但又不超过30个短句来进行交往(注:达到30句则勾"0",不到15句则勾"4")
57. 长期凝视一个地方(呆呆地看一处)
该儿童还有什么其他问题请详述:

3. 克氏自闭症行为量表

克氏自闭症行为量表(Clancy Autism Behavior Scale,简称CABS)为国内外使用比较多的自闭症筛查量表之一,由14个项目组成(见表5-11),总分7分为划分点,可以有效地区分自闭症儿童和对照组儿童(包括正常儿童、脑性瘫痪、听力障碍和精神发育迟缓的儿童)。

表 5-11 克氏自闭症行为量表

行为表现	反应强度		
	从不	偶尔	经常
	0分	1分	2分
1. 不易与别人混在一起玩			
2. 听而不闻,好像耳聋了			
3. 教他学什么,强烈反抗,如拒绝模仿、说话或做动作			
4. 不顾危险			
5. 不能接受日常习惯的变化			
6. 以手势表达需要			
7. 莫名其妙地笑			
8. 不喜欢别人拥抱			

(续表)

行 为 表 现	反 应 强 度		
	从不	偶尔	经常
	0分	1分	2分
9. 不停地动,坐不住,活动量过大			
10. 不望对方的脸,避免视线的接触			
11. 过度偏爱某些物品			
12. 喜欢旋转的东西			
13. 反复又反复地做些怪异的动作或玩耍			
14. 对周围漠不关心			
总分			

谢清芬等人1983年将克氏自闭症行为量表在门诊试用后将克氏的"二分法"("是"1分,"否"0分)修改为"从不""偶尔""经常"三种反应强度,从而成为0、1、2分的三分法,用14分为划分点,并发现该量表对筛选自闭症倾向的敏感度较高,但特异性不高。陶国泰等人1996年使用后得出同样的结论。其可作为流行病学调查筛选工具之一,但确定诊断仍需要结合详细病史(包括家族史、发病经过和日常生活表现)及临床体征作综合分析。现规定14分以上,"从不"项目3项以下、"经常"项目6项以上可以作为自闭症诊断的参考依据。

4. 自闭症行为综合评定量表和剖析图

自闭症行为综合评定量表和剖析图(Autism Behavior Composite Checklist and Profile,简称 ABCCP),由自闭症教育训练专家赖利(Riley,1984)编制,量表由8大类148条组成,评价的症状必须在生后30个月内出现。8大类为:必备的学习行为;感知觉技能(视觉、听觉、触觉/本体感觉、嗅觉、味觉和一般感觉);运动发育;前语言技能;言语、语言和沟通技能;发育的速度和顺序;学习行为;有关技能。

ABCCP是自闭症异常行为的分类量表,根据量表评定获得儿童异常行为特征的总体轮廓图,用于自闭症诊断的参考。ABCCP也适用于其他几种学习和行为问题的群体,最主要的用途是在治疗方面。该量表和剖析图的行为特征提供了应优先干预的问题,可跟踪研究某一阶段经过治疗后的行为改变,是症状好转或恶化的客观指标。

5. 婴幼儿自闭症筛查量表

婴幼儿自闭症筛查量表(Checklist for Autism in Toddlers,简称CHAT),由巴伦-科恩等人(Baron-Cohen, Allen, & Gillberg, 1992)编制,用于评价18个月幼儿的自闭症性表现,如幼儿"玩的意向""有意性的指点""眼注视",包括父母报告和评定者观察两部分。

该量表的第一个研究对41个患自闭症儿童的兄弟在18个月时进行评定,确诊了4个在此之前没有被诊断的自闭症儿童。后续的研究表明,该量表可以用于社区普查,评价了16 325个18个月的幼儿,并且跟踪了6年,发现几乎所有的在18个月怀疑有自闭症的儿童要么有自闭症,要么有严重的语言发育迟缓。研究表明,18个月时出现如下两项或以上的关键性心理指征,以后很可能诊断为自闭症:缺少想象性游戏、表达性指点、社交兴趣或社交游戏、相互注意。

(四)自闭症的教育训练量表

自闭症儿童心理教育评量(Psychoeducational Profile-Revised,简称PEP-R),中文版由香港协康会根据美国 TEACH PROGRAM(Treatment & Education of Autistic & Related Communication Handicapped Children)出版的有关量表翻译并修订,内地由辽宁大学特殊教育学院和北京市自闭症协会于1996年修订(见表5-12)。PEP-R包括:发展及行为量表1个,观察表2个,即自理表现观察表和社交表现观察表。

表5-12 自闭症儿童心理教育评量

A部分:询问父母		
1. 孩子喜欢被抱起来摇晃、旋转或在您的腿上上下跳吗?	是	否
2. 孩子对其他儿童感兴趣吗?	是	否
3. 孩子喜欢攀爬物体,例如桌子、柜子吗?	是	否
4. 孩子喜欢玩藏猫猫的游戏吗?	是	否
5. 孩子曾经玩过假装游戏吗?例如:用玩具茶壶和茶杯倒茶或假装其他的东西吗?	是	否
6. 孩子曾经用自己的食指,表示要什么东西?	是	否
7. 孩子曾经用自己的食指,表示对什么东西感兴趣?	是	否
8. 孩子是否会有目地玩小玩具如小汽车,小积木而不是用嘴咬、乱拨或乱扔这些东西?	是	否
9. 孩子是否曾经拿过一些东西让您看?	是	否

(续表)

B部分：观察
 ⅰ．在指的时候，孩子和您有目光对视吗？　　　　　　　　　　　　　是　　否
 ⅱ．吸引孩子的注意，然后指房间的另一边，说："看，有一个玩具的名称。"观察孩　是　　否*
　　子是否看您指的东西？
 ⅲ．吸引孩子的注意，然后给孩子小玩具茶杯和茶壶，说："你能倒一杯茶吗？"观　是　　否**
　　察孩子是否假装倒茶，喝下去等？
 ⅳ．对孩子说"电灯在哪里？"或"给我指电灯"。观察孩子是否用食指指电灯。　是　　否***
 ⅴ．孩子能用积木搭一座塔吗？（如果能，用几块？）

注：＊确信孩子没有看您的手，而是看您指的物品，这个项目记录"是"。＊＊在其他一些游戏中能诱发假装的例子，这个项目记录"是"。＊＊＊如果孩子没有理解"电灯"这个词，替换说"玩具熊在哪里？"或其他一些拿不到的物体。孩子能做到，这个项目记录"是"。孩子在您指的时候必须看您的眼睛。

　　发展及行为量表，由资深专业人士运用特定专业工具进行评估，记录评分，共174项，分为发展和行为两部分。功能发展量表主要评量模仿、知觉、大肌肉、小肌肉、手眼协调、认知理解、认知表达七个方面，评分标准有三个等级：P(Passing)通过；E(Emerging)需要辅助或示范方可通过；F(Failing)未能通过。这七个方面具体为：(1)模仿，主要用于评估孩子在动作和语言方面的模仿能力。(2)知觉，用于评估孩子在听觉、视觉方面具备的能力。(3)小肌肉，用于评估孩子基本的精细动作技能。(4)大肌肉，用于评估孩子的粗大动作技能和运动技能。(5)手眼协调，主要评估孩子小肌肉和视知觉能力的配合运用。(6)认知理解，主要评估孩子概念的认知能力和语言理解的运用，但这方面不需要孩子作出适当的语言反应。(7)认知表达，主要评估孩子概念和语言表达的运用，需要孩子作出适当的语言反应。行为表现量表用来评估孩子的行为表现，并判断其严重程度。包括语言、关系与情感、感觉反应、游戏及对物件的兴趣四个方面。评分标准有四个等级：A(Appropriate)适当行为；M(Mild)轻微异常；S(Severe)十分异常；NA(Not Applicable)此项不适用。这四个方面具体为：(1)语言，用于评估孩子语言使用上的表现。(2)关系与情感，用于评估孩子情绪和社交上的表现。(3)感觉反应，评估孩子对不同感官刺激的表现。(4)游戏及对物件的兴趣，评估孩子对玩具和物件的兴趣和使用方式。

　　观察表，由评估人员直接观察，包括家长提供资料和记录评估期间的实际表现情况再进行总结。自理表现观察表包括四个方面：进食/穿衣/梳洗/

如厕;记录方法包括:"√"能做到、稍做到,"×"不能做到,不适合(年龄不达到,不用评量),并进行问题分析。

社交表现观察表评定儿童在社交现有能力及表现,评估妨碍与人相处及适应日常生活要求的怪异行为,包括六个方面:愿意接纳亲近的情况、运用物件及身体、引发社交沟通、社交反应、障碍儿童发展的行为、适应转变。记录方法:记录、分析。

PEP-R 适用于心理年龄为 6 个月至 7 岁之间的自闭症、自闭症倾向或其他类同的沟通困难者,其能力及发展处于学前阶段。PEP-R 用于进行个别化评估,提供孩子目前发育水平的信息,指出孩子偏离正常发展的特征与程度;也为特教工作者和家长制定下一步的个别化教育方案,其效果已得到世界上很多国家自闭症儿童家长的广泛认同。

第三节 特殊性发展障碍

DSM-Ⅳ和 ICD-10 都包括特殊性发展障碍,指并非由其他疾病或缺乏受教育机会而导致的局限范围的发展迟缓。这类问题是否归于心理障碍目前尚存在争议,因为许多符合诊断标准的儿童并没有其他精神病性表现。DSM-Ⅳ和 ICD-10 对特殊性发展障碍的归类,见表 5-13。

表 5-13 特殊性发展障碍

	DSM-Ⅳ		ICD-10
学习障碍	阅读障碍 书写表达障碍 算术障碍	特殊学校技能发展障碍	特殊阅读障碍 特殊拼写障碍 特殊算术障碍 学业技能的混合型障碍
交流障碍	语音障碍 表达性语音障碍 混合性感受表达性语音障碍 口吃	特殊言语及语言发展障碍	特殊言语构音障碍 表达性语言障碍 感受性语言障碍 伴癫痫的获得性失语* 口吃**
运动技能障碍	发展性协调运动障碍	特殊运动技能障碍	

*DSM-Ⅳ将伴癫痫的获得性失语归入混合性感受表达性语音障碍;**口吃尽管常见但没有单独列为一种障碍。

一、阅读障碍

学习障碍在 1978 年引入《精神障碍诊断与统计手册》,其定义和标准一直存在争议。目前相对一致的观点认为,由于理解和运用语言、说话或书写过程的一个或多个基本心理过程障碍,表现在听、说、读、写、思考、拼读或数学计算等学习相关技能的缺陷或不完全。患学习障碍的儿童发育早期就表现出正常技能获得方式的紊乱,但并非由其他疾病或缺乏受教育机会而导致。常伴发注意缺陷多动障碍或品行障碍,或其他发展障碍如特殊运动技能障碍。

阅读障碍是最常见的学习障碍,占所有学习障碍的 70%—80%。阅读障碍可影响阅读过程的任何环节。在儿童受教育早期阶段,儿童表现出在学习阅读方面严重迟缓,随后出现说话和语言能力落后。儿童的书写和拼写能力受损,对于年长儿童这类问题可能比阅读问题更严重。

(一) 阅读障碍的病因学知识

1. 阅读障碍的流行病学资料

中国缺少阅读障碍的流行病学资料,国外报道 3%—5%,男孩与女孩之比为 2∶1—4∶1。不同语言文字系统的阅读障碍基本一致,但由于文化差异,表现形式有一定差别。汉字是表意文字,儿童阅读障碍发生率少于表音文字国家(如英语国家)。

2. 阅读障碍的病因

其一,诵读困难。诵读困难儿童存在协调困难、空间感缺乏及左右不分等神经心理症状。许多存在阅读障碍的儿童具有一项或两项上述症状。尽管凭这些症状作为一个独立的亚型缺乏有力的证据,诵读困难仍经常使用,至少向非专业人员传达这样的信息,儿童的学习问题并非由于懒惰或愚蠢,他们需要帮助。

其二,遗传因素。阅读障碍在家族成员中多见,提示本病有遗传性。

其三,神经病学因素。脑瘫和癫痫儿童的阅读障碍患病率增高,提示患阅读障碍的儿童可能存在微小或不明显的神经功能损害,但现有证据不支持。另一种解释是,阅读障碍是一种累及阅读所必备的一种或多种技能的脑成熟障碍,这一解释与浏览困难、左右不分、随年龄增大病情逐渐好转等临床观察一致。

其四，社会因素。对于生长在文盲或经济社会地位低下的家庭，学校不受关注，经常转学的儿童，这些社会不利因素可导致阅读障碍。

（二）阅读障碍的临床特征

核心症状：可表现为阅读时理解力明显障碍、阅读准确性障碍。

伴发：可由于学业失败而出现学校适应问题、同伴关系问题、情绪问题，但其他方面的发育可以不受影响。还易并发品行障碍，部分原因是学业失败导致学校的品行障碍，同时两者有共同的神经发育和气质基础（Rutter，Tizard，& Whitmore，1970）。

预后：随病情严重程度而不同。儿童中期存在轻度阅读障碍，到少年期有 1/4 可获得正常的阅读技能；儿童中期存在严重阅读障碍，到少年期后很少有改善。少年期存在严重阅读障碍的孩子到成年也不会改善。

（三）阅读障碍的测评工具

阅读障碍的早期发现非常重要，评估包括对家长、教师的访谈，查看学校记录及进行标准化测验评估。这里介绍学习障碍的标准化测验评估。

1. 智力测验

韦克斯勒儿童智力量表对儿童评估，如果被评估儿童在各分测验上分数起伏很大，可能预示儿童有学习障碍。如某儿童的言语智商=67 分，操作智商=83，全量表智商=72，这种分数模式可能预示他有语言学习障碍。智力测验还帮助排除精神发育迟缓。

2. 标准化学业成就测验

标准化学业成就测验是综合性评估儿童的学业成就测验分数，如听力理解、言语表达、书写、阅读理解、计算和基本推理等几个方面的能力是否低于预期，各领域得分是否均衡。如五年级儿童的数学分数相对于三年级，其他各科则接近五年级，表明儿童存在数学学习障碍。下面三种为常用诊断性学业成就测验。

伍德科克—约翰逊成就测验，是伍德科克—约翰逊成套心理教育测验（Woodcock-Johnson Psychoeducational Battery）的一部分，伍德科克和约翰逊 1989 年修订时将伍德科克—约翰逊成套心理教育测验拆成两个独立的测验：伍德科克—约翰逊认知能力测验修订版（Woodcock-Johnson Tests of Cognitive Abilities，简称 WJ - RCOG）和伍德科克—约翰逊成就测验

(Woodcock-Johnson Test of Achievement,简称 WJ-RACH)。2001 年发表了伍德科克—约翰逊认知能力测验第三版(Woodcock-Johnson Tests of Cognitive Abilities,简称 WJ-Ⅲ COG)和伍德科克—约翰逊成就测验第三版(Woodcock-Johnson-Ⅲ Tests of Achievement,简称 WJ-ⅢACH)。WJ-ⅢACH 是心理和教育工作者最广泛使用的个人成就测验之一。测验时间 1—1.5 小时。WJ-ⅢACH 有 22 个分测验,5 个领域:阅读、数学、书面语言、口语和学业知识。各分测验的分半信度系数的中位数在 0.80 以上,各领域的分半信度系数的中位数在 0.85—0.98 之间。与考夫曼教育成就测验相应部分的相关系数分别为 0.81 和 0.79,与皮博迪个人成就测验也存在显著相关。适用年龄范围广泛,常模样本有代表性,与 WJ-ⅢCOG 一起建立常模,便于分析和比较受测者认知能力与学业成就之间的差异。可用于评估学习障碍,行为障碍和轻度智力落后儿童的学业成就。是否用于年幼儿童有待证明。

考夫曼教育成就测验(Kaufman Test of Educational Achievement,简称 K-TEA),由考夫曼夫妇编制,1998 年发表了最新常模,是个别施测的常模参照测验。测验时间 20—60 分钟不等。K-TEA 有两个版本,完全版包括 5 个分测验:阅读解码(60 题)、阅读理解(50 题)、拼写(50 题)、数学计算(60 题)、数学应用(60 题)。分半信度系数基本都在 0.90 以上,1—6 年级的稳定性学生在 0.83—0.95 之间,7—12 年级的稳定性学生在 0.90—0.96 之间。与考夫曼儿童成套评估测验、皮博迪个人成就测验相关。K-TEA 设计结构良好、技术成熟、容易施测和记分,可用于评估学习障碍、行为障碍、轻度智力落后儿童、语言障碍或运动障碍儿童的学业成就。

皮博迪个人成就测验(Peabody Individual Achievement Test,简称 PIAT-R),邓恩和马克沃特(Dunn & Markwardt,1970)编制,马克沃特 1988 年修订成 PIAT-R,1998 年重新制定常模,适用能力范围为幼儿园至 22 岁,测验时间大约 1.5 个小时,是个别施测的常模参照测验。PIAT-R 有 5 个分测验,即一般知识、阅读材料识别、阅读理解、数学、拼写;1 个备用分测验,即书面表达。大多数信度系数高于 0.90,稳定性系数稍低,2/3 也超过 0.90。书面表达的信度系数低于其他分测验。没有提供效度的检验数据。PIAT-R 可用于评估学习障碍、行为障碍、轻度智力落后儿童、语言障碍或运动障碍儿童的学业成就,但效度有待检验。

3. 认知能力测验

一般认为,学习障碍儿童存在信息加工困难,通过对儿童做短时记忆测验、知觉测验、知觉动作统合能力测验来评估儿童的认知能力。

4. 阅读能力测验

斯坦福诊断性阅读测验(Stanford Diagnostic Reading Test,简称 SDRT-4),由卡尔森、马登和加德纳(Karlsen,Madden,& Gardner,1966)设计,1996 年发表了第 4 版。可个别测验也可团体施测,是常模参照测验,也是标准参照测验。测量阅读中的词汇、语音分析、理解和浏览四种主要成分,内容包括词汇听觉辨别、字音听觉辨别、语音分析、结构分析、阅读理解、阅读速度。有六级水平,后三个有复本:红色,2.5—3.5 年级;橘黄色,2.5—3.5 年级;绿色,3.5—4.5 年级;紫色,4.5—6.5 年级;棕色,6.5—8.9 年级;蓝色,9.0—12.9 年级。SDRT-4 的内部一致性信度系数一般在 0.80 以上,许多在 0.9 以上。复本信度系数分布在 0.62—0.88 之间。与先前版本有很高的相关。SDRT-4 标准化程度高、信度高、效度不错,是非常优良的诊断阅读问题的测评工具,缺点是被试选哪一个水平的测验比较难确定。

伍德科克阅读掌握测验(Woodcock Reading Mastery Test,简称 WRMT),是最受欢迎的常模诊断性阅读测验之一,1973 年编制,1987 年修订,称为 WRMT-R,用于个别施测,评估受测者对字词和短文的理解。WRMT-R 有 6 个分测验,分准备、基本技能和阅读理解三组(见表 5-14)。适用于 5—75 岁,测试时间 45 分钟左右。

表 5-14 WRMT-R 的分测验

1. 视听学习:测验学习阅读的任务中形成视觉刺激与口头反应之间联系的能力,受测者先学一个视觉符号不熟悉的词汇,用这些符号将句子翻译成英文。
2. 字母识别:测量识别以各种方式呈现的 26 个字母的能力。
3. 识字:测量一眼认出印在纸上的单个字词的能力。
4. 构字:读非句子中的字词或非常低频的字词。测量受测者将语音和结构分析运用于不熟悉字词中的能力。
5. 字词理解:包括反义词、同义词和类比推理三个分测验。测验中的词汇来自普通阅读、科学与数学、社会研究、人文社科四个方面。
6. 短文理解:测量受测者阅读短文及识别删掉的字词能力。

1998 年重新制定 WRMT-R 常模,所有分测验和测验组的分半信度系数均在 0.9 以上,整个测验的分半信度系数为 0.99;与伍德科克—约翰逊心理教育成套测验的阅读测验的协同效度分布在 0.25—0.91 之间。

WRMT-R 的信度和效度达到对个人诊断和教学决策的基本技术要求。缺点是施测和计分较繁琐。

二、算术障碍

算术障碍是第二大常见的学习障碍,从儿童最初开始学习算术时已显现出来,表现为不能认识数学符号或数字标示、计算可能、不能学习数字表。其预后不确定。

(一)算术障碍的病因学知识

流行病学资料:国外报道 1.3%—6.0%,经常与阅读障碍共病(Snoeling et al.,2002)。

病因学:可能与认知功能缺陷有关,包括工作记忆。许多颅顶损伤的成人有计算不能,但算术障碍的儿童尚未发现脑损害。

(二)算术障碍的临床特征

核心症状以基本计算技能损害为主。

对日常生活的影响不如阅读障碍,但可导致学校中继发社交困难、情绪障碍和行为问题。

(三)算术障碍的测评工具

算术障碍的早期发现也非常重要,评估程序(包括标准化测验评估)与阅读障碍相似,以诊断性数学测验替代阅读测验。这里介绍标准化诊断性数学测验。

韦克斯勒儿童智力量表修订版(WISC-R)中的算术分量表确定受测者的算术能力。

关键数学算术诊断测验(Key Math Diagnostic Arithmetic Test),由康诺利(Connolly,Natchman,& Pritchett,1971)为评估智力落后儿童的数学学业成就设计编制而成,后推广应用于所有数学学习困难儿童。1988 年修订并称为关键数学算术诊断测验修订版(简称 KeyMath-R),1998 年重新制定了常模。KeyMath-R 是最受欢迎的数学诊断测验之一,需要个别施测,适用于幼儿园至九年级儿童。属于常模参照测验,同时包括标准参照测验的许多特征。测验时间大约 1 小时。KeyMath-R 有 A、B 两个版本,每个版本包含 258 题,题目组合成三个不同的领域:基本概念 66 题(数数、有理数和几何)、运算 90 题

(加、减、乘、除、心算)和应用102题(度量、时间和金钱、解释数据、问题解决)，共13个分测验,每个分测验包含3—4个项目。KeyMath-R所有分测验的复本信度系数在0.85，三个领域的复本信度系数在0.80—0.88之间,测验总分的信度系数在0.90。三个领域的分半信度系数在0.70—0.90之间,测验总分的信度系数在0.90以上。效度方面,与基本技能测验及基本技能综合测验相关,前者相关系数在0.30—0.60之间,后者在0.40—0.60之间。KeyMath-R(常模更新版)所有分测验、三个领域的复本信度系数低于0.85。三个领域、测验总分的分半信度系数和总分的复本信度系数达到心理测量的要求。KeyMath-R的标准化基本恰当,三年级以下的总分可靠,三年级以上的总分、领域和分测验很可靠。KeyMath-R(常模更新版)将适用年龄扩大为十二年级,测验内容没有相应变化,用于十一、十二年级不太适当。此外,没有进行有关信度、效度的检验。

斯坦福诊断性数学测验(Stanford Diagnostic Mathematics Test,简称SDMT-4),由贝蒂、加德纳、马登和卡尔森(Beatty, Madden, Gardner, & Karlsen,1976)设计,1985年发表了第3版,1996发表了第4版。SDRT是常模参照测验,也是标准参照测验。适用于1年级到12年级。测验时间大约1.5—2小时。包括六级水平：红色,2.5—3.5年级；橘黄色,2.5—3.5年级；绿色,3.5—4.5年级；紫色,4.5—6.5年级；棕色,6.5—8.9年级；蓝色,9.0—12.9年级。每个水平由三个分测验组成：数字系统与数数、计算、应用。信度、效度方面,内部一致性系数多在0.90以上,复本信度系数在0.80以上,评分者信度系数在0.97以上,但缺少效度检验的数据。SDMT-4结构设计良好,用于诊断受测者在数学、计算和应用方面的强项和弱项,适用于团体之间比较。目前因缺乏有关效度检验的数据,不适宜个别诊断。不过,由于SDMT-3有信度(各分测验和总分的内部一致性系数不如SDMT-4)、效度检验的数据(2—8年级与斯坦福成就测验对应的分测验的相关系数在0.64—0.89之间),故SDMT-3可对个体施测,诊断学生的数学学习困难；也可对团体施测,评估教学大纲的效果。

三、交流障碍

交流障碍又称言语和语言发展障碍,包括语音障碍、表达性语音障碍、感受表达性语音障碍、伴发癫痫的获得性失语。DSM-Ⅳ将口吃、词语急促纳入交流障碍，ICD-10归于儿童行为障碍。19个月至3岁是儿童言语发展和语言发展的关键期，5岁以下是临床矫正的最佳年龄。

（一）交流障碍的病因学知识

流行病学资料：据美国精神病学会（American Psychiatric Association, 1994）报道，语音障碍2%—3%；表达性语音障碍3%—5%；感受表达性语音障碍大于3%。

病因学：大多数患者无明显病因，但对少数病例寻找原发疾病非常重要。最常见的原因包括精神发育迟缓，其他包括耳聋、脑瘫、自闭症谱系障碍。社交剥夺可导致轻度的言语发展迟缓并加重其他病因的作用。

（二）交流障碍的临床特征

1. 交流障碍的分类

其一，语音障碍。运用语音的能力低于儿童心理年龄，言语技能正常。言语发音延迟，言语很难理解，讲话时语音省略、歪曲或代替的严重程度超过正常儿童的变异范围。

其二，表达性语言障碍。运用表达性口语的能力明显低于儿童心理年龄，其语言理解能力在正常水平，但发音存在异常。2岁儿童不能说单个词语，3岁儿童不能说两个词语，3岁以上儿童词汇量少，选择适当的词语存在困难，语法运用不适当。非言语性交流受损不像口语受损那么严重，儿童仍尝试交流，常常出现行为障碍。

其三，感受表达性语音障碍。儿童对语言的理解低于同龄儿童心理年龄，同时语言表达能力受损。当2岁开始，在缺乏非语言性提示的情况下，不能对熟悉的名字起反应；或2岁结束时不能对简单的指示起反应，排除耳聋、精神发育迟缓和广泛性发展障碍后，提示该障碍。

其四，伴发癫痫的获得性失语。大多数儿童在表达性语音障碍出现之前或之后患癫痫。起病于3—9岁，大多数病例经几个月后可能更短时间语言能力丧失。

2. 伴发

语音障碍、表达性语音障碍、感受表达性语音障碍易伴发相关的社交和行为问题。伴发癫痫的获得性失语伴有癫痫。

3. 预后

早发现,及早矫正,效果好;发现迟,及时矫正,效果比不及时矫正好。半数符合表达性语音障碍诊断标准的儿童成年后获得正常的语言能力,其余的存在持续的语言障碍,程度越严重或存在共病如伴品行障碍,预后越差。感受表达性语音障碍预后不良,75%儿童症状持续存在整个儿童期。伴发癫痫的获得性失语儿童中2/3遗留感受性语言缺陷,1/3痊愈。癫痫的治疗不一定能促进语言的改进。

(三) 交流障碍的测评工具

交流障碍早期发现非常重要,及早诊断包括以下内容:(1) 详细的儿童语言病史,包括开始说话的时间、清晰程度、发音状况、表达的流畅等。(2) 发音器官检查,听力测试排除耳聋至关重要,智力测验排除精神发育迟缓,儿童期自闭症评定量表等排除自闭症谱系障碍。(3) 语言障碍诊断性评估。在对语言障碍进行诊断性评估时,常采用以下测评工具。

1. 皮博迪图画词汇测验

皮博迪图画词汇测验(Peabody Picture Vocabulary Test,简称 PPVT),由邓恩夫妇(Dunn & Dunn, 1959)设计,1981 年修订为 PPVT-R,1997 年再次修订为 PPVT-Ⅲ。

PPVT-R 适用年龄 2.5—40 岁,测验时间 10—15 分钟。PPVT-Ⅲ适用年龄 2.5 岁至老年,测验时间 20 分钟左右。

PPVT-R 有 175 张图板,每张图板上有 4 幅画,350 个对应的词语,组成 L 型和 M 型两个系列,词语主要为名词、动词和描述性词语。主试口头说出要测的一个词语,并出示一张图板,受测者指出与主试词语意义一致的图,答对就记 1 分。L 型小年龄样本的分半信度系数在 0.67—0.88 之间,大年龄样本的分半信度系数在 0.80—0.85 之间;M 型小年龄样本的分半信度系数在 0.61—0.88 之间,稳定性系数在 0.52—0.92 之间,等值性系数在 0.73—0.91 之间。缺乏效度方面的检验数据。

桑标和缪小春(1990)对 PPVT-R 进行修订,修订版的分半信度系数 0.99(n=100),稳定性系数在 0.938(间隔 2 周重测),与李丹等人修订的瑞文测验的相关系数为 0.472(n=60,5 岁组 25 名,8 岁组 35 名),与语文成绩的相关系数为 0.535(8 岁组 35 名),数学相关系数 0.464(8 岁组 35 名)。在上海制订了上海市区 3.5—9 岁 10 个年龄组常模(n=600)。

PPVT-Ⅲ 有 204 张图板,每张图板上有 4 幅画(参见图 5-7),组成 A 型和 B 型两个系列。在信度方面,分半信度系数达 0.92 以上,稳定性系数在 0.91—0.93 之间,等值性系数在 0.88—0.96 之间,并有数据支持 PPVT-Ⅲ 有良好的效标关联效度。

图 5-7　PPVT-Ⅲ 题目样例

PPVT-Ⅲ 设计优良,信度、效度远远超过其他同类测验。施测简便、评分客观、快速,有两套平行测验可替换使用。用于评估儿童及成人的词语理解能力,还作为智力落后儿童的筛查工具,是国际特殊教育界最广泛使用的言语能力测验。

2. 语言发展测验

语言发展测验(Test of Language Development,简称 TOLD),最早发表于 1977 年,哈米尔和纽科默(D. D. Hammill & P. L. Newcomer)1982 年第一次修订,1997 年第二次修订为 TOLD-3。由两个测验组成,初级版适用年龄 4—8 岁,中级版适用年龄 8.5—12 岁。初级版主要测量音韵、语法和语义的掌握情况,包括 9 个分测验(其中 3 个是补充分测验),中级版主要测量语法和语义的掌握情况,包括 6 个分测验(见表 5-15)。

在信度方面,初级版各分测验内部一致性系数分布在 0.80—0.90 之间,整个测验内部一致性系数在 0.90 以上;中级版各分测验和整个测验的内部一致性系数在 0.90 以上,两个测验的稳定性系数基本在 0.80 以上。在效度方面,以青少年和成人语言测验(第 3 版)为效标,两者的效标关联效度为 0.80—0.90;与班克森语言测验(第 2 版)为效标,两者的效标关联效度为 0.75—0.91。

TOLD-3 初级版和中级版从理解和表达两个方面测量了儿童语言发展的重要部分,如语法、语义和音韵等,评估儿童语言发展的强项和弱项,诊断缺陷、确定训练方案提供了有用的信息。

表 5-15 语言发展测验的分测验(初级版和中级版)

初级版			中级版		
	题目数	测量目的		题目数	测量目的
图片词汇	30	对单词的理解	句子合并	25	
关系词汇	30	对字词之间相似性理解	图片词汇	54	
口语词汇	28	给单词下定义的能力	单词排序	23	
语法理解	25	对句子结构的理解	一般理解	24	
句子模仿	30	生成恰当句子的能力	语法理解	38	
语法填充	28	词型变换的能力	改错	30	
补充	词语辨析	区别语音的能力			
	音素分析	把单词分解为较小的音素单元的能力			
	单词构造	正确用单词说话的能力			

3. 汉语言语流畅度诊断测验

徐方根据国外同类测验修订而成,用于专门诊断说汉语的口吃者,但没有制定常模,也没有信度、效度方面的检验。该测验的具体内容和方法,见表 5-16。

表 5-16 汉语言语流畅度诊断测验的内容和方法

姓　名 _____　　出生日期 _____　　年龄 _____
矫治师 _____　　填表日期 _____　　每分钟口吃次数 _____

时间(秒)	口吃次数	
		A
		B
		C
		D
		E
		F
		G
		H
		I
		J
		总计

口吃类型:□ 单字重复　□ 多字重复　□ 拖延
□ 言语重复

自己说:数数;背一首诗或说一首歌谣
跟读:测验人员说字、词或短语,让受试者跟读
朗读:1 分钟
看图说话:看图识字卡片,每张卡片用一两个字表达
自言自语:随便说什么,可以是任何一个话题(1 分钟)
说一段话:"讲讲最近看的一个电视节目或电影"(1 分钟)
提问:问 5 个基本问题
对话:测验人员与对话(2 分钟)
打电话:(儿童可不做此项)假设给一位朋友或亲戚打电话,跟他聊(1 分钟)

观察受试者在其他场合的言语情况
观察受试者在其他场合与人交谈的情况(1 分钟)
地点:_____　　谈话对象:_____
口吃总次数:_____
总时间(分):
每分钟口吃次数:
测验时口吃表现与平时口吃情况比较:
备注:

引自:陈云英. 残疾儿童的教育诊断[M]. 北京:科学出版社,1996.

本 章 小 结

精神发育迟缓的评估工具包括智力测验、适应行为量表；对自闭症的评估比诊断更应得到重视，主要根据临床症状进行诊断，包括病史采集、临床观察、体格检查和神经系统检查、实验室检查，测验评估工具包括自闭症诊断量表和症状量表。

特殊性发展障碍是指并非由其他疾病或缺乏受教育机会而导致的局限范围的发展迟缓，尽管各种特殊性发展障碍的预后不一，但及早诊断，及时矫正是普适原则。评估包括病史、医学检查、智力测验、综合性学业成就测验、单科测验（如诊断性阅读障碍测验、数学测验、语言测验），还需要排除精神发育迟缓、自闭症。

推荐阅读

陈云英(1996).残疾儿童的教育诊断[M].北京：科学出版社.

郭兰婷(2009).儿童少年精神病学[M].北京：人民卫生出版社.

李建华,钟建民,蔡兰云,陈勇,周末芝(2005). 三种儿童自闭症行为评定量表临床应用比较[J]. 中国当代儿科杂志,(7) 1.

韦小满(2006).特殊儿童心理评估[M].北京：华夏出版社.

中国自闭症网 http://www.cnautism.com.

第六章 儿童青少年行为与情绪问题评估

本章导引
1. 儿童青少年常见的行为与情绪障碍有哪些?
2. 儿童青少年的行为与情绪障碍的分类诊断标准?
3. 如何评估儿童青少年的行为与情绪障碍?

儿童行为问题包括行为和情绪问题,行为问题有违纪行为、攻击行为,不听管教,偷窃,逃学,离家出走,纵火等,情绪问题包括焦虑、恐惧、抑郁和人际关系困难,儿童的行为和情绪问题与儿童的发展和境遇有一定关系,但与成人期神经症无连续性。

第一节 注意缺陷多动障碍

注意缺陷多动障碍(attention deficit hyperactivity disorder,简称ADHD),也称"儿童多动症",主要发生在儿童期,表现出与儿童年龄不相称的活动过多和冲动,注意不集中或注意持续时间短暂,常伴有学习困难或品行障碍。

注意缺陷多动障碍呈慢性过程,主要影响儿童的学习、行为控制、社会适应和自尊。70%患者症状持续到青春期,30%患者症状影响到成年期,是一种影响一生的障碍。

一、注意缺陷多动障碍的病理学知识

（一）注意缺陷多动障碍的流行病学

1. 文化与种族

注意缺陷多动障碍是一种世界性的现象，影响全世界儿童。注意缺陷多动障碍患病率因文化因素而呈很大差异，日本 2% 的女孩，意大利 20% 男孩，印度 29% 以上男孩被认为患注意缺陷多动障碍。北美最准确的估计有 3%—5% 的学龄儿童患注意缺陷多动障碍，是北美最普遍的就医疾病之一。我国注意缺陷多动障碍患病率在 1.5%—10% 之间。其起病始于学龄前，但能确诊者多为学龄期，约占全体小学生的 1%—10%。

产生这种差异的部分原因是研究方法、研究对象的年龄和性别不同，如英国研究者将在所有情境都过分好动的儿童才判定为多动，英国的注意缺陷多动障碍发病率就很低。此外，不同文化的注意缺陷多动障碍标准，对行为问题的忍耐程度与各国注意缺陷多动障碍发生率差异也有关。保守和克制的国家如泰国，注意缺陷多动障碍症状不如美国普遍，儿童表现出注意缺陷多动障碍的症状，与美国教师相比，泰国教师会视为更严重的问题。即使在美国，对不同人种和民族的儿童进行注意缺陷多动障碍诊断时，多动的标准会因文化差异而不同。

2. 性别

各种文化中都报告男孩比女孩发病率高，诊断为注意缺陷多动障碍的男孩比女孩普遍高 2—3 倍，也有研究结果为男女比例 4∶1—9∶1。

注意缺陷多动障碍的性别差异来自取样、就诊和定义的偏见。《精神障碍诊断与统计手册》诊断标准的主要依据是患有注意缺陷多动障碍的男孩症状表现，其中许多特定症状如过多到处乱跑、攀爬以及在教室脱口说出答案，男孩比女孩更普遍。因此，患注意缺陷多动障碍的女孩要在各方面表现得很极端，与其他同龄、同性别的儿童有很大差异，才会被诊断为注意缺陷多动障碍。相对于男孩而言，女孩的注意缺陷多动障碍不容易被发现或报告，教师可能无法发现和报告其注意分散行为，除非她们像男孩一样表现出攻击行为。

尽管女孩患注意缺陷多动障碍容易被忽略，但患注意缺陷多动障碍的男孩和女孩在表达、症状严重性、家庭相互关系及对治疗的反应等方面都相似。研究表明,男孩在多动、并发性攻击和反社会行为、欠缺执行行为方面表现更为突出,女孩在智力欠缺方面表现更为突出。患注意缺陷多动障碍女孩比不患注意缺陷多动障碍女孩更容易表现出行为和情绪异常,焦虑,低智商,考试成绩差,社会、学校和家庭表现欠缺。

(二)注意缺陷多动障碍的病因

注意缺陷多动障碍的病因有各种假说,真正病因仍不完全清楚,但多数学者确信注意缺陷多动障碍由多种病因引起,包括生物因素、心理因素和社会因素,病例中各有侧重或是多种因素共同作用的结果。

1. 生物因素

其一,遗传因素。注意缺陷多动障碍具有家族聚集现象,遗传性为 0.80 或更高,患者双亲患病率 20%,一级亲属患病率 10.9%,二级亲属患病率 4.5%。单卵双生子同病率 51%—64%,双卵双生子同病率 33%。寄养子研究发现,患者血缘亲属中患病率高于寄养亲属的患病率。双胞胎研究还发现,注意缺陷多动障碍症状越严重,遗传影响就越大。注意缺陷多动障碍儿童的母亲通常比无注意缺陷多动障碍患者的父母更多地饮酒和吸烟,而父母亲服用毒品的,不管是孩子出生前还是出生后家里的环境都是一团糟。因此,很难把发生在出生前的滥用毒品和其他因素,与在后期发展中不良家庭环境的连续影响区分开来。

其二,神经递质。注意缺陷多动障碍有效的药物包括神经介质多巴胺、去甲肾上腺素、肾上腺素和血清胺,但药物有效性不能证明缺乏这种药或这种作用造成注意缺陷多动障碍症状。

其三,神经生理因素。核磁共振成像发现,注意缺陷多动障碍患者前额叶、基底神经节尾状核、胼胝体及神经通路发育异常;正电子发射断层成像研究发现,患者运动前区及前额叶的灌流量减少。前额区域的解剖学指标与注意缺陷多动障碍儿童的反应克制和注意力表现有关,脑电图显示慢波增多,快波减少,在额叶导联最明显。不过,在生物化学方面的指标如尿液、血浆和脑脊液,注意缺陷多动障碍儿童和不患注意缺陷多动障碍儿童之间没有发现差异。

其四,怀孕期、出生和早期发展。许多危及出生前或出生后的神经系统发展的因素可能与注意缺陷多动障碍有关,如怀孕和生产时出现并发症、出生体重低、营养不良、早期神经性刺激或损伤及婴儿期患病,但这些因素可能增加儿童日后诸多问题的风险,而不仅仅是注意缺陷多动障碍。

2. 家庭和社会因素

父母关系不和、家庭破裂、教养方式不良、父母性格不良、母亲患抑郁症或分离(转换)性障碍、父亲有反社会行为或物质成瘾、家庭经济困难、住房拥挤、童年与父母分离、受虐待、学校教育方法不良及社会风气不良等因素均与注意缺陷多动障碍有关,但家庭的心理社会因素只说明注意缺陷多动障碍症状不到15%的差异,家庭社会因素不是形成注意缺陷多动障碍的主要因素,但它们对理解注意缺陷多动障碍非常重要,家庭问题使注意缺陷多动障碍症状变得严重,与形成相关品行障碍有关。

3. 心理因素

近年来,有研究发现,注意缺陷多动障碍儿童身上存在动机缺失、激励水平缺失、自律缺失或行为克制缺失。注意缺陷多动障碍儿童对奖励和惩罚表现出不寻常的敏感,尤其是对奖励的敏感。受到奖励时,他们表现得很好,否则就容易有挫败感,表现也差。注意缺陷多动障碍儿童有不正常的激励水平,有的儿童偏高,大多数儿童激励水平过低。多动是缺乏激励的儿童想要维持最佳激励水平的一种过度的自我努力。

注意缺陷多动障碍儿童缺乏自律能力(用思想和语言来指挥行动):自律缺失导致冲动,难以保持努力,对激励水平的调节不良,需要即时奖励。研究发现,一些患注意缺陷多动障碍的儿童大脑中调节自律的部分表现出功能削弱。此外,患注意缺陷多动障碍的儿童(以注意分散为主的除外)缺乏对行为的克制能力,导致延缓了对事物的第一反应,难以停止正在进行的事件。行为克制缺失导致许多认知、语言和行动障碍。越来越多的证据证明了注意缺陷多动障碍患儿的行为克制缺失,这一理论假设在许多方面还需进一步证实。

4. 其他

尽管饮食如食品添加剂、过敏和铅作为注意缺陷多动障碍的可能成因曾引起许多关注,但是它们对注意缺陷多动障碍主要成因的作用非常微小,甚至近乎为零。

总之,注意缺陷多动障碍具有强大的生物学基础,对很多儿童而言与遗传有关。生物因素、家庭和社会因素、心理因素之间相互作用,随着时间的推移,逐渐形成注意缺陷多动障碍。

二、注意缺陷多动障碍的诊断标准

(一)注意缺陷多动障碍的分类诊断标准

1. CCMD-3 注意缺陷多动障碍诊断标准(见表 6-1)

表 6-1 CCMD-3 注意缺陷多动障碍(编码:80.1)诊断标准

发生于儿童时期(多在3岁左右),与同龄儿童相比,表现为同时有明显注意集中困难、注意持续时间短暂,及活动过度或冲动的一组综合征。症状发生在各种场合(如家里、学校和诊室),男童明显多于女童。

【症状标准】
1. 注意障碍,至少有下列 4 项:
(1) 学习时容易分心,听见任何外界声音都要去探望;
(2) 上课很不专心听讲,常东张西望或发呆;
(3) 做作业拖拉,边做边玩,作业又脏又乱,常少做或做错;
(4) 不注意细节,在做作业或其他活动中常常出现粗心大意的错误;
(5) 丢失或特别不爱惜东西(如常把衣服、书本等弄得很脏很乱);
(6) 难以始终遵守指令,完成家庭作业或家务劳动等;
(7) 做事难以持久,常常一件事没做完,又去干别的事;
(8) 与他说话时,常常心不在焉,似听非听;
(9) 在日常活动中常常丢三落四。
2. 多动,至少有下列 4 项:
(1) 需要静坐的场合难于静坐或在座位上扭来扭去;
(2) 上课时常小动作,或玩东西,或与同学讲悄悄话;
(3) 话多,好插嘴,别人问话未完就抢着回答;
(4) 十分喧闹,不能安静地玩耍;
(5) 难以遵守集体活动的秩序和纪律,如游戏时抢着上场,不能等待;
(6) 干扰他人的活动;
(7) 好与小朋友打斗,易与同学发生纠纷,不受同伴欢迎;
(8) 容易兴奋和冲动,有一些过火的行为;
(9) 在不适当的场合奔跑或登高爬梯,好冒险,易出事故。
【严重标准】对社会功能(如学业成绩、人际关系等)产生不良影响。
【病程标准】起病于 7 岁前(多在 3 岁左右),符合症状标准和严重标准至少已 6 个月。
【排除标准】排除精神发育迟缓、广泛性发展障碍、情绪障碍。

2. ICD-10 注意缺陷多动障碍诊断标准

ICD-10 指出,虽然普遍认为体质异常在本障碍的发病中起关键性作用,但迄今仍缺乏对本障碍特殊病因的认识。诊断标准见表 6-2。

表6-2 ICD-10 注意缺陷多动障碍(编码 F90)诊断标准

主要特征是注意损害和多动：两个表现对于诊断都属必需，而且必须在一个以上场合(诸如居家、教室、诊所)中表现突出。

注意损害表现为一件事没做完注意就提前离开。患儿频繁地从一种活动转向另一种活动，好像是因为注意到另一件事而对正在干的事失去了兴趣(尽管实验室研究一般并不显示出异乎寻常的感觉或知觉的随境转移)。只有当这种注意保持的缺陷超出患儿的年龄和智商的应有水平，才能作出诊断。

多动意味着过度的不安稳，尤其是在需要相对安静的环境中。根据周围环境的不同，可以表现为来回跑跳，从该坐着的地方站起来，过于多嘴和喧闹或坐立不安、辗转反侧。评价的标准是，根据所处的场合，并与其他年龄和智商相当的儿童相比，活动比预期的显然过多。这种行为在秩序井然的场合表现最突出，因为此时需要高度的行为自我约束。

伴发的其他表现不足以作为诊断依据，甚至并非必需，但对诊断有所助益。患有本障碍的儿童有以下特点：在社会交往中缺乏控制力，在危险场合行事鲁莽，冲动地违犯社会规范(表现为强行加入或打断他人的活动，抢先回答别人尚未说完的问题，或难以按顺序等候)。

学习障碍和动作笨拙非常多见。如果存在，应另外列出(在F80—F89项下)；而不应作为多动之正式诊断的组成成分。

品行障碍的症状既不能肯定也不能否定将本障碍作为首要诊断，但它们的存在与否可作为本障碍划分亚型的主要依据。

特征性行为问题应该早发(6岁以前)，并且长期存在。但在学龄前，多动的辨认很困难，因为正常变异很宽：在学龄前儿童中只有对极端的病例才能下诊断。

在成年期仍可诊断多动障碍。其依据相同，但对注意和活动的评价应参照发展上适当的常模。当童年存在多动症，但现已消失并代之以另一种病态诸如社交紊乱型人格障碍或物质滥用，应对现有的而不是原有的病态编码。

鉴别诊断混合性障碍很常见。如存在某种弥漫性发展障碍，在诊断上需优先考虑。诊断的主要难题是与品行障碍鉴别：只要符合多动性障碍的标准，在诊断上就应优先于品行障碍考虑。但品行障碍中也常出现较轻微的多动和注意不集中。如同时存在多动和品行障碍的特征，且多动广泛而严重，则应诊为"多动性品行障碍"(F90.1)。

如果符合焦虑障碍的标准，在诊断上应先于多动性障碍考虑，除非既有焦虑伴发的坐立不安，还有并存多动性障碍的证据。如果符合心境障碍标准，那就不能单单因为注意不集中和精神运动性激越而添加多动性障碍的诊断。只有当患儿具有与心境紊乱无关的症状，这些症状又能明确显示出独立的多动性障碍的存在时，方可使用双重诊断。

学龄期急性发生的多动行为更可能源于某种反应性障碍(心因性或器质性)、躁狂状态、精神分裂症或神经系统疾病(如风湿热)。

【排除标准】焦虑障碍(F41.-或F93.0)、心境[情感]障碍(F30—F39)、弥漫性发展障碍(F84.-)、精神分裂症(F20.-)。

F90.0 活动与注意失调

长期以来一直无法满意地确立多动性障碍的亚型。但随访研究显示，本障碍到少年和成年期的结局与患儿是否伴有攻击、违法或社交紊乱性行为关系密切。因此，主要的亚型根据这些伴随特点的存在与否划分。当符合多动性障碍(F90.-)的全部标准但不符合(F91.-)(品行障碍)时，应编码 F90.0。

【包含】伴有多动的注意缺陷障碍或综合征；注意缺陷多动障碍。

【标准排除】多动性障碍伴发品行障碍(F90.1)。

3. DSM-Ⅳ注意缺陷多动障碍诊断标准(见表6-3)

表6-3 DSM-Ⅳ注意缺陷多动障碍标准诊断

具有以下6项或以上注意缺陷症状并且持续至少6个月,程度达到适应不良和与发展水平不一致:

注意缺陷
(1) 经常无法对细节给予紧密关注或在学校功课、工作或其他活动方面经常犯粗心大意的错误;
(2) 经常很难对任务或游戏保持注意力;
(3) 经常无法集中注意听别人对自己说话;
(4) 经常无法完全听从指令或无法完成学校功课、杂务或工作任务(并非因对抗行为或不明白指令);
(5) 经常很难有条理地组织任务和活动;
(6) 经常逃避、不喜欢或不愿意投入需要持久脑力活动的任务(例如,学校作业和家庭作业);
(7) 经常丢失完成任务或活动所需要的东西(例如,玩具、学校作业、铅笔、书或工具);
(8) 经常容易被无关的外部刺激干扰;
(9) 经常忘记日常事务。

具有以下6项或以上多动—冲动症状并且持续至少6个月,程度达到无法适应和与发展水平不一致。

多动
(1) 经常手脚不停地动以及坐不住;
(2) 经常在教室以及其他应该保持在座位上的场合随意离开座位;
(3) 经常在不恰当的场合过分地到处跑和爬(在青春期和成年期,可能只局限于主观心情上的不安);
(4) 经常很难安静地玩耍和投入娱乐活动中;
(5) 经常在"忙碌中"或像"被马达驱动"一样;
(6) 经常过多地说话。

冲动
(1) 经常脱口而出回答还没问完的问题;
(2) 经常很难排队等候;
(3) 经常打断或打扰别人(例如在谈话或游戏中插嘴)。

4. 三个分类标准的比较

概念:ICD-10不主张采用"注意缺陷多动障碍"这一诊断术语,认为注意缺陷多动障碍隐含着有关现在还不清楚的某些心理过程的知识,认为可能将因焦虑而不能专注的或"梦样"情感淡漠的儿童囊括进来。

发病年龄:CCMD-3与DSM-Ⅳ的发病年龄要求一致(在7岁内),但强调常为3岁左右;ICD-10在6岁前。

ICD-10强调排除焦虑障碍、心境障碍引起的注意力缺失;排除其他原因引起的多动。

分型:ICD-10按少年和成年期的结局与患儿是否伴随有攻击、违法或社交紊乱性行为分出一个亚型:活动与注意失调。DSM根据主要的症状将注意缺陷多动障碍分为三个亚型,亚型划分的有效性和实用性不断得到研究结果的支持。(1)注意缺陷型(ADHD-PI),主要症状为注意分散;(2)多动—冲动型(ADHD-HI),主要症状为多动和冲动;(3)混合型(ADHD-C),既有注意分散,又有多动—冲动症状。注意缺陷型(ADHD-PI)患儿的主要缺陷是处理信息的速度和选择性注意。他们注意分散、迷迷糊糊,学习能力差、处理信息缓慢、很难记住事情,焦虑和惴惴不安,也可能表现出情绪障碍。在社交中,他们可能退缩、害羞或被忽视。与多动—冲动型儿童相比,对较低剂量的兴奋剂有反应,很可能与多动—冲动型或混合型的儿童有着截然不同的紊乱。与注意缺陷型相比,多动—冲动型和混合型的问题,更多地表现为行为抑制与行为维持方面的问题。他们倾向有攻击性、敌对性和挑衅性,被其他儿童排斥,被学校开除或安排在特殊的班级。由于多动—冲动型儿童通常比混合型儿童年龄小,目前还不知道它们是两种不同的亚型,还是一种类型在不同年龄的表现。

注意缺陷多动障碍 DSM-Ⅳ 标准诊断的局限性,见专栏 6-1。

专栏 6-1 注意缺陷多动障碍 DSM-Ⅳ 标准诊断的局限性

DSM-Ⅳ有关注意缺陷多动障碍的标准,存在许多潜在的局限性,这些局限性影响我们对注意缺陷多动障碍的理解,在某些方面 DSM 滞后了。

1. 对发展的敏感性低

临床诊断中使用了与发展水平不一致作为对症状的判断标准,但注意缺陷多动障碍对不同年龄的儿童使用相同的症状。实际情况是,有些症状如跑和爬,更多适用于幼小儿童。

用于诊断的症状数量,没有按年龄和成熟水平加以调整,事实上注意缺陷多动障碍的症状随发展过程而变化,许多症状随年龄增长而减轻或不同,表现如下:(1)3—4岁时以多动—冲动症状为主,读小学时,增加了注意分散的症状;同时,多动—冲动行为在 6—12 岁儿童身上继续存在,不过有所减少。(2)注意分散症状在 5—7 岁开始显现,到儿童开始上学后特别明显。(3)小学期间,挑衅和攻击行为会发展,在 8—12

岁,挑衅性和攻击性会以产生严重问题的形式出现,如撒谎或打架。

2. 注意缺陷多动障碍的二分法

根据DSM,儿童要么患要么没有患注意缺陷多动障碍。但是,由于症状的数量和严重性也是一个程度问题,刚好归入或刚好不归入注意缺陷多动障碍界限的儿童并没有什么实质上的区别。事实上,随着时间的推移,由于其行为的变化,有些儿童会进入或移出DSM范畴。虽然这种分类法是有用的,但注意缺陷多动障碍具有连续的或变化的性质。

3. 7岁前发病要求不可靠

有研究发现,7岁前与7岁后发病儿童没有差异。大约半数的注意分散型儿童7岁后才显现出异常。其他研究表明,青少年患混合型注意缺陷多动障碍的临床预后较差,患注意分散型则不然。结果支持混合型注意缺陷多动障碍继续适用DSM年龄标准,不支持注意分散型。

(二) 注意缺陷多动障碍的核心症状

注意缺陷多动障碍的诊断要求症状在7岁之前出现,症状的发生比其他同年龄和同性别儿童更频繁、更严重,症状具有持续性,症状在不同的环境中都会发生,症状造成功能损害。

1. 注意缺陷

注意缺陷多动障碍在学习或玩乐时很难保持持续的注意集中。儿童不能专注于一件事,易从一个活动转向另一个活动。在活动中不能注意到细节,常因粗心发生错误。经常有意回避或不愿意从事需要较长时间持续集中精力的任务,不能按时完成这些作业或指定的其他任务。患者平时容易丢三落四,经常遗失玩具、学习用具或其他随身物品,忘记日常的活动安排。

2. 活动过多

活动过多是注意缺陷多动障碍的主要特征,在婴儿时就表现出好动、不安宁,学走路时以跑代步,幼儿时不停地奔跑做事。上学后,多动表现突出,在课堂上坐不住,身体在椅子上不停挪动,严重的则擅自离开座位在教室里走动。好与人说话，推撞别人，惹是生非或做各种怪样。

注意缺陷多动障碍患儿的多动与一般儿童的好动不同，他们的活动杂乱、缺乏组织性和目的性。在运动场上难以看出他们与一般儿童的差别。但在限制活动的教室里，他比一般好动儿童明显表现出不能控制自己的活动。不过，得到成人个别注意时，或从事一对一的活动（如两人下棋或对他讲故事）时，注意缺陷多动障碍儿童也能安静下来。

3. 冲动性

注意缺陷多动障碍儿童的行动先于思维，不经考虑就行动，表现出冲动性。在教室内突然喊吵，离座奔跑、抢同学东西或袭击别人等。在集体游戏时，他们难以等待。在任何场合说话特别多，在别人讲话时插嘴或打断别人的谈话，在老师的问题尚未说完时便迫不及待地抢先回答，也会轻率地去扰乱同伴的游戏，或不能耐心地排队等候。

（三）注意缺陷多动障碍的伴发障碍

大约80%注意缺陷多动障碍儿童伴有其他心理障碍，最常见的是对立违抗性障碍和品行障碍、焦虑障碍以及抑郁。

1. 对立违抗性障碍和品行障碍

注意缺陷多动障碍和品行障碍是两种不同的障碍，注意缺陷多动障碍比品行障碍更可能与认知损害、神经发育异常、同伴拒绝、课堂上注意力不集中以及更高比例的意外受伤有关。大约半数（多为男孩）的注意缺陷多动障碍在7岁或以上也符合对立违抗性障碍诊断，患有对立违抗性障碍的儿童反应过度、打骂大人或其他儿童，他们顽固、脾气暴躁及好斗。大约30%—50%注意缺陷多动障碍儿童最后会发展为品行障碍，注意缺陷多动障碍是对立违抗性障碍和品行障碍的最可靠预兆。

2. 焦虑

大约25%的注意缺陷多动障碍儿童（通常是年幼男孩）体验到过分焦虑，比正常焦虑更频繁、强烈。注意缺陷多动障碍与焦虑障碍的关联程度在青春期会减弱或消失。比其他注意缺陷多动障碍患者相比，伴焦虑障碍的注意缺陷多动障碍青少年，更容易控制其冲动行为。

3. 抑郁

许多注意缺陷多动障碍儿童经历了抑郁，甚至在成年早期发展为抑郁症或其他情绪障碍。抑郁部分是症状恶化的结果,也可能是因为家长患抑郁症。家有注意缺陷多动障碍患儿容易引发情绪障碍,但患儿母亲的抑郁症状也不完全由抚养注意缺陷多动障碍儿童不断积累的压力造成。

（四）注意缺陷多动障碍的预后

注意缺陷多动障碍症状随儿童长大后强烈程度降低,但注意缺陷多动障碍是影响一生的障碍。有些青少年在长大之能改掉或学会妥当处理种种问题,大部分会继续经历这些导致一生失败和失望的生活方式。尽管情况在改变,许多患注意缺陷多动障碍的成年人没有得到诊断,特别当没有伴随行为问题的时候。他们无法静下心来,容易觉得无聊,不断地寻求新鲜刺激;他们会觉得自己有些东西不对头,但不知道问题发生在哪里。许多人聪明而富创造性,经常有一种不能把潜力发挥出来的挫败。他们可能会经历工作困难、社交挫败、抑郁、滥用毒品等。

三、注意缺陷多动障碍的测评工具

评估注意缺陷多动障碍症状的测评工具主要包括：康纳斯儿童行为量表(父母问卷和教师用评定量表)、阿肯巴克儿童行为量表和韦克斯勒智力量表。这里主要介绍康纳斯儿童行为量表、阿肯巴克儿童行为量表。

（一）康纳斯儿童行为量表

康纳斯儿童行为量表(Conncr's Rating Scales)是应用最广泛的筛查儿童行为问题(特别是多动症)量表,主要有父母问卷和教师用评定量表。

父母问卷(Parent Symptom Questionnaire,简称PSQ)于1978年修订为48条,采用四级评分法(0、1、2、3),归纳为六个因子,基本上概括了儿童常见的行为问题,其信度、效度经过较广泛的检验,能满足一般需要。其记分及计算方式均较简单,用($X \pm 2S$)来代表正常范围。父母问卷的因子常模(1978)见表6-4。

教师用评定量表(Teacher Rating Scale,简称TRS)应用得更广泛,原表有39个条目(1969,1973),1978年修订为28个条目,采用四级记分法(0、1、2、3),归纳为四个因子,包括儿童在学校中常见的行为问题。问卷的信度、效度基本通过检验,其计算方式同父母问卷。原作者所做的教师用评定量表的因子常模(1978)见表6-5。

表 6-4　康纳斯父母问卷的因子常模(1978)

年龄(岁)	性别	样本数	因子Ⅰ 品行问题		因子Ⅱ 学习问题		因子Ⅲ 心身障碍		因子Ⅳ 冲动—多动		因子Ⅴ 焦虑		多动指数	
			X	SD	X	SD	X	SD	X	SD	X	SD	X	SD
3—5	男	45	0.53	0.39	0.50	0.33	0.07	0.15	1.01	0.65	0.6	0.61	0.72	0.40
	女	29	0.49	0.35	0.62	0.57	0.10	0.17	1.15	0.77	0.51	0.59	0.78	0.56
6—8	男	76	0.50	0.40	0.64	0.45	0.13	0.23	0.93	0.60	0.51	0.51	0.69	0.46
	女	57	0.41	0.28	0.45	0.38	0.19	0.27	0.95	0.59	0.57	0.66	0.59	0.35
9—11	男	73	0.53	0.38	0.54	0.52	0.18	0.26	0.92	0.60	0.42	0.47	0.66	0.44
	女	55	0.40	0.36	0.43	0.38	0.17	0.28	0.80	0.59	0.49	0.57	0.52	0.34
12—14	男	59	0.49	0.41	0.66	0.57	0.22	0.44	0.82	0.54	0.58	0.59	0.62	0.45
	女	63	0.39	0.40	0.44	0.45	0.23	0.28	0.72	0.55	0.54	0.53	0.49	0.34
15—17	男	38	0.47	0.44	0.62	0.55	0.13	0.26	0.70	0.51	0.58	0.58	0.51	0.41
	女	34	0.37	0.33	0.35	0.38	0.10	0.25	0.60	0.55	0.51	0.53	0.42	0.34

注：因子Ⅰ包括项目：2　8　14　19　20　21　22　23　27　33　34　39
　　因子Ⅱ包括项目：10　25　31　37
　　因子Ⅲ包括项目：32　41　43　44　48
　　因子Ⅳ包括项目：4　5　11　13
　　因子Ⅴ包括项目：12　16　24　47
　　多动指数包括项目：4　7　11　13　14　25　31　33　37　38

表 6-5　康纳斯教师用评定量表的因子常模(1978)

年龄(岁)	性别	样本数	因子Ⅰ 品行问题		因子Ⅱ 多动		因子Ⅲ 不注意—被动		多动指数	
			X	SD	X	SD	X	SD	X	SD
3—5	男	13	0.45	0.80	0.79	0.89	0.92	1.00	0.81	0.96
	女	11	0.53	0.68	0.69	0.56	0.72	0.71	0.74	0.67
6—8	男	60	0.32	0.43	0.60	0.65	0.76	0.74	0.58	0.61
	女	42	0.28	0.37	0.28	0.38	0.47	0.64	0.36	0.45
12—14	男	46	0.23	0.38	0.41	0.49	0.71	0.63	0.44	0.43
	女	48	0.15	0.23	0.19	0.27	0.32	0.42	0.18	0.24
15—17	男	30	0.22	0.37	0.34	0.44	0.68	0.67	0.41	0.45
	女	25	0.33	0.68	0.32	0.63	0.45	0.47	0.36	0.62

注：因子Ⅰ包括项目4、5、6、10、11、12、23 和 27；因子Ⅱ包括项目1、2、3、8、14、15 和 16；因子Ⅲ包括项目7、9、18、20、21、22、26 和 28；多动指数包括项目15、7、8、10、11、14、15、21 和 26。

（二）阿肯巴克儿童行为量表

阿肯巴克儿童行为量表（Achenbach's Child Behavior Checklist，简称CBCL），由阿肯巴克和埃德尔布罗克（Achenbach & Edelbrock,1976）基于转诊问题儿童和健康儿童的鉴别编制而成，1983 年修订的父母用儿童行为量表,是一个评定儿童行为和情绪问题及社会能力的量表。该版本内容全面详尽,缺点是计分复杂,不利于不同年龄、性别之间的比较。1991年阿肯巴克对 CBCL 再次修订,将年龄扩大到18岁,分为4—11岁、12—18岁,包括年龄/性别共4个常模,不同年龄、性别使用相同的因子名称和项目组成。将学校老师评定问卷(Teacher Report Forms,简称 TRF)以及青少年行为和情绪问题自我报告(Youth Self Report,简称 YSR)的因子名称改为与 CBCL 一致,这样就可以从父母、教师、儿童自己三个方面获得信息。CBCL 是美国最常用的儿童行为评定量表之一,用于流行病学调查、临床行为评定,也用于追踪治疗效果。CBCL 的跨文化研究信度、效度较好。

我国1980年初引进4—16岁的父母用表,形成我国常模的初步数据,主要用于儿童社交能力和行为问题的筛查。经徐稻园等人在普通中小学生中调查测试,证明 CBCL 基本上可在我国推广应用。忻仁娥等人(1992)把 CBCL 修订成中国标准化版的阿肯巴克儿童行为量表,制订了中国常模。CBCL 的信度和效度在国内许多研究中均被证实。

内容组成。CBCL 由父母或与儿童密切接触的照料者进行填写,一般需要15—20分钟,评估儿童的社会适应能力和行为问题。社会适应能力包括7个项目:参加体育运动、参加集体活动、参加课余爱好小组、家务劳动、交往、与人相处、在校学习。行为问题中女孩行为问题分为9个因子:分裂样、抑郁、不合群、强迫、躯体主诉、社会退缩、多动、攻击、违纪。

记分方法。社会能力包括是否参加活动及活动的数量和质量。如没参加或参加1项记0分,参加2项记1分,参加3项或以上记2分。社会能力归纳成3个因子,即活动情况(包括1、2、4条)、社交情况(包括3、5、6条)及学习情况(7),得分越高表明社会能力越强。行为问题113项,实际是120(其中过敏和哮喘不计分),实际计分118题。依据最近6个月内的情况评定,按0、1、2三级评分,即"无此症状"记0分;"轻度或有时出现"记1分;"明显或经常出现"记2分。

评价标准。通过初步测评,被测儿童 CBCL 总分、社会能力某因子分或行为问题因子分超过常模划界分,均提示需要进一步检查,确定儿童是否患有某种心理障碍。社会能力方面国内尚无常模数据,原量表作者根据美国常模的2百分位数,作为分界值,低于该值(T 分<30)即认为可疑异

常(见表 6-6)。

表 6-6 6—16 岁儿童 CBCL 社会能力因子及分界值(美国常模)

因子名称	6—11 岁		12—16 岁	
	男	女	男	女
活动能力	3—3.5	2.5—3	3.5	3
社交能力	3—3.5	3.5	3.5—4	3
学校情况	2—2.5	3—3.5	2—2.5	3

行为问题。每一条行为问题都有一个分数(0、1 或 2)称为粗分,把 113 条的粗分加起来,称为总粗分,分数越高,行为问题越大。越低则行为问题越小。按 CBCL 中国标准化版制定的筛查常模,凡有一个或以上因子总分超过第 98 百分位者,即被定为有行为问题;当某一因子总分超过该因子常模水平者,可看作在该因子上有行为问题。我国目前临床及研究中多用粗分比较,粗分常模分界标准参见表 6-7。

表 6-7 6—16 岁儿童 CBCL 行为问题因子及分界值(忻仁娥,等,1992)

6—11 岁男孩行为问题因子及分界值(n=4 653)		6—11 岁女孩行为问题因子及分界值(n=4 685)	
因子名称	分界值	因子名称	分界值
分裂样	5—6	抑郁	3—4
抑郁	9—10	社交退缩	8—9
交往不良	5—6	体诉	8—9
强迫性	8—9	分裂强迫	3—4
体诉	6—7	多动	10—11
社交退缩	5—6	性问题	3—4
多动	10—11	违纪	2—3
攻击性	19—20	攻击性	18—19
违纪	7—8	残忍	3—4

CBCL 要求行为问题高于划界分,社会能力低于划界分,儿童行为问题才具有临床意义。不过,我国研究者发现,CBCL 的社会能力效度不理想。CBCL 主要用于筛查儿童、青少年的社交能力、行为和情绪问题,不能准确反映儿童、青少年情绪和行为问题的严重程度,不具有对儿童行为与情绪障碍的诊断功能;对儿童自闭症和精神发育迟缓的敏感性不足。使用 CBCL 可为咨询师提供一个有关儿童行为问题的多样性和程度的整体印象,检查出儿童可能存在的行为问题及问题对儿童的影响程度。

第二节 品 行 问 题

儿童的品行问题（conduct problem）是与年龄不相符的不适当行为和态度，这些行为和态度违背家庭愿望和社会规范，侵犯他人的人身权和财产权。青少年的品行问题是涉及范围广泛的违规行为，从抱怨、诅咒、脾气爆发到严重破坏、偷窃甚至暴力。

在北美，在教育、卫生、司法和心理健康机构受理的儿童品行问题中，反社会行为是费用最高的心理健康问题。在法律上，品行问题被定义为导致拘捕并与法庭发生联系的违法行为或犯罪行为。从心理学的观点看，品行问题有一系列连续的外化行为，包括冲动、多动、攻击性和违法行为等。从精神病学的观点看，品行问题根据 DSM 的症状定义为独立的心理障碍，被称为破坏性行为障碍，包括对立违抗性障碍和品行障碍。

一、品行问题的病理学知识

（一）品行问题的流行病学

北美临床诊断的品行障碍患病率为 2%—6%，对立违抗性障碍的患病率大约是 12%，比品行障碍多 2 倍。不过，对患病率进行的估计因儿童的性别、年龄和社会经济地位不同而有所变化。

1. 性别

儿童期有反社会行为的男孩比女孩多 3—4 倍。这种差异到 15 岁之前降低或完全消失，主要原因是女孩隐蔽的非攻击性反社会行为增加如偷窃、撒谎和离家出走，但是没有身体攻击行为。在男女生混合的学校，由于女生面对着有反社会行为和施加性关系压力的男生，反而会促成生理上的早熟。这种接触的机会导致这些女孩的反社会行为。

2. 发病的年龄

DSM 严格区分了发生在儿童早期和晚期的品行障碍：（1）儿童期发病，在 10 岁以前有障碍中的一项特征，青春期发病的则没有。早期（10 岁前）就患有品行障碍的大部分是男孩，表现出更多的攻击性症状，导致不成数量比例的违法活动,随年龄增加,反社会行为持续存在。(2)青春期发病的青少年中,男孩女孩都有,临床表现没有早期发病的严重或不具有早期发病的心理病理特征,较少有暴力犯罪,反社会行为也不会延续到成年。

3. 病程

反社会行为的一般发展过程为:从早期的困难气质和多动,到对立和攻击行为,到社交困难,到学校问题,到青春期的青少年违法行为,到成年期的犯罪行为。

在不同文化背景中,品行问题在青少年时期比在童年期出现得更频繁。违法行为在青春期中期大幅度上升,高峰期出现在17岁左右,然后在青春期后期和成年期早期又明显地下降。大量的证据表明,有两种共有的途径,即持续一生途径和局限于青春期途径。

持续一生途径(Life-Course-Persistent Path,简称LCP途径),指儿童早年就形成反社会行为,并且持续到成年期。LCP儿童在不同情境中的行为表现是一致的,例如,在家撒谎、到商店偷东西、在学校作弊。在成年早期,他们很难与他人建立持久的关系,可能表现出对他人的敌意和不信任、好斗、冲动和病理心理。在青春期后期很难自发性地得到完全的恢复。LCP模式通常通过不断的积累而稳固下来。

局限于青春期途径(Adolescent-Limited Path,简称AL途径),指反社会行为开始于青春期并延续整个青春期,在成年早期终止。此途径包括大多数少年犯,他们的反社会行为主要发生在十几岁。AL途径的青少年比LCP途径的青少年较少表现出极端的反社会行为,较少会退学,通常与家庭的关系紧密。他们的犯罪活动经常与暂时的情境因素有关,特别是与同龄伙伴的影响有关。AL青少年的行为在各种情境中并不一致;他们会跟着朋友吸毒和当商店扒手,而同时又遵守纪律和在学校表现良好。

一些AL青少年也会在最终停止反社会行为之前,将反社会行为延续到20岁以后。这种持续往往是诱惑的缘故,或是由于反社会行为的结果所致,比如因反社会行为而不能获得好工作,不能继续接受教育,或不能吸引支持性的合作伙伴。常见的诱因包括:没准备好就当了父母、退学、吸毒或酗酒上瘾、致残、失业、无固定工作、不良的家庭关系、曾经入狱、坏名声和违法的自我意象。

4. 后果

许多品行问题儿童,特别是LCP途径的儿童,到了成年期依然存在各种问题,包括犯罪行为、精神病问题、不适应社会、健康和就业问题以及对其孩子养育不良。成年反社会行为多从儿童期的反社会行为发展而来,而大多数反社会青少年没有进一步发展成为反社会的成年人。在成年早期的十字路口,LCP和AL青少年分道扬镳。

但对青春期表现出严重品行问题的成年妇女的一项追踪研究发现,她们大部分继续表现出严重的品行问题:大部分抑郁和焦虑障碍,6%因暴力而死,许多人退学,1/3在17岁前怀孕,一半被再次逮捕,许多有身体损伤。

(二)品行问题的病因

目前研究认为,品行问题由多原因形成,是危险因素与保护因素随时间推移相互作用的综合结果。遗传影响困难气质、冲动性和神经心理缺陷,产生反社会行为的心理倾向,在遭遇环境因素时,有这种心理倾向的人比没有反社会行为倾向的人,更容易产生反社会行为。

1. 生物因素

其一,遗传因素。寄养与双生子研究表明,遗传因素在青少年和成年人反社会行为形成中具有重要作用。从出生就被寄养的青少年,其品行障碍、反社会型人格障碍和滥用毒品的发生率与亲生父母相关显著,亲生父母往往具有反社会型人格障碍或滥用毒品,与寄养父母相关不显著,寄养父母在儿童品行问题中的作用目前尚不清楚。寄养和双生子研究表明,遗传因素对反社会行为的影响贯穿一生。

其二,神经生理因素。反社会行为可能是由于一种过度活跃的行为激活系统和不够活跃的行为抑制系统导致的,低水平的皮层唤醒和低自主反应似乎对早期开始的品行障碍起着重要作用,有品行问题的儿童表现出神经心理缺陷,言语智商较低以及言语逻辑和执行功能存在缺陷。此外,多巴胺D_2受体基因的变异存在于大部分被诊断为病态暴力的青少年身上。

2. 心理因素

心理因素主要体现在社会认知因素对儿童思维和行为模式的影响。克里克和道奇(Crick & Dodge,1994)运用社会认知理论来说明社会攻击性儿童的行为模式。该模式提出适宜社交互动中的思维过程和不适宜社交互动中有欠缺、被扭曲的思维过程，攻击性儿童在社交情境中的思维和行为模式见表6-8。该模式还认为，儿童在特殊社交场合的信息处理技能与他们的社会规则、记忆、知识和文化价值或规则的资料库之间存在相互作用，父母与孩子的互动和早期依恋的质量都是这个资料库的重要来源。同龄人的评价/反应和情绪过程也是影响社交互动的因素。

表6-8 攻击性儿童在社交情境中的思维和行为模式

攻击性儿童在社交情境中的思维和行为的步骤：
1. 解码：社会攻击性儿童在作一项决定时，很少使用线索。当他认定和处理一种人际情境时，在行动前他只寻求与事件有关的少量信息。
2. 诠释：社会攻击性儿童把不确定的事件归结为敌意。
3. 反应寻求：社会攻击性儿童的反应少，但却更具攻击性，缺乏解决社交问题知识。
4. 反应决定：攻击性儿童更容易选择攻击性的反应。
5. 行为设定：攻击性儿童很少使用言语沟通，而是进行身体攻击。

3. 社会文化因素

其一，家庭因素。儿童反社会行为的可能家庭原因包括婚姻冲突、家庭孤立、家庭暴力、纪律约束差、家长监督管理缺乏和依恋关系不安全。家庭不稳定和压力、父母的犯罪和心理病理问题，以及反社会的家庭价值观，都是品行问题的危险因素。

在父母没有适当强化亲社会行为，或没有有效惩罚偏离常规的行为的家庭，儿童学会用反社会行为来阻止其他家庭成员的敌对侵扰（Patterson, DeBaryshe, & Ramsey, 1989）。从这个角度看，反社会行为是应对家庭功能不良的生存技能。

研究发现，父母打孩子屁股与工具型攻击行为无关，与反应型攻击有关，被打过屁股的儿童利用攻击型反应来应对偶然的或故意的激怒是没被打儿童的2倍。恃强凌弱型攻击与曾经受过严厉惩罚的儿童有关（Strassberg, Dodge, Pettit, & Bates, 1994）。

家庭对反社会行为影响更可能是相互影响的：儿童的行为既受他人影响，也影响他人。负面的父母管教方式既可能导致反社会行为，也可能是对儿童敌意和攻击行为的反应。

其二，社会因素。社会因素导致违法的机制目前尚不清楚，但贫穷、不断的迁移、邻居的犯罪、家庭破裂和住所变化与青少年违法有关。学校、社区、邻里和媒体的影响都是反社会行为的潜在危险因素。品行问题孩子通常居住在有高攻击性和威胁性的环境中,反社会性行为的人倾向选择跟他们同类人做邻居,青少年的反社会行为不成比例地集中在有犯罪亚文化的社区,缺乏来自邻里或宗教团体的良好社会支持。

其三,文化因素。文化差异在攻击行为的表现方式上差别很大。在价值观倡导相互依赖的国家,遵从社会准则的行为所占比例高,一些人口密度很高的国家如新加坡,暴力比例很低。发达国家中,美国暴力的发生率最高。少数群体地位和种族等是重要的因素,但当社会经济地位、性别、年龄和参照背景等条件被控制后,全国大范围的研究样本显示种族或民族间的差异很小或没有差异。外化问题在少数民族中出现得比较频繁,可能是与经济困难、有限的就业机会或居住在高风险的社区有关。

二、品行问题的诊断标准

(一) 品行问题的分类诊断标准

1. CCMD-3 品行障碍诊断标准

品行障碍在 CCMD-3 中编码 81,包括反社会性品行障碍(81.1)、对立违抗性障碍(81.2)、其他或待分类的品行障碍(81.9)(见表 6-9)。

表 6-9 CCMD-3 品行障碍诊断标准

1. 反社会性品行障碍(81.1)
【症状标准】
(1) 至少有下列 3 项:
① 经常说谎(不是为了逃避惩罚);
② 经常暴怒,好发脾气;
③ 常怨恨他人,怀恨在心,或心存报复;
④ 常拒绝或不理睬成人的要求或规定,长期严重不服从;
⑤ 常因自己的过失或不当行为而责怪他人;
⑥ 常与成人争吵,常与父母或老师对抗;
⑦ 经常故意干扰别人。
(2) 至少有下列 2 项:
① 在小学时期即经常逃学(1 学期达 3 次以上);
② 擅自离家出走或逃跑至少 2 次(不包括为避免责打或性虐待而出走);
③ 不顾父母的禁令,常在外过夜(开始于 13 岁前);
④ 参与社会上的不良团伙,一起干坏事;
⑤ 故意损坏他人财产或公共财物;
⑥ 常常虐待动物;

(续表)

⑦ 常挑起或参与斗殴(不包括兄弟姐妹打架);
⑧ 反复欺负他人(包括采用打骂、折磨、骚扰及长期威胁等手段)。
(3) 至少有下列 1 项:
① 多次在家中或在外面偷窃贵重物品或大量钱财;
② 勒索或抢劫他人钱财,或入室抢劫;
③ 强迫与他人发生性关系,或有猥亵行为;
④ 对他人进行躯体虐待(如捆绑、刀割、针刺、烧烫等);
⑤ 持凶器(如刀、棍棒、砖、碎瓶子等)故意伤害他人;
⑥ 故意纵火。
(4) 必须同时符合以上第(1)、(2)、(3)项标准。
【严重标准】日常生活和社会功能(如社交、学习或职业功能)明显受损。
【病程标准】符合症状标准和严重标准至少已 6 个月。
【排除标准】排除反社会型人格障碍、躁狂发作、抑郁发作、广泛性发展障碍或注意缺陷多动障碍等。

2. 对立违抗性障碍(81.2)

【症状标准】
多见于 10 岁以下儿童,主要为明显不服从、违抗或挑衅行为,但没有更严重的违法或冒犯他人权利的社会性紊乱或攻击行为。必须符合品行障碍的描述性定义,即品行已超过一般儿童的行为变异范围,只有严重的调皮捣蛋或淘气不能诊断本症。有人认为这是一种较轻的反社会性品行障碍,而不是性质不同的另一类型。采用本诊断(特别对年长儿童)需特别慎重。

【症状标准】
(1) 至少有下列 3 项:
① 经常说谎(不是为了逃避惩罚);
② 经常暴怒,好发脾气;
③ 常怨恨他人,怀恨在心,或心存报复;
④ 常拒绝或不理睬成人的要求或规定,长期严重不服从;
⑤ 常因自己的过失或不当行为而责怪他人;
⑥ 常与成人争吵,常与父母或老师对抗;
⑦ 经常故意干扰别人。
(2) 肯定没有下列任何 1 项:
① 多次在家中或在外面偷窃贵重物品或大量钱财;
② 勒索或抢劫他人钱财,或入室抢劫;
③ 强迫与他人发生性关系,或有猥亵行为;
④ 对他人进行躯体虐待(如捆绑、刀割、针刺、烧烫等);
⑤ 持凶器(如刀、棍棒、砖、碎瓶子等)故意伤害他人;
⑥ 故意纵火。
【严重标准】上述症状已形成适应不良,并与发育水平明显不一致。
【病程标准】符合症状标准和严重标准至少已 6 个月。
【排除标准】排除反社会性品行障碍、反社会型人格障碍、躁狂发作、抑郁发作、广泛性发展障碍,或注意缺陷多动障碍等。

2. ICD-10 品行障碍诊断标准

ICD-10 品行障碍诊断标准包括:局限于家庭的品行障碍(F91.0);未

社会化的品行障碍(F91.1);社会化的品行障碍(F91.2);对立违抗性障碍(F91.3)。具体见表 6-10。

表 6-10　ICD-10 品行障碍诊断标准

品行障碍编码 F91 总论

（1）品行障碍的特征是反复而持久的社交紊乱性、攻击性或对立性品行模式。当发展到极端时，这种行为可严重违反相应年龄的社会规范，较之儿童普通的调皮捣蛋或少年的逆反行为也更为严重。孤立的社交紊乱性或犯罪行为本身不能作为诊断依据。本诊断意味着某种持久的行为模式。品行障碍的表现亦可以是其他精神科障碍的症状，此时应编码那种基本诊断。

（2）具有品行障碍的某些病例可以发展为社交紊乱型人格障碍(F60.2)。品行障碍常与不良的心理社会环境有关，包括家庭关系不当和学业不佳，尤其见于男孩。它与情绪障碍的区分已被充分证实；与多动症的界线则不那么清晰，常有重叠。

【诊断要点】

（1）确定品行障碍的存在应考虑到儿童的发展水平。作为诊断依据的症状举例如下：过分好斗或霸道；残忍地对待动物或他人；严重破坏财物；放火；偷窃；反复出现的谎话；逃学或离家出走；过分频繁地大发雷霆；反抗性挑衅行为；长期严重的不服从。明确存在上述任何一项表现，均可作出诊断，但孤立的社交紊乱性行为还不够。

（2）排除标准：品行障碍伴发情绪障碍(F92.-)或多动性障碍(F90.-)；心境障碍(F30—F39)；弥漫性发展障碍(F84.-)；精神分裂症(F20.-)。

3. DSM-Ⅳ品行障碍标准诊断(表 6-11)

表 6-11　DSM-Ⅳ品行障碍标准诊断

A. 对立违抗性障碍诊断标准

持续存在一种对抗、敌意或挑衅行为模式至少 6 个月，至少有下列表现的 4 项，要求只有当行为比同龄人和同等发展水平发生得更为频繁时，才考虑其符合标准；当符合品行障碍的标准时，不诊断为对立违抗障碍。

（1）经常发脾气；
（2）经常与成人争吵；
（3）经常主动对抗或拒绝听从成年人的要求或规定；
（4）经常故意激怒他人；
（5）经常因自己的过失或错误指责他人；
（6）经常易怒或容易被他人激怒；
（7）经常生气和愤慨；
（8）经常怀恨或报复。

B. 品行障碍诊断标准

一种重复的和持续的、违反他人的基本权利或违反与其年龄相适合的重要社会标准或规则的行为模式，有证据表明，在过去 12 个月中出现以下标准中的 3 项或以上，在过去 6 个月内至少出现其中 1 项：

1. 对人和动物的攻击
（1）经常欺负、威胁或恐吓其他人；
（2）经常挑起打架；
（3）使用能导致他人严重身体伤害的武器（例如球棒、砖头、破瓶子、小刀、枪等）；

（续表）

(4) 曾对他人身体进行残害；
(5) 曾对动物身体进行残害；
(6) 曾面对受害者进行偷窃或抢劫（例如背后袭击抢劫、攫取钱包、敲诈勒索、持凶器抢劫）；
(7) 强迫他人发生性行为；
2. 破坏财产
(8) 故意纵火，目的是造成严重危害；
(9) 故意破坏他人财产（除了纵火）；
3. 欺骗或行窃
(10) 曾经破门而入他人的房子、建筑物或汽车；
(11) 经常撒谎以骗取物品或好处而不履行义务（"哄骗"人）；
(12) 曾经偷窃价值不菲的物品，而没有面对受害者（例如做商店扒手，而不是破门而入；伪造）；
4. 严重违反规定
(13) 经常不顾父母的反对在外过夜，在13岁前就开始；
(14) 住在父母或父母代理人家中的时候，曾经至少两次离家出走，在外过夜（或有一次离家很长时间没返回的）；
(15) 经常逃学，在13岁前就开始。

（二）品行问题的核心症状

1. 对立违抗性障碍

对立违抗性障碍儿童，表现出与年龄不符的顽固、敌意和挑衅行为。DSM将对立违抗性障碍包括在其中，目的是在学龄前和学龄期及早发现儿童的反社会和攻击行为。研究发现，对立违抗性障碍的行为对亲子互动有着极端不利的影响。就诊的低收入家庭的学前儿童中，3/4的符合DSM中关于对立违抗性障碍。

2. 品行障碍

品行障碍表现为严重的攻击和反社会行为，给他人带来痛苦，或通过身体或语言的侵犯、偷盗，或故意破坏、干涉他人的权利。

3. 品行障碍和对立违抗性障碍

品行障碍与对立违抗性障碍之间有很多重叠，大多数表现出对立违抗性障碍的儿童并没有进一步发展为更严重的品行障碍。

4. 品行障碍与反社会型人格障碍

童年期持续性的攻击和反社会行为模式，可能是成人反社会型人格障碍的先兆，大概40%的品行障碍儿童，长大成人后发展为反社会型人格障碍（antisocial personality disorder），表现出以下行为模式：反社会行为，普遍地漠视和侵犯他人权利,参与各种违法活动。

儿童品行问题的亚群表现为缺乏对他人关心,容易出现反社会和攻击行为。他们表现出冷漠无情的人际风格,其特点是缺乏负罪感,没有同情心,不表露感情,同时表现出与自恋和冲动有关的特质,其父母比其他品行问题儿童的父母更可能有反社会型人格障碍病史。

5. 攻击类型

评估攻击性涉及确定攻击的类型,斯特拉斯伯格、道奇、佩蒂特和贝茨(Strassberg, Dodge, Pettit, & Bates, 1994)将攻击性行为分为三类:(1) 工具型攻击(instrumental aggression),指利用攻击来报复做了错事或正准备做错事而被抓住的人,如某人偷了东西或正准备偷时被抓,可能遭到暴打。(2) 反应型攻击(reactive aggression),指没理解对方的行为是否故意就开始责怪他人,表现出反应性的冲动性暴力。(3) 恃强凌弱型攻击(bully aggression),毫无理由对他人有敌对反应,言语或身体行为导致受害者产生很大困扰。恃强凌弱型攻击也称为主动攻击(proactive aggression),是在社会中学会的反应,如认为问题可以通过攻击得到解决(Brown & Parsons, 1998);被欺凌的儿童青少年可能增加在以后自杀的风险和针对他人进行报复性暴力行为的风险(Wartik, 2001),参见专栏 6-2。

专栏 6-2 校园中的反社会行为

在学校,欺凌弱小是一种古老、熟悉、特别具有侵犯性的反社会行为。当一个或多个孩子采用拒绝否定的行为,反复持续地对待另一个孩子时,欺凌弱小发生了。这种否定拒绝行为采用的方式多种多样,比如身体接触、言语、强迫或肮脏的手势以及恶意的排挤等。欺凌弱小通常是力量悬殊的,以致受害者很难自我防卫。这个问题涉及范围很广,大约有 7% 或以上的学龄儿童有欺负其他小孩的情况。男孩比女孩更容易欺负别的小孩,在某种程度上也更容易成为被欺凌者。

儿童作为欺凌者或被欺凌者的地位可能是长期稳定的,欺凌者和被欺凌者都表现某些典型的特征。被欺凌者典型的行为特征是焦虑和妥协,如果是男孩,通常身材比较弱小,这些孩子似乎发出一种信号:如果

> 他们被攻击或侮辱,他们不会报复。典型的欺凌者明显对同辈或是大人都具有攻击性:冲动,喜欢凌驾于他人之上,比其他男孩强壮,表现出对受害者缺乏同情心,通过对受害者造成伤害和折磨而获得满足感。一项研究发现,接近40%的学校欺凌者,在24岁前被控告有3项或以上的罪行。
>
> 学校欺凌弱小是最一般的反社会行为模式。

(三)品行问题的伴发障碍

大部分有品行问题的青少年,都存在一种或多种其他障碍,50%同时患注意缺陷多动障碍,1/3被诊断患抑郁和焦虑障碍。

1. 注意缺陷多动障碍

注意缺陷多动障碍可能使品行障碍的发病年龄提早,并与品行障碍共病,通常比只有一种障碍的儿童表现出更严重的行为问题,学业和社会功能损害。有品行障碍或品行障碍与注意缺陷多动障碍共病的儿童,其父母具有反社会型人格障碍和攻击史的比例高,单独的注意缺陷多动障碍则没有此现象。

2. 焦虑和抑郁

青少年焦虑和抑郁与品行障碍的共病比例高于预期,伴焦虑障碍的品行问题儿童,攻击性低于不伴焦虑者,隐蔽性症状如撒谎和偷窃则没有区别。品行问题儿童通常比无品行问题者表现出更多焦虑,大多数有品行问题的女孩,在成年期早期出现抑郁或焦虑障碍。

不过,社交方面具有冷酷无情特质的儿童表现出更少的焦虑。

青少年品行问题是导致自杀的危险因素,尤其滥用毒品、家庭成员中有抑郁史的青少年。

三、品行问题的测评工具

(一)品行问题的诊断评估

儿童诊断性访谈评估表(Diagnostic Interview Schedule for Children)是高度结构化的访谈,通过对6—18岁儿童青少年及其父母评估,提供了对应于 DSM-Ⅳ-TR 关于品行障碍和对立违抗行为障碍的诊断分数(Costello, Edelbrock, Dulcan, Kalas, & Klaric, 1984)。

（二）品行问题的症状评估

评估品行问题的症状测评工具主要包括：阿肯巴克儿童行为量表、康纳斯儿童行为量表(父母问卷和教师用评定量表)和拉特儿童行为问卷。前两个量表已介绍过，本节主要介绍后一量表。

拉特儿童行为问卷由英国儿童精神病学专家拉特(Sir Michael Llewellyn Rutter, 1933—)设计，适用于学龄儿童，分父母问卷和教师问卷两种形式，评定儿童可能发生的行为或心身健康问题，20 世纪 80 年代引入我国，是国内外儿童行为问题诊断运用较广泛的量表之一。东西方不同文化背景下的广泛应用结果发现，拉特儿童行为问卷有较好的信度和效度。问卷简单，明确，易于掌握，其灵敏性、特异性和总效率均很高，适用于区别学龄儿童的情绪障碍和违纪行为；适用于区别学龄儿童有无心理障碍，用于诊断时还需要其他资料进一步补充；还适用于学龄儿童的儿童行为问题的流行病学调查研究工作。

问卷包括一般健康问题和行为问题两方面，行为问题又分为两大类：第一类问题称为"A 行为"(antisocial behavior, 违纪行为或称反社会行为)。包括：经常破坏自己和别人的东西；经常不听管教；时常说谎；欺负别的孩子；偷东西。第二类问题称为"N 行为"(neurotic behavior, 神经症行为)，包括：肚子疼和呕吐；经常烦恼，对许多事情都烦；害怕新事物和新环境；到学校就哭，或拒绝上学；睡眠障碍。

教师问卷和父母问卷对儿童在校和在家行为分别进行评定，两种问卷评分以"0、1、2"三级计分："0"分，指从来没有这种情况；"1"分，指有时有，或每周不到一次，或症状轻微；"2"分，指症状严重或经常出现，或至少每周一次。拉特父母评定量表包括 31 项症状，总分的最高分为 62 分；拉特教师评定量表包括 26 项症状，总分的最高分为 52 分。

根据原量表及我国试测情况，父母问卷≥13 分，教师问卷≥9 分，确定其有行为问题。有行为问题的儿童，若量表中 A 分大于 N 分者，为反社会行为亚型；N 分大于 A 分者，为神经症亚型；评分相等者则为"M 行为"(即混合性行为)。

第三节 分离性焦虑障碍

焦虑是儿童时期的正常体验,随着儿童逐渐长大,焦虑的性质发生了改变:婴儿期对陌生人害怕;学龄前期,分离性焦虑以及对黑暗或动物的恐惧很常见;少年早期对社交场合及个人表现的焦虑替代了上述恐惧。儿童焦虑障碍的发展顺序与正常焦虑相同,不过焦虑障碍儿童症状更严重,持续时间更长。

儿童期的正常焦虑与焦虑障碍之间没有明确的分界线。ICD-10将儿童焦虑障碍归类于特发性和少年儿童期的情绪障碍,主要包括儿童分离性焦虑障碍、儿童恐惧障碍、儿童社交恐惧障碍、同胞竞争障碍。特发于童年的情绪障碍起病于儿童时期,其焦虑、恐惧、强迫、羞怯等情绪异常与儿童的发展和境遇有一定关系,与成人期神经症无连续性。DSM-Ⅳ不包含儿童期焦虑障碍这一分类,但将分离性焦虑障碍和反应性依恋障碍列在"婴儿、儿童或少年的其他疾病"条目下。本节主要关注儿童分离性焦虑障碍。

图 6-1 学龄前期的分离性焦虑

分离性焦虑通常在1岁时开始,学龄前期和学龄期儿童在实际或可能与他们依恋的人离别时出现某种程度的焦虑是正常的。当分离性焦虑明显严重,持续时间超长,超出通常的特定年龄段,与孩子的发展水平不相称,伴有明显的社会功能损害,就诊断为儿童分离性焦虑障碍。涉及分离的许多情景也涉及其他潜在的应激源或焦虑源,分离性焦虑障碍的诊断要求引起焦虑的共同因素是与主要依恋对象分离这一情境。

分离性焦虑是拒绝上学的原因之一,曾被称为学校恐惧症,不过分离性焦虑障碍也在学龄前发生。儿童拒绝上学经常被认为是分离性焦虑,但青少年拒绝上学与学习和社交相关联。

一、分离性焦虑障碍的病理学知识

(一) 分离性焦虑障碍的流行病学

分离性焦虑障碍在 7—11 岁儿童中的患病率为 3%—4%(Anderson, Williams, McGee, & Silva, 1987)。另有国外文献报道,儿童分离性焦虑障碍平均发病年龄是 7.5 岁,儿童患病率为 4%—5%(American Psychiatric Association, 2000),女孩更多见,占 4.3%,男性 2.7%,平均就诊年龄 10.3 岁,75% 的案例拒绝上学。

国内流行病调查发现,分离性焦虑障碍患病率是 0.5% 和 2.5%。

(二) 分离性焦虑障碍的病因

1. 遗传

对很多日常生活应激过度焦虑的儿童被认为有焦虑气质,有些分离性焦虑障碍存在于这些儿童身上。此外,12% 分离性焦虑障碍儿童有家族史,其父母有焦虑特质的儿童,从小表现出内向、害羞、胆小等先天气质特征,一般这类儿童患分离性焦虑障碍的概率明显增加。国外研究报告,父母患抑郁障碍或惊恐障碍,子女患分离性焦虑障碍的危险性显著增高。

2. 依恋模式类型

具有不安全型依恋模式和拒绝依恋模式的儿童更容易出现焦虑障碍。

3. 教养方式

有些时候,儿童的焦虑是对焦虑父母的一种反应,分离性焦虑障碍儿童的父母更多采用过度控制或过度保护的教养方式,对儿童的回避行为给予鼓励,儿童的自主权更少。

4. 生活事件

分离性焦虑障碍有时由恐惧经历诱发,这种经历可能短暂,如生病住院,也可能持续,如父母冲突。分离性焦虑障碍的发展常由应激性生活事件引起,尤其是负性生活事件,如疾病、上幼儿园、转学、亲人生病或死亡、宠物死亡等。

二、分离性焦虑障碍的诊断标准

(一) 分离性焦虑障碍的分类诊断标准

1. CCMD-3 分离性焦虑障碍诊断标准(见表 6-12)
2. ICD-10 分离性焦虑障碍诊断标准(见表 6-13)

表 6-12　CCMD-3 儿童分离性焦虑障碍诊断标准(83.1)

儿童与其依恋对象分离时产生的过度焦虑情绪。
【症状标准】至少有下列 3 项：
(1) 过分担心依恋对象可能遇到伤害，或害怕依恋对象一去不复返；
(2) 过分担心自己会走失、被绑架、被杀害，或住院，以致与依恋对象离别；
(3) 因不愿离开依恋对象而不想上学或拒绝上学；
(4) 非常害怕一人独处，或没有依恋对象陪同绝不外出，宁愿待在家里；
(5) 没有依恋对象在身边时不愿意或拒绝上床就寝；
(6) 反复做噩梦，内容与离别有关，以致夜间多次惊醒；
(7) 与依恋对象分离前过分担心，分离时或分离后出现过度的情绪反应，如烦躁不安、哭喊、发脾气、痛苦、淡漠或退缩；
(8) 与依恋对象分离时反复出现头痛、恶心、呕吐等躯体症状，但无相应躯体疾病。
【严重标准】日常生活和社会功能受损。
【病程标准】起病于 6 岁前，符合症状标准和严重标准至少已 1 个月。
【排除标准】不是由于广泛性发展障碍、精神分裂症、儿童恐惧症及具有焦虑症状的其他疾病所致。

表 6-13　ICD-10 的儿童分离性焦虑障碍诊断标准(F93.0)

关键性诊断指征是：针对与依恋的人（通常是父母或其他家庭成员）离别而产生的过度焦虑，不单单是针对许多场合的广泛焦虑的一部分。焦虑可表现为以下形式：
(1) 不现实地、先占性地忧虑他的主要依恋之人可能遇到伤害，或害怕他们会一去不回；
(2) 不现实地、先占性地忧虑某种不幸事件，如儿童走失、被绑架、住院或被杀，会使得他(她)与主要依恋之人分离；
(3) 因害怕分离而总是不愿或拒不上学(不是由于其他原因如害怕学校里的事)；
(4) 没有主要依恋之人陪伴，总是不愿或拒不就寝；
(5) 持久而不恰当地害怕独处，或白天没有主要依恋之人陪同就害怕待在家里；
(6) 反复出现与离别有关的噩梦；
(7) 当与主要依恋之人分手，如离家去上学时，反复出现躯体症状（恶心、胃痛、头痛、呕吐等）；
(8) 在与主要依恋之人分离前、分离中或分离后马上出现过度的、反复发作的苦恼（表现为焦虑、哭喊、发脾气、痛苦、淡漠或社会性退缩）。
排除标准：心境障碍(F30—F39)、神经症性障碍(F40—F48)、童年恐惧性焦虑障碍(F93.1)、童年社交焦虑障碍(F93.2)。

（二）分离性焦虑障碍的伴发障碍

分离性焦虑障碍与抑郁障碍的共病率为 30%，与恐惧性焦虑障碍的共病率为 29%，与强迫障碍的共病率为 10%。

（三）分离性焦虑障碍的预后

本病随年龄增长而逐渐改善，在遇到生活常规打乱时，可再次出现症状。有些儿童的症状也可能持续到成年，导致他们过度关注自己孩子和配偶的健康状况,难以与他们有任何分离;有些则进一步发展为成年期的广泛焦虑或其他焦虑障碍。大多数预后良好。

三、分离性焦虑障碍的测评工具

分离性焦虑障碍的诊断主要根据访谈,被评估儿童表现只要符合诊断标准,就予以诊断,但需要与正常分离性焦虑进行鉴别。正常分离焦虑在3—5岁以后焦虑程度逐渐减轻,焦虑程度与心理发展年龄相符合,持续时间短,对儿童的正常和其他社会功能影响较小。

由于被评估儿童的表现由主要照顾人陈述,必要时,咨询师可能需要对分离过程进行观察或访谈除来咨询的家长之外的其他家庭成员。

第四节 儿童青少年抑郁

对儿童期和青春期抑郁的认识相对较晚(Petersen, Compas, Brooks/Gunn, Stemmler, Ey, & Grant, 1993; Wagner, 1994, 1996),躁狂症在青春前期很少见,也有一些研究不支持这一结论。本节主要涉及抑郁症。研究表明,儿童能够体验与成人一样的抑郁(Alper, 1986; Kovacs, 1989),但儿童很少表现出成人双相障碍中的典型症状,很难被正确诊断(Strober, Hanna, & McCracken, 1989);儿童可能一天内体验到躁狂—抑郁状态,而不像成人几天体验同一状态;儿童通常也没有欣快状态。一些精神科医生认为,儿童抑郁可能很少甚至没有抑郁情绪而表现其他症状,包括不能解释的腹痛、头痛、厌食、尿床(Kovacs, 1996),即隐匿性抑郁;之后的个案史收集及心理状态检查可能引出情绪低落、兴趣缺失、易激惹和其他典型症状,这些症状在刚开始不会表现得很明显(Luby, Mrakotsky, Heffelfinger et al., 2003)。

一、儿童抑郁症的病理学知识

(一)儿童抑郁症的流行病学

严重抑郁在婴儿(Field, Healy, Goldstein, Zimmerman, & Kuhn,

1988；Spitz，1946)，学前儿童、学龄儿童(Digdon & Gotlib，1985；Kazdin，1988；Kovacs，1989)和青少年(Petersen et al.，1993；Rice & Meyer，1994；Wagner，1996)中发现。儿童和青少年中重性抑郁(major depression)持续时间为7—9个月，轻度抑郁(dysthmic depression)持续时间平均为三年或三年以上(Kovacs，1989)。

国内未见大规模的流行病调查资料，美国估计有300万青少年患有重性抑郁，有估计显示，大约有8%—9%的10—13岁儿童在给出的任何一年观察时间内经历重性抑郁(Goleman，1994)。重性抑郁可发生在学龄前儿童，尽管不常见。儿童时期，发生抑郁症的危险性没有明显性别差异；15岁以后，女孩发生抑郁症的可能性大约是男孩的2倍(Lewinsohn，Roberts，Seeley，Rohde，Gotlib，& Hops，1994)。儿童期抑郁与青少年相比，发展为成人期抑郁的可能性小，常与家庭功能不良有关(Harrington，2002)，很多满足抑郁障碍诊断标准的儿童也满足其他精神障碍的诊断标准，特别是焦虑障碍(Goodyer，2000)。青少年的重性抑郁发生率比儿童高出许多(Petersen et al.，1993)，青少年表现出担忧和害怕，如怕不被人爱；害怕没有朋友；担心自己的相貌和关系。

(二) 儿童抑郁症的病因

儿童抑郁症的病因与成人相似，包括生物因素、心理因素和社会因素。

1. 生物因素

哈门和鲁道夫(Hammen & Rudolph，2003)认为，儿童的抑郁主要与遗传学有关，但遗传因素在儿童期抑郁中的作用可能不及少年期重要(Rice，Harold，& Thapar，2002)，对环境的高强度反应性方面，气质具有重要作用(Goodyer，Ashby，Altham et al.，1993)。遗传因素如父母有抑郁症史与青春期抑郁有关(Petersen et al.，1993)。

2. 心理因素

悲观、消极的认知与青春期抑郁有关(Petersen et al.，1993)。布莱尔(Blair，2004)从存在主义的视角来处理青春期抑郁症。他认为，青少年与自我觉察、同一性、同辈压力和尝试饮酒、吸毒、性行为等作斗争，当不能实现自己的潜能并快乐生活时，在试图定义他们的存在时，青少年发现缺乏生活意义，弗兰克尔(Frankl，1959)的意义疗法是治疗青少年抑郁症的理想方法。

3. 社会因素

儿童抑郁出现之前常存在负性生活事件(Goodyer,Kolvin, & Gatzanis, 1985),家庭环境在儿童、少年抑郁的发生方面很重要,特别是父母一方患抑郁障碍时(Hammen,Brennan, & Shih,2004)。瓦格纳(Wagner,1994)描述了"童年期的贫困状况",指出25%的5岁或以下的儿童生活在贫困中,而且这些儿童大部分生活在单亲家庭。贫困状况阻碍儿童发展,对他们身心健康产生破坏性影响。过度的环境压力、家庭问题(家庭和婚姻不和谐)、学校问题和同伴群体问题与青春期抑郁有关,青春期同伴群体关系是成人抑郁症的最好预示指标之一(Petersen et al.,1993)。

二、儿童抑郁症的诊断标准

(一)儿童抑郁症的分类诊断标准

诊断标准参照成人标准。

(二)儿童抑郁症的核心症状

萨科尔斯基和詹曾(Sakolske & Janzen,1987)提出,儿童抑郁有关的主要症状包括:(1)情绪和情感的改变是最明显的信号。通常开心、积极的自我意象的儿童突然说他们很伤心、一无是处。(2)对以前喜欢的活动不感兴趣。(3)对朋友和家庭成员失去兴趣。(4)其他症状,如:头痛、腹部不适;睡眠障碍;胃口改变;认知过程受损伤,如很难集中注意力;学校和人际关系方面的问题。

(三)儿童抑郁症的伴发障碍

1. 儿童期共病

DSM-Ⅳ-R指出,儿童中的重性抑郁与焦虑障碍、注意缺陷多动障碍和分裂性行为障碍等同时发生。其中,注意缺陷多动障碍是最常见的共病,在儿童青少年双相障碍中的患病率达57%—98%,儿童期的共病率高于青少年。

儿童双相障碍与品行障碍的共病率为22%,高于青少年的共病率(18%);与对立违抗障碍的共病率是22%,与焦虑障碍的共病率为33%。

哈门和鲁道夫(Hammen & Rudolph,2003)认为,因为与焦虑障碍、注意缺陷多动障碍等并发,双相障碍在儿童中确诊特别困难,注意缺陷多动障碍症状掩盖了双相障碍,可能导致漏诊。

2. 青少年期共病

青少年期抑郁常与进食障碍、物质滥用和分裂性行为障碍共病（American Psychiatric Association，2000）。

三、儿童抑郁症的测评工具

（一）儿童抑郁症的诊断评估

学龄儿童情感障碍和精神分裂症诊断问卷（Schedule for Affective Disorders and Schizophrenia for School-Age Children — Present and Life Time Version），由钱伯斯等人（Chambers, Puig-Antich, & Tabrizi, 1978）编制。KSADS-PL是与DSM-IV配套的半定式的诊断访谈工具，专业性非常强，儿童精神科医师使用该量表同时访谈父母和儿童，根据该儿童的情况对每一条症状进行评分，根据DSM-IV诊断标准作出诊断。

（二）儿童抑郁症的症状评估

儿童抑郁评估量表（Children's Depression Inventory，简称CDI），由科瓦奇（Kovacs，1978）将贝克抑郁量表（Beck Depression Inventory）发展而来，评估抑郁的认知、情感、行为指标，并于1992年（Kovacs，1992）进行了修订，27个条目均来自重性抑郁障碍（major depression disorder）的诊断标准，具有较好的内容效度，包含负面情绪、人际问题、自我效能低下、缺乏快感和躯体化症状等方面。每个条目均从三个不同程度对调查对象最近2周的症状进行评定（如"我偶尔感到不高兴"，"我经常感到不高兴"，"我总是感到不高兴"），分别记0、1、2分，总分在0—54分范围内，得分越高表明抑郁症状越明显。

儿童抑郁评估量表对儿童阅读水平的要求很低，只需一年级阅读水平即可，条目内容也多为儿童的学习、日常生活与经历等，如没有朋友、不愿做功课、打架等。儿童抑郁评估量表适用于儿童抑郁症状的评定，用于评定7—17岁儿童，是目前国外最常用的儿童评估抑郁症状的测量工具。

本 章 小 结

儿童行为问题主要指注意缺陷多动障碍与品行问题，本章介绍了它们的病理学知识,比较了它们的分类诊断标准及测评工具。

儿童情绪问题主要指分离性焦虑障碍和儿童青少年抑郁,本章介绍了它们的病理学知识,比较了相关分类诊断标准及测评工具。

儿童行为和情绪问题常与其他障碍共病,给诊断带来难度,也提示了预后。有些行为和情绪问题可能伴随一生,共病的障碍预后更差。

推荐阅读

艾里克·J. 马施,大卫·A. 沃尔夫(2004). 儿童异常心理学[M]. 孟宪璋,等,译. 广州:暨南大学出版社.

郭兰婷(2009). 儿童少年精神病学[M]. 北京:人民卫生出版社.

王辉(2008). 情绪与行为障碍儿童的心理行为特征及诊断与评估[J]. 现代特殊教育,2.

王君(2009). 中小学生抑郁症状及其认知行为干预研究[D]. 合肥:安徽医科大学,硕士学位论文.

第七章 青春期问题

本章导引

1. 青春期问题仅发生在青春期吗?
2. 青春期问题有哪些?
3. 如何评估青春期问题?

青春期问题并非仅在青春期才出现,而是在儿童时期、成年期都可发生。不过,这些问题可能在青春期的发生率高于其他时期。青春期问题在中国的城市发生率逐年增多,主要包括进食障碍、自伤与自杀、网络成瘾。

第一节 神经性厌食症

进食障碍(eating disorder)是指在心理、社会因素与特定的文化压力等因素交互作用下导致的进食模式异常,主要表现为饮食习惯紊乱和不适当地控制体重。这种模式由个体对他们体重和体形的态度决定。神经性厌食症(anorexia nervosa)和神经性贪食症(bulimia nervosa)是较大范畴的进食障碍亚型,不包括童年期拒食、偏食和异食。

神经性厌食症在1868年被英国

图7-1 27岁的伊莎贝尔·卡罗(Isabelle Caro)身高有1.65米,体重却只有30公斤左右

医生古尔爵士(Sir William Gull,1816—1890)描述并命名,他强调其心理因素,保持体重的需要以及家庭角色对该病起的作用。法国医生拉塞格(Charles Lasègue,1816—1883)1873 年对神经性厌食症作出重要描述(Palmer & Hazelrigg,2000)。神经性厌食症个体通过节食、拒食等手段,有意造成并维持体重明显低于正常标准为特征,他们多有治疗上的困难,约有 5%—10% 的人死于极度营养不良或其他并发症或情绪障碍导致自杀。

一、神经性厌食症的病因学知识

神经性厌食症可于童年和青春期后起病,但通常起病于青春期,慢性病程,周期性缓解或复发,可持续到成年。

(一)神经性厌食症的流行病学特征

神经性厌食症在发达国家患病率高,许多年轻女性存在控制进食并过度重视体重和体形,但并不符合神经性厌食症的诊断标准。据美国报道女中学生及大学生患病率 0.5%,资料显示神经性厌食症中男性为 5%—10%,约 90% 以上为青少年女性(American Psychiatric Association,2000;Lamberg,2003);在美国,女性终生患病率为 0.5%(American Psychiatric Association,2000)。

对自身体形的不满更可能流行于西班牙和亚洲女性,为她们的饮食失调行为准备了条件(Robinson,Killen,& Litt,1996)。有迹象表明,发展中国家进食障碍的发病率会逐渐增长(Le-Grange,Telch,& Tibbs,1998)。神经性厌食症在我国的发病率不详,近年也有明显增多的趋势。由于许多患该病的人否认他们的症状,要确定真实的患病率很困难。

(二)神经性厌食症的病因

ICD-10 认为,尽管不清楚神经性厌食症的根本原因,但越来越多的证据显示,社会文化与生物因素之间的相互作用对神经性厌食症的发病有影响,特异性较低的心理机制与人格易感性的作用也应考虑。它伴随不同程度的营养不足,引起继发性内分泌和代谢的改变,以及躯体功能的紊乱。有关这种特征性的内分泌障碍,是完全起因于营养不足,以及引起营养不足的种种行为(如挑食、运动量过度、体内成分改变、引吐、导泻及其导致的电解质紊乱)的直接后果,还是有其他未知因素的参与,目前尚无定论。

1. 社会文化因素

神经性厌食症在某些社会阶层更常见，这说明社会文化因素所起的作用。年轻女性身上的社会压力和社会期望成为进食障碍的原因（The Mcknight Investigators，2003）。为了追求社会对女性角色的定义，年轻女性逐渐对自己的身材不满意（Stice，2001）。媒体乐于向大众展示体形完美的女性，特别是具骨感美的模特、影视明星，成为青春期女孩竞相模仿的对象。在电视情景剧中，女性以苗条被过分描述，女性越苗条就越能得到男性更多的肯定评价。对苗条的文化重视使一些青春期女孩和年轻女性只要看到理想身材、体形魅力的女性的照片就会降低他们对自身魅力、身体映像的满意度和尊重的自我评价。一项研究中，青春期女孩认可迫使他们变苗条的压力相当大，尤其是来自媒体的压力。女性对自己的身材不满意（Blowers et al.，2003），甚至在小至8岁的儿童中，女孩比男孩更容易表现出对自己身材的不满（Ricciaredelli & McCabe，2001）。

女性理想中的苗条身材也在变化。随着时间推移，美国小姐获胜者的体重指数①呈下降趋势（Rubinstein & Caballero，2000）。那些拥有理想身材的女性更显光彩，其中最出名的便是Barbie（芭比）。

年轻女性不满意自己的体形会导致更多的节食行为，引发紊乱的饮食习惯。比较富裕的社会阶层调查显示，大多数女中学生和大学生曾在一段时间内节食。不过，大多数节食的年轻女性没有发展为神经性厌食症，这说明问题更主要出于对节食的反应而不是节食本身（Fairburn，Cooper，Doll，& Welch，1999）。

2. 个人心理因素

德裔美国精神分析学家布鲁赫（Bruch，1973）是第一位探讨神经性厌食症心理因素的研究者。他提出，这些来访者陷入"一场战斗，这场战斗是为了控制，为了得到认同和证明自己有力量，对苗条的不懈追求是作战的最后一步"。流行病学的研究支持这些临床观察结果，证实了自我评价低和完美主义在其中的作用（Fairburn，Cooper，Doll，& Welch，1999）。

---

① 体重指数（body mass index），是用体重公斤数除以身高米数平方得出的数字，是目前国际上衡量人体胖瘦程度以及是否健康的常用标准。

某些心理特征会使年轻女性患进食障碍的可能性更高,包括低自尊水平、高焦虑水平、沮丧、完美主义、极端竞争性、与父母分离困难、强烈需要别人赞同、感觉不能控制自己的生活(Halmi et al.,2000)。

3. 家庭因素

进食障碍也反映家庭问题,神经性厌食症来访者的父母给予孩子过分的营养和保护,过分强调成就和外表。对进食障碍来说,另一危险因素是性或身体虐待(Palmer,2000)。国外研究发现,一些来访者有早期遭受性虐待经历。

米纽钦提出的理论被公认为是神经性厌食症的理论模式(Minuchin, Rosman, & Baker, 1978)。该理论认为,神经性厌食症根植于有缺陷的家庭,是对家庭功能失调的反应,每个成员对维系障碍起作用,孩子将拒食当作对一贯以来受父母控制的反抗,反过来,这个综合征对维护家庭稳定起作用。布鲁赫(Bruch,1973)提出的家庭系统理论认为,神经性厌食症的根源在于不良的家庭环境、家庭功能不良、父母亲可能存在某些精神病理性特征,厌食者的症状表达了整个家庭的病理现象。厌食者的家庭成员多患有心身疾病,这种家庭有以下几个特征:家庭纠纷多,家庭关系紧张;过分溺爱,孩子缺乏独立性;家庭结构僵化,专制,缺乏灵活性;缺乏解决冲突的技能,常回避冲突。

4. 认知图式

来访者有负面身体自我(negative physical self),也称"身体意象失调",个体对自身身体有消极认知、消极情感体验和相应行为调控。负面身体自我概念常常包括对体重、体形和食物等信息的刻板化、情绪化和极端化评价。负面身体自我是扭曲的、负面的自我图式造成。负面身体自我者面对与体重、体形和食物等图式相关的信息时,该图式就会激活,自动加工。在这种图式的作用下,个体往往会过分注意自己身体上的缺陷,回忆负面的身体体验。精神分析学家弗洛伊德认为,来访者潜意识地将饮食与性本能混淆。

5. 生物因素

其一,遗传。同卵双生子的神经性厌食症同病率(55%)大于异卵双生(5%),提示存在明确的遗传因素。

其二,神经递质。可能与下丘脑5-羟色胺(又名血清素)功能失调有关。尿及脑脊液中神经性厌食症的代谢产物浓度低;有类似抑郁症的内分泌代谢表现;鸦片拮抗剂治疗可增加体重。

其三,定点理论。下丘脑侧面受刺激时产生饥饿感,下丘脑腹面受刺激时产生饱足感,饥饿与饱足之间的平衡控制饮食及新陈代谢,体重为定点。个体节食,体重下降,新陈代谢下降,增加进食,两个过程联合,减肥比较困难。厌食者控制了饥饿感,摆脱下丘脑的控制,成功减肥;暴食者定点不固定,减肥时而成功,时而失败。

二、神经性厌食症的诊断标准

(一)神经性厌食症的分类诊断标准

1. CCMD-3 神经性厌食症诊断标准(见表 7-1)

表 7-1 CCMD-3 神经性厌食症诊断标准

1. 明显的体重减轻比正常平均体重减轻 15% 以上,或者凯特尔体重指数为 17.5 或更低,或在青春期前不能达到期望的躯体增长标准,并有发育延迟或停止。
2. 自己故意造成体重减轻,至少有下列 1 项:
(1) 回避"导致发胖的食物";
(2) 自我诱发呕吐;
(3) 自我引发排便;
(4) 过度运动;
(5) 服用厌食剂或利尿剂等。
3. 常可有病理性怕胖,指一种持续存在的异乎寻常地害怕发胖的先占观念,并且患者给自己制订一个过低的体重界限,这个界值远远低于其病前咨询师认为是适度的或健康的体重。
4. 常可有下丘脑—垂体—性腺轴的广泛内分泌紊乱。女性表现为闭经(停经至少已 3 个连续月经周期,但妇女如用激素替代治疗可出现持续阴道出血,最常见的是用避孕药),男性表现为性兴趣丧失或性功能低下。可有生长激素升高,皮质醇浓度上升,外周甲状腺素代谢异常,及胰岛素分泌异常。
5. 症状至少已 3 个月。
6. 可有间歇发作的暴饮暴食(此时只诊断为神经性厌食)。
7. 排除躯体疾病所致的体重减轻(如脑瘤、肠道疾病例如克罗恩病或吸收不良综合征等)。

2. ICD-10 神经性厌食症诊断标准(见表 7-2)

表 7-2 ICD-10 神经性厌食症诊断标准

必备下列条目:
1. 体重保持在至少低于期望值 15% 以上的水平(或是体重下降或是从未达到预期值),或凯特尔体重指数为≤17.5。青春期前的患者可以表现为在生长发育期内体重增长达不到预期标准。
2. 体重减轻是自己造成的,包括拒食"发胖食物",及运用下列一种或多种手段:自我引吐;自行导致的通便;运动过度;服用食欲抑制剂和/或利尿剂。
3. 有特异的精神病理形式的体象扭曲,表现为持续存在一种害怕发胖的无法抗拒的先占观念,患者强加给她/他自己一个较低的体重限度。

(续表)

4. 包括下丘脑—垂体—性腺轴的广泛内分泌障碍：妇女表现为闭经；男性表现为性欲减退及阳痿。

下述情况也可以发生：生长激素及可的松水平升高，甲状腺素外周代谢变化及胰岛素分泌异常。

5. 如果青春期前发病，青春期发育会放慢甚至停滞。随着病情恢复，青春期多可正常，但月经初潮延迟。

鉴别诊断：如果伴有抑郁或强迫症状，或人格障碍的特点，会使鉴别有一定难度，也许需要一个以上的诊断编码。青年人躯体因素所致的体重下降必须加以区分，包括慢性消耗性疾病，脑肿瘤，肠道疾患如克罗恩病或吸收不良综合征。

3. DSM-Ⅳ神经性厌食症诊断标准（见表7-3）

表7-3 DSM-Ⅳ神经性厌食症（编码307.1）诊断标准

1. 拒绝保持与自己年龄及身高相适应的最低或较重的正常体重（例如，设法减轻体重至应有体重的85%以下；在生长发育阶段不保持应该达到的体重，以致低于应有体重的85%以下）。
2. 即使已在应有体重以下，仍强烈地害怕体重增加。
3. 来访者对自己体重或体形的看法有问题，过分夸大自己对体重或体形的评价，或者否认目前体重过低的严重性。
4. 如是已有月经的女性，出现停经，也即至少已停止月经3个连续周期（如果月经靠应用性激素，如雌激素，来维持的，也可视为停经）。

（二）神经性厌食症的核心特征

体象障碍方面，有歪曲的体象，即使体重过低仍认为自己太胖。追求苗条的方式包括节食、试图自我引吐、过度运动、滥用泻药减轻体重。

部分厌食者有情感障碍，约38%—80%有抑郁症状，还可有焦虑、强迫观念或强迫行为。

继发于饥饿而对身体多个系统产生影响。

三、神经性厌食症的测评工具

神经性厌食症的诊断性评估程序如下。

其一，访谈评估。对来访者进食方式、控制体重、对体重的看法等方面进行评估。下面有关进食问题及心理问题的评估内容选自《进食障碍评估与治疗临床指南》一书（Palmer，2000）。

进食问题评估包括以下内容：

通常一天吃什么？试图限制自己的饮食到什么程度？

是否有一个模式？模式变化吗？进食是仪式化的吗？

回避一些特殊食物吗？如果是，为什么？

限制吃液体食物吗？

饥饿吗？急于想吃的体验是怎样？

暴食吗？客观上暴食吗？感到失控了吗？

暴食是计划中的吗？如何开始和结束？多久发作一次？

自我引吐吗？如果是，怎样做的？吐血吗？是否用大量的水冲洗？

你会使用泻药、减肥药丸或其他方法控制体重吗？有什么效果？

咀嚼后吐掉吗？一天或更长时间禁食吗？

在其他人面前进食吗？

你进行哪些锻炼活动？是为了减轻体重锻炼吗？

心理问题评估包括以下内容：

对自己身体和体重的感受是什么？

如果限制进食，动机是什么？

觉得自己胖吗？不满意自己的体形吗？如果是，怎样不满？

是否歪曲自己的身体形象？如果是，怎样歪曲？

认为如果不控制体重或进食会出现什么情况？

害怕失去控制吗？她能讲出这意味着什么？

有犯罪感或自我厌恶吗？如果是，什么原因导致？

表现使她感觉很好吗？

如果贪食，之前、期间及之后她的感受如何？

关于进食障碍，她向其他人说过什么？

她如何看待自己的进食问题？如何解释？

其二，尽可能访谈父母及其他可提供信息的人。

其三，精神状态检查时，注意了解抑郁的症状。

其四，医学检查时，体格检查是必要的，关注消瘦程度、心血管系统状态、维生素缺乏征象、牙齿状况。

第二节 神经性贪食症

ICD-10将神经性贪食症描述为一种以反复发作性暴食及强烈的控制体重的先占观念为特征的综合征,导致患者采取极端措施以削弱所吃食物的"发胖"效应。这一术语应限定在与神经性厌食症相关的一类障碍内,两者精神病理相同。年龄及性别分布类似于神经性厌食症,但发病年龄稍晚一些。这一障碍可被视为持续的神经性厌食症的延续(尽管相反的次序也可能出现)。当以往患神经性厌食症的人开始出现体重增加,月经也可能恢复,显示病情改善,然而随后便出现一种恶性形式的暴食及呕吐。反复呕吐会导致机体电解质紊乱和躯体并发症(手足搐搦、癫痫发作、心律失常、肌无力),及随后体重严重下降。

一、神经性贪食症的病因学知识

神经性贪食症(bulimia nervosa)在1979年首次被英国精神病学家拉塞尔(Russell, 1979)在一份影响力很大的报告中描述,其病例中也伴有神经性厌食症。神经性贪食症被DSM-Ⅲ纳入后,在未患神经性厌食症的一般人群中常见起来,仅25%曾有神经性厌食症史。

神经性贪食症通常起病于青春晚期,一般比神经性厌食症晚几年,出现在一段时间的限制饮食之后,经过长短不定的时间,通常是3年内,逐渐增加的过度进食发作。

(一)神经性贪食症的流行病学特征

神经性贪食症在西方的患病率16—40岁的女性中为1%,20世纪90年代早期该病的出现和诊断在英国急剧增加,随后适度降低,可能是因为对神经性贪食症的识别率提高(Curren et al., 2005)。费尔伯恩和贝格林(Fairburn & Beglin, 1994)的研究中神经性贪食症患病率为0.5%—1%,施维策等人(Schwitzer, Rodriguez, Thomas, & Salimi, 2001)调查的女生中,50%以上有周期性的暴食史,8%至少使用过一次泻药,然而很少有人达到神经性贪食症的频繁程度。库珀和费尔伯恩(Cooper & Fairburn, 1983)发现,接受家庭计划门诊的年长女性20%至少有过一次狂食经历,3%将其作为控制体重的手段。

我国目前没有流行病学报告,但临床咨询中有案例。发病人群主要为女性,年龄多在18—20岁,与神经性厌食症交替出现,发病年龄较神经性厌食症晚。

(二)神经性贪食症的病因

1. 一般危险因素

与神经性厌食症一样,神经性贪食症是暴露于常见精神疾病的危险因素的结果,包括精神疾病的家族史,特别是抑郁和物质滥用,儿童时期的负性经历。曾经认为性虐待特别常见,一项研究发现,曾被虐待过的青春期少女表现贪食的人数几乎是其他女孩的3倍。但现有证据表明,其性虐待比例不比其他类型的心理障碍高(Fairburn, Cooper, Doll, & Welch, 1999)。

2. 特殊危险因素

神经性贪食症更多暴露于特别促进饮食的因素中,如儿童期肥胖、父母肥胖,初潮早。贪食症来访者家庭比厌食症来访者家庭或正常青春期少年的家庭充满更多的敌意、矛盾和混乱,给予孩子较少营养与支持(Halmi et al., 2000)。

同伴压力下,对苗条身材的追求是年轻女性出现贪食行为的一个较强的预测因子(Young, McFatter, & Clopton, 2001)。实验室任务中,有严重贪食症状的女性相对于其他女性来说,会过多关注同体形有关的线索(Viken et al., 2002)。完美主义也是一个危险因素,但程度较神经性厌食症轻(Fairburn, Cooper, Doll, & Welch, 1999)。

3. 生物因素

同卵双生子的神经性贪食症同病率(23%)大于异卵双生(9%),这提示存在明确的遗传因素。5-羟色胺释放降低与暴饮暴食和其他行为症状有关,5-羟色胺激动剂可以抑制进食,已用于治疗人类的肥胖症,5-羟色胺是原因还是结果目前尚不清楚。但神经性贪食症史的人对5-羟色胺水平降低存在神经心理易感。同时,节食造成的体重下降可引起5-羟色胺有效性降低。这说明高危人群过分节食诱发神经性贪食症的症状(Smith, Morris, & Friston, 1999)。

二、神经性贪食症的诊断标准

(一) 神经性贪食症的分类诊断标准

1. CCMD-3 神经性贪食症诊断标准(见表 7-4)

表 7-4　CCMD-3 神经性贪食症诊断标准

1. 存在一种持续的难以控制的进食和渴求食物的先占观念,患者屈从于短时间内摄入大量食物的贪食发作。
2. 至少用以下一种方法抵消食物的发胖:
(1) 自我诱发呕吐;
(2) 滥用泻药;
(3) 间歇禁食;
(4) 使用厌食剂,甲状腺素类制剂或利尿剂,如果是糖尿病来访者,可能会放弃胰岛素治疗。
3. 障碍常有病理性怕胖。
4. 常有神经性厌食症的既往史,两者间隔数月至数年不等。
5. 发作性暴食至少每周 2 次,持续 3 个月。
6. 排除神经系统器质性病变所致的暴食,及癫痫、精神分裂症等精神发的暴食。

2. ICD-10 神经性贪食症诊断标准(见表 7-5)

表 7-5　ICD-10 神经性贪食症(编码 F50.2)诊断标准

下列条目是必备的:
1. 持续存在进食的先占观念,对食物有种不可抗拒的欲望;难以克制的发作性暴食,患者在短时间内吃进大量食物。
2. 患者试图以下列一种或多种手段抵消食物的"发胖"作用:自我引吐;滥用泻药;间断禁食;使用某些药物如食欲抑制剂,甲状腺素制剂或利尿药。当糖尿病来访者出现贪食症时,他们可能会无视自己的胰岛素治疗。
3. 精神病理包括对肥胖的病态恐惧,患者为她/他自己制定了严格的体重限度,它远低于病前适宜的或医师认可的健康的体重标准。患者多有(但并非总有)神经性厌食症发作的既往史,两者间隔从数月至数年不等。既往厌食症可能表现得很充分,也可能以轻微潜隐的形式表现,如中度体重下降和/或短暂停经史。
神经性贪食症必须与下列情况鉴别:
(1) 导致反复呕吐的上消化道障碍(无特征性精神病理);
(2) 人格的普遍异常(进食障碍可能与酒精依赖及轻微违法行为如扒窃并存);
(3) 抑郁障碍(贪食患者常体验到抑郁症状)。

3. DSM-Ⅳ 神经性贪食症诊断标准(见表 7-6)

表 7-6　DSM-Ⅳ 神经性贪食症(编码 307.51)诊断标准

1. 反复发作的暴食,有以下两个特点:
(1) 一段时间内(如 2 小时)进食量肯定比大多数人在相应时间内和相似情况的进食量大;
(2) 发作时感到无法控制过度进食如感到不能停止进食或感到不能控制食物品种或数量。

(续表)

2. 反复出现不适当的补偿行为以预防体重增加,如自我引吐、滥用泻药、利尿药、灌肠,或其他药物;绝食;过量运动或体操。
3. 狂进饮食及不合适补偿行为,平均都约在3月内至少每周有2次。
4. 对自己的体形及体重作不正确的评价。
5. 包括在神经性厌食症发作中出现者。

(二) 神经性贪食症的核心特征

其一,不可抑制的渴望大量进食,贪食的发作可能由于应激或自我强制性饮食规则打破引起,偶尔也有计划好的。发作时大量食物被消耗掉,平均每次发作摄入热能超过8 000焦,来访者通常独自进行这种暴饮暴食。

其二,来访者暴饮暴食最初是减轻压力,紧接着是罪恶感和厌恶感,采取引吐、导泻、禁食等方法以消除暴食可能引起的发胖。

其三,体象障碍。体象(body image)或身体图式(body schema)是个人的主观表征,借以判断躯体的整体性并评估肢体的运动和位置。特殊的体象障碍见于神经系统疾病。肢体大小和形状的歪曲认知偶见于健康人疲倦或入睡时,也可见于偏头痛、癫痫先兆及服用迷幻剂LSD(麦角酸二乙基酰胺)后。这种体验包括肢体突然变大、变小或扭曲等。当事人能认识到这种体验是不真实的。体象的整体歪曲见于神经性厌食,患者坚持自己太胖,事实上他的体重很轻,甚至"骨瘦如柴"。

其四,抑郁症状比神经性厌食症更突出,可能继发于进食障碍。有很高比例符合重性抑郁的诊断标准。

其五,通常体重正常,体重低于正常的来访者更符合神经性厌食症的诊断。

其六,大多数为女性,一般月经正常。

其七,反复发作可导致并发症,包括无力、心律不齐、肾脏损害、牙齿有龋斑(酸性胃内容物腐蚀)。

表7-7 神经性厌食症和神经性贪食症在狭义上的区别

	狭义的神经性厌食症	狭义的神经性贪食症
体重	明显低于所处年龄/身高正常值	接近正常体重
超重	很少	曾经
饥饿感	很少	经常
性发育	不成熟	成熟

(续表)

	狭义的神经性厌食症	狭义的神经性贪食症
对自己进食行为的态度	合理	不正常
滥用药物和酗酒	很少	经常
故意的自残行为	很少	经常
家庭冲突	否认	承认
发病年龄	14—18岁	15—20岁
独立性	相对独立	想获得别人赞赏,希望增加自己吸引力
减肥目的	不是为了自己看起来有女人味	接受社会标准,努力达到
自我控制	高度	易冲动,情绪不稳定

三、神经性贪食症的测评工具

参见神经性厌食症的评估。

第三节　儿童青少年自伤

自伤(self-harm)通指对身体的自我伤害,目前没有统一的概念,北美常用"故意自伤"(deliberate self-harm),指没有自杀意图而仅为身体伤害。大多数的自伤只是造成身体损伤,不需要医疗救助,但具有反复性,可能导致自杀。抑郁、药物滥用和其他精神健康问题在故意自伤的人中更为普遍。自伤年轻人中常见,故放在本章介绍。事实上,故意自伤不限于年轻人,各年龄段都可出现。

一、自伤的病因学知识

(一)自伤的流行病学特征

普遍认为学龄前儿童故意自伤很少见,12岁以后发生率越来越高。在年轻人中相当常见,但中年以后发生率急剧下降。

最近研究表明,故意自伤仅存在小的性别差异。12岁前两性发生率都很低。亚洲人比白种人女性少(Hawton et al.,2003)。在低社会阶层更为普遍,在高失业率、过度拥挤、照料很多小孩及社会流动大的地区故意自伤率高。

(二) 自伤的动机

故意自伤的动机是混合的，很难明确。即使自伤者知道自己的动机，也可能向其他人隐瞒。如面对挫折和愤怒而服药过量者可能感到羞愧，转而说他们想死。这种想死的人可能会否认。评估重点应放在对自伤行为的常识性评估而不是他们后来对动机的描述。

自伤意图多数不是为了结束生命，而是为了表达痛苦、逃避压力或影响他人。

(三) 自伤的原因

1. 诱发因素

行动前 6 个月内经历应激性生活事件比普通人群多 4 倍。其中，与异性朋友或配偶争吵最常见，其他包括分居、遭到异性拒绝、家庭成员患病、个人患病和出庭。儿童青少年中常由学习困难引发。

2. 易感因素

其一，家庭和发育。常见早年父母丧失或被遗弃或躯体虐待或性虐待史。

其二，人格障碍。几乎一半的故意自伤者有人格障碍。报道边缘型人格障碍最常见，但标准化评估方法研究发现，焦虑型人格障碍、强迫型人格障碍、偏执型人格障碍更常见(Hawton et al., 2001)。

其三，解决人际关系问题技巧差。

其四，冲动。

其五，同配偶长期矛盾。

其六，经济和社会环境。失业者中故意自伤率很高，失业与相关的其他社会因素有关如经济困难，很难确定失业是不是直接原因。社会经济剥夺领域很高(Gunnell et al., 1995; Hawton et al., 2001)。

其七，不良健康状况。

3. 心理障碍

标准化评估方法研究发现，医院故意自伤者 90% 有心理障碍。抑郁最常见，在致命性和非致命性自伤中有重要意义，男性中第二位是酗酒和物质滥用，女性中第二位是焦虑障碍。共病常见，心理障碍和人格障碍共病。

青少年故意自伤与家庭破裂、家庭成员有心理障碍和儿童虐待有关。

对于年龄偏小的青少年常是家庭问题,大一些的是男女朋友问题。与酒精和物质滥用、暴力或暴力受害者、抑郁和人格障碍有关。酗酒和物质滥用是自伤的重要原因,也是青少年自伤行为的表现之一。

二、自伤的特点

(一)自伤的类型

自伤最常见的方式是用刀或其他器械划伤或刺伤,吞食物品或药物等是自伤住院的主要方式。有自杀意愿,划的伤口深且危险,常见于男性;不危及生命的表浅伤口则多为女性。通常,后者在划伤行为之前存在不断增加的紧张与易激惹,划伤后得到缓解。行动后,自伤者感到羞愧、厌恶。一些自伤者说划伤发生在他们感觉与环境脱离的状态下,几乎感觉不到任何疼痛。划伤部位常为前臂或腕部。

斯凯格(Skegg,2005)按致命性程度把自伤分为:(1)高致命性自伤,如上吊、开枪自杀、从高处跳下、服毒(如除草剂、一氧化碳中毒)、刺伤、电击、溺水、服用药物过量、注射兴奋剂;(2)低致命性自伤,如划伤、香烟烫伤。

按损伤可见性把自伤分为:(1)造成组织损伤的自伤,如划伤、香烟烫伤、刺伤、抓伤、皮肤上刺字、针扎皮肤、阻碍伤口愈合、撞伤;(2)无肉

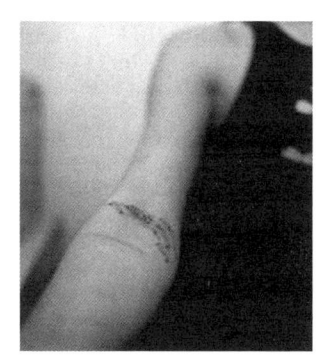

图 7-2 青少年的自伤

眼可见损伤的自伤,自我殴打(自己打自己、用头撞击某物、掐自己、拽头发)、激烈运动造成伤害,拒绝接受治疗或拒食。

(二)自伤的特征

其一,大多数的自伤儿童青少年只是造成身体损伤,不需要医疗救助。

其二,反复性。30%的自伤青少年报告曾有自伤史,且多数不需要治疗。至少10%的青少年自伤后在随后的一年内(尤其2—3个月内)再次实施自伤行为。

(三)自伤的结局

1. 反复自伤

故意自伤后的几周,自伤者报告他们变好,但一些故意自伤者可能再次

伤害之间。欧文斯等人(Owens, Horrocks, & House, 2002)综述中报告,1年内1/6的人再次故意自伤,4年内1/4的人再次故意自伤。反复故意自伤的危险因素见表7-8。

表7-8 反复故意自伤的危险因素

既往曾有自杀未遂
人格障碍
酒精或药物滥用
曾经接受心理障碍治疗
失业
低社会阶层
有暴力史
年龄在25—54岁
单身、离婚或分居

引自:Hawton (2000). Treatment of suicide attempts and prevention of suicide and attempted suicide. In Gelder, M. G., Lopez-Ibor, J. J. Jr., & Andreasen, N. C. (Eds.), *The new Oxford textbook of psychiatry*, Chapter 4.15.4. Oxford University Press, Oxford.

2. 自杀

故意自伤后的发生率从0.24%—4.3%不等。故意自伤大大增加了后来自杀的风险,在故意自伤的人中,1年内0.5%—2.5%人自杀,自杀率是普通人群的60—100倍(Hawton et al., 2003)。

三、自伤后的评估

(一)自伤后的评估访谈内容

评估目的涉及三个主要方面:即时自杀的风险;进一步故意自伤的风险;目前的医学或社会问题。访谈直接针对以下七个问题。

1. 自伤的目的是什么?

自伤目的访谈具体涉及:(1)自伤是有计划还是冲动下实施的?计划时间越长,越仔细,致命性重复的风险就越大。(2)是否采取防止被人发现的措施?防范措施越周到,再次自伤的风险就越大。(3)是否寻求帮助?如果没有寻求帮助,自杀的意愿很强烈。(4)采用方法是否危险?评估实际的危险,还要评估自伤者对危险的预测。如一些自伤者错误认为过量服用对乙酰氨基酚无害。(5)是否有"最后的行动"?如果写下遗书或立遗嘱,再次自杀死亡的风险就很大。

综合上述问题的回答,访谈者应判断自伤者行动的意愿(见表7-9)。评估自伤者是否存在持续自杀的风险,同样参照表7-8自杀死亡者的特征。

表7-9 提示高自杀意向的因素

在无人处采取行动
行动时间不可能实施救助
采取防范措施避免被发现
做了期望死亡的准备,如立遗嘱或买保险
事先向他人述说自杀意图
充分的事先策划
留下遗书
行动后,未向可能提供帮助的人示警
承认有自杀意图

引自:Hawton (2000). Treatment of suicide attempts and prevention of suicide and attempted suicide. In Gelder, M. G., Lopez-Ibor, J. J. Jr. & Andreasen, N. C. (Eds.), *The new Oxford textbook of psychiatry*, Chapter 4.15.4. Oxford University Press, Oxford.

2. 自伤者现在是否有想死的意愿?

访谈者直接问自伤者是否希望康复或希望已经死亡。如果自伤者的行为表明有强烈的自杀意愿,但现在否认这种意愿,访谈者应技巧地询问以了解自伤者意愿是否发生转变。

3. 自伤者目前的问题是什么?

很多自伤者行动前数周或数月经历了一系列困难,其中一些困难在访谈时可能已解决,有时是自伤的结果。残留的问题越严重,致命性复发的风险越大。如果存在孤独或健康不良等问题,危险特别大。对这些问题的回顾是系统性的,包括:(1)与家庭成员的亲密关系;(2)就业、财务和居住问题;(3)法律问题;(4)社会隔离、丧失(包括宠物的丧失);(5)躯体健康;(6)在此阶段或作精神状态检查时,应考虑自伤者的药物与酒精问题。

4. 自伤者是否有心理障碍?

根据病史和系统的精神状态检查进行筛查,直接关注抑郁、酒精中毒、焦虑障碍、人格障碍。精神分裂症少见,也应考虑。

5. 自伤者有哪些资源?

评估自伤者解决未来问题的能力,访谈其朋友及家人以评估其获得帮助的可能性等。

6. 是否还有再次非致死性自伤的危险？

访谈者在确定自伤者自杀风险时,应考虑自杀的预测因素(见表7-9)。

7. 需要什么治疗？

5%—10%的自伤者需要精神科住院治疗,大多数需要治疗抑郁障碍、酒精中毒,少数需要治疗精神分裂症；一些需要从繁重的应激中休息。咨询师帮助自伤者解决各种各样的心理社会问题,改善应对压力的方式。

持续存在的问题增加再次自伤的风险,即使在即时自伤或再次非致命性自伤可能性很低,仍需要帮助自伤者解决问题。不幸的是,这种帮助往往被拒绝。

(二)自伤后的评估对象

自伤后通常要访谈以下对象：(1)自伤者。(2)故意自伤与儿童虐待之间存在联系,年幼儿童的母亲需要被特殊考虑。询问母亲对孩子的感情很重要。(3)当自伤与特殊人际关系问题有关时,应访谈重要他人。(4)评估自伤者的资源时,也要访谈家庭成员或朋友。

(三)自伤评估量表

故意自伤可通过自杀意图量表来评估。自杀意图量表(Suicide Intent Scale,简称SIS),由贝克等人(Beck, Schuyler, & Herman, 1974)编制,包括与自杀企图相关的情况(9个项目)和自我报告(6个项目),均为1—3级评分。与自杀企图相关的情况的项目同表7-8的反复故意自伤者特征相类似。

第四节　儿童青少年自杀

按世界卫生组织(WHO,2003)定义,自杀(suicide)是指自发的、故意的自我伤害行为,行为者本人完全了解或期望这一行动的致命性后果。自杀一般经历三阶段：自杀意念形成阶段、内心生死矛盾冲突阶段、自杀行为选择阶段。自杀行为本身不是一种心理障碍,但通常是潜在的心理障碍如心境障碍的特征表现和或症状。

通常对死亡的确切概念直到12岁左右才形成,儿童青少年的自杀是一种复杂现象,代表了儿童青少年的一种特殊问题,后果严重,从行为者延伸到家庭、学校、社区和社会。大多数的自杀死亡经过计划,采取谨慎措施不让人发现如选择一个无人或无人意料的时刻,但自杀研究中提出自杀的"3P"模式,即可知觉(Perceptible)、可预见(Predictable)、可预防(Preventable)。自杀有规律可循,注意捕捉预兆,对有自杀风险的人及时进行危机干预,可有效防范自杀。

一、自杀的病因学知识

(一)自杀的流行病学

1. 自杀率

美国一些研究报道,自1950年以来,儿童青少年自杀率急剧增加。15—24岁年龄段中,自杀是继意外事故、他杀之后的第三大死亡原因(NIMH, 2003;Winerman, 2004)。这一年龄段的青年人中,大约1/10 000的人实施自杀。10—14岁之间,儿童青少年自杀率较低,大约是15—24岁年龄段的1/8。20世纪90年代初,青少年自杀率急剧上升,最近几年有下降趋势(Gould et al., 2003)。尽管如此,青少年自杀仍是美国和加拿大的严重公共安全问题(Koplin & Agathen, 2002;Langlois & Morrison, 2002)。1960—1999年,澳大利亚儿童自杀率增加了92%,加拿大增加240%,新西兰增加了420%。

自杀是中国15—34岁年龄组人群中的第一位死亡原因。自杀未遂人数是死亡人数的10—20倍,正常儿童中54%出现过自杀意念,有情绪问题的儿童中,70%出现过自杀意念。儿童青少年群体中,自杀率随年龄的增加而增加,12岁以下儿童自杀死亡十分罕见,1—16岁的自杀率为0.6/10万,15—24岁的自杀率为12.8/10万。

2. 年龄

儿童和青少年早期自杀率低,可能原因包括:儿童认知功能水平较低,能力相对弱,不易做到有计划并实施成功的自杀行为;他们接触到致命武器的机会少;他们倾向于活在当下,较少产生绝望感,而绝望常与自杀联系在一起;儿童期以高水平的生存依赖为特征,儿童更易接受无助的感觉;此外,父母对儿童监管比对青少年严格。

2/3有自杀倾向的人是35岁以下的人群,与成年人自杀的文献一致的是,企图自杀的年轻人不会采取积极的问题解决策略来处理应激情境,他们倾向认为没有其他办法从他们感知到的失败和应激情境中走出来。

3. 性别

女孩比男孩更可能企图自杀,是男孩的3倍。但男孩自杀更容易成功,男孩更倾向用致死性手段如手枪;儿童少年自杀率有明显的性别差异,男∶女＝3∶1—4∶1。普费弗(Pfeffer,1994)报告,322名5—15岁自杀死亡儿童中,男孩234名,女孩66名。

4. 种族

种族与儿童青少年自杀率不同有关,美国原住民中青少年(15—24岁)自杀率最高,是白人青年的2倍,非裔、亚裔和西班牙比白人青少年低30%—60%。

5. 地理

人口稀疏地区青少年更可能自杀。在美国,西部地区的乡下青少年自杀率最高。

(二) 自杀的风险因素

对自杀成因,研究者的观点莫衷一是。许多研究者认为,青少年自杀行为有生理基础,如自杀基因,消极情感在生理上的脆弱性,母亲怀孕时出现难产或生病。同时,研究表明,生理疾病是预测自杀行为的一个有效因素,相对于青少年而言,成人自杀倾向更可能受生理疾病的影响。青少年自杀不仅因学习问题,家庭因素、个人感情因素往往是自杀的重要原因。

心理学和精神病学领域的研究者倾向于心理因素的影响,国外研究表明,自杀者95%以上都有精神障碍。在中国,大多数精神卫生工作者所持的观点是,自杀并不主要是精神卫生问题,而是一个社会问题,精神疾病及社会压力都可能成为自杀的主因。大部分情况下,是这两种因素作用的结果,忽视任何一方面都不可取。家庭、遗传与环境之间相互发生复杂作用,导致自杀风险增加。

1. 生物因素

维伯内(Verberne,2001)提出自杀易损性三阶段模型。个体存在自杀的遗传敏感性,在青春期被激活,随后一旦出现体内应激源,即引发与自杀相关的遗传易感性。然而,迄今为止,尚未发现与自杀相关的特定遗传标记物可用于临床。

其一,遗传。同卵双生子自杀的共病率是异卵双生子的 6 倍;自杀寄生子的血缘自杀风险高(4.5%),对照组的血缘亲属低(0.74%,$P<0.05$);自杀个体的 5-羟色胺数量与正常人群的数量有显著差异,这种差异可能会改变 DNA 的结构,导致生理上的遗传性。

其二,神经递质。越来越多的研究证据表明,青少年和成人的自杀有不同的脑功能特别是 5-羟色胺异常;自杀青少年的前额叶 5-羟色胺 2A 受体基因及其蛋白有高表达等表现。

诺德斯特朗等人(Nordstrom, Samuelson, Asberg, Traskman-Bendz, Aberg-Wistedt, Nordin, & Bertilsson, 1994)对出院的精神病来访者进行了 12 个月的跟踪,发现出院时脑脊液(CSF)中 5-羟吲哚醋酸(5-HIAA)水平低预期后来有较高的自杀成功率;促肾上腺皮质激素受体 1(CRHR1)基因相关位点与低应激水平的男性抑郁症来访者自杀意念具有一定关系。具有自杀倾向个体的下丘脑—垂体—性腺轴活性阈值可能存在先天性低下。

其三,其他。对自杀死者大脑解剖发现,死者一些脑区 5-羟色胺 1A 受体数目增加,在前额叶皮质最明显。不论精神疾病的诊断,自杀死亡者均显示缺乏 5-羟色胺神经元向腹前额区特殊投射。

2. 心理因素

自杀企图的人可能具有无用感、罪恶感、绝望、抑郁、妄想、焦虑等主要心理特征。

其一,急、慢性应激。不良生活应激是造成个体自杀的重要原因。突如其来的灾难性应激或长期负性生活事件,都可能使个体感到绝望而自杀。有时当一系列负性事件连续发生,虽然事件可能都是偶发的,但个体产生倒霉感,也可能引起自杀。

我国自杀人群中,青少年和农村妇女是两个高危人群。青少年的很多自杀行为由急性应激或创伤事件引起,如恋爱分手、意外怀孕、被捕、换学校或参加一次重要的考试等。青少年由于社会经验较少,心理承受能力有限,在遭遇重大生活应激时容易陷入绝望的困境,采取冲动的自杀行为。

其二,人际冲突。与重要人物的人际关系冲突(如与父母的冲突、与恋人的冲突)容易引发个体的冲动行为,未经深思熟虑,一念之差导致自杀。有些自杀者死前两天有严重的人际关系冲突,特别是依赖性重、完美主义、抗挫力弱的个体,重要人物关系的破裂可能就意味着世界末日的来临,从而产生自责自悔、悲观绝望。自杀动机可能包括:用自杀来证明感情真挚或自己的清白;用自杀来支配和影响和说服他人或表示歉疚;或希望以自己的死来惩罚和报复亲人。

其三,抑郁和无望。大约50%—75%的自杀儿童和青少年患有情绪障碍,其中最普遍的是严重抑郁,尤其当抑郁合并无望和低自尊。严重抑郁来访者往往伴随着自杀的念头,但严重抑郁来访者的自杀率比中度抑郁来访者低,因为严重抑郁来访者缺乏将自己的情感付诸行为的意志力,事实上,更可能在抑郁症状减轻时出现自杀行为,因为此时他们仍绝望,但冲动性和行为的动机增加了。

其四,精神活性物质。儿童家庭或本人有成瘾行为是儿童青少年自杀的一个因素。约1/4—2/3的自杀青少年被诊断为具有药物滥用和依赖史。

其五,生命质量低。在物质上和精神上长期处于恶劣状态下的个体也是自杀高危人群中的一部分,这里的生命质量更多的是指精神上的生活水平。精神上长期忧虑的人感受不到生活的乐趣,看不到生命的意义,容易产生绝望感,以自杀来结束这种毫无意义的生活。

其六,性取向。它是青少年特有的风险因素。雷马费迪等人(Remafedi et al., 1998)发现,男性青少年中28%的同性恋或双性恋有自杀行为或念头,异性恋中为4%,女性青少年中相应的比例为21%和15%。

3. 家庭因素

家庭因素主要有父母之间的关系、家人自杀史、亲子关系、父母酒精和药物滥用史。青少年自杀行为的研究表明,自杀青少年中有近一半人的父母婚姻存在问题,15%—47%的父母有心理问题,家庭抑郁、亲子矛盾、家庭功能不良与自杀相互联系。家庭系统理论没将青少年自杀行为看作其个体问题的结果(如抑郁和绝望感),而是视为家庭功能紊乱的表现。企图自杀的青少年不知不觉中帮助整个家庭避免了其他的冲突和问题,一旦青少年恢复健康,家庭成员可能会发展其他一些症状,除非这种家庭交互模式得以改变。

30%的自杀青少年有家庭自杀史,家庭成员自杀时,可能会造成一种错误的模仿行为,青少年可能认为自杀是解决生活中问题和获得关注的可接受的方式。当父母对青少年的自杀行为给予过多关注时,青少年就强化了这种应付方式,青少年从中学到的是一种病态的应付策略而不是适应性策略。

对有自杀意念和自杀企图的青少年的跟踪研究表明,家庭药物滥用与心理障碍和青少年自杀死亡密切相关,16%—35%的父母有过药物滥用史。

追踪和横断面研究的结果表明,家庭凝聚力是青少年自杀的保护因素。在一个相互包容、分享欢乐、情感支持的家庭环境中成长的青少年,自杀的可能性比缺乏家庭凝聚力的青少年低3.5—5.5倍。

4. 社会因素

法国社会学家涂尔干(Durkheim,1897)提出自杀的社会学观点。他认为,自杀意念、自杀企图、自杀威胁和自杀完成四种自杀行为可以根据社会机构(如家庭、教堂和政治制度)的整合程度以及社会机构与整个社会的整合程度进行预测。如果在社会成员间缺乏共同的信念、价值和传统,会使得青少年缺乏责任感和奋斗理想,自我中心,内心空虚,生活没有意义。自杀在青少年当中就可能变得很流行。

其一,社会偏见。被社会偏见伤害的儿童青少年自杀率明显高于一般同龄人。

其二,集体自杀及其他。朋友或熟人有自杀行为可能导致一种错误的模仿行为。青少年自杀有时会成群发生,尤其在一个或者一组自杀引起广泛的社会关注时会出现这种情况。青少年会将自杀看成是一种英勇的挑衅行为。一个社区青少年自杀可能会成群发生,特别是在学习压力增大(如考大学)时,一个同学的自杀使得自杀成为应对压力或惩罚他人的更为"真实"的选择,也可能是他人自杀给青少年留下他"注定"要自杀的印象。

5. 过往史

其一,以前的自伤、自杀行为。已有研究和临床实践表明,有过自杀未遂经历的来访者往往是高自杀风险群体。据估计,平均每个自杀行为发生前会有超过30次的非致死性自伤行为发生。实施自杀的青少年中1/4以前自杀过，超过80%的青少年自杀前讨论过自杀。曾经有过自杀经历的个体，在以后的工作、生活中碰到重大生活应激时容易产生自动化的重复，在思维和行为方式上都容易产生自动化的消极应激防御方式再次选择自杀。另外，自杀未遂来访者中有很大一部分患有精神疾病，只要来访者的精神疾病不治愈，自杀的风险就一直存在。

其二，性虐待。一个澳大利亚人的样本中，儿童期经历过性虐待的年轻人自杀率超过国家平均自杀率的10倍以上。

在中国，自杀风险因素相互之间有协同效应，抑郁程度高，有自杀未遂史，死亡当时急性应激强度大，生命质量低，慢性心理压力大，死前几天有严重的人际关系冲突，以及生活在一个家人或熟人曾有自杀行为的环境中，是中国主要的风险因素。

自杀的风险性随着暴露风险因素数目的增多而显著增加，暴露上述1个风险因素或不暴露风险因素的265例中没有一个死于自杀，而暴露上述2—3个风险因素的人中30%死于自杀，暴露上述6个或更多风险因素的人中96%死于自杀。

二、自杀的分类

1. 根据结果分类

自杀的结果可以是死亡、致残或安全抢救，根据其结果可以分为自杀企图、自杀未遂和自杀死亡。世界卫生组织在1989年一项多中心协作研究中，引入"自杀企图"这一概念，定义为个体故意实施、不受他人干扰、不产生死亡后果但造成自我伤害的非习惯性行为，也包括故意服用超处方剂量或一般治疗量的药物；自杀未遂指实施了自杀行为，但由于一些偶然因素致使自杀不成功的行为；自杀死亡指实施了自杀的行为并导致死亡结果的自杀行为。

2. 根据自杀过程中意识成分的参与度分类

根据自杀过程中意识成分的参与度可分为：（1）冲动性自杀，也称情绪型自杀。进程比较快，发展期短，具有突发性，这种自杀行为常常因爆发性偶然事件引起的，悔恨、愤怒和羞愧等激情而引发。（2）理智型自杀，指个体经过了长期的自我评价和体验,进行了充分推理和判断而进行的有目的、有计划的自杀行为。

3. 根据社会整合程度分类

涂尔干(Durkheim,1897)根据社会整合程度,将自杀分为三种：(1) 失范型自杀。如果社会环境不能为青少年提供足够的支持,使他们丧失归属感(这种状态称失范状态)而引起失范型自杀。严重的失范状态是由社会与个体的双重变化引起,包括经济压力、移民和社会动荡。(2) 利他型自杀。如果青少年为别人或集体利益自愿牺牲自己,称为利他型自杀。(3) 利己型自杀。在那些不堪忍受社会规范的人群中,处于疏离状态的时间长,孤独者或局外人也会引起自杀,称为利己型自杀。

图7-3 青少年自杀

4. 根据自杀手段分类

自杀手段包括服毒(62%)、上吊(20%)、服药(5%)、溺水(5%)、高坠(2%),这些是国内调查发现的主要自杀手段。刀刺、吸有毒气体、枪击自毙等手段在国内相对少见。近年来,城市在校生坠落自杀报道比较多。

三、自杀的测评工具

(一) 自杀风险评估

对自杀个体的评估是一项复杂、困难的工作,预先识别出有自杀风险的人并不容易。临床上通常采用临床访谈、评定量表法和投射测验进行自杀风险评估。现有的自杀评估工具主要从两个角度对自杀倾向进行评估：直接评估被试的自杀意念和自杀行为；从自杀的风险因素角度评估被试的自杀倾向或可能性。从评定者角度,自杀评估工具分为临床咨询师评定自杀量表、自我评定自杀量表、重要他人评定自杀量表。

一般来说,对个体的自杀风险进行评估,首先可通过一些自我报告式的量表进行评估,同时根据自杀者自杀前的一些基本征兆,初步确定其是否有自杀的风险,然后再进一步访谈,询问他/她是否有自杀的想法和自杀的计划。

1. 临床访谈

通过与来访者面对面的交谈，直接询问来访者是否有自杀意念和自杀打算，以此判定来访者是否有可能会自杀。

其一，访谈评估内容。儿童少年自杀可从四个方面进行评估(Kalafat & Ryerson, 1999)：(1) 情绪方面。无望，如"事情不可能变好"，"我永远都觉得没希望"；害怕，害怕失控、害怕疯狂、担心伤害自己和别人；无助、无价值感："没人在乎我"，"没有我，别人会更好"；悲伤；焦虑与愤怒。(2) 行为或生活事件。药物或酒精滥用；谈论或撰写有关死亡或毁灭的情节；噩梦；最近经历不良事件，如亲人死亡、分离、关系破裂，失去自尊；冲动、攻击行为。(3) 改变。人格方面，变得退缩、厌倦、冷漠、犹豫不决或变得喧闹、多话、外向；行为方面，无法专心做事；睡眠方面，睡得太多或失眠，早醒；饮食习惯方面，食欲下降、体重减轻，或吃得过量；其他方面，对朋友、嗜好、个人清洁、性或以往喜欢的活动失去兴趣。(4) 先兆。言语暗示，如"流血多久才会死"，"没多久我就不会在这里了"；计划方面，安排事务、送走喜欢的东西、研究药物、获取武器；自杀企图方面，服药过量、割腕。

其二，访谈技巧。有研究表明，与自我报告式量表测验相比，直接与咨询师面对面谈论自杀感觉更舒服，更愿意谈论自己的真实想法。自杀危机干预工作人员要对任何可能的自杀线索都保持敏感，其中尤其要注意言语线索和行为线索。言语线索中主要是直接或间接地谈到死亡。直接询问他是否有自杀的想法，不必害怕询问他们是否考虑自杀，这样不会使他们自杀，反而会挽救他们的生命。比较隐讳的包括无缘由地反复叮嘱父母等生活中的重要人物保重身体，询问人寿保险等政策或讨论死后的生活。可以通过以下方式进行询问："你是否有过很痛苦的时候，以至令你有想结束生命的想法？""有时候一个人经历非常困难的事情时，他们会有结束生命的想法，你有那种感觉吗？""从你的谈话中我有一种疑惑，不知道你是否有自杀的想法？"但不要问"你没有自杀的想法"这样的话，即使他有自杀的想法也会说"没有"。有的时候甚至还要询问他是否有详细的自杀计划，如果有详细的自杀计划，自杀的可能性比仅仅想到自杀时大得多，他的自杀可能性就非常高，必须立即采取措施，不让他独处，去除自杀的危险物品，或陪他去心理卫生机构寻求专业人员的帮助。

其三,对来访者行为观察。处于危机中的人如果对自杀已作了详细计划,在作出自杀行动之前,他们既可能表现得很安静,也可能表现得情绪激动。如果来访者处于明显抑郁中,同时伴有焦躁不安,出现的风险性最大。

2. 临床咨询师评定自杀量表

自杀意图量表(Suicide Intent Scale,简称 SIS),由拉德(Rudd,1989)编制,由咨询师完成对来访者自杀风险的评估,主要评估意图而不是意念,由15个项目组成(如想到死亡),每个项目以三个等级评分:完全不可能;不太可能;有可能。总分是在 0—30 分之间,经因素分析得到两个因素:主观自杀意图(7个项目)和客观自杀准备(8个项目)。SIS 总量表和各分量表都具有较高的评价者一致性信度 0.74—0.95,内部一致性系数 0.81,也令人满意(Mieczkowski et al.,1993)。SIS 重点突出与之前自杀尝试有关的自杀意图,其效度证据来自它的判别力,能将自杀致死者与非致命性的自杀企图者区分出来,也能将重复自杀者与没有重复自杀者区分开来。最初是针对成年人而编制,现在也广泛应用于青少年自杀,特别是大学生。

自杀意念量表(Scale for Suicide Ideation,简称 SSI),广泛应用于临床咨询师评估自杀风险,由19个项目构成(如生存的愿望),每个项目以三级记分:0(中等强度),1(弱),2(没有)。量表总共有积极自杀意愿(10个项目)、消极自杀意愿(6个项目)和自杀准备(3个项目)三个因子,19个项目总分在 0—38 分之间(包括反向记分)。SSI 的内部一致性系数较高,α 系数0.89,与贝克抑郁量表中自我伤害项目相关的效度比较满意。SSI 结构效度与设想的生命、自我和自杀三个概念的评定之间显著相关。有研究发现,它与自杀意念的日常自我监控有显著的正相关,说明它具有较好的同时效度,但其预测效度不如前述几个效度。SSI 最初主要由临床咨询师用于临床诊断,可以将自杀住院者和门诊抑郁来访者区分出来,后来也用于对非临床青少年自杀倾向的评估和自杀风险因素的相关研究。

3. 自我评定自杀量表

自我评定自杀量表让个体在不需要直接面对他人的情况下进行自我测试。有研究表明,自我评定自杀量表与面对面交谈揭示的信息具有很高的一致性,在关于最近的自杀意念的问题上,来访者在自我评定自杀量表中揭示的信息更多。

自我评定自杀意念量表(Self-Rated Scale for Suicide Ideation,简称SSI-SR),是使用最广泛的自我报告自杀风险评估量表,由 19 个项目组成,大部分项目与自杀意念量表相似,记分方法也一样。SSI-SR 的两个因素(积极自杀意愿和自杀准备)与自杀意念量表相似,但另一个则不相同(死亡愿望)。SSI-SR 具有较高的内部一致性系数,总量表和备份量表的 α 系数从 0.90—0.97,项目与总分之间也呈中高度相关(0.56—0.92)。效度方面,与精神病学家评估相关(0.90)及与自杀意念量表相关(0.94);与贝克抑郁量表呈正相关,能区分出自杀尝试者和非自杀尝试者,具有较好的短期预测效度。SSI-SR 可以通过电脑完成,也可以通过纸笔完成。特点是被试在电脑版的测验中比在纸笔版的测验中得分更高,主要是因为人们更愿意在电脑上回答问题。

自杀行为问卷(Suicidal Behaviors Questionnaire,简称 SBQ-R),刚开始是一个结构化访谈问卷,后经因素分析抽取而成 4 个项目,成为自我评定自杀风险评估量表,主要用于评估与自杀有关的行为和意图。项目 1 用于了解过去的自杀企图;项目 2 用于评价自杀意念的频率;项目 3 用于了解过去自杀的威胁,即是否向他人威胁过自己要自杀;项目 4 用于评价未来自杀的可能性,所有项目都以四级记分。该问卷简单、实用,受到临床咨询师的欢迎,但缺乏信度和效度而使其应用受到限制。

自杀态度问卷(Suicide Attitude Questionnaire,简称 SAQ),国内关于自杀评估起步较晚,对来访者自杀评估更多的是使用临床询问的方法,专门用于评估自杀的量表很少,绝大部分研究都是采用 SCL-90、艾森克人格问卷和贝克抑郁量表中关于自杀意念的一两个项目进行评估。自杀行为极复杂,凭一两个自杀意念项目进行评估,其准确性值得怀疑。肖水源等人(1999)从对自杀的态度角度编制了自杀态度问卷,包括对自杀行为性质,对自杀者(包括自杀死亡者与自杀未遂者)的态度、对自杀者家属和安乐死的态度 4 个维度,量表经研究表明具有较好的信度、效度。但只是从自杀可能性因素的一个侧面对自杀进行评估,筛选时犯假阳性(多选)和假阴性(少选)的错误较多。

生活理由问卷(Reasons for Living Inventory),莱恩汉等人(Linehan, Goodstein, Nielsen, & Chiles, 1983)以弗兰克尔(Frankl, 1959)的存在主义理论为基础编制而成。

4. 重要他人评定自杀量表

修订版自杀意念量表(Modified Scale for Suicide Ideation，简称 SSI‐M)，由米勒等人(Miller, Norman, Bishop & Dow, 1986)采用多种方法修订原始的自杀意念量表而成，使量表项目表述更加简明准确，项目呈现顺序标准化，计分范围扩大(1—4 分)，评分标准更加详细具体。SSI‐M 总共有 18 个项目，其中 13 个项目来自原始的自杀意念量表，5 个新项目。包括因素：自杀意愿(9 个项目)，自杀准备(6 个项目)，知觉到的自杀能力(3 个项目)。

SSI‐M 有很好的信度和效度，报告的内部一致性系数为 0.87—0.94，项目一致性系数为 0.41— 0.83；效度方面，与贝克抑郁量表相关系数为 0.60，与贝克绝望感量表(BHS)相关系数为 0.46。SSI‐M 更适用于研究，为不同领域的研究者(非专业人员，特别是重要他人)所使用，克服了自杀意念量表主要由专业的临床咨询师用于临床诊断的缺陷。

5. 投射测验

童话故事测验(Fairy Tales Test)，用于儿童，详见第四章。

（二）自杀前的征兆

大多数情况下，自杀者有预兆。一般地，自杀预兆包括以下内容：(1) 喜欢谈论应激、压力或自杀。谈论自杀是自杀前的一种预兆、一种求救信号，大多数自杀的青少年自杀前向他人发过这类信号(Bongar, 2002; Hendin et al., 2001)。不幸的是，父母没有严肃对待孩子的自杀言行，认为他们仅在发泄情绪。自杀者可能直接说出："我希望我已死去"，"我再也不想活了"，或间接说出："我所有的问题马上就要结束了"，"现在没人能帮得了我"，"没有我别人会活得更好"，"我再也受不了"，"我的生活一点意义也没有"。(2) 明显减少与其生活中重要人物的交流，退缩和独处更加明显。(3) 近期发生重大生活事件，有严重的躯体和心理创伤。(4) 把自己想死的念头在日记、绘画中表现出来。(5) 情绪性格明显反常，焦虑不安或无故哭泣。(6) 抑郁状态，食欲不好，出现失眠并且很持久。(7) 行为明显改变，对生活麻木且冷漠，突然变得敏感有热情。(8) 无故送很珍贵的东西和礼物给亲人或同学朋友，无来由地向他人道歉。(9) 工作或学习兴趣丧失，迟到早退，工作业绩或学习成绩急速下降。(10) 出现酗酒或吸毒。(11) 即使情绪好转，自杀风险一般在意念产生后三个月内仍然存在。

第五节　青少年网络成瘾

网络成瘾（简称网瘾）(internet addiction)是伴随着网络技术的发展形成的一种新型成瘾现象，指在无成瘾物质作用下的上网行为失控，表现为过度使用互联网而导致个体明显的社会、心理功能损害。网络成瘾不仅能够带来生理上的不适应，同时会对青少年的人格发展(Young & Rodger, 1998)、学习生活(Young, 1996)、人际关系等方面带来巨大的危害。高志宏等人(Chih-Hung Ko et al., 2009)发现，网络成瘾的青少年更容易在早年表现出攻击行为，初中生比高中生表现得更明显。网上聊天、浏览色情网站、网络游戏、网上赌博都与攻击行为有关。

一、网络成瘾概述

（一）网络对青少年的影响

中国互联网络信息中心(CNNIC)2010年7月15日发布的《第26次中国互联网络发展状况统计报告》指出：截至2010年6月底，我国网民规模达4.2亿，手机网民半年内新增4 334万，达到2.77亿，青少年的比例占到50.7%。青少年上网人数和上网时间逐年增加。2007年青少年周上网时间为11.6小时；2008年为14.6小时，2009年为16.5小时。

1. 网络的积极作用

其一，促进青少年学习。在互联网提供的三种服务中，信息服务是首要的。雷雳等人(2005)总结了以往的研究，这些研究表明：利用互联网能够激发学习困难学生的学习动机，提高青少年的阅读和写作能力，帮助他们明确职业方向，加强教师对课堂的教学管理。

其二，促进青少年人际关系和自我的发展。拓展交际范围，增进友谊和亲密关系(雷雳，陈猛，2005)；孤独的青少年可获得基本的社会支持；有更大的空间来建构自我，展现自我的每个方面，从而建立自我同一性。

其三，矫治青少年的问题行为。扬(Young, 2005)指出，心理咨询运用网络，针对青少年问题行为的矫治有三个方面的作用：为心理援助和咨询提供了新的有效渠道；实证比较研究说明，网络咨询是有效的；来访者愿意使用网络心理咨询，主要是因为网络咨询具有便捷性、匿名性、网络咨询师资质较高等。

2. 网络对青少年的消极作用

其一，网络不良信息的危害。获取色情信息、对性持开放态度、严重危害青少年心理健康。

其二，青少年网络攻击行为。网络的匿名性会增强青少年的攻击行为；在使用网络的青少年中，19%会卷入网络攻击行为。攻击者与传统的欺凌弱小者类似，他们可能会将网络上的攻击行为过渡到现实生活中，伤害他人或者自我伤害（焦君华，2008）。

其三，网络对青少年道德、价值观的影响。道德层面表现为漠视权威，忽视规则，不能承担自己的责任；价值观层面表现为多元化，价值目标模糊化，价值观物质化等（辛蓓，2002）。

其四，过度使用网络造成的不良影响。青少年的日常活动之间发生冲突，影响到身心健康；自我价值感比较低（危珊珊，2008），并且更可能产生抑郁、交往焦虑等消极情绪（林伟，黄子杰，林大熙，2004）。即使是因为交流需要而过多上网，也会减少青少年在真实社会中的卷入度，降低心理幸福感。

（二）网瘾的流行病学特征

据《中国青少年网瘾数据报告》（2009年），目前我国城市青少年网民中网瘾青少年的比例约为14.1%，人数约为2404.2万，网瘾青少年以"网络游戏成瘾者"居多47.9%，几乎所有的网络成瘾者点击过黄色网页。雷雳等人（2010）做了累计4千余名青少年的调查，青少年病理性互联网使用的比例约为5.4%，他认为《中国青少年网瘾数据报告》中的网瘾青少年判断标准可能过宽。

扬（Young，1999）在网上对44名心理开业咨询师进行与网络成瘾障碍来访者有关的问卷调查，回收有效问卷35份。结果显示：在1998年一年中，被调查开业咨询师平均接待了9名网络成瘾障碍来访者；90%的心理咨询师认为网络成瘾可能成为当今社会的一个严重问题；94%的心理咨询师认为网络成瘾障碍问题实际的发生率远比临床就诊统计的人数多。

（三）网瘾的成因

1. 互联网自身的特点

扬（Young，1998）提出网络具有三个特点：（1）匿名性（anonymity），指网络上可以不使用自己的真实姓名,人们可以扮演不同于现实生活中的角色。(2)便利性(convenience),指可以随时通过网络达到"世界的每个角落",可以很快地获得各种信息和娱乐。(3)非现实性(escape),指可以通过网络暂时逃离现实,不用面对现实的不愉快和压力。这三个特点使网络具有巨大的吸引力,构成了网络成瘾的外因。

2. 环境因素

父母的过度控制和保护,与父母亲、同伴疏离程度高的青少年转向互联网寻求情感宣泄、支持和友谊,更倾向于依赖互联网的娱乐和社交服务(雷雳,2010)。

3. 个体因素

扬(Young, 1998),林绚晖等人(2001)研究,网络成瘾者可能具有下列人格特质:喜欢独处、敏感、倾向于抽象思维、警觉、不服从社会规范等,自我价值观也比较低(危珊珊,2008),与抑郁、社交焦虑有一定相关性(林伟,黄子杰,林大熙,2004)。扬(Young, 1996)在其临床实验中用扎格编制的自评抑郁量表进行测验调查,结果显示,中度至重度的抑郁水平与网络成瘾存在相关。

(四)网瘾的后果

精神医师沙皮拉(Nathan A. Shapira)在其临床实践中访谈了14位网络过度使用者,发现其中有9位来访者有躁郁症,7位有焦虑症,3位有暴食症,4位有冲动控制的问题,8位曾经有过酒精依赖或其他药物成瘾的问题(Shapira et al., 2003)。美国哈佛医学院附属麦克林医院网瘾服务中心主任奥扎克(Maressa Hecht Orzack)15年来一直以多种形式对计算机成瘾开展研究。根据临床经验,他特别指出计算机成瘾患者的生理症状:腕骨髓道症,眼睛干,偏头痛,背痛,饮食不规则,不能处理个人卫生,睡眠紊乱等(Orzack, 1999)。

二、网络成瘾的诊断标准

(一)美国的诊断标准

网络成瘾没有一个标准化的诊断标准,2007年美国医药协会就拒绝了美国精神病学会将网络成瘾纳入《精神障碍诊断与统计手册》的建议。

1. 美国心理学会的症状标准(1997)

1996—1997年,美国心理学年会上,学者们讨论了网络成瘾的诊断标准。在诊断标准中列出七种网络成瘾症状:耐受性增强;退缩症状;上网频率总是比事先计划的要高；上网时间总是比事先计划的要长；企图缩短上网时间的努力,总是以失败告终；花费大量时间在与互联网有关的活动上；上网使患者的社交、职业和家庭生活受到严重影响；虽然能够意识到上网带来的严重问题,患者仍然继续花大量时间上网。如果网络用户在12个月中的任何时期有上述3种以上症状出现,即为网络成瘾。

2. 扬的诊断标准

符合扬(Young,1996)所编量表的8个项目中的5个即诊断为网络成瘾障碍,8个维度指突显性、过度使用、戒断反应、控制失败、情绪调节、分心、隐瞒和忽视社交生活。扬(Young,1999)认为,心理咨询师可以从四个方面来对网络成瘾者进行鉴别诊断：(1)网络使用是偏好双向沟通功能还是单向信息功能；(2)情绪卷入度；(3)是否存在非理性认知；(4)个人生活事件。

(二) 我国的诊断标准

对网瘾概念的使用及其表达,我国政府主管部门、临床医院、心理健康咨询机构等没有取得一致的意见,同样,网络成瘾也没被纳入《精神病障碍分类与诊断标准系统》(CCMD-3)。

1. 疾病预防控制中心对未成年人的诊断标准(2009)

卫生部疾病预防控制中心在《未成年人健康上网指导(征询稿)》中指出,"网络成瘾"定义不确切,不应以此界定不当使用网络对人身体健康和社会功能的损害。

网络使用不当,按严重情况分成轻度和重度(也可理解为相对应的两个诊断标准)。轻度表现：(1)可以基本完成在校学习；(2)能与家人、同学、师长等保持基本正常的亲子关系和人际关系；(3)绝大部分时间能够控制上网行为；(4)有时会因无法克制上网的冲动而影响其他重要事情。重度表现指沉湎于网络,社会功能严重受损,具体表现为：(1)不能正常学习与生活；(2)身体发育和健康受损；(3)出现各种反常行为和情绪问题；(4)现实的人际关系(包括亲子关系)恶化,与周围人交往困难、不合群。

2. 医学院校的诊断标准(2007)

北京大学医学部、皖南医学院等院校(2007)的专家诊断标准如下。

网络成瘾障碍,又称网络成瘾、网络依赖(internet dependency,简称 ID)、病理性互联网使用(pathological internet use,简称 PIU)等,指在无成瘾物质作用下的上网行为冲动失控,表现为过度使用互联网而造成个体明显心理和社会功能损害。根据网络成瘾的表现特点,将网瘾分成五大类:网络色情成瘾(cyber-sexual addiction)、网络关系成瘾(cyber-relational addiction)、网络强迫行为(net-compulsions)、信息超载(information overload)和计算机成瘾(computer addiction)。从耐受性增强、有戒断症状、时间失控、生活无序四个方面判别网络成瘾。

这是一个比较宽泛的原则性标准,按《中国精神障碍分类与诊断标准》(CCMD)的模式对网瘾的异常行为及心理进行归类,按网瘾的外在表现进行了分类和概念化,呈现出开放性与发展性的特征。

3. 北京军区总医院的诊断标准(2009)

北京军区总医院医学成瘾科主任、中国青少年心理成长基地主任陶然是这一标准的主要制定者。网络成瘾的概念是指个体反复、过度使用网络导致的精神行为障碍,其后果可导致性格内向、自卑、与家人对抗及其他精神心理问题,出现心境障碍,部分来访者还会导致社交恐惧症等。网络成瘾跟赌博成瘾和酒精成瘾一样都是精神疾病,包括色情网络成瘾、网络交际成瘾、网络强迫行为(包括强迫性地参加网上赌博、网上拍卖或网上交易)、强迫信息收集(包括强迫性地从网上收集无用的、无关的或者不迫切需要的信息)和计算机成瘾(包括不可抑制地长时间玩计算机游戏)。

临床诊断标准如下:(1)对网络的使用有强烈的渴求或冲动感。(2)减少或停止上网时会出现周身不适、烦躁、易激惹、注意力不集中、睡眠障碍等戒断反应。上述戒断反应可通过使用其他类似的电子媒介(如电视、掌上游戏机等)来缓解。(3)下述5条内至少符合1条:为达到满足感或不断增加使用网络的时间和投入的程度;使用网络的开始、结束及持续时间难以控制,经多次努力后均未成功;固执使用网络而不顾其明显的危害性后果,即使知道网络使用的危害仍然难以停止;因使用网络而减少或放弃了其他兴趣、娱乐或社交活动;将使用网络作为一种逃避问题或缓解不良情绪的途径。这一标准严格按照CCMD的模式列出,突出戒断症状表现并以之作为核心标准,附属条件以行为表现为标准,具有较好的医学诊断学价值。

(三)与网络成瘾相关的概念

1. 病理性网络使用

金伯莉·扬(Kimberly Young)从DSM-Ⅵ对病理性赌博的判断标准中发

展出病理性网络使用(pathological internet use)的概念,这是一种多维度的综合征,包括认知和行为的诸多症状,这些症状可能导致如社会退缩、逃学、孤独、抑郁等社会性、学业、健康等方面的消极后果(Caplan, 2005;Davis, 2001)。网络成瘾和药物成瘾的不同在于,网络成瘾更像是一种冲动控制障碍(Suler, 2004)。

2. 网络成瘾障碍

戈德堡(Ivan Goldberg)借用 DSM-Ⅵ中关于药物成瘾的判断标准,1995年提出网络成瘾障碍(internet addiction disorder)的概念(Gackenbach, 1998),其主要是作为一种应对机制的行为成瘾,是一种缓解压力的方式。戈德堡给出确定网络成瘾障碍的六项标准,这六项标准与扬的量表有很多重合。

一般认为,这六项是网络成瘾障碍的核心因素:(1)突显性(salience),互联网使用占据了用户的思维与行为活动的中心;(2)耐受性(tolerance),互联网用户为获得满足感不断增加上网时间与投入程度;(3)戒断症状(withdrawal symptom),停止互联网使用会产生不良的生理反应与负性情绪;(4)冲突性(conflict),互联网使用与日常的活动或人际交往发生冲突;(5)复发性(relapse),尽管对互联网成瘾进行控制与治疗,但成瘾行为还是反复发作;(6)心境改变(mood alteration),使用互联网来改变消极的心境。

3. 网络行为依赖

霍尔和帕森斯(Hall & Parsons,2001)提出另一种网络相关障碍的概念——网络行为依赖(internet behavior dependent),并发症包括意志消沉、冲动控制障碍和低自尊。他们认为,网络的过度使用弥补了现实生活中满意感的缺失,是普通人生活中都有可能遇到并需要克服的问题。他们认为,网络行为依赖仅是一种适应不良的认知应对,可以通过基本的认知行为干预加以矫正。

三、网络成瘾的测评工具

(一)标准参照测量

1. 网络成瘾测验

网络成瘾测验(Internet Addiction Test,简称 IAT),由扬(Young,1996)根据病理性赌博的诊断标准修订编制而成,共 20 个自评式问题,以判断是否达到病理性网络使用的程度。每个问题按 5 等级评分,被试总分达到 45 分及以上,就可以判断其达到病理性网络使用的程度,总分达到 80 分及以上,就可判断其病理性网络使用的程度相当严重。后来,扬(Young,1998)将其改为 8 道题并称之为网络成瘾诊断问卷(Internet Addiction Diagnostic Questionnaire,简称 IADQ),被试只要有 5 题回答"是",并排除其他精神疾病,就可诊断为网络成瘾障碍。

网络成瘾诊断问卷项目较少,简单易操作(见表 7-10)。量表方法学上存在缺陷,诊断标准在科学性、应用性及针对性都有不足的地方,表现为:(1)测量工具的名称和题项都能让被试清楚知道这些量表要测的是什么。(2)题项不具有预测性,只是定性描述,对病态症状的简单罗列;(3)该问卷有 8 个题项,其中 5 个题项被给予肯定回答,就被诊断为网络成瘾。这一分界点的划分缺乏充分根据。(4)网络成瘾的测量工具未按严格的心理测量学程序来编制,量表的科学性值得怀疑。该量表由《精神障碍诊断与统计手册》中有关赌博成瘾的评定标准直接转化而来的,是否能够鉴别网络成瘾备受争议。如格罗霍尔(Grohol,1999)怀疑网络成瘾诊断问卷的效度,他认为网络成瘾和病理性赌博是两个完全不同的概念,两者有某些相似,但仍缺乏充分的理由将两者等同起来,更不能以此为依据来编制测量工具,同时该量表至今没有信度、效度和常模等统计指标。此外,该量表即使能鉴别个体是否患有网络成瘾,也不能进一步鉴别网络成瘾类型。(5)东西方文化经济等差异,网络成瘾行为的鉴别标准在中国和西方存在一定差异,直接运用来评估中国青少年网络心理可能不太合适。

表 7-10　网络成瘾诊断问卷(Young,1998)

1. 你是否沉溺于互联网?
2. 你是否需要通过逐次增加上网时间以获得满足感?
3. 你是否经常不能抵制上网的诱惑和很难下网?
4. 停止使用互联网时你是否会产生消极的情绪体验和不良的生理反应?
5. 每次上网实际所花的时间是否都比原定时间要长?
6. 上网是否已经对你的人际关系、工作、教育和职业造成负面影响?
7. 你是否对家人朋友和心理咨询人员隐瞒了上网的真实时间和费用?
8. 你是否将上网作为逃避问题和排遣消极情绪的一种方式?

2. 一般病理性网络使用量表

一般病理性网络使用量表(Generalized Pathological Internet Use

Scale,简称 GPIUS),由卡普兰(Caplan,2002)编制,中文版由李欢欢等修订,量表共 27 个条目,包括过度使用、网络渴求、社交认知和收益、功能损害、心境转换和网络社交 6 个维度。量表采用利克特五点评分。"1"表示"完全不符合","5"表示"完全符合"。量表得分＞73,表明个体存在网络社交成瘾倾向,分数越高,成瘾倾向越明显。

3. 戴维斯在线认知量表

戴维斯在线认知量表(Davis Online Cognition Scale),为利克特七点自陈量表,包括弱化的冲动控制(9 个项目)、孤独/抑郁(6 个项目)、社会舒适度(14 个项目)和分心/逃避(7 个项目)4 个分量表,共计 36 个项目。要求被试根据自己的实际情况对各个项目的陈述从 1 分("完全不符合自己的实情况")至 7 分("完全符合自己的实际情况")进行评价。如果被试测出的总分超过 100 或任一维度上的得分达到或超过 24,则认为是网络成瘾。

该量表的改进之处在于:(1) 量表的名称未明确告诉被试要测的内容;(2) 题项不是对网络成瘾病态症状的简单罗列,要测量的是被试的思维过程(即认知)而不是行为表现,量表具有一定的预测性。初步研究表明,戴维斯在线认知量表有较好的效度,尚待更加严格的信度、效度检验。

4. 网络成瘾量表和网络游戏成瘾量表

网络成瘾量表和网络游戏成瘾量表,由崔丽娟和赵鑫(2004)编制,用安戈夫方法界定网络成瘾和网络游戏成瘾的标准。网络成瘾量表共有 12 个项目,回答"是"计 1 分,回答"否"计 0 分,界定分数为 8,即受试者在 12 个项目中,由 8 个作出肯定回答即被界定为网络成瘾。网络游戏成瘾量表,根据 DSM-Ⅳ中的赌博成瘾标准和扬的 8 项标准、戈德堡的 6 项标准等成瘾量表,结合长期对该青少年群体接触与研究的经验,编写了 32 道题目,请网络游戏成瘾专家组对该量表进行修订,最终保留 10 个项目,回答"是"计 1 分,回答"否"计 0 分,界定分数为 7,即受试者在 10 个项目中,由 7 个作出肯定回答即被界定为网络游戏成瘾,该量表的内部一致性系数为 0.813。即使上网者没有达到量表的界定分数,但如果在网络或网络游戏使用中出现以下选项,就应引起重视,上网者很可能进入成瘾临界点。(1) 网络使用过程中,经常不能抵制上网的诱惑,一旦上网很难下来;每次上网实际所花的时间都比原定时间要长;长期希望或经过多次努力减少上网时间,但未成功。

(2) 网络游戏使用中,多次努力去控制、减少或停止玩游戏,但都失败;需要不断打破纪录(或过关)来取得向往的兴奋(或想成为高手或游戏中的强者);当没有打破纪录(或者没过关时)时,总希望再来一次,以实现突破。

(二) 常模参照测量

1. 青少年病理性互联网使用量表

青少年病理性互联网使用量表(Adolescent Pathological Internet Use Scale,简称 APIUS),由雷雳和杨洋(2007)参照国内外研究并结合我国青少年的实际情况编制。APIUS 有 38 条目,5 级评分,6 个维度构成:突显性、耐受性、强迫性上网/戒断症状、心境改变、社交抚慰、消极后果。APIUS 显示了良好的信度、效度指标,可作为我国青少年病理性互联网使用的测量工具。不足之处是 APIUS 被试样本均来自北京地区,是否适用于其他地区,相应的信度、效度还需要后续研究的进一步支持。

2. 中文网络成瘾量表

中文网络成瘾量表(CIAS),由陈淑惠 2003 年编制,该量表综合《精神障碍诊断与统计手册》的各种成瘾标准及临床个案的观察,依循传统成瘾症诊断模式,侧重心理层面,以大学生为样本。CIAS 包含网络成瘾耐受性、强迫性上网行为、网络退瘾症状、网络成瘾相关问题等 4 个维度。共 26 个题项,是一种 4 级自陈量表。总分代表个人网络成瘾的程度,分数越高,表明网络成瘾倾向越高。初步研究表明,该量表具有良好的信度和效度,全量表内部一致性为 0.92。

量表包含五个诊断标准:(1) 强迫性上网行为,为一种难以自拔的上网渴望与冲动;(2) 戒断行为与退瘾反应,指如果突然被迫离开电脑,容易出现挫败的情绪反应;(3) 网络成瘾耐受性,指随着网络使用的经验程度的增加,原先上网得到的乐趣与满足感,必须通过更多的网络内容或更长久的上网时间,才能得到与原先相当程度的满足;(4) 人际及健康问题,因滞留网上时间太长,忽略原有的家居和社交生活,和家人朋友疏远,耽误工作或学业,为掩饰自己的上网行为而说谎,身体出现不适反应;(5) 时间管理问题。

从编制者的文化背景来看,该量表在中国使用可能更合适。但该量表也有明显的缺陷,那就是量表仍然未脱离一般成瘾行为的鉴别模式,对网络成瘾的特性研究不够,因而在因素结构及题项上模仿痕迹过浓。

本 章 小 结

青春期问题在青春期的发生率高于其他时期,主要包括进食障碍、自伤与自杀、网络成瘾。进食障碍包括神经性厌食症和神经性贪食症,本章介绍了进食障碍的病因学知识,比较了进食障碍的三个分类诊断标准。进食障碍的评估工具包括临床访谈、家庭评估、医学检查。

对儿童青少年自伤的危险因素目前了解不多,自伤者的意图多数不是为了结束生命,不过,自伤者在故意自伤之后一年内的自杀率远远高出普通人群。自杀有迹可循,对高危人群进行自杀风险评估,及时进行危机干预可能预防自杀。临床上通常采用临床访谈、评定量表法和投射测验进行自杀风险评估。

网络对青少年的影响有积极的一面,也有消极的一面。网络成瘾是一种新型成瘾现象,但其判断标准有争议,国内的诊断标准有多个。测评工具中的量表有待进一步研究检验。

推荐阅读

Fairburn, C. & Brownell, K. (2001). *Eating disorders and obesity: A comprehensive handbook*. Guilford Press, London.

Hawton, K. E. & van Heeringen, K. (2000). *The international handbook of suicide and attempted suicide*. John Wiley, Chichester.

崔丽娟(2005).青少年网络成瘾的界定、特性和预防研究[D].上海:华东师范大学,博士学位论文.

徐娟,于红军,张德兰,姚聪燕(2010).青少年网络成瘾的心理干预[M].北京:化学工业出版社.

第八章　焦虑与抑郁情绪评估

本章导引

1. 心理咨询中如何对待情绪问题？
2. 情绪状态如何表现？正常情绪与异常情绪如何区分？
3. 评估焦虑、社交焦虑、强迫症状和抑郁症状的工具有哪些？

一般说来，焦虑是正常人常见的情绪反应之一，正常个体都体验过不同程度的焦虑，一种伴有生理唤醒的不愉快的紧张感，或处于疑虑或对事物不祥预感的状态。人们为生活中的诸多事情感到焦虑，一定程度的焦虑是维持个体警觉性、促进躯体的代谢活动、维持基本的精神活动的重要因素，是个体安全需要的体现，在对当前或未来状况、预期目标、不熟悉目标、物体、场景不确定时发生。轻度焦虑在人类发展和种族延续当中起了重要作用。

抑郁可称为悲伤或悲痛，是对丧失或不幸遭遇的一种正常反应。目前，从正常的抑郁情绪到病理性抑郁存在不同的认识。一些研究者认为从正常抑郁过渡到病理性抑郁是一个连续谱系，是一个由量变到质变的过程。精神病学将正常的抑郁与病理性抑郁视为两种不同的情绪状态，两者不是一个连续谱系，出现病理性抑郁具有不同的原因。

心理咨询在很大程度上帮助处理来访者的焦虑、抑郁等情绪问题。异常的情绪状态可见于所有的心理障碍，是心境障碍和焦虑障碍的核心特征，常见于进食障碍、物质滥用、精神分裂症等。病理性焦虑、抑郁的判定对于心理咨询非常重要。本章主要介绍焦虑障碍（按 DSM-Ⅳ 分类而言）、抑郁障碍及轻微的没严重到符合诊断标准的情绪问题。

第一节　情绪问题概述

咨询过程中情绪问题并没有得到足够重视。理性情绪行为疗法强调认知，忽略情绪。埃利斯（Ellis，2005）认为，情绪可通过改变认知及行为而得以改变。贝克（Beck，1996）提升了认知治疗中情绪的重要性，沃沃和格林伯格（Warwar & Greenberg，2000）认为情绪起着适应性生存的作用，满足人们的基本需求，赋予生命个人意义。格林伯格和佩维厄（Greenberg & Paivio，1997）提出，心理咨询过程中运用情绪的三个阶段：第一个阶段是联结（bonding），包括情绪确认，让来访者评估自己的情绪；第二阶段是唤醒（evoking），激活与咨询问题有关的情绪表达，探索和区分不同的情绪表达，如主要情绪、需要与思维之间的关系；第三阶段是重构（restructuring），修通不良的情绪及错误的自我知觉，重建适应性情绪与积极的自我概念。

一、情绪问题

（一）情绪平衡理论

迈克尔·S. 奈斯图尔（Michael S. Nystul，2002）基于米纽钦（Minuchin，1974）早期的情绪理论，提出情绪平衡理论。情绪平衡的特征是人与人之间有清晰的界限、自治、亲密及适度的联系和凝聚力，人们以最佳的心理机能与他人保持情绪交往，是健康的情绪状态。他把情绪当作连续的统一体来进行说明，一端为情绪疏离（emotional disengagement），中间是情绪平衡，另一端为情绪陷入（emotional enmeshment）。情绪疏离的特征是高度的独立与分离，一个人不想与任何其他人保持任何形式的关系，如叛逆的青春期孩子宣称与父母脱离关系；情绪陷入的特征是人与人之间界限松散，缺乏个体化，干扰人们的有效交往能力，常出现在强调纪律时，父母的情绪破坏了孩子的选择与责任，如母亲对不服从的孩子进行最后通牒，结果可能让孩子从对自己行为负责感转移到认为母亲不可理喻。

当然，将情绪理论融入心理咨询过程有待进一步的研究与发展。

（二）异常的情绪状态

异常的情绪状态表现为三种方式。

1. 性质发生改变

焦虑、抑郁、情绪高涨、易激惹和愤怒。这些改变可能与生活事件相关，也可能无关。异常的情绪性质改变常伴其他症状和征象，如焦虑伴自主神经亢进心慌、出汗，抑郁伴悲观的先占观念和精神运动性迟缓。

2. 情绪波动方式改变

在异常情况下，波动超过或低于正常水平。波动增大称为心境不稳，波动非常大时称情绪失禁，波动微弱时称为情感平淡或迟钝。这种症状常见于抑郁症和精神分裂症。

3. 情绪不协调

情绪变化与个体的处境不一致，称为不协调。

（三）常见的异常情绪

1. 病理性焦虑

当焦虑的严重程度与现实处境不相称，或持续时间较长，即当焦虑不是针对环境变化而出现的反应时，焦虑成为病态，表现出过分或不适应反应的心理障碍称为焦虑障碍。

病理性焦虑与正常焦虑的界限表现在四个方面：（1）程度上，焦虑情绪强度无现实基础或与现实的威胁明显不相称持续存在；（2）时间上，超过所处群体面对同样刺激出现反应的持续时间；（3）认知上，个体感到自身焦虑出现的不合理性，感到缺乏应对的能力；（4）体验上，个体为焦虑的出现感到痛苦。

2. 病理性抑郁

如果抑郁与遭受的不幸不成比例或持续过久，则为异常。

病理性抑郁的表现主要包括：（1）迟缓，指思维和言语缓慢，注意力难以集中，主动性减退。（2）躯体性焦虑，指焦虑的生理症状，包括口干、腹胀、腹泻、打嗝、腹绞痛、心悸、头痛、过度换气和叹息，以及尿频和出汗等。（3）性症状，指性欲减退、月经紊乱等。（4）人格解体或现实解体，指非真实感或虚无妄想。（5）强迫症状，指强迫思维和强迫行为。

二、轻微的情绪问题

在这里,轻微的情绪问题主要指混合性焦虑和抑郁障碍。

心理咨询中,常有来访者可能到过医院看一些轻微疼痛或痛苦,医生诊断没有发现身体原因,作心理评估发现这些人有典型的焦虑与抑郁症状,不过没严重到诊断为焦虑障碍或心境障碍的程度。焦虑和抑郁经常一起出现,当症状轻微时,重叠最多,其构成比为52％,症状严重到可诊断为心理障碍时重叠最少,其构成比为29％(Hiller, Zaudig, & Bose, 1989)。

津巴格和莫尔曼(Zinbarg & Mohlman, 1998)在全世界7个不同城市同时进行研究,结果显示,那些表现出焦虑及抑郁症状,但没有达到对焦虑障碍或心境障碍诊断标准的人是初级医疗机构的常客,他们在职业与社会功能表现上经历实质性损伤,并体验了很强的痛苦,他们的情绪与行为症状属于负性情感包括难以睡眠及不能集中注意等行为问题,但这些症状只是焦虑障碍或心境障碍的一部分,不属于其中任何一种。焦虑和抑郁同时出现的原因包括:(1) 两者有共同的易感因素。布朗和哈里斯(Brown & Harris, 1993)报道幼年的不幸与成年期的混合性焦虑和抑郁障碍均有关。(2) 有些应激事件同时具有丧失和威胁特征,威胁与焦虑有关,丧失与抑郁有关。(3) 持续性焦虑导致继发性抑郁。随访研究发现,持续性焦虑来访者出现抑郁比持续性抑郁来访者出现焦虑更多见。

当焦虑和抑郁症状的严重程度不足以诊断为焦虑障碍、抑郁障碍时,一般诊断为:(1) 轻型情感障碍(minor affective disorder)。(2) 混合性焦虑和抑郁障碍。ICD-10的作者意识到这种现象在世界范围很普遍,创建了"焦虑—抑郁混合状态"这一新类别,但没有给出具体定义,也没有给出诊断标准(见表8-1)。由于这一类别非常新,还没有结构效度的其他重要标准如病程、对治疗的反应,在家庭成员中的聚集程度等,同时无法证明诊断的信度或预期效度。DSM-Ⅳ的主要分类中没有此类别,而是将其列入尚待深入研究的分类中。(3) 适应障碍。当轻度的焦虑和抑郁症状与生活环境改变有关时,应诊断为适应障碍。

混合性焦虑和抑郁障碍的预后不太清楚,在对初级医疗机构的评估中发现,有14.4％的患者主要表现为焦虑和抑郁,并具有很高的风险发展成更为严重的焦虑障碍或心境障碍。一项大型研究发现,与正常对照组、慢性身

表 8 - 1　混合性焦虑和抑郁障碍的 ICD - 10 描述

　　如果同时存在焦虑和抑郁障碍，但两组症状分别考虑时均不足以符合相应的诊断，应采用这一混合性类别。若严重焦虑伴以程度较轻的抑郁，则采用焦虑或恐惧障碍的其他类别。若抑郁和焦虑综合征均存在，且各自足以符合相应的诊断，不应采用这一类别，而应记录两个障碍的诊断。若只能作一个诊断，应优先考虑抑郁。必须存在一些自主神经症状（颤抖、心悸、口干、胃部搅动感），哪怕间歇存在也行。若只存在烦恼或过度担心，而没有自主神经症状，不应诊断本类别。如果符合本障碍标准症状的出现与明显的生活改变和应激性生活事件密切相关，应采用F43.2适应障碍的类别。

　　有这类相对较轻的混合症状的患者多见于初级保健机构，而更多的病例则存在于一般人群中，大部分人终生都不会就诊于医院或精神科。

　　包含：焦虑抑郁（轻度或非持续性的）。不含：持续性焦虑抑郁（恶劣心境）（F34.1）。

体疾病来访者相比，报告焦虑、轻微抑郁者在很多方面受到了损伤，在身体及社会功能方面表现出问题，不能上班，干扰了在家庭中的表现，慢性身体疾病来访者情况更严重。这些病例在诊所及家庭医生处大量出现，已经给美国的健康保健系统（health-care system）造成了巨大的负担（Wells et al.，1989）。

第二节　广泛性焦虑障碍的评估

　　19世纪，焦虑障碍、分离性障碍和躯体形式障碍被一起归类为神经症，是神经系统的疾病。20世纪初，弗洛伊德认为，神经症行为均是个体试图对焦虑进行自我防御的表现。弗洛伊德观点被普遍接受，作为分类系统的依据。随着精神病医生对神经症认识的深化，神经症这一概念发生一系列的演变，演变的总趋势是神经症内涵变得越来越深。DSM 分类中 DSM - Ⅲ（1980）取消神经症这一概念，DSM - Ⅳ 中焦虑障碍指与压力有关的障碍，包括恐惧障碍、强迫障碍、惊恐障碍、广泛性焦虑障碍，每种焦虑障碍代表了对特定的或弥散性焦虑成因的不同反应。

　　ICD - 9(1978)中神经症是一大类，ICD - 10(1992)对神经症的分类作了大调整，抛弃神经症这一概念，改为神经症性障碍、应激相关障碍、躯体形式障碍。神经症性障碍包括恐惧障碍、其他焦虑障碍（包括惊恐障碍、广泛性焦虑障碍）、强迫障碍。强迫障碍独立列出。

CCMD-3(2001)保留神经症的分类,将癔症、应激相关障碍、神经症归在一类。CCMD-3中神经症一组主要表现为焦虑、抑郁、恐惧、强迫、疑病症状或神经衰弱症状。神经症有一定的人格基础,起病常受心理社会(环境)因素影响。症状没有可证实的器质性病变作基础,与患者的现实处境不相称,但患者对存在的症状感到痛苦和无能为力,自知力完整或基本完整,病程多迁延。各种神经症性症状或其组合可见于感染、中毒、内脏、内分泌或代谢和脑器质性疾病,称神经症样综合征。CCMD-3中焦虑障碍按发作性(恐惧障碍、惊恐障碍)和持续性(广泛性焦虑)划分,强迫障碍虽有明显焦虑情绪,但强迫症状是其核心症状,单列,从属神经症。

广泛性焦虑障碍(generalized anxiety disorder)是一种持续的焦虑,不受任何特定环境限制或因环境而加重。在一些具体的焦虑障碍(恐惧症、强迫症、创伤后应激障碍等)的发病期间,也会出现广泛性焦虑障碍的症状。一些基本的生理躯体症状,比如紧张、发抖、肌肉紧张、出汗、头重脚轻、心悸、头晕、上腹不适等症状,在各种焦虑障碍的来访者身上都会或多或少地出现。

一、广泛性焦虑障碍的病因学知识

(一)广泛性焦虑障碍的流行病学特征

由于调查使用的诊断标准不同,以及是否使用临床有意义的标准,广泛性焦虑障碍的发病率和患病率不同。估计年患病率3%,终身患病率4%—5%,女性比男性高。美国国家共病调查采用临床意义的标准发现,患病率为2.8%(Narrow et al., 2002)。非洲采用DSM-Ⅳ诊断标准,广泛性焦虑障碍加权患病率为3.7%(Bhagwanjee et al., 1998)。

广泛性焦虑障碍是一种稳定的障碍,一般起病童年和青少年,之后会伴随一生(Rapee,1991),大约80%的来访者报告终生感到担忧或焦虑(Butler et al., 1991)。美国终生患广泛性焦虑障碍的人群占总人口5%(American Psychiatric Association,2000; Sheehan & Mao,2003)。

(二)广泛性焦虑障碍的病因

1. 应激事件

威胁性的应激事件与焦虑障碍有关(Finlay-Jones & Brown,1981)。流行病学研究发现,1年内遭遇4件以上应激生活事件的男性符合广泛性焦虑障碍诊断标准的是遭遇3件应激生活事件男性的8倍(Blazer et al.,1991)。

2. 生物因素

其一,遗传因素。诺伊斯(Noyes,1992)报道,广泛性焦虑障碍来访者一级亲属的广泛性焦虑障碍发病率为19.5%,远高于一般人群的患病率。

其二,神经生理因素。广泛性焦虑障碍的神经生理机制与正常焦虑的机制相同。这些机制很复杂,涉及数个系统和若干神经递质。杏仁核接受感觉信息,这些信息来自丘脑、躯体感觉皮质和扣带回皮质。海马将恐惧性记忆与相关现实联系,对焦虑的调节具有重要作用。这些机制被破坏,可导致非威胁性刺激的过度泛化。广泛性焦虑障碍来访者扣带回、前额叶皮层、颞前皮层脑区活动增高,但这些变化的功能意义尚不清楚。

神经递质方面,起源于蓝斑核的去甲肾上腺素、肾上腺素增强警觉性和焦虑,起源于中封核的5-羟色胺,有些起抑制作用,有些导致焦虑。动物研究发现,杏仁核5-羟色胺含量多会增强焦虑,尤其是预期焦虑;中脑导水管周围灰质5-羟色胺增加减轻惊恐发生。广泛分布的γ-氨基丁酸受体有抑制作用,与苯二氮䓬结合位点有关,苯二氮䓬类拮抗剂诱发惊恐来访者的惊恐发作。女性黄体激素会影响5-羟色胺、γ-氨基丁酸,月经前后焦虑症状严重,同时黄体会导致轻微、慢性换气过度,增加惊恐发作来访者的呼吸困难主观感受。上述机制可能参与广泛性焦虑障碍的形成,但相关研究比较少。

3. 早年经验

实证研究发现,早年负性体验的女性广泛性焦虑障碍(包括广场恐惧障碍、抑郁障碍,单纯恐惧症除外)发病率高(Brown & Harris,1993);17岁前与母亲分离的女性,广泛性焦虑障碍(和其他精神障碍)的患病率更高。

精神分析理论认为,焦虑来自内心冲突,当自我被任何一种刺激压制时,焦虑通过未经修饰的防御机制体验到。这些刺激包括:外部世界(现实性焦虑);自我的本能,包括爱、愤怒和性(神经质性焦虑);超我(道德性焦虑)。广泛性焦虑障碍中,自我被压制是幼年成长的失败使其受到削弱。分离和丧失可能是失败的重要原因(Bowlby,1969),儿童通过与父母的安全关系来克服这种焦虑。如果得不到这种安全感,成年分离时容易出现焦虑。弗洛伊德认为,童年后期,焦虑与父亲的竞争有关,称俄狄浦斯冲突,未能成功渡过这一阶段,是成年容易出现焦虑的另一原因。这些理论未得到科学研究证实。

4. 人格

焦虑症状与神经质有关,广泛性焦虑障碍见于回避型人格障碍来访者,也见于其他人格障碍来访者。

二、广泛性焦虑障碍的诊断标准

广泛性焦虑障碍与正常焦虑之间没有明显的分界线,症状范围和持续时间不同,但症状范围和持续时间的诊断标准具有随意性。

(一) 广泛性焦虑障碍的分类诊断标准

1. CCMD-3 神经症诊断标准(见表 8-2)

表 8-2 CCMD-3 神经症(编码:43)诊断标准

【症状标准】至少有下列 1 项:① 恐惧;② 强迫症状;③ 惊恐发作;④ 焦虑;⑤ 躯体形式症状;⑥ 躯体化症状;⑦ 疑病症状;⑧ 神经衰弱症状。
【严重标准】社会功能受损或无法摆脱的精神痛苦,促使其主动求医。
【病程标准】符合症状标准至少已 3 个月,惊恐障碍另有规定。
【排除标准】排除器质性精神障碍、精神活性物质与非成瘾物质所致精神障碍、各种精神病性障碍,如精神分裂症、偏执性精神病及心境障碍等。

2. CCMD-3、ICD-10 与 DSM-Ⅳ 广泛性焦虑障碍诊断标准(见表 8-3、表 8-4、表 8-5)

表 8-3 CCMD-3 广泛性焦虑障碍(编码:43.22)诊断标准

指一种以缺乏明确对象和具体内容的提心吊胆,及紧张不安为主的焦虑症,并有显著的自主神经症状、肌肉紧张,及运动性不安。患者因难以忍受又无法解脱而感到痛苦。
【症状标准】
(1) 符合神经症的诊断标准。
(2) 以持续的原发性焦虑症状为主,并符合下列 2 项:
① 经常或持续的无明确对象和固定内容的恐惧或提心吊胆;
② 伴自主神经症状或运动性不安。
【严重标准】社会功能受损,患者因难以忍受又无法解脱而感到痛苦。
【病程标准】符合症状标准至少已 6 个月。
【排除标准】
(1) 排除甲状腺功能亢进、高血压、冠心病等躯体疾病的继发性焦虑。
(2) 排除兴奋药物过量、催眠镇静药物,或抗焦虑药的戒断反应,强迫症、恐惧症、疑病症、神经衰弱、躁狂症、抑郁症或精神分裂症等伴发的焦虑。

表 8-4　ICD-10 广泛性焦虑障碍(编码 F41.1)诊断标准

1. 缺乏特定环境的广泛的持久的焦虑(如焦虑像是"自由浮动的")。
2. 主要症状包括持续的紧张、颤抖、肌紧张、出汗、头重脚轻感、心悸、头晕、消化道不适以及担心生病或出意外。
3. 排出神经衰弱。

表 8-5　DSM-Ⅳ 广泛性焦虑障碍(编码 300.02)诊断标准

1. 过分的焦虑或担心至少持续 6 个月。
2. 焦虑难以控制。
3. 以下 6 项相关症状中存在至少 3 项：坐立不安、易疲劳、注意力不集中、易激惹、肌紧张和睡眠障碍。
4. 排除其他特殊性焦虑障碍或躯体形式障碍的焦虑。
5. 症状导致严重功能损害。
6. 症状并非物质(如药物滥用)或躯体疾病引起(如甲状腺功能亢进等)。

3. CCMD-3、ICD-10 与 DSM-Ⅳ 广泛性焦虑障碍诊断标准比较

三个诊断标准都强调病情的原发性特征，都意识到广泛性焦虑障碍是一种不同于其他焦虑障碍的独立障碍。

三个诊断标准也存在以下不同：(1) DSM-Ⅳ 要求的核心特征是担忧，三个诊断标准中表述最合理、最准确，ICD-10 没有。(2) 病程方面，DSM-Ⅳ、CCMD-3 要求病程至少在六个月以上，ICD-10 的临床标准比较灵活，病程不定，至少数周内的大多数时间，通常数月。(3) DSM-Ⅳ 与 CCMD-3 强调社会功能受损，CCMD-3 偏重来访者的主观痛苦感。(4) 三者都涉及躯体症状，ICD-10 标准中 2 项躯体症状，如有运动性紧张(坐立不安、头痛、颤抖等)、自主神经活动亢进(出汗、心动过速、呼吸急促、腹部不适等)，DSM-Ⅳ 仅 6 项。(5) ICD-10 中，如果符合抑郁障碍、恐惧性焦虑障碍、惊恐障碍、强迫障碍，就不诊断为广泛性焦虑障碍；DSM-Ⅳ 中，核心症状担忧出现在恐惧性焦虑障碍、惊恐障碍、强迫障碍中，可同时诊断为广泛性焦虑障碍。故广泛性焦虑障碍与其他焦虑障碍共病很常见，广泛性焦虑障碍中 23% 有社交焦虑障碍，21% 恐惧障碍、11% 惊恐障碍(Brawman-Mintzer et al.，1993)。(6) ICD-10 中，如果符合抑郁障碍，诊断为混合性焦虑和抑郁障碍。DSM-Ⅳ 没此分类，分别作出两个诊断。

(二)广泛性焦虑障碍的相关概念

1. 焦虑组成

焦虑组成包括：(1) 心理性症状，如恐惧和提心吊胆，惶惶不可终日，伴

有紧张不安、注意力狭窄(专注于危险源)、烦恼的念头、警觉性增高(有失眠)、易激惹等。(2)躯体症状,运动系统如震颤(肌张力增高)、运动性不安(肢体的小动作、坐立不安、活动增多、行为总是有始无终)、乏力,自主神经症状如口干、出汗、躯体发冷或发热、厌食、腹胀、便秘或腹泻、尿频、心悸、呼吸困难或憋气感等,呼吸系统症状如呼吸加快、胸部紧缩感、呼吸困难等。(3)体征,如面容紧张、皱眉、姿态僵硬、坐立不安,可能发抖,皮肤苍白,手脚出汗。(4)实验室检查发现,有生命体征的改变(心率、呼吸、血压)、心电图和脑电图的改变、生化和内分泌指标的改变。(5)对危险的回避,恐惧症对特定对象或场景的一种持续性、不合理的害怕。害怕与客观威胁不成比例,个体能认识到这一点。

2. 与抑郁障碍鉴别

焦虑是抑郁障碍的常见症状,广泛性焦虑障碍也包括一些抑郁症状。通常根据这两种症状的严重程度和出现时间的先后顺序,作出诊断。必要时可从家属或知情人获取这两方面的信息。重性抑郁障碍的激越型易被误诊为广泛性焦虑障碍,常规询问焦虑来访者的抑郁症状包括抑郁思维,必要时包括自杀观念,可避免这类错误。抑郁障碍通常早晨比较严重,焦虑在早晨严重提示抑郁障碍。

3. 与躯体疾病鉴别

广泛性焦虑障碍可能被误诊为躯体疾病,心悸、头痛、尿频和腹部不适都可能是焦虑的原发主诉,大量的体格检查可能加重来访者的焦虑。正确的诊断需要系统询问来访者的其他症状,各症状开始的先后顺序。

有时候,躯体症状也可能被误诊为焦虑障碍的症状。当没有明显的焦虑心理原因或既往没有焦虑障碍病史,应考虑躯体疾病。

三、广泛性焦虑障碍的测评工具

在心理咨询门诊或精神科,常用的评价焦虑状态及其严重程度的方法有自评法和他评法,但这些量表对广泛性焦虑障碍的鉴别诊断效果不佳。目前,国外有心理学家基于认知学派理论,编制了评估广泛性焦虑障碍的问卷,将担心和元担心作为核心内容,是鉴别广泛性焦虑障碍的良好工具。

(一) 焦虑自评量表

1. 焦虑自评量表

焦虑自评量表(Self-Rating Anxiety Scale,简称 SAS),由扎格(Zung,1971)编制,20 条症状,4 级评分,适用于具有焦虑症状的成年人。国外研究认为,焦虑自评量表能够较好地反映有焦虑倾向的求助者的主观感受。焦虑自评量表常用于心理咨询门诊、精神科门诊或住院患者,但无鉴别诊断神经症类型,无判断焦虑严重性的作用。

2. 状态—特质焦虑问卷

状态—特质焦虑问卷(State-Trait Anxiety Inventory,简称STAI),由施皮尔贝格尔(Charles Spielberger)等人编制,首版 1970 年问世,1983 年修订,1988 年译成中文。适用于具有焦虑症状的成年人,用于区分短暂的焦虑情绪与人格特质性焦虑倾向。STAI包括状态焦虑问卷(S‐AI)和特质焦虑问卷(T‐AI) 两个分量表,各有 20 项。S‐AI 总分反映受试者当前焦虑症状的严重程度;T‐AI 总分反映受试者一贯的或平时的焦虑情况。

3. 贝克焦虑量表

贝克焦虑量表(Beck Anxiety Inventory,简称 BAI),由贝克(Aaron T. Beck)等人 1985 年编制,主要评定受试者为焦虑症状的烦恼程度。共 33 题,测试时间大约 8 分钟,其总分能充分反映焦虑状态的严重程度,反映求助者近期情绪体验及治疗期间焦虑症状变化动态。适用于具有焦虑症状的成年人,在心理咨询门诊,精神科门诊或住院患者中均可应用。该量表是我国临床心理工作者常用的焦虑症状测评工具。

(二) 焦虑他评量表——汉密尔顿焦虑量表

汉密尔顿焦虑量表(Hamilton Anxiety Rating Scale,简称 HAMA),由汉密尔顿(Max Hamilton)1959 年编制,共有 14 个条目,主要对焦虑症状,包括认知和躯体症状的严重程度进行测评。第 14 项需结合观察评分,其余项目由经过训练的评定员依据来访者的主观感受和诉说进行评分,评定一次需要 15—30 分钟。是一种医生用量表,也是最经典的焦虑量表,尽管不够理想,但在所有同类量表中,使用历史最长,用得最多,临床和研究工作者最熟悉。

汉密尔顿焦虑量表用来评价焦虑状态的严重程度及其变化的特点;对躯体性焦虑的症状关注较多,对具有诊断意义的广泛性焦虑症状评价不足,不适合作为焦虑障碍的筛查和诊断工具;可区分焦虑症来访者和正常人,但不具有鉴别焦虑和抑郁障碍的功能;不大适应于评估各种精神病时的焦虑状态;对各种药物、心理干预的效果进行评估;缺乏详尽可操作性强的评分标准,在不同的单位或专业人员间评分上会有变化。

(三)广泛性焦虑障碍的评估量表

1. 宾州担忧问卷

宾州担忧问卷(Pennsylvania State Worry Questionnaire,简称PSWQ),由宾夕法尼亚州州立大学博尔科韦茨和因兹(Borkovec & Inz,1990)编制,是一个实施简易、有效测量特质焦虑(trait anxiety)的工具,特别是诊断和评估广泛性焦虑障碍来访者的担忧。问卷由16个题目组成,对病理性担忧的一般性、弥散性和非控制性等三个维度进行测量。来访者可以很方便地完成评估,分数范围为16—18。问卷体现了很好的内在一致性信度,相隔8—10周的重测信度也很理想,区分度也很好。自评与他评存在高相关。

2. 元认知问卷

元认知问卷(Meta-Cognitive Questionnaire,简称MCQ),由卡特赖特-哈顿和韦尔斯(Cartwright-Hatton & Wells,1997)编制,用来评估担忧积极与消极信念的维度和元认知过程中的个体差异。问卷有五个分量表:积极担忧信念(如"担忧可以帮助我解决处理问题");消极担忧信念(如"我担忧时我无法停止,担忧对我来说是可怕的、危险的");认知信念(如"我记忆力差");对一般惩罚、迷信和责任等主题的消极信念(如"我无法控制我的想法是我软弱无能的象征");认知自我、关注自我的想法(如"我密切关注着我自己的想法")。

问卷的α系数是0.72—0.89(n=306),所有分量表与担忧和特质焦虑都呈显著正相关。元认知问卷在"消极担忧信念","对一般惩罚、迷信和责任等主题的消极信念"这两个分量表上的得分都显著高于其他被试组(强迫症等焦虑障碍来访者、抑郁障碍来访者以及健康被试),元认知问卷能很好地鉴别广泛性焦虑障碍。

3. 焦虑思维问卷

焦虑思维问卷(Anxious Thoughts Inventory,简称AnTI),由韦尔斯(Wells,1994)编制,用于多维测量担忧倾向。对该量表各题目进行因素分析得到三个因素：(1) 社会担忧（α=0.84）；(2) 健康担忧（α=0.81）；(3) 元认知评估和元担忧（α=0.75），如"我担心我不能控制自己的想法，但是我希望我能够控制"。研究表明，元认知评估分量表的得分与宾州担忧问卷呈高相关，焦虑思维问卷也是一个很好的广泛性焦虑障碍鉴别问卷。

4. 元担忧问卷

元担忧问卷（Meta-Worry Questionnaire，简称 MWQ），由韦尔斯（Wells，2005）基于如下两个假设设计：(1) 广泛性焦虑障碍来访者的元担忧程度会明显地高于其他焦虑障碍来访者及正常人；(2) 即使Ⅰ型担忧的内容及频率被控制，广泛性焦虑障碍来访者的元担忧产生频率仍会显著地高于其他群体。问卷共有 7 个题目，全部阐述元担忧的危险性（比如"担忧将会使我发疯"，"我的担忧会使我生病"），该问卷采用两种计分方法，分别测量元担忧频率和元担忧程度。频率测量采用四级计分法（"1"从来不，"2"有时，"3"经常，"4"几乎总是）；程度测量采用百分计分法，"完全不相信这个想法"（0）到"完全相信这种想法"（100）。

元担忧问卷有良好的信度和效度，两个分量表的 α 系数都>0.88；与焦虑思维问卷的"元担忧"分量表以及元认知问卷的"消极信念"分量表都存在显著相关；路径分析表明，量表能有效地解释韦尔斯的元认知模型。

四、焦虑障碍的跨文化变异

有些文化中，焦虑障碍的症状表现更多是躯体性的，而不是心理性的。莱夫（Leff，1981）指出，这种差异与相应语言中用来描述焦虑的词汇不同这一情况相一致。非洲、东方和美国印第安语言中没有"焦虑"这个词，而是使用描述躯体功能的词语。

（一）人际关系恐惧症

人际关系恐惧症是社交焦虑障碍的变形，起源于日本，表现为社交场合中产生强烈的焦虑，有介于妄想边缘的强烈信念认为别人不喜欢自己。其他症状包括害怕身体有异味、躯体变形恐惧，不愿与别人眼神接触。

（二）神经衰弱

神经衰弱的概念经历了一系列变迁，随着医生对神经衰弱认识的变化和各种特殊综合征和亚型的区分,在许多国家,神经衰弱不用作诊断类别,DSM-Ⅲ取消了这一术语,用抑郁障碍或焦虑障碍及各种心理生理学名称。ICD-9保留了该术语,但西欧已不作"神经衰弱"诊断。在东欧、日本、印度和中国,神经衰弱是重要的诊断术语,神经衰弱在中国20世纪80年代扮演的角色与19世纪到20世纪初北美的角色相似(Kleiman,1986;凯博文,2008)。神经衰弱作为生理疾病,为个体和社会的苦恼在身体上的表现提供了合法存在的理由,规避了抑郁这类术语,后者传达了一种对社会政治和心理的异化,在20世纪80年代以前的中国,对政治不满,是不能被接受的情绪。神经衰弱很容易被传统中医吸收和同化,而且在中国具有"权威"性,认可来访者取得残疾福利的一种诊断,是提前退休、调换工作或由农村迁回城市的正当理由。

CCMD-3工作组的现场测试证明,我国对神经衰弱的诊断在明显减少。不过,CCMD-3保留了神经衰弱这一类别,排除抑郁性疾病和焦虑障碍后作出神经衰弱的诊断(诊断标准见表8-6)。按CCMD-3观点,神经衰弱是指一种以脑和躯体功能衰弱为主的神经症,以精神易兴奋却又易疲劳为特征,表现为紧张、烦恼、易激惹等情感症状,及肌肉紧张性疼痛和睡眠障碍等生理功能紊乱症状。这些症状不是继发于躯体或脑的疾病,也不是其他任何精神障碍的一部分。多缓慢起病,就诊时往往已有数月的病程,并可追溯导致长期精神紧张、疲劳的应激因素。偶有突然失眠或头痛起病,却无明显原因者。病程持续或时轻时重。

表8-6　CCMD-3神经衰弱(编码:43.5)诊断标准

【症状标准】
(1) 符合神经症的诊断标准。
(2) 以脑和躯体功能衰弱症状为主,特征是持续和令人苦恼的脑力易疲劳(如感到没有精神,自感脑子迟钝,注意不集中或不持久,记忆差,思考效率下降)和体力易疲劳,经过休息或娱乐不能恢复,并至少有下列2项:
① 情感症状,如烦恼、心情紧张、易激惹等,常与现实生活中的各种矛盾有关,感到困难重重,难以应付。可有焦虑或抑郁,但不占主导地位。
② 兴奋症状,如感到精神易兴奋(如回忆和联想增多,主要是对指向性思维感到费力,而非指向性思维却很活跃,因难以控制而感到痛苦和不快),但无言语运动增多。有时对声光很敏感。
③ 肌肉紧张性疼痛(如紧张性头痛、肢体肌肉酸痛)或头晕。
④ 睡眠障碍,如入睡困难、多梦、醒后感到不解乏,睡眠感丧失,睡眠觉醒节律紊乱。
⑤ 其他心理生理障碍,如头晕眼花、耳鸣、心慌、胸闷、腹胀、消化不良、尿频、多汗、阳痿、早泄或月经紊乱等。

(续表)

【严重标准】患者因明显感到脑和躯体功能衰弱,影响其社会功能,感到痛苦或主动求治。
【病程标准】符合症状标准至少已3个月。
【排除标准】
(1) 排除任何一种神经症亚型。
(2) 排除分裂症、抑郁症。
【说明】
(1) 神经衰弱症状若见于神经症的其他亚型,只诊断其他相应类型的神经症。
(2) 神经衰弱症状常见于各种脑器质性疾病和其他躯体疾病,此时应诊断为这些疾病的神经衰弱综合征。

笔者认为,在21世纪的中国,即使神经衰弱不再具有过去的社会效果,但由于神经衰弱病理偏重躯体症状——脑和躯体功能的衰弱,用神经衰弱的描述可能比其他障碍如焦虑或抑郁障碍,更易为中国文化所认可,被来访者及家属接受,更能获得同事与领导的同情和关心。与抑郁、焦虑障碍相比,人们更同情并接受外部压力是神经衰弱的病因,来访者更易获得领导同事实际的帮助,如减少工作量和工作时间,增加休息时间,减轻压力。焦虑障碍和抑郁障碍更易被当作个体原因导致,可能仅仅得到领导同事的一般言语上的同情。

第三节　社交焦虑障碍的评估

社交焦虑障碍(social anxiety disorder),也称社交恐惧症(social phobia),指明显而持久地害怕社交性情境或可能诱发使人感到尴尬的社交行为和活动,一旦面临社交立即产生焦虑反应,来访者能认识到这种反应是过分的和不合理的。由于对社交情境的恐惧,来访者尽量避免与人接触或非常痛苦地忍耐着与别人在一起。来访者寻找减少社交邀请的借口或置身社交场合,一旦发现自己焦虑就立即抽身离开。个体的焦虑从逃离这种负强化中得到缓解,但也使他们无法学习如何更好地适应引起焦虑的场合。潜在的社交焦虑障碍对他人的负性评价强烈恐惧。

社交焦虑障碍的典型恐惧情境包括:被介绍给别人,与上级见面,与异性会面中开始交谈时,约会,接电话,接待来访者,在被人注视的情况下写字或吃东西，公开场合讲话，上公厕，在商店与人谈价或试穿衣服。

一、社交焦虑障碍的病因学知识

（一）社交焦虑障碍的流行病学特征

美国国家共病研究报告社交焦虑障碍年患病率为7.4%，若采用临床意义的诊断标准，18—54岁的人群患病率为3.7%。寻求帮助的来访者中男女比例相同，但社区调查中女性高于男性（Kessler et al., 1994）。

（二）社交焦虑障碍的病因

1. 生物因素

遗传因素方面，社交焦虑障碍来访者的一级亲属的社交焦虑障碍（非其他焦虑障碍）发病率比一般人群高（Fyer, Mannuzza, Klein, & Liebowitz, 1993）。

社交焦虑障碍来访者在体验预期性焦虑时，右背外侧前额叶皮层、左内侧颞前皮层、左侧杏仁核—海马脑区血流增强。这种血流活动与正常人出现预期性焦虑时的情况相似，不同之处在于：正常人的杏仁核无变化，社交焦虑障碍的变化范围更大（Tilfors et al., 2001）。

典型的发病年龄在童年或青春期，常与羞怯的经历有关（USDHHS, 1999），来访者报告他们在童年时比较羞怯（Stemberger et al., 1995），羞怯代表个体在面临应激事件时，易患社交焦虑障碍的特质或倾向，一旦发展成为社交焦虑障碍，一般会呈慢性病程，持续终生。

2. 条件化

大多数社交焦虑障碍始于在与恐惧症刺激相似的环境中突然的焦虑发作，随后的恐惧症状部分是通过条件化形成的。

3. 认知因素

社交焦虑障碍来访者在社交场合感到别人会挑剔自己的不恰当观念（也称"害怕负面评价"），这种观念伴随其他几种思维方式：（1）对社交表现设立过高的标准；（2）对自己有负性信念；（3）社交场合过度监控自己的行为；（4）认为别人知道自己对自己的负性评价。

4. 安全行为模式

社交焦虑障碍来访者认为寻求保护的行为，采用所谓的安全行为模式能立即减少他们面临的威胁，如来访者害怕与人交流，社交场合中避免与他人眼神接触来减轻焦虑。不过,这些行为的后果是持续忧虑。

5. 人格障碍

人格障碍对社交焦虑障碍的现象学、病情严重程度、治疗的效果方面都有重要的影响,伴有人格障碍者比不伴有人格障碍者表现出更明显的抑郁情绪。社交焦虑障碍和人格障碍的共病率为59%—67.8%,其中与回避型人格障碍的共病率47%—60%,与回避型人格障碍发生共病的社交焦虑障碍来访者,其焦虑程度、功能受损都更严重,比与其他疾病的共病率更高。

斯坦等人(Stein et al., 1998)研究发现,广泛性社交焦虑障碍(generalized social anxiety disorder)常伴有一种以上的人格障碍,回避型人格障碍和强迫型人格障碍是其最常伴发的轴Ⅱ人格障碍诊断。也有人认为,回避型人格障碍应成为轴Ⅰ社交焦虑障碍的一部分。

二、社交焦虑障碍的诊断标准

(一) 社交焦虑障碍的分类诊断标准

1. CCMD-3、ICD-10与DSM-Ⅳ社交焦虑障碍诊断标准(见表8-7、表8-8、表8-9)

表8-7 CCMD-3社交焦虑障碍(编码:43.12)诊断标准

(1) 符合恐惧症的诊断标准。
(2) 害怕对象主要为社交场合(如在公共场合进食或说话、聚会、开会,或怕自己作出一些难堪的行为等)和人际接触(如在公共场合与人接触、怕与他人目光对视,或怕在与人群相对时被人审视等)。
(3) 常伴有自我评价低和害怕批评。
(4) 排除其他恐惧障碍。

表8-8 ICD-10(编码 F40.1)社交焦虑障碍诊断标准

1. 中心症状围绕着害怕在小集体中被人注视,通常导致对社交场合的回避。通常有自我评价低和害怕批评。可有脸红、手抖、恶心或尿急的主诉,症状可发展至惊恐发作。
2. 对害怕的场合回避或痛苦忍受,回避必须是突出特征,极端情况下可引起完全的社会隔离。
3. 焦虑局限于或主要发生在特定的社交场所如在公共场所进食、公开讲话、与异性接触等,也可以泛化成几乎所有社交场所。
4. 如果区分社交焦虑障碍与广场恐惧十分困难,应予优先诊断广场恐惧。

表 8-9　DSM-Ⅳ社交焦虑障碍(编码 300.23)诊断标准

1. 对暴露在生人面前或有可能被众人注视的一种或多种社交或职业场合感到明显和持久的害怕。害怕会作出令人难堪或窘迫的行为。
2. 处于所害怕的社交场合不可避免地会产生焦虑,可能发生惊恐发作。
3. 认识到这种害怕是过分的或不合理的。
4. 对所恐惧的场合设法回避、预期的焦虑或痛苦烦恼,显著干扰了个人的正常日常生活、职业(或学业)或社交活动及关系。

2. CCMD-3、ICD-10 与 DSM-Ⅳ社交焦虑障碍诊断标准比较

三个诊断标准要求类似,都强调社交焦虑障碍与正常害羞的区别是痛苦体验的强度和认识到害怕过分且无理由,诊断标准还有助于社交焦虑障碍与其他疾病的鉴别,三个诊断系统中社交焦虑障碍的基本特征是来访者害怕被众人注视或评价,认为别人能看出他的不自然表情或窘态,臆断别人对他的评价是否定的或蔑视的。

三个诊断系统的不同点:(1) ICD-10 更强调焦虑症状,有 2 个焦虑一般症状,与社交焦虑障碍有关的 3 个症状中的 1 个就可诊断。DSM-Ⅳ提出一个附加标准,来访者如果年龄小于 18 岁,症状必须至少持续六个月。(2) 对有大量听众(众人面前)的公开讲话的恐惧在 DSM-Ⅳ属于社交焦虑障碍;ICD-10 标准中,公众场所不属于恐惧情境,特指在小团体中害怕被注视,CCMD-3 强调人际接触。(3) DSM-Ⅳ特别指出,来访者由于职业或学业功能受损而有社会经济负担;ICD-10 提出极端情况下,会引起社会隔离;CCMD-3 则没涉及社会功能的损害。(4) ICD-10 列出了躯体症状可为主诉,起病常始于青少年期。

(二)社交焦虑障碍的相关症状

有些来访者以饮酒来减轻焦虑症状,社交焦虑障碍中酒精的误用比其他恐惧障碍中更常见。社交恐惧是酒精滥用的一个预警(Zimmermann et al.,2003)。

社交焦虑障碍与回避型人格障碍相区别,理论上,社交焦虑障碍有一个可识别的起病,病程较短,实际上鉴别有困难,因为社交焦虑障碍起病于青少年时期,对发病的确切日期回忆有困难,许多病例同时符合两个诊断标准。

三、社交焦虑障碍的测评工具

社交焦虑障碍的测评工具包括症状量表、临床访谈评估、行为功能评估

等,下面重点阐述症状量表和行为功能评估。

(一) 症状量表

1. 社交恐惧量表和社会交往焦虑量表

社交恐惧量表(Social Phobia Scale,简称 SPS)和社会交往焦虑量表(Social Interaction Anxiety Scale,简称 SIAS),由马蒂克和克拉克(Mattick & Clarke, 1998)编制,两者都是根据 DSM-Ⅲ-R 中社交恐惧症的描述制定的,被看作是同一测量的两个分量表,常同时使用。社会交往焦虑量表用来评估社会交往焦虑,包括与别人聚会、交谈的情境下,个体感受到的焦虑和回避程度,以及害怕自己的状态被别人注意到;社交恐惧量表用来评估在他人注视下的焦虑和害怕。目前 SIAS 和 SPS 应用较多。

SIAS 和 SPS 具有很高的内部一致性信度和重测信度。SIAS 的 4 周和 12 周重测信度为 0.92;SPS 的 12 周重测信度为 0.93。以社交恐惧症来访者为被试,SIAS 和 SPS 的内部一致性信度分别为 0.93 和 0.89;以大学生为被试,SIAS 和 SPS 的内部一致性信度分别为 0.88 和 0.90。SIAS 和 SPS 与已有的社交焦虑量表相关很高,但是与抑郁、状态特质焦虑之间的相关不显著或者很低。社交恐惧症来访者在这两个量表上的得分高于广场恐惧症、单纯型恐惧症和正常个体。在疗效评估上,SIAS 和 SPS 对社交恐惧症的认知行为和药物治疗的疗效都非常敏感。

2. 利博维茨社交焦虑量表

利博维茨社交焦虑量表(Liebowitz Social Anxiety Scale,简称 LSAS),由利博维茨(Liebowitz, 1987)发表,国外广泛使用,共 24 项,包括社交场合(11 项)和操作社交情景(13 项),分别评定害怕/焦虑和回避;有 4 个因素:社会交往,公共场合讲话,被他人观察,公共场合吃/饮东西。评定时间范围是最近 3 个月的情况。中文版由何燕玲等人修订,研究采取多中心合作,建立 LSAS 的中国常模。

LSAS 中文版适合中国人群,有良好的信度和效度;平均得分自评与他评结果高度相关,该量表可用作自评;以 LSAS 中文版他评≥36 分诊断社交焦虑障碍,有较好的信度和效度。

3. 社交恐惧和焦虑量表

社交恐惧和焦虑量表(Social Phobia and Anxiety Inventory,简称

SPAI)，由特纳等人（Turner，Beidel，Dancu，& Stanley，1989）编制，是常用的社交恐惧症状自评量表。量表共有 32 个测试项目，包含社交恐惧分量表和场所恐惧分量表，量表得分为社交恐惧分量表得分减去场所恐惧分量表分后的得分。SPAI 让被试自评在社交情境中行为、认知和躯体这三个方面的表现：在不同情境中与四种不同的人（陌生人、权威者、异性和一般人）接触时体验到的焦虑程度，以及在接触之前的想法和接触时的想法、躯体症状、回避或逃避行为。量表表现出较好的信度和效度。

4. 交往焦虑量表

交往焦虑量表（Interaction Anxiousness Scale，简称 IAS），由利里（Leary，1983）运用临床经验法编制，专门测量人际交往中的主观焦虑感受，题目包括能激起焦虑感受的日常社交情景。量表由 15 道题组成，要求被试作五级评分，分数范围从 15（低社交焦虑感）到 75（高社交焦虑感）。量表条目少，信度稳定，效度高。适用于 18 岁以上的正常人。

（二）行为功能评估

1. 简便社交恐惧症量表

简便社交恐惧症量表（Brief Social Phobia Scale），由戴维森等人（Davidson，Potts，Richichi，Ford，Krishnan，Smith，& Wilson，1991）编制，由临床专业人员进行评估的他评专业量表。量表共 11 个项目，其中 7 个项目评估来访者在公众面前讲话、与权威讲话、与陌生人讲话、在困窘和丢脸的时候、在被批评的时候、社交聚会、做事情时有人在旁边看着这七个社交情境中的表现，4 个项目评估脸红、心悸、发抖和出汗这四个躯体方面状况。量表信效度很好，量表评估者间的信度为 0.998，量表重测信度为 0.986，内部一致性系数也比较好。

2. 社交回避与苦恼量表

社交回避与苦恼量表（Social Avoidance and Distress Scale，简称 SADS），由沃森和弗兰德（Watson & Friend，1969）编制，社交回避及苦恼分别指回避社会交往的倾向及身临其境时的苦恼感受。回避是一种行为表现，苦恼为情绪反应。编制时，区分了"社交回避"和"不能参与社交"："社交回避"的反面不是"社交参与"而是"不回避"，将主观的苦恼和行为上的回避等包括在内，将焦虑生理指数及受损的行为表现等内容排除在外。

量表含有28个条目,分为回避和苦恼两个分量表,其中14条用于评价社交回避,14条用于评定社交苦恼。评分方式采用"是—否"评分制,也有研究人员采用五级评分制,该量表的内部一致性系数较高。社交焦虑障碍与其他社交焦虑量表的相关系数较高,r值达到0.75以上。希望同时测量苦恼和回避时,采用社交回避与苦恼量表是较好的选择。

第四节 强迫障碍的评估

当一个人为反复出现的强迫观念或强迫行为所困扰达到一定程度,引起显著痛苦,这种痛苦每天持续时间超过1小时,或显著干扰正常生活习惯、工作和社会活动,其可以被诊断为强迫障碍(obsessive-compulsive disorders,简称OCD)(American Psychiatric Association,2000)。强迫障碍的特征为强迫观念、强迫行为,不同程度的焦虑、抑郁和人格解体。

强迫观念是指干扰性、反复进入意识的一些念头、想法或表象,这种观念难以控制和摆脱。具有两个特征:(1)来访者存在努力挣扎的主观感受,来访者抵制强迫观念,但强迫观念仍会闯入。(2)一旦想到某事,会使这件事更容易发生。不同于妄想,来访者知道这些观念是他自己的而非外界强加,是不真实的或无意义的。强迫观念包括强迫性思维、强迫性思维反刍、强迫性怀疑、强迫性冲动、强迫性恐惧。

强迫行为是一些重复的、看似有目的的行为,以刻板方式表现出来,对强迫观念作出反应,也称为强迫性仪式动作。强迫行为常见的类型包括:检查仪式动作与安全有关;洗涤仪式动作如洗手、家务清洁,与卫生有关;计数仪式动作与某种怀疑思维有关,当来访者以默数方式进行时,旁观者可能觉察不出这种仪式动作;穿衣仪式动作伴某种怀疑想法。强迫行为可导致一系列问题:可能直接引起损伤如反复洗手引起皮炎;由于强迫行为耽误时间,可能干扰正常生活;尽管强迫行为暂时缓解强迫观念带来的焦虑,事实上强迫行为使这种情况持续下去。减轻强迫症状的策略核心是对强迫障碍进行行为治疗。

尽管大多数强迫障碍来访者的症状会得到某种程度的缓解,他们终其一生会持续存在某些症状(Skoog & Skoog，1999)，强迫症状可见于精神分裂症、脑血管疾病、神经症、抑郁症、精神疾病、脑器质性疾病、老年痴呆及药源性精神病。

一、强迫障碍的病因学知识

（一）强迫障碍的流行病学特征

强迫障碍在一般人群中的患病率在2%—3%之间(American Psychiatric Association，2000；Taylor，1995)，年患病率2.1%，不与其他焦虑障碍共病的年患病率1.2%(Narrow et al.，2002)。估计的年患病率中，女男比例为1.2—3.8∶1，就诊来访者中，男女比例大致相同(American Psychiatric Association，2000；USDHHS，1999)为1∶1；社区样本中，20%—60%的人仅有强迫思维，就诊的来访者中70%—94%既有强迫思维又有强迫行为。

（二）强迫障碍的病因

1. 生物因素

遗传因素存在矛盾证据，双生子研究有支持，也有反对；与儿童期图雷特氏综合征(Tourette's syndrome)有关。

强迫障碍与脑损伤(如产伤、脑炎、头部外伤)导致基底节、扣带回、额叶部分大脑皮质在结构和功能上的损伤有关。

脑功能成像发现，强迫障碍的来访者与正常人的大脑形状和结构是一样的，但大脑活性有所不同：额叶部分大脑皮质(称为眶面)，扣带回和尾状核的活性是增高的。但也许这个区域的活动是重复思维及仪式等强迫症特征行为的结果，而不是其原因。行为治疗、药物治疗发现强迫症状缓解与扣带回和尾状核的活性降低有关；手术切除扣带回治疗强迫障碍，32%症状明显缓解，54%无明显改善。

神经递质方面，5-羟色胺再摄取抑制剂能改善强迫障碍症状，但机制不同于抗抑郁；其他强迫动作，如拔毛癖、咬甲癖、舔舐性皮炎，用氯米帕明有效。5-羟色胺受体激动剂使症状恶化，5-羟色胺受体拮抗剂逆转氯米帕明作用；血小板5-羟色胺和脑脊液5-羟吲哚乙酸含量降低。这些结果说明强迫障碍在病理生理上有异源性。

免疫方面，同抽动障碍，强迫障碍与A组溶血性链球菌感染发生自身免疫反应有关。

2. 精神分析

精神分析理论认为,强迫思维和强迫行为与性、污染、攻击有关,但心理动力学对大多数来访者无用。

3. 认知行为理论

有关强迫障碍的心理学模式强调认知和学习模式。萨尔科夫斯基(Salkovskis,1997)认为,普通人偶尔会出现反复的干扰性想法,强迫障碍来访者只是没有能力终止干扰性想法。强迫观念是强迫性闯入意识的认知,个体认为,如果自己不采取预防措施,那么他们可能需要对后果负责。这种观念引发恐惧或痛苦,因此,个体试图压抑这些观念以降低恐惧和痛苦,或者直接付诸行动来减少其对负面结果的责任。直接付诸行动包括作出强迫行为、回避与强迫观念有关的情境,寻求反复保证这些过度努力来以减轻责任或与他人分担。不过,对观念的压抑反而会使其更为频繁、活跃。这一理论尚未被证实,但它有助于使人关注强迫障碍症状之外的其他方面。

强迫障碍来访者倾向于夸大不幸事件发生的概率(Bouchard, Rheaume, & Ladouceur, 1999)。与强迫障碍有关的另一认知因素是完美主义,或一个人必须做到完美无瑕(Shafran & Mansell, 2001)。完美主义者通过不断重复直到每个细节完美无瑕。

巴克斯特(Baxter,2003)和他的助手对没有参加过治疗的患者进行脑部成像,采取认知行为治疗后,重复脑部成像,发现了脑循环通过心理上的干预而发生改变(正常化)。同一个组的研究者接着对另外一组患者重复这个实验,发现脑机能出现了同样的变化。

根据学习的观点,强迫观念引发焦虑,来访者操作化反应能够缓解这种焦虑,焦虑的缓解又强化了操作化反应,形成强迫行为。如何解释来访者的强迫观念,记忆损伤可能起一定作用,有证据证明强迫检查者在多种记忆任务中表现不如一般人(Woods et al., 2002),不过,记忆能在多大程度上解释强迫检查有待进一步研究。

4. 早年经历

目前还不确定早年经历是不是强迫障碍病因的一部分,通过模仿学习,患强迫障碍的母亲可能将症状传给孩子,但研究并没有发现他们的孩子表

现出更多的强迫症状(Cowie,1961)

二、强迫障碍的诊断标准

(一)强迫障碍的分类诊断标准

1. CCMD-3、ICD-10 与 DSM-Ⅳ强迫障碍诊断标准(见表 8-10、表 8-11、表 8-12)

表 8-10　CCMD-3 强迫障碍(编码:43.3)诊断标准

指一种以强迫症状为主的神经症,其特点是有意识的自我强迫和反强迫并存,两者强烈冲突使患者感到焦虑和痛苦;患者体验到观念或冲动系来源于自我,但违反自己意愿,虽极力抵抗,却无法控制;患者也意识到强迫症状的异常性,但无法摆脱。病程迁延者可以仪式动作为主而精神痛苦减轻,但社会功能严重受损。

【症状标准】
(1) 符合神经症的诊断标准,并以强迫症状为主,至少有下列 1 项:
① 以强迫思维为主,包括强迫观念、回忆或表象,强迫性对立观念,穷思竭虑,害怕丧失自控能力等;
② 以强迫行为(动作)为主,包括反复洗涤、核对、检查或询问等;
③ 上述的混合形式。
(2) 患者称强迫症状起源于自己内心,不是被别人或外界影响强加的。
(3) 强迫症状反复出现,患者认为没有意义,并感到不快,甚至痛苦,因此试图抵抗,但不能奏效。
【严重标准】社会功能受损。
【病程标准】符合症状标准至少已 3 个月。
【排除标准】
(1) 排除其他精神障碍的继发性强迫症状,如精神分裂症、抑郁症或恐惧症等。
(2) 排除脑器质性疾病特别是基底节病变的继发性强迫症状。

表 8-11　ICD-10 强迫障碍诊断标准

1. 在连续两周中的大多数日子里存在强迫症状或强迫动作,或两者并存。这些症状引起痛苦或妨碍活动;
2. 来访者自己的思维或冲动,并对至少有一种思想或动作徒劳地加以抵制,想法、表象或冲动是令人不快地一再出现,实施动作的想法本身应该是令人不愉快的;
3. 强迫症状见于精神分裂症、图雷特氏综合征、器质性精神障碍的强迫症状应视为这些障碍的一部分。

表 8-12　DSM-Ⅳ强迫障碍(编码 300.3)诊断标准

1. 患者体验到观验或冲动源于自我,但违反自己意愿,虽然极力抵抗,却无法控制。
2. 意识中的自我强迫和反强迫并存,两者强烈冲突使患者感到焦虑和痛苦。
3. 来访者意识到强迫观念或强迫行为是过分和不合理,患者也强迫症状的异常性,但无法摆脱。
4. 病程迁延者可以仪式动作为主而精神痛苦减轻,但社会功能严重受损。
5. 排除由于精神活性物质(如成瘾类和医用药物)或一般躯体疾病的直接后果。

2. CCMD-3、DSM-Ⅳ与ICD-10强迫障碍诊断标准比较

三个系统的强迫障碍诊断标准基本类似,都强调:(1)强迫思维来自来访者自己的思维或冲动,不是思维插入或外界强加。(2)来访者采取措施抵制强迫思维、冲动、意向,但无效。

强迫障碍三个系统诊断标准的不同,表现为:(1)DSM-Ⅳ对强迫障碍的诊断可与轴Ⅰ并存,来访者有幻听、幻视,可继续被诊断为强迫障碍,ICD-10与CCMD-3则不作此诊断,应诊断为精神分裂症。(2)ICD-10指出强迫障碍发生时,实施动作的想法本身不愉快,但不要求来访者对任何症状都加以抵制,有一个症状抵制即可。CCMD-3则强调抵抗和痛苦程度强烈。慢性来访者抵抗不强烈,但社会功能损害严重者,是否诊断为强迫障碍在中国还存在争议(郑瞻培,方贻儒,1994;郑瞻培,2001,2003;许又新,2003)。(3)DSM-Ⅳ虽不区分强迫思维与强迫行为,但认为两者相互联系,强迫行为的目的是预防或减轻强迫思维带来的焦虑和痛苦;ICD-10提出强迫行为的目的是防止某些客观上不大可能的事件,但没强调强迫思维与强迫行为的联系,CCMD-3也没有强调。(4)强迫障碍的后果方面,CCMD-3强调社会功能受损,DSM-Ⅳ强调引起精神痛苦、耗时及社会功能。ICD-10未提社会功能受损,不过分强调强迫症状引起的痛苦程度,提出伴有明显的自主神经性焦虑也很常见。(5)强迫障碍的病程,ICD-10要求连续两周以上,CCMD-3定为3个月以上,DSM-Ⅳ仅要求症状每天持续一个小时以上,但没有说明病程时间。(6)DSM-Ⅳ提出自知力不良性强迫障碍,ICD-10没提,CCMD-3则要求来访者对症状有自知力,其认识到不正常,甚至是病态的,至少希望消除。(7)DSM-Ⅳ提出强迫障碍起病最早于儿童期,ICD-10认为起病在儿童或成年早期,CCMD-3没有明确指出。

总体来说,中国的诊断标准严格,美国和国际的诊断标准则较宽泛。目前,在强迫症状反复纠缠、违背来访者意愿、自我强迫而非外力所致方面,国内外认识一致。在症状自知力、抵抗强烈程度方面,诊断标准各有不同。此外,症状不合理性、荒谬性方面存在争议。

(二)与强迫障碍相关的概念

1. 强迫障碍与强迫人格的关系

强迫障碍与强迫人格并不是一一对应的关系,强迫障碍中强迫人格更

多,1/3为其他类型的人格(Lewis,1936);强迫人格更易形成抑郁障碍而不是强迫障碍。

2. 与精神分裂症的鉴别

多年来,人们一直致力于如何将强迫障碍与精神分裂症区分,直到现在强迫障碍与这些疾病的界限也不很分明,国内外仍存在不统一之处。少数情况下,强迫障碍来访者的强迫思维内容荒谬,行为怪异,来访者承认其想法和行为不合理,但症状出现时几乎丧失判断力,无抵抗地完全沉浸于其症状中,他人难以制止。《精神障碍诊断与统计手册》不会因此将其诊断为精神分裂症。在我国,尽管症状荒谬与否不作为排除强迫障碍的诊断依据,但临床实践中未被广泛认同,有医生将此作为诊断精神分裂症的依据。

3. 与抑郁症的鉴别

强迫障碍常间断伴有抑郁的发作,此时,强迫症状加重,抑郁障碍容易被忽略。此外,强迫症状也可出现在原发性抑郁障碍中。

三、强迫障碍的测评工具

强迫障碍的测评工具包括临床访谈评估、症状自评、认知评估和行为功能评估等多种方式。本章主要介绍临床访谈评估、症状自评量表,也就是诊断量表和症状量表。

(一)诊断量表

1. 耶鲁—布朗强迫量表

耶鲁—布朗强迫量表(Yale-Brown Obsessive Compulsive Scale,简称YBOCS),是由古德曼及其同事(Goodman, Price, Rasmussen, Mazure, Fleischmann, Hill, Heninger, & Charney, 1989)设计开发的标准化半结构式临床会谈表,莱克曼等人(Leckman, Grice, Boardman, Zhang, Vitale, Bondi, Alsobrook, Peterson, Cohen, Rasmussen, Goodman, McDougle, & Pauls, 1997)利用YBOCS对两个独立样本(n=208,n=98)进行检测,经因素分析后进一步划分为四个维度:(1)强迫观念与强迫检查(obsessions and checking),包括攻击性强迫观念、性强迫观念、与信仰有关的强迫观念、躯体强迫观念和强迫检查;(2)精确性和排序(exactness and ordering),包括精确性强迫观念和强迫排序;(3)打扫和清洗(cleaning and washing),包

括与污染有关的强迫观念和强迫清洗;(4) 收藏(hoarding),包括与收藏有关的强迫观念和强迫收藏。这四个维度能解释变量的60%以上。强迫障碍的半结构访谈提纲见表8-13,咨询师或精神科医师按提纲询问来访者,根据对方回答予以记录。

表8-13 强迫障碍的半结构化访谈提纲

基本询问
1. 目前,你是否被一些反复进入脑海中的不恰当或不合理但无法驱除的想法、图像、冲动困扰?
   是_____ 否_____
   如回答"是",具体说明:_____
2. 目前,你是否感到必须重复一些行为或想法,以使自己舒服一点。
   是_____ 否_____
   如回答"是",具体说明:_____

强迫观念:
对每种强迫观念,用下面的评分标准分别对它们的持续/痛苦程度和对抗程度打分。
持续/痛苦程度评分标准:
每隔多长时间会想到_____? 当想到_____时感觉有多痛苦?
   0   1   2   3   4   5   6   7   8
   从不   很少   偶尔   经常   总是
抗拒情况评分标准:
经常会想办法消除_____,包括通过忽视、压制或用其他想法动作来中和它。
   0   1   2   3   4   5   6   7   8
   从不   很少   偶尔   经常   总是

强迫观念	目前的持续/痛苦	目前的抗拒	注释

1. 怀疑(如门锁、关闭家用电器、对任务的完成/准确)
2. 污染(如从门把手、厕所、钱沾染病菌)
3. 不合理的冲动(如大喊、在公众场合脱衣)
4. 侵略性冲动(如故意伤害自己或他人、毁坏物品)
5. 性(如猥亵的想法或画面)
6. 信仰/魔鬼(如亵渎神的想法/冲动)
7. 意外伤害他人(如不自知地毒害或伤害什么人)
8. 可怕画面(如残缺的身体)
9. 无理的想法/图像(如数字、字母、歌曲)
10. 其他

对每种强迫行为,用下面的评分标准对其发生的频率评分。
频率:
你每隔多久会被迫进行这一行为
   0   1   2   3   4   5   6   7   8
   从不   很少   偶尔   经常   总是

强迫行为	目前的频率	注释

1. 数数(如字母、数字或环境中的其他物体)

（续表）

2. 检查（如锁、家用电器、驾驶路线、重要文件、废物筐）
3. 清洗
4. 储藏（如报纸、垃圾、无用的东西）
5. 内在重复（如短语、词）
6. 坚持一定的规则或顺序（如确保对称、仪式行为、坚持日常活动的固定程序）
7. 其他

（二）症状量表

1. 帕多瓦量表

帕多瓦量表（Padua Inventory，简称 PI），由意大利学者圣阿维奥（Sanavio，1988）编制，用于强迫症状的自我评定。帕多瓦量表先后在意大利、澳大利亚、英国、北美、荷兰、爱尔兰等多个国家和地区进行了修订，显示了良好的信度和效度。研究证明，帕多瓦量表可以很好地区分正常人群和强迫障碍来访者，而且在强迫障碍与其他精神障碍之间也有一定的辨别能力。帕多瓦量表总共包括 60 个项目，各项目均是 0—4 的 5 点程度评估，0 代表没有，4 代表极重。钟杰把这个量表引进中国，在大学生人群中进行了修订，被试包括 1 300 名本科生和研究生，对 60 个条目进行主成分分析，留下 4 个因素包括 48 个题目，分别为思维失控感与怀疑感、受驱使感与行为失控感、污染和检查。问卷总分的内部一致性信度为 0.96，四个因素分别是 0.94、0.85、0.86、0.83，重测信度分别是 0.77、0.87、0.85、0.84。

2. 莫兹利强迫量表

莫兹利强迫量表（Maudsley Obsessive-Compulsive Inventory，简称 MOCI），由 30 个正误题组成，即两点计分，用来评价明显的强迫动作以及相关的强迫观念。霍奇森和拉赫曼（Hodgson & Rachman，1977）将它分为四个分量表：(1) 检查（checking），如"我的主要问题是重复检查"；(2) 清洗（cleaning），如"早晨我花相当长的时间洗脸刷牙"；(3) 怀疑（doubting），如"我比一般人更注重一个人的诚实品质"；(4) 迟缓（slowness），如"我经常迟到，因为我似乎总是不能按时完成事情"。通过因素分析得到清洗、检查、迟缓和怀疑四个维度。清洗和检查两个分量表的外部效度令人满意，而迟缓和怀疑两个分量表则相对较差。

莫兹利强迫量表有两个缺陷：(1) 两点计分形式限制了量表鉴别的灵

敏度;(2)量表的项目只包含两种强迫行为(清洗和检查)和一种强迫观念(怀疑被污染)。福阿等人(Foa, Grayson, Steketee, Doppet, Turner, & Latimer, 1983)认为,莫兹利强迫量表只抓住强迫症状的一个子集。

3. 强迫量表

强迫量表(Obsessive Compulsive Inventory,简称 OCI),由 62 个五点计分题组成,福阿等人(Foa, Kozak, Salkovskis, Coles, & Amir, 1998)根据《精神障碍诊断与统计手册》描述的强迫障碍的主要症状将之分为七个分量表:(1)清洗(washing),如"我认为接触身体分泌液(排汗、唾液、血液、尿等)会污染我的衣服或伤害我";(2)检查(checking),如"重复检查门、窗、抽屉等";(3)怀疑(doubting),如"即使我第一遍就听明白了,也要叫别人重复说几遍";(4)排序(ordering),如"我需要把东西按特定的顺序排列";(5)强迫思想(obsessing),如"脑子里出现想要伤害自己或别人的念头";(6)收藏(hoarding),如"我收集自己不需要的东西";(7)心理平衡术(mental neutralizing),如"我需要祈祷以消除令人不快的思想或感情"。其中,收藏分量表的区分效度不好,不能有效地区分病态收集和正常收集,这个分量表需要修订。

第五节 抑郁的评估

抑郁症来访者可具有特征性的表情和外表,如嘴角下垂、眉头紧蹙,弯腰弓背的姿势。一些抑郁症来访者警觉性水平降低如精神运动性迟缓,另一些来访者则警觉性水平增高感到紧张不安或易激惹。抑郁常与其他改变结合在一起,尤其是自我评价过低、悲观或负性思维及快感缺失。抑郁可见于任何精神障碍,是心境障碍的特定特征,也常见于精神分裂症、广泛性焦虑障碍、强迫障碍、进食障碍、物质滥用和器质性精神障碍。

一、抑郁的病因学知识

(一)抑郁的流行病特征

1. 重度抑郁

使用 DSM-Ⅳ重度抑郁的诊断标准最近调查(Alonso et al., 2004)结果表明,年患病率2%—5%,平均起病年龄为27岁;女性患病率更高,约为男性2倍,原因尚不清楚。失业和离异患病率更高,共病率很高,尤其是焦虑障碍和物质滥用。另一研究发现,18—44岁年龄组的重度抑郁来访者最多见。

2. 轻型抑郁

使用DSM-Ⅳ标准,一项55岁以上的社区人群的系统评价中,轻型抑郁患病率为9.8%(Beekman et al., 1999),与另一项青少年和年轻人的患病率相当(9.9%)(Kessler & Walter, 1998)。

(二) 抑郁的病因

1. 生物因素

其一,遗传因素。心境障碍有很强的遗传性,可能是多基因遗传,遗传因素对双相障碍的作用似乎比单相抑郁更大;双相障碍来访者先证者的亲属不只患双相障碍风险增高,单相抑郁和分裂性情感障碍的风险也增高。单相抑郁的亲属患双相障碍和分裂性情感障碍风险并未增高。不同障碍的遗传可能是相互独立的。双生子研究发现,重度抑郁与广泛性焦虑障碍的易感性包含相似基因,但环境风险因素不同(Kendler et al., 1992)。

其二,神经递质。抑郁由单胺神经元活动不足引起,去甲肾上腺素、多巴胺、5-羟色胺功能下降导致抑郁;单胺氧化酶抑制剂以及5-羟色胺或者去甲肾上腺素再摄取抑制剂能缓解抑郁。这些证据支持单胺假说,但抑郁症状对强多巴胺激动剂(如安非他明和可卡因)没有反应。

其三,脑部异常。反复发作的抑郁和躁狂导致侧脑室体积变大,侧脑室体积变大可能是脑组织丢失造成的;单相抑郁者前额叶、基底节、小脑异常;双相障碍者小脑、颞叶异常(后者不太肯定);抑郁来访者杏仁核和眶额皮层活动增强,膝下前额叶皮层活动水平降低;双相障碍来访者,膝下前额叶皮层活动增强。

2. 人格

某些类型的人格可能与心境障碍的易感性有关。

某些人格特征可影响个体对不良环境的反应,使个体更易患抑郁障碍。如社会依赖型(对社会支持需求较高)认知特征的个体经历负性生活事件后患抑郁障碍的风险增加(Mazure & Maciejewski, 2003)。

某些人格特质与精神障碍由共同的基因型表达，如艾森克人格问卷中的神经质是重度抑郁的危险因素。双生子研究显示，神经质与重度抑郁具有相同的基因型。

某些人格特征实际上是疾病的一种轻微表现，如环性人格者（那些具有反复持久心境波动者）更易患环性心境障碍，是双相障碍的一种轻型表现。

3. 早期环境

其一，父母剥夺。更多的研究支持成年后抑郁障碍与父母分离，特别是离异有关，主要的原因并不是丧失，而是父母分离或离异后造成来访者失去照料和家庭不和，甚至在未发生父母分离的家庭，家庭不和、缺乏照料更易导致抑郁障碍（Harris，2001）。

其二，与父母关系。亲子关系被破坏，如躯体虐待或性虐待，是成年后精神障碍的危险因素，包括重度抑郁（Harris，2001）；缺乏关爱和过度保护可能与成年后非忧郁性抑郁有关，机制尚不清楚（Enns，2000）；产后抑郁的母亲可能会以忽视和情感平淡为特征的照料方式，导致儿童长期有害的自我评价和依恋模式，增加儿童成年后抑郁障碍的风险。

4. 诱发因素

其一，丧失性事件与抑郁障碍相关（Finlay-Jones & Brown，1981）。

其二，抑郁的发作可能与陷入困境和羞辱感事件尤为相关，缓解与新生生活事件（如建立新的关系）有关（Harris，2001）。

其三，生活事件是各类抑郁障碍的重要诱因，但对确诊的抑郁障碍和明显抑郁障碍家族史的个体影响较小，随着抑郁发作次数增加，生活事件对抑郁发作的重要性逐渐降低。一旦患上抑郁障碍，可在无任何重大环境因素影响的情况下发作。

其四，缺乏亲密关系或社会整合，这种社会支持的匮乏与抑郁患病风险增高有关（Paykel，Cooper，& Ramaza，1992）。

其五，躯体疾病及其治疗可作为非特异性的应激源导致易感个体患抑郁障碍，有时躯体疾病有直接作用，包括脑部疾病、人类免疫缺陷病毒感染等。

5. 心理学理论

关于认知理论对抑郁的观点，可参见第二、三章认知评估等相关内容。

二、抑郁的诊断标准

（一）抑郁发作的分类诊断标准

1. CCMD-3、ICD-10与DSM-Ⅳ抑郁发作诊断标准（见表8-14、表8-15、表8-16）

表8-14　CCMD-3抑郁发作诊断标准

抑郁发作（编码32）以心境低落为主，与其处境不相称，可从闷闷不乐到悲痛欲绝，甚至发生木僵。严重者可出现幻觉、妄想等精神病性症状。某些病例的焦虑与运动性激越很显著。

【症状标准】以心境低落为主，并至少有下列4项：
(1) 兴趣丧失、无愉快感；　　　　　(2) 精力减退或疲乏感；
(3) 精神运动性迟缓或激越；　　　　(4) 自我评价过低、自责，或有内疚感；
(5) 联想困难或自觉思考能力下降；　(6) 反复出现想死的念头或有自杀、自伤行为；
(7) 睡眠障碍，如失眠、早醒，或睡眠过多；(8) 食欲降低或体重明显减轻；
(9) 性欲减退。

【严重标准】社会功能受损，给本人造成痛苦或不良后果。

【病程标准】
(1) 符合症状标准和严重标准至少已持续2周。
(2) 可存在某些分裂性症状，但不符合分裂症的诊断。若同时符合分裂症的症状标准，在分裂症状缓解后，满足抑郁发作标准至少2周。

【排除标准】排除器质性精神障碍，或精神活性物质和非成瘾物质所致抑郁。

【说明】本抑郁发作标准仅适用于单次发作的诊断。

轻性抑郁症（编码：32.1）除了社会功能无损害或仅轻度损害外，发作符合32抑郁发作的全部标准。

表8-15　ICD-10抑郁发作诊断标准

抑郁发作有三种程度：轻度、中度、重度。各种形式的典型发作中，患者通常有心境低落、兴趣和愉快感丧失，导致劳累感增加和活动减少的精力降低。很常见的症状还有稍做事情即觉明显的倦怠。其他常见症状是：(1) 集中注意和注意的能力降低；(2) 自我评价和自信降低；(3) 自罪观念和无价值感（即使在轻度发作中也有）；(4) 认为前途暗淡悲观；(5) 自伤或自杀的观念或行为；(6) 睡眠障碍；(7) 食欲下降。

【轻度抑郁发作（F32.0）】

心境低落、兴趣和愉快感丧失、易疲劳三条典型抑郁症状中，至少存在两条，所有症状都不应达到重度。整个发作持续至少2周。

轻度抑郁发作的来访者通常为症状困扰，继续进行日常的工作和社交活动有一定困难，但患者的社会功能还会起作用。可伴/不伴躯体症状。

【中度抑郁发作（F32.1）】

心境低落、兴趣与愉快感丧失、易疲劳三条典型抑郁症状中，至少存在两条；其他症状至少三条，整个发作持续至少2周。继续进行工作、社交或家务活动有相当困难。可伴/不伴躯体症状。

【重度抑郁发作（F32.2）】

明显的痛苦或激越，迟缓为突出特征时，上述症状不明显，自尊丧失，无用感、自罪很突出，自杀倾向，总伴躯体症状。

表 8 - 16　DSM - Ⅳ 抑郁发作(296.2x)诊断标准

1. 在 2 周内,出现与以往功能不同的明显改变,表现为下列 5 项以上,其中至少 1 项是心境抑郁,或丧失兴趣或乐趣。
(1) 几乎每天的一天中大部分时间都心境抑郁,可是主观的体验(如感到悲伤或空虚),或者是他人的观察(如来在流泪);【注:儿童或青少年,可能是心境激惹】
(2) 几乎每天的一天中大部分时间,对于所有(或几乎所有)活动的兴趣都显著减低;
(3) 显著的体重减轻(未节食)或体重增加(一月内体重变化超过原体重的 5%),或几乎每天食欲减退或增加;【注:儿童为未达到应增体重】
(4) 几乎每天失眠或嗜睡;
(5) 几乎每天精神运动性激越或迟缓(由他人观察到的情况,不仅是主观体验到坐立不安或缓慢下来);
(6) 几乎每天疲倦乏力或缺乏精力;
(7) 几乎每天感到生活没有价值,或过分的不合适的自责自罪(可以是妄想性的程度,不仅限于责备自己患了病);
(8) 几乎天天感到思考或集中思想的能力减退,或者犹豫不决(或为自我体验,或为他人观察);
(9) 反复想到死亡(不只是怕死),想到但没有特殊计划的自杀意念,或者想到某种自杀企图或一种特殊计划以期实行自杀。
2. 症状产生了临床上明显的痛苦烦恼,或在社交、职业或其他重要方面的功能缺损。
3. 症状并不符合混合发作的标准,并非由于某种物质(某种滥用药物、治疗药品)或由于一般躯体性情况如甲亢产生的直接生理性效应,不可能归于离丧。

2. CCMD - 3、ICD - 10 与 DSM - Ⅳ 抑郁发作诊断标准比较

对于抑郁发作的症状描述,三个诊断标准都把心境低落作为典型症状。

同时,三个诊断标准也存在如下不同点:(1) DSM - Ⅳ 和 CCMD - 3 强调了心境低落与其处境不相称。(2) DSM - Ⅳ 注明了症状是主观体验或他人观察,ICD - 10、CCMD - 3 对此未提及。(3) ICD - 10 将躯体症状称为躯体综合征;DSM - Ⅳ 称之为内源性抑郁或生物学性抑郁。(4) 单次发作的病程标准,DSM - Ⅳ 在两周内出现与以往功能不同的明显改变;ICD - 10 和 CCMD - 3 的规定是整个发作至少持续两周。(5) 抑郁严重程度划分,ICD - 10 中依据符合的症状及社会功能划分出轻度、中度和重度三个等级,在重度抑郁发作中划分了精神病性和非精神病性;CCMD - 3 依据社会功能的损失程度划分了轻度和重度两个等级,有关于精神病性和非精神病性的规定;DSM - Ⅳ 中只有重性抑郁障碍的诊断标准,轻度抑郁发作被归为适应障碍,没有精神病性和非精神病性的明确规定。(6) ICD - 10 与 DSM - Ⅳ 对于抑郁和过度悲伤的划分也有不同的规定。在 ICD - 10 中将持续六个月以上的过度悲伤作为适应障碍的亚型。DSM - Ⅳ 将持续两个月以上的过度悲伤诊断为重性抑郁障碍。(7) 复发性抑郁的定义,DSM - Ⅳ 要求呈现两次以上抑

郁发作,其间隔期至少为连续两个月,在这两个月内的表现不符合抑郁发作的标准;ICD-10 的规定是至少两次发作,每次持续时间至少两周,两次发作之间应有几个月没有明显的心境紊乱;CCMD-3 与 DSM-Ⅳ 相同,只是未注明缓解期的表现。

(二) 与抑郁发作相关的概念

1. 与过度悲伤的鉴别

过度悲伤由应激生活事件如亲人丧失、事业上的挫折或离退休等直接引起,临床上表现出与抑郁、焦虑相似的症状。对于过度悲伤和抑郁发作,DSM-Ⅳ 是以症状持续的时间来划分的,两个月以内为过度悲伤,超过两个月则诊断为抑郁发作。在 ICD-10 中,将持续六个月以上的过度悲伤归为适应障碍的一种亚型。

2. 与精神分裂症的鉴别

精神分裂症早期可伴有抑郁症状,但随着病程的进展,抑郁情绪逐渐被情感淡漠取代,而且会伴随幻觉、妄想等症状。精神分裂症紧张型精神活动与环境不相协调,常伴有刻板、紧张性兴奋等表现可与抑郁性木僵鉴别。而且在患病早期,精神分裂症患者在没有抑郁症状出现时也会伴有妄想、幻觉等精神病性症状;而抑郁发作患者在没有抑郁发作时不会表现出精神病性症状。

三、抑郁情绪的测评工具

在临床心理咨询与治疗或精神科,抑郁情绪的测评方法主要有诊断量表、症状评定量表和认知评估问卷三大类。

(一) 诊断量表

诊断量表用于辅助抑郁发作诊断,条目繁多,耗时较长,具体包括:(1) DSM-Ⅳ 配套的诊断用临床诊断检查(SCID)。(2) 与 ICD-10 配套的神经精神病学临床评定量表(SCAN)。(3) 与 CCMD-3 配套的健康问题与疾病定量测试法(RTHD)症状量表(严重度评定量表)。(4) 卡尔加里精神分裂症抑郁量表(Calgary Depression Scale for Schizophrenia,简称 CDSS)。

在 90 年代初期,加拿大卡尔加里大学阿丁顿教授认为,临床上缺乏恰当评定精神分裂症抑郁症状的量表,现有的抑郁症状评定量表适用于不伴有精神病性症状的抑郁症来访者,不适用于精神分裂症来访者,其中很多条目并不是抑郁的特异性症状,如蒙哥马利—阿斯伯格抑郁评定量表、汉密尔顿抑郁量表、阳性和阴性症状量表并不能很好地区分抑郁症状和阴性症状。

阿丁顿等人(Addington, Addington, & Schissel, 1990)编制了卡尔加里精神分裂症抑郁量表(Calgary Depression Scale for Schizophrenia,简称CDSS),量表基本属于半定式访谈检查量表,共有9个条目,每个条目均为4级评分(0、1、2、3),最高分27分。通常以6分作为是否存在抑郁症状界定值。该量表适用于精神分裂症的任何阶段,主要用于特异性评价精神分裂症的抑郁症状。

(二)症状量表

1. 他评抑郁症状评定量表

汉密尔顿抑郁量表(Hamilton Depression Scale,简称HAMD),是目前临床上应用最普遍的抑郁症状他评量表。

抑郁状态问卷(Depression Status Inventory,简称DSD),与抑郁自评问卷(SDS)对应的检查者问卷,评定时间跨度为最近一周。当被试文化程度低或智力水平差,不能进行自评时,由检查者采用抑郁状态问卷进行评定。

2. 自评抑郁症状评定量表

贝克抑郁量表(Beck Depression Inventory,简称BDI),是临床使用的评估量表,有效广泛地应用,能对抑郁程度定量,其有效性和内部一致性较好。

抑郁自评问卷(Self-rating Depression Scale,简称SDS),是应用最广的抑郁症状自我测评工具之一,简便易用,常用于抑郁症状的筛选。

流调中心用抑郁量表(The Center for Epidemiological Studies Depression Scale,简称CES-D),为评价当前抑郁症状的频度而设计,着重于抑郁情感或心境,试图用于不同时点断面调查结果的对比。CER-D不能用于临床目的及对治疗过程中抑郁严重程度变化的监测。

蒙哥马利—阿斯伯格抑郁评定量表(Montgomery-Asberg Depression Rating Scale,简称MADRS),共10个项目,主要用于评定抗抑郁治疗的疗效。

(三)认知评估问卷

1. 认知偏差问卷

认知偏差问卷(Cognitive Bias Questionnaire,简称CBQ),为测量假定与抑

郁有关的负性认知偏见而设计。该量表测定包含所有相关症状的抑郁综合征的两个维度,即抑郁和认知歪曲。这里的"抑郁"是指抑郁情感或恶劣心境。量表描述了常见于大学生或精神科来访者的六种处境,其中三种针对人际关系,三种针对自我成就。每种处境之后提出3—4个问题,这些问题代表了抑郁与歪曲两个维度的四种可能组合:抑郁—非歪曲、抑郁—歪曲、非抑郁—非歪曲、非抑郁—歪曲。要求受试者回答当他处于这种境遇时的体验方式。得分是将抑郁与歪曲四种组合的得分值分别相比,分值范围为0—23分。

2. 自动思维问卷

自动思维问卷(Automatic Thoughts Questionnaire,简称ATQ)是霍朗和肯德尔(Hollon & Kendall,1980)为评价与抑郁有关的自动的消极思维出现频率而设计的,用以找出抑郁来访者表达自己认知体验的内在自我描述。自动思维问卷涉及抑郁的四个层面:(1)个体适应不良及对改变的渴求;(2)消极的自我概念与消极的期望;(3)自信不足;(4)无助感。问卷询问受试者最近一周内三十种不同想法的出现频率。频度分五级评分。所有条目均为抑郁消极体验,得分与抑郁程度呈正相关,即频度越高抑郁越重。总分范围为30分。

自动思维问卷的初表为100条目(ATQ-100),后来基于贝克抑郁量表和明尼苏达多相人格调查表,筛选出最能区分抑郁与非抑郁受试者的30个条目,组成最终的ATQ-30。ATQ-30内容少,需时短,可用作筛选工具,一方面它与抑郁自评量表高度相关,另一方面其适用范围广。与归因方式问卷(Attribution Style Questionnaire,简称ASQ)以及认知偏差问卷不同,并不只局限于特定的人群或特定的社会背景。尽管自动思维问卷让受试者回忆最近一周的想法,但这种回忆性自身估价并不能完全真实、直接地反映出对自身认知的评价。

本 章 小 结

异常的情绪状态可见于所有的心理障碍,是心境障碍和焦虑障碍的核心特征,但在心理咨询中并没有得到足够重视。不过,有些咨询师在咨询中帮助来访者评估自己的情绪，探索和区分不同的情绪表达，重建适应性情绪及积极的自我概念。不符合心境障碍和焦虑障碍的诊断标准的轻微情绪问题可能被诊断为混合性焦虑和抑郁障碍。

本章介绍了异常情绪的病因学特征，比较了广泛性焦虑障碍、社交焦虑障碍、强迫障碍及抑郁障碍的三个分类诊断标准。常用的评估焦虑状态及严重程度的工具对广泛性焦虑障碍的鉴别诊断效果不佳，担忧问卷和元担心问卷是鉴别广泛性焦虑障碍的良好工具。社交焦虑量表的测评工具包括症状量表、临床访谈评估、行为功能评估等。强迫障碍的测评工具包括临床访谈评估及症状自评。抑郁情绪测评的方法主要有诊断量表、症状评定量表和认知评估问卷三大类。

推荐阅读

Bruce, S. E., Machan, J. T., Dyck, I., & Keller, M. B. (2001). Infrequency of "pure" GAD: Impact of psychiatric comorbidity on clinical course. *Depress Anxiety*, 14: 219 - 225.

Castonguay, L. G., & Beutler, L. E. (Eds.) (2006). *Principles of therapeutic change that work*. New York: Oxford University Press. 路易斯·G. 卡斯顿圭，拉里·E. 博伊特勒(2017). 让心理治疗生效的实用原则[M].上海：上海教育出版社.

Paul Bennett(2007). *Abnormal and Clinic Psychology*(影印版). 北京：人民邮电出版社.

Zimmerman, M. (2003). What should the standard of care for psychiatric diagnostic evaluations be? *Journal of Nervous and Mental Disease*, 191: 281 - 286.

杜兰德(2005). 异常心理学基础(第3版)[M]. 张宁，译. 西安：陕西师范大学出版社.

第九章 人格评估

本章导引

1. 什么是人格障碍?
2. 人格特征是一成不变的吗?
3. 常用的人格量表有哪些?

人格评估是心理评估中最复杂的一部分内容。本章将从人格障碍的诊断与人格特征的评估两个方面来详细介绍人格评估。前者偏重介绍国内外对人格障碍的分类与诊断标准,后者偏重介绍常用的人格量表。

第一节 人格障碍的诊断

一、人格障碍概述

(一) 人格障碍的定义

人格是个体认识环境、认识自身与环境发生联系的稳定方式。在异常心理学中,人格障碍是一种介于正常人格与心理疾病之间的行为特征,是指因人格特征明显偏离正常而表现出来的异常行为模式和对环境适应不良。其行为倾向的发展没有明确的起止时间,发展缓慢,极难治疗。人格障碍(personality disorder)作为一种心理疾病,早期也被称为病态人格(psychopathic personality)或异常人格(anomalous personality)。

人格障碍患者个人的内心体验与行为特征在整体上与其社会文化背景期望和接受的范围明显偏离,这种偏离或者是认知,或者是情感,或者是控制冲动及满足个人需要,或者是人际关系等方面的异常偏离,且偏离是广泛、稳定和长期的。人格障碍有明显的社会功能障碍,常使自己和他人感到痛苦,并影响正常的人际关系。

(二)人格障碍的成因

大量的研究资料和临床实践表明,生物、心理、社会环境等方面因素都会对人格的形成产生影响。目前一般认为,人格障碍是在大脑先天性缺陷的基础上,遭受环境有害因素(特别是心理与社会因素)的影响形成的。

1. 生物遗传因素

家谱研究的结果发现,人格障碍患者的亲属中,此症的发病率与血缘关系的远近成正比,即血缘关系越近,发病率越高。比较同卵双生子和异卵双生子人格障碍的发病情况,发现前者发病的一致率更高。即使被收养人很早与亲生父母分开,亲生父母有人格障碍的,被收养子女有病态人格的比率也较高。

2. 神经系统发育因素

神经系统疾病如脑炎、颞叶癫痫及脑外伤等可为人格障碍促发因素。人格障碍患者皮肤电反应活动程度比非人格障碍患者低,对静态和紧张刺激的自主反应程度也比正常人低。人格障碍患者缺乏预期的焦虑,因此不容易从经验中吸取教训。

3. 童年期精神创伤与不合理的教养方式

婴幼儿时期母爱的剥夺,父母离婚,家庭感情破裂,长辈过分溺爱,不合理的教育常是人格障碍形成的重要原因。而有些家长酗酒,违法乱纪,道德败坏,常给子女以严重的影响,对孩子的人格发展带来巨大危害,儿童时期的不合理教养也可导致人格的病态发展。

二、人格障碍的诊断标准

表9-1 DSM-Ⅳ对人格障碍的分类与诊断

人格障碍

A. 明显偏离了患者所在文化所应有的持久的内心体验和行为类型,表现为下列两方面以上:
(1)认知(即对自我、他人和事件的感知和解释方式);
(2)情感(即情绪反应的范围、强度、脆弱性和适合性);

(续表)

(3) 人际关系；
(4) 冲动控制。
B. 这种持久的类型是不可变的，而且涉及个人和社交场合的很多方面。
C. 这种持久的类型导致临床上明显的痛苦烦恼，或在社交、职业或其他重要方面的功能缺损。
D. 这种类型在长时间内是相当稳定不变的，至少可以追溯到青少年或早期成年时。
E. 这种行为类型不可能归于其他精神障碍的表现或后果。
F. 这种行为类型并非由于某种物质(例如某种滥用药物,治疗药品)，或一般躯体情况(例如颅脑外伤)所致之直接生理性效应。

301.0　偏执型人格障碍
A. 对他人普遍的不信任和猜疑，把他们的动机解释为恶意，这种猜疑起自早期成年，前后过程多种多样，表现为以下4项以上：
(1) 没有足够依据地猜疑他人在剥削、伤害或欺骗他；
(2) 沉湎于不公正地怀疑朋友或同事对他的忠诚和信任；
(3) 勉强地信任他人，因为担心一些资料信息会被恶意地用来对付他自己；
(4) 对常见的记号或事件会悟出隐含的贬低或威胁性意义；
(5) 持久地认为他人对之有恶意，即对他人的侮辱或伤害一直耿耿于怀，不予宽容；
(6) 感到他的人格或名誉受到打击，并且迅速作出愤怒反应或作出反击；
(7) 对配偶或性对象的忠贞反复地表示猜疑，虽然没有证据。
B. 并非发生于精神分裂症、伴精神病性表现的心境障碍，或其他精神病性障碍的病程之中，也不是由于一般躯体情况所致之直接生理性效应。
注：如在精神分裂症起病之前已符合此标准，可加上"病前"，例如"偏执型人格障碍(病前)"。

301.20　分裂样人格障碍
A. 与社交关系普遍脱离，在人际交流方面表情有限，起自早期成年时，前后过程多种多样，表现为下列4项以上：
(1) 既不想要，实际上也没有亲密的人际关系，包括作为家庭之一员；
(2) 几乎常常选择独自活动；
(3) 简直很少兴趣与他人发生性行为；
(4) 对很少活动感到乐趣；
(5) 除了一级亲属外，没有亲密或知心朋友；
(6) 对于赞扬或批评都显得无所谓；
(7) 显示情绪冷淡，或情感平淡。
B. 并非发生于精神分裂症，其他精神病性障碍，或某种普遍性发展障碍，也不是由于一般躯体情况所致之直接生理性效应。
注：如在精神分裂症起病之前已符合此标准，可加上"病前"，例如"分裂样人格障碍(病前)"。

301.22　分裂型人格障碍
A. 社交和人际关系方面的缺陷，与亲友在一起感到很不舒服，很少感情，而且还有认识或感知方面的歪曲以及古怪的行为；起自早期成年时，前后过程多种多样，符合以下5项以上：
(1) 关系观念(未达关系妄想程度)；
(2) 与其文化背景不相一致而却影响其行为的古怪想法或魔术思维(例如，迷信、特异功能、心灵感传或"第六感觉"；在儿童或青少年，为怪异的幻想或沉湎整日的想法)；
(3) 不寻常的幻觉体验，包括躯体幻觉；
(4) 古怪思维与语言(例如，含糊的、琐碎的、隐喻的、过分推敲的或刻板的)；
(5) 猜疑或偏执反应；

(续表)

(6) 感情不适切或受限制;
(7) 古怪或特别的行为或外貌;
(8) 除一级亲属外没有亲密或知心朋友;
(9) 过分的社交焦虑,仅熟悉亲密程度并不减少,然而往往伴有偏执性的害怕感而不是错误地判断自己。
B. 并非发生于精神分裂症、伴精神病性表现的心境障碍,其他精神病性障碍,或某种普遍性发展障碍。
注:如在精神分裂症起病之前已符合此标准,可加上"病前",例如"分裂型人格障碍(病前)"。

301.7 反社会型人格障碍
A. 一直不顾或冒犯他人的权利,起自 15 岁以前,至少下列 3 项以上:
(1) 不遵守有关法律行为的社会准则,表现为多次做出可遭拘捕的行动;
(2) 欺诈,表现为为了个人利益或乐趣而多次说谎,应用假名,或诈骗他人;
(3) 冲动性,或在事先不做计划;
(4) 激惹和攻击性,表现为多次殴斗袭击;
(5) 鲁莽地不顾他人或自己的安全;
(6) 一向不负责任,表现为多次不履行工作或经济义务;
(7) 缺乏懊悔,表现为在伤人、虐待他人或偷窃之后显得无所谓或作合理化的所谓辩解。
B. 至少 18 岁。
C. 在 15 岁前起病者有品行障碍的证据。
D. 反社会行为并非发生在精神分裂症或躁狂发作的病程中。

301.83 边缘型人格障碍
人际关系、自我形象和感情的不稳定以及显著的冲动性;起自早期成年时,前后过程多种多样,表现为下列 5 项以上:
(1) 疯狂努力以避免真正的或想象出来的遗弃(注:不包括第 5 项所指的自杀或自伤行为);
(2) 一种不稳定的强烈的人际关系,其特点是从极端理想化到极端的贬低之间变来变去;
(3) 身份障碍:对自我形象或自我感觉的显著和持久的不稳定变化;
(4) 至少在两个领域方面出现冲动性,有潜在的自我毁灭可能性,例如,浪费、性、药物滥用、鲁莽驾驶、狂吞滥饮(注:不包括第 5 项的自杀或自伤行为);
(5) 反复发生自杀行为、自杀姿态或威胁,或者自伤行为;
(6) 由于显著的心境反应而情绪不稳定(例如,心境恶劣强烈发作,激惹,即焦虑持续数小时,很少会超过几天);
(7) 长期的空虚感;
(8) 不合适的强烈愤怒,或难以控制的发怒(例如,常发脾气、发怒、殴斗);
(9) 短暂的与应激有关的偏执观念或严重的分离性症状。

301.50 表演型人格障碍
过分的情绪表达和招引他人注意;起自早期成年,前后过程多种多样,表现为下列 5 项以上:
(1) 如自己不在人们注意的中心,便感到不舒服;
(2) 与他人交往时的特点往往是带有不合适的性诱惑或挑拨性行为;
(3) 表现出迅速变换而肤浅的表情;
(4) 一直用躯体模样来吸引他人注意;
(5) 说话拿腔拿调,使人有过分的印象而却没有什么内容;
(6) 显示出自我戏剧化、舞台化和过分夸大的表情;
(7) 是易暗示的,即容易被他人或环境影响;
(8) 与他人的关系看来比实际上更为亲切。

（续表）

301.81 自恋型人格障碍

夸大（幻想或行为），需要他人赞扬，并缺乏同感；起自早期成年时，前后过程多种多样，表现为下列5项以上：

(1) 具有自我重要的夸大感（例，过分夸大成就和才能，在没有相应的成就时却盼望被认为是上乘）；
(2) 沉湎于无限成功、权力、光辉、美丽或理想爱情的幻想；
(3) 认为自己是"特殊"的和独一无二的，只能被其他特殊的或高地位人们（或单位）所了解或共事；
(4) 要求过分的赞扬；
(5) 有一种荣誉感，即不合理地期望特殊的优厚待遇或自动顺从他的期望；
(6) 在人际关系上是剥削（占便宜）的，即为了达到自己的目的而占有他人的利益；
(7) 缺乏同感，不愿设身处地地认识或认同他人的感情和需求；
(8) 往往妒忌他人，或认为他人都在妒忌自己；
(9) 显示骄傲、傲慢的行为或态度。

301.82 回避型人格障碍

避免社交，无能感和过分的否定评价；起自早期成年时，前后过程多种多样，表现为下列4项以上：

(1) 回避一些涉及较多人际交往接触的职业活动，因为害怕批评、遭到不赞成或拒绝；
(2) 不愿意与人们打交道，除非某些喜欢的人；
(3) 很少与人发展亲密关系，因为害怕害羞或被取笑；
(4) 沉湎于在社交场合被批评或拒绝；
(5) 不参加新的人际交往场合，因为有无能感；
(6) 认为自己在社交方面笨拙，没有什么吸引力，或比其他人差得多；
(7) 异常地不愿意参与新活动，因为他们认为会因之难堪。

301.6 依赖型人格障碍

因为其顺从和依附行为，过分需要被人照顾，而且又害怕离别；起自早期成年时，前后过程多种多样，表现出下列5项以上：

(1) 如果没有他人的大量劝告或保证，便难以作出日常决定；
(2) 需要他人为其生活的大多数主要方面担当责任；
(3) 难以表示不同意别人的意见，因为害怕失去支持或赞成；
(4) 难以开始一项事业或从事依靠他自己的事情（因为缺乏判断或能力的自信心，而不是因为缺乏动机或精力）；
(5) 下了不少功夫才获得教养和支持以达到能自愿从事令人愉快事情的地步；
(6) 独处时感到不舒服或失助，因为十分害怕不会照料自己；
(7) 在一个亲密关系终结后迫切地寻求另一个作为支持和照料的依靠；
(8) 不现实地沉湎于害怕被人家遗弃以致只得自己照料自己。

301.4 强迫型人格障碍

不屑牺牲变通性、公开性与效率，沉湎于追求有次序、十全十美以及精神和人际关系都得到控制管理；起自早期成年时，前后过程多种多样，表现为以下4项以上：

(1) 沉湎于追求细节、规则、列表、次序、结构或日程，甚至活动的主要方面却被忽视；
(2) 事情要完成得十全十美（例如，不能完成一桩事业，因为无法符合他自己十分严格的标准）；
(3) 过分地献身于工作，以至没有业余活动和朋友交往（并不是由于经济问题）；
(4) 在有关道德或价值观等方面是十分谨慎小心、无可指摘和不可变更的（并不是由于文化或宗教观念）；

(续表)

(5) 不会丢弃旧的或没有价值的东西(甚至毫无感情纪念价值者);
(6) 不愿与其他人共同工作,除非他们屈从于他做事情的要求;
(7) 对自己和对他人都采取非常吝啬节约的开支方式,似乎要把钱积蓄起来以防灾荒;
(8) 显得僵硬固执。

表9-2 ICD-10对人格障碍的分类与诊断

特异型人格障碍

特异型人格障碍是个体性格学体质与行为倾向上的严重紊乱,通常涉及人格的几个侧面,几乎总是伴有个人与社会间显著的割裂。人格障碍多在儿童后期或青春期出现,持续到成年并渐渐显著。因此,在16岁或17岁前诊断人格障碍就不很合适。适用于所有人格障碍的一般性诊断要点如下,而在每一亚型中都有补充描述。

【诊断要点】 不是由广泛性大脑损伤或病变以及其他精神科障碍所直接引起的状况,符合下述标准:

(a) 明显不协调的态度和行为,通常涉及几方面的功能,如情感、唤起、冲动控制、知觉与思维方式及与他人交往的方式;
(b) 这一异常行为模式是持久的、固定的,并不局限于精神疾患的发作期;
(c) 异常行为模式是泛化的,与个人及社会的多种场合不相适应;
(d) 上述表现均于童年或青春期出现,延续至成年;
(e) 这一障碍会给个人带来相当大的苦恼,但仅在病程后期才明显;
(f) 这一障碍通常会伴有职业及社交的严重问题,但并非绝对如此。

在不同的文化中,需要建立一套独特的标准以适应其社会常模、规则与义务。对于下列大多数亚型,通常要求存在至少三条临床描述的特点或行为的确切证据,才能诊断。

F60.0 偏执型人格障碍

这种人格障碍的特征为:

(a) 对挫折与拒绝过分敏感;
(b) 容易长久地记仇,即不肯原谅、侮辱、伤害或轻视。
(c) 猜疑,以及将体验歪曲的一种普遍倾向,即把他人无意的或友好的行为误解为敌意或轻蔑;
(d) 与现实环境不相称的好斗及顽固地维护个人的权利;
(e) 极易猜疑,毫无根据地怀疑配偶或性伴侣的忠诚;
(f) 将自己看得过分重要的倾向,表现为持续的自我援引态度;
(g) 将患者直接有关的事件以及世间的形形色色都解释为"阴谋"的无根据的先占观念。

包含:夸大性偏执,狂信性,好诉讼性及敏感性偏执型人格障碍。

不含:妄想性障碍(F22.-)、精神分裂症(F20.-)。

F60.1 分裂样人格障碍

人格障碍符合下述描述:

(a) 几乎没有可体验到愉快的活动;
(b) 情绪冷淡,隔膜或平淡的情感;
(c) 对他人表达温情、体贴或愤怒情绪的能力有限;
(d) 无论对批评或表扬都无动于衷;
(e) 对与他人发生性接触毫无兴趣(要考虑年龄);
(f) 几乎总是偏爱单独行动;
(g) 过分沉湎于幻想和内省;

(续表)

(h) 没有亲密朋友,与人不建立相互信任的关系(或者只有一位),也不想建立这种关系;
(i) 明显地无视公认的社会常规及习俗。

不含：阿斯伯格综合征(F84.5)、妄想性障碍(F22.0)、儿童期分裂样障碍(F84 5)、精神分裂症(F20.-)、分裂型障碍(F21)。

F60.2　社交紊乱型人格障碍

常因其行为与公认的社会规范有显著差异而引人注目的一种人格障碍,其特征为:
(a) 对他人感受漠不关心;
(b) 全面、持久地缺乏责任感,无视社会规范、规定与义务;
(c) 尽管建立人际关系并无困难,却不能长久地保持;
(d) 对挫折的耐受性极低,微小刺激便可引起攻击,甚至暴力行为;
(e) 无内疚感,不能从经历中特别是从惩罚中吸取教训;
(f) 很容易责怪他人,或者当他们与社会相冲突时对行为作似是而非的合理化解释。

伴随的特征中还有持续的易激惹。儿童期及青春期品行障碍,尽管并非总是存在,如果有则更进一步支持本诊断。

包含：悖德型、反社会型、非社交型、精神病态与社会病态型人格障碍;
不含：品行障碍(F91.-)、情绪不稳型人格障碍(F60.3)。

F60.3　情绪不稳型人格障碍

此类人格障碍有一个突出的倾向,即行为冲动,不计后果,伴有情感不稳定。事先进行计划的能力很差,强烈的愤怒暴发常导致暴力或"行为爆炸";当冲动行为被人批评或阻止时,极易会诱发上述表现。此类人格障碍有两个特定的亚型,两者都以冲动性及缺乏自我控制为突出表现。

F60.30　冲动型

其主要特征为情绪不稳定及缺乏冲动控制。暴力或威胁性行为的暴发很常见,在其他人加以批评时尤为如此。

包含：爆发型和攻击型人格障碍;
不含：社交紊乱型人格障碍(F60.2)。

F60.31　边缘型

存在一些情感不稳的特征,除此之外,患者自己的自我形象,目的及内心的偏好(包括性偏好)常常是模糊不清的或扭曲的。他们通常有持续的空虚感。患者由于易于卷入强烈及不稳定的人际关系,可能会导致连续的情感危机,也可能会竭力避免被人遗弃,并可能伴有一连串的自杀威胁或自伤行为(这些情况也可能在没有任何明显促发因素的情况下发生)。

包含：边缘型人格障碍。

F60.4　表演型人格障碍

这种人格障碍的特征为:
(a) 自我戏剧化,做戏性,夸张的情绪表达;
(b) 暗示性,易受他人或环境影响;
(c) 肤浅和易变的情感;
(d) 不停地追求刺激,为他人赞赏及以自己为注意中心的活动;
(e) 外表及行为显出不恰当的挑逗性;
(f) 对自己外观容貌过分计较。

其他特征还包括：自我中心,自我放任,不断渴望受到赞赏,感情易受伤害,为满足自己的需要总是不择手段。

包含：癔症及心理幼稚型人格障碍。

F60.5　强迫型人格障碍

这种人格障碍的特征为:

(续表)

(a) 过分疑虑及谨慎；
(b) 对细节、规则、条目、秩序、组织或表格过分关注；
(c) 完美主义,以至影响了工作的完成；
(d) 道德感过强,谨小慎微,过分看重工作成效而不顾乐趣和人际关系；
(e) 过分迂腐,拘泥于社会习俗；
(f) 刻板和固执；
(g) 患者不合情理地坚持他人必须严格按自己的方式行事,或即使允许他人行事也极不情愿；
(h) 有强加的、令人讨厌的思想或冲动闯入。
包含：强迫行为与强迫观念型人格障碍、强迫观念与强迫行为型人格障碍。
不含：强迫观念与强迫行为障碍(F42.-)。

F60.6 焦虑(回避)型人格障碍
这种人格障碍的特征为：
(a) 持续和泛化的紧张感与忧虑；
(b) 相信自己在社交上笨拙,没有吸引力或不如别人；
(c) 在社交场合总过分担心会被人指责或拒绝；
(d) 除非肯定受人欢迎,否则不肯与他人打交道；
(e) 出于维护躯体安全感的需要,在生活风格上有许多限制；
(f) 由于担心批评,指责或拒绝,回避那些与人密切交往的社交或职业活动。
其他特征包括对拒绝与批评过分敏感。

F60.7 依赖型人格障碍
这种人格障碍的特征为：
(a) 请求或同意他人为自己生活中大多数重要事情作决定；
(b) 将自己的需求附属于所依赖的人,过分顺从他人的意志；
(c) 不愿意对所依赖的人提出即使是合理的要求；
(d) 由于过分害怕不能照顾自己,在独处时总感到不舒服或无助；
(e) 沉陷于被关系亲密的人所抛弃的恐惧之中,害怕只剩下他一人来照顾自己；
(f) 没有别人过分的建议和保证时作出日常决定的能力很有限。
其他特征包括：总把自己看作无依无靠、无能的、缺乏精力的。
包含：衰弱型、不当型、被动型及自我挫败型人格障碍。

F60.8 其他特异型人格障碍
不符合上述特异型情况(F60.0-F60.7)的一种人格障碍。
包含：古怪型、变化无常(haltlose)型、成熟型、自恋型、被动攻击型及精神神经症型人格障碍。

F60.9 人格障碍,未特定
人格障碍,未特定。
包含：性格神经症 NOs、病理性人格 NOs。

表9-3 CCMD-3对人格障碍的分类与诊断

60 人格障碍
指人格特征明显偏离正常,使患者形成了一贯的反映个人生活风格和人际关系的异常行为模式。这种模式显著偏离特定的文化背景和一般认知方式(尤其在待人接物方面),明显影响其

(续表)

社会功能与职业功能,造成对社会环境的适应不良,患者为此感到痛苦,并已具有临床意义。患者虽然无智能障碍,但适应不良的行为模式难以矫正,仅少数患者在成年后程度上可有改善。通常开始于童年期或青少年期,并长期持续发展至成年或终生。如果人格偏离正常系由躯体疾病(如脑病、脑外伤、慢性酒中毒等)所致,或继发于各种精神障碍应称为人格改变。

【症状标准】个人的内心体验与行为特征(不限于精神障碍发作期)在整体上与其文化期望和接受的范围明显偏离,这种偏离是广泛、稳定和长期的,并至少有下列1项:
(1) 认知(感知,及解释人和事物,由此形成对自我及他人的态度和形象的方式)的异常偏离;
(2) 情感(范围、强度,及适切的情感唤起和反应)的异常偏离;
(3) 控制冲动及对满足个人需要的异常偏离;
(4) 人际关系的异常偏离。

【严重标准】特殊行为模式的异常偏离,使患者或其他人(如家属)感到痛苦或社会适应不良。
【病程标准】开始于童年、青少年期,现年18岁以上,至少已持续2年。
【排除标准】人格特征的异常偏离并非躯体疾病或精神障碍的表现或后果。

60.1 偏执型人格障碍

以猜疑和偏执为特点,始于成年早期,男性多于女性。
【诊断标准】
(1) 符合人格障碍的诊断标准;
(2) 以猜疑和偏执为特点,并至少有下列3项:
① 对挫折和遭遇过度敏感;
② 对侮辱和伤害不能宽容,长期耿耿于怀;
③ 多疑,容易将别人的中性或友好行为误解为敌意或轻视;
④ 明显超过实际情况所需的好斗对个人权利执意追求;
⑤ 易有病理性嫉妒,过分怀疑恋人有新欢或伴侣不忠,但不是妄想;
⑥ 过分自负和自我中心的倾向,总感觉受压制、被迫害,甚至上告、上访,不达目的不肯罢休;
⑦ 具有将其周围或外界事件解释为"阴谋"等的非现实性优势观念,因此过分警惕和抱有敌意。

60.2 分裂样人格障碍

以观念、行为和外貌装饰的奇特、情感冷漠,及人际关系明显缺陷为特点。男性略多于女性。
【诊断标准】
(1) 符合人格障碍的诊断标准;
(2) 以观念、行为和外貌装饰的奇特、情感冷淡,及人际关系缺陷为特点,并至少有下列3项:
① 性格明显内向(孤独、被动、退缩),与家庭和社会疏远,除生活或工作中必须接触的人外,基本不与他人主动交往,缺少知心朋友,过分沉湎于幻想和内省;
② 表情呆板,情感冷淡,甚至不通人情,不能表达对他人的关心、体贴,及愤怒等;
③ 对赞扬和批评反应差或无动于衷;
④ 缺乏愉快感;
⑤ 缺乏亲密、信任的人际关系;
⑥ 在遵循社会规范方面存在困难,导致行为怪异;
⑦ 对与他人之间的性活动不感兴趣(考虑年龄)。

60.3 反社会型人格障碍

以行为不符合社会规范,经常违法乱纪,对人冷酷无情为特点,男性多于女性。本组患者往往在童年或少年期(18岁前)就出现品行问题。成年后(指18岁后)习性不改,主要表现行为不符合社会规范,甚至违法乱纪。
【诊断标准】
(1) 符合人格障碍的诊断标准,并至少有下列3项:

(续表)

① 严重和长期不负责任,无视社会常规、准则、义务等,如不能维持长久的工作或学习,经常旷工或旷课,多次无计划地变换工作,有违反社会规范的行为,且这些行为已构成拘捕的理由(不管拘捕与否);
② 行动无计划或有冲动性,如进行事先未计划的旅行;
③ 不尊重事实,如经常撒谎、欺骗他人,以获得个人利益;
④ 对他人漠不关心,如经常不承担经济义务,拖欠债务,不赡养子女或父母;
⑤ 不能维持与他人的长久的关系,如不能维持长久的(1年以上)夫妻关系;
⑥ 很容易责怪他人,或对其与社会相冲突的行为进行无理辩解;
⑦ 对挫折的耐受性低,微小刺激便可引起冲动,甚至暴力行为;
⑧ 易激惹,并有暴力行为,如反复斗殴或攻击别人,包括无故殴打配偶或子女;
⑨ 危害别人时缺少内疚感,不能从经验,特别是在受到惩罚的经验中获益。
(2) 在18岁前有品行障碍的证据,至少有下列3项:
① 反复违反家规或校规;
② 反复说谎(不是为了躲避体罚);
③ 习惯性吸烟,喝酒;
④ 虐待动物或弱小同伴;
⑤ 反复偷窃;
⑥ 经常逃学;
⑦ 至少有2次未向家人说明外出过夜;
⑧ 过早发生性活动;
⑨ 多次参与破坏公共财物活动;
⑩ 反复挑起或参与斗殴;
⑪ 被学校开除过,或因行为不轨而至少停学一次;
⑫ 被拘留或被公安机关管教过。

60.4 冲动型人格障碍(攻击型人格障碍)

以情感爆发,伴明显行为冲动为特征,男性明显多于女性。

【诊断标准】

(1) 符合人格障碍的诊断标准;
(2) 以情感爆发和明显的冲动行为作为主要表现,并至少有下列3项:
① 易与他人发生争吵和冲突,特别在冲动行为受阻或受到批评时;
② 有突发的愤怒和暴力倾向,对导致的冲动行为不能自控;
③ 对事物的计划和预见能力明显受损;
④ 不能坚持任何没有即刻奖励的行为;
⑤ 不稳定的和反复无常的心境;
⑥ 自我形象、目的,及内在偏好(包括性欲望)的紊乱和不确定;
⑦ 容易产生人际关系的紧张或不稳定,时时导致情感危机;
⑧ 经常出现自杀、自伤行为。

60.5 表演型(癔症型)人格障碍

以过分的感情用事或夸张言行吸引他人的注意为特点。

【诊断标准】

(1) 符合人格障碍的诊断标准;
(2) 以过分的感情用事或夸张言行,吸引他人的注意为特点,并至少有下列3项:
① 富于自我表演性、戏剧性、夸张性地表达情感;
② 肤浅和易变的情感;

(续表)

③ 自我中心,自我放纵和不为他人着想;
④ 追求刺激和以自己为注意中心的活动;
⑤ 不断渴望受到赞赏,情感易受伤害;
⑥ 过分关心躯体的性感,以满足自己的需要;
⑦ 暗示性高,易受他人影响。

60.6 强迫型人格障碍

以过分的谨小慎微、严格要求与完美主义,及内心的不安全感为特征。男性多于女性2倍,约70%强迫症患者有强迫型人格障碍。

【诊断标准】

(1) 符合人格障碍的诊断标准;
(2) 以过分的谨小慎微、严格要求与完美主义,以及内心的不安全感为特征,并至少有下列3项:
① 因个人内心深处的不安全感导致优柔寡断、怀疑,及过分谨慎;
② 需在很早以前就对所有的活动作出计划并不厌其烦;
③ 凡事需反复核对,因对细节的过分注意,以致忽视全局;
④ 经常被讨厌的思想或冲动所困扰,但尚未达到强迫症的程度;
⑤ 过分谨慎多虑、过分专注于工作成效而不顾个人消遣,及人际关系;
⑥ 刻板和固执,要求别人按其规矩办事;
⑦ 因循守旧、缺乏表达温情的能力。

60.7 焦虑型人格障碍

以一贯感到紧张、提心吊胆、不安全,及自卑为特征,总是需要被人喜欢和接纳,对拒绝和批评过分敏感,因习惯性地夸大日常处境中的潜在危险,而有回避某些活动的倾向。

【诊断标准】

(1) 符合人格障碍的诊断标准;
(2) 以持久和广泛的内心紧张,及忧虑体验为特征,并至少有下列3项:
① 一贯的自我敏感、不安全感,及自卑感;
② 对遭排斥和批评过分敏感;
③ 不断追求被人接受和受到欢迎;
④ 除非得到保证被他人所接受和不会受到批评,否则拒绝与他人建立人际关系;
⑤ 惯于夸大生活中潜在的危险因素,达到回避某种活动的程度,但无恐惧性回避;
⑥ 因"稳定"和"安全"的需要,生活方式受到限制。

60.8 依赖型人格障碍

【诊断标准】

(1) 符合人格障碍的诊断标准;
(2) 以过分依赖为特征,并至少有下列3项:
① 要求或让他人为自己生活的重要方面承担责任;
② 将自己的需要附属于所依赖的人,过分地服从他人的意志;
③ 不愿意对所依赖的人提出即使是合理的要求;
④ 感到自己无助、无能或缺乏精力;
⑤ 沉湎于被遗忘的恐惧之中,不断要求别人对此提出保证,独处时感到很难受;
⑥ 当与他人的亲密关系结束时,有被毁灭和无助的体验;
⑦ 经常把责任推给别人,以应对逆境。

60.9 其他或待分类的人格障碍

包括被动攻击型人格障碍、抑郁型人格障碍和自恋型人格障碍等。

三、人格测评工具

自陈式问卷以其高度结构化,较高的信效度及简便的施测过程而成为收集与人格障碍有关资料的最实用的测评工具。这里介绍明尼苏达多相人格调查表,它在美国是除智力测验之外最广泛使用的心理测评工具。

(一)明尼苏达多相人格调查表概述

明尼苏达多相人格调查表(Minnesota Multiphasic Personality Inventory,简称 MMPI),由美国明尼苏达大学心理学家哈撒韦(Starke R. Hathaway)和精神病学家麦金利(John Charnley McKinley)于 20 世纪 40 年代编制,在美国应用非常广泛,于 20 世纪 80 年代由中国科学院心理研究所宋维真引入我国。1989 年,明尼苏达多相人格调查表的出版者基于美国国内新的成年人样本推出重要的修订版本 MMPI-2。明尼苏达多相人格调查表在编制后的 60 多年时间里除了作为精神病学的诊断工具之外,还一直被广泛应用于各个领域,如人类学、心理学、医学、社会学等研究工作中。

(二)明尼苏达多相人格调查表的编制方法

明尼苏达多相人格调查表的编制是按经验效标(empirical criterion)方法进行的。这种方法对项目选择和对回答评分是通过效标组与对照组相比较进行的,同时也补充采用统计方法。明尼苏达多相人格调查表的项目库来自如下一组人格障碍人群(效标组):对身体过于关心的,表现有极度抑郁的,有躯体转换症状的癔病患者,那些不顾社会习俗的病理人格者,有同性恋倾向的,偏执狂患者,精神衰弱患者,精神分裂症患者,轻躁狂患者,社会内向者。效标组与正常对照组回答人数相差明显的项目($P<0.05$)才被采用。

1. 明尼苏达多相人格调查表的结构

明尼苏达多相人格调查表要求被试根据问卷中的项目作出"是""否"或"不能确定"三种回答。测验项目分别包括在 4 个效度量表和 10 个临床量表中。我们在这里主要介绍 MMPI-2 的结构。

MMPI-2 共计 567 题,其中 16 题为重复题(主要用于检验被试反应的一致性,看答题是否认真)。MMPI-2 适用于 18 岁及以上的成年人。

表 9-4　MMPI-2 临床量表

名称	缩写	解释	项目数
疑病 Hypochondriasis	Hs	测量对健康和身体的关怀程度。高分者有许多说不清的身体不适感,一般有不愉快、敌意、需要同情、诉苦的表现。	32
抑郁 Depression	D	测量抑郁的水平。高分被描述为害羞、阴沉、悲观、沮丧、过于自制、自罪、抑郁。	57
癔病 Hysteria	Hy	检出经典的转换性癔病,包括躯体症状和忽视躯体症状,也有一些抑郁项目。高分者可能具有歇斯底里症状,表现为依赖、天真、幼稚、自我陶醉,人际关系经常被破坏。	60
精神病态 Psychopathic Deviate	Pd	检出经典的病态人格,标准是道德上的,不合群,但不一定是反社会或犯罪的。高分者难以接受社会价值观和规范。	50
男性化/女性化 Masculinity/ Femininity	MF	高分者表示偏离自己的性别特征。高分男性表现为敏感、爱美、被动等女性化倾向,高分女性表现为粗鲁、好攻击、自信、不敏感等男性化倾向。	56
妄想狂 Paranoia	Pa	反映猜疑、淡漠、残酷和在偏执者中存在的防御。高分者有明显的精神病行为,表现为思维混乱,常以为自己被虐待、被欺负,易怒,怀恨。	40
精神衰弱 Psychasthenia	Pt	评估焦虑水平及倾向。高分者表现为紧张、焦虑、强迫思维、神经过敏、刻板、自责、不安。	48
精神分裂症 Schizophrenia	Sc	评估异乎寻常的认知、感知和情绪体验。高分者表现出不寻常或分裂的生活方式,胆小、紧张、情绪不稳定、判断力差、想法奇怪。	78
轻躁狂 Hypomania	Ma	评估精力与活力。高分者外露、冲动、精力过度旺盛、轻浮、夸张、骄傲、自恋、性急。	46
社会内向 Social Introversion	Si	评估与别人在一起时的舒适度。高分者表现为内向、胆小、不善交际、刻板、自罪;低分者表现为外向、好交际、攻击性强、健谈、冲动。	69

表 9-5　MMPI-2 效度量表

名称	缩写	解释	项目数
不能回答 Question	Q	漏答,无法回答或"是""否"均作回答的题目数,超过 30 题则答卷无效。	—

（续表）

名　称	缩写	解　　释	项目数
说谎 Lie	L	"装好"的掩饰性，低分者说明诚实、自信、富于自我批评精神。	15
诈病 Validity	F	评估任意回答的倾向性。高分者可能蓄意装病，回答不认真或真的有病，如妄想、幻觉、思维障碍等。	64
校正分 Correction	K	校正"装好"和"装坏"。高分者表示"装好"的企图，低分者可表示过分坦率、自我批评或装坏的企图。	30

2. 明尼苏达多相人格调查表的实施与记分方式

随着计算机技术的普及与推广，鉴于MMPI-2的题量较多，通常使用计算机来实施。答题者根据计算机屏幕的提示对每一题按键作答，计算机将原始分转换为T分，并用T分制作剖面图。

3. 答卷的有效性检查

其一，不能回答(?)。如果不能回答的项目占所有项目的10%或以上，会影响量表结果剖面图的有效性，这就需要鼓励被试复查答卷，补答遗漏的题目。

其二，说谎量表。如果T分70或原始分15以上，此卷无效，或至少是处于无效边缘。例如"我总是讲真话"，"从不生气"，"读报纸上每天的社论"，"在家和在同伴中一样客客气气"等，都答"是"，就得高L分。

其三，诈病量表。如果诈病量表得分在16分或以上，说明被试有严重的情绪障碍，或者没有仔细阅读项目，或者不懂这些项目。在6分(约占64项的10%)以内者答卷有效。在23分或以上者答卷无效。在7—22分之间者，结合K来综合考虑，F原始分减K原始分为±11或更大者无效。大于11时，被试可能试图装坏，小于-11时，可能试图装好。

如答卷无效，就不必分析，或者只作参考。

4. 对明尼苏达多相人格调查表的评价

总体而言，明尼苏达多相人格调查表有很高的应用价值，但从心理测量学角度看，认为回答"是"或"否"的项目数失调，一些项目重复出现于几个量表(如：L、K、7、8、9)，原量表中的某些分量表效标样本代表性欠佳。也有临床心理学家认为量表内容太多,题量太大,施测时间过长。

第二节 人格特征的评估

一、人格特征的性质

（一）独特性

正如世上没有两片相同的叶子,人与人之间的心理及行为也是各不相同的,即便是遗传与环境极为类似的同卵双生子,其人格调查的结果也只显示显著的相关,而并不是一模一样。① 正是这样的个体差异使一个人不同于其他的人。

然而,人格具有独特性并不否认某些特定群体中的人具有一些共同之处。同一民族、同一阶级、同一群体下的人具有相似的人格特征。例如,由于受传统儒家文化的影响,中国人、日本的华人、东南亚的华人都具有很多相同的人格特征。②

（二）统一性

一个人的人格一旦形成,其为人处世便总是表现为这个人,而不会像突然变了个人似的让人捉摸不定。除非其人格发生病理性的变化,如双重人格或多重人格,或是为了某种目的故意伪装,比如戏剧电影演员、间谍情报员等。

（三）恒定性

人格一旦形成,便有恒定不变的特性。俗话说"三岁看到老","江山易改,本性难移",正是体现了人格恒定性中跨时间的持续性和跨情境的一致性,而且两者之间紧密相连。

人格的跨时间持续性是指人格在人生的不同时期表现恒定,人格是经得起时间考验的。一个人从儿童到青少年,从花季少女到为人妻为人母,从学生到参加工作,从普通员工到部门领导,他内在的人格是很难改变的。

人格的跨情境一致性是指个体在不同场合不同环境中的人格是相同或

---

① 傅一笑,等.遗传与家庭环境对儿童个性影响的双生子研究[J].中国心理卫生杂志,2009,23(1).
② 黄希庭.人格心理学[M].杭州:浙江教育出版社,2002:15-27.

相似的。例如,见义勇为者的先进事迹中总含有曾经类似的点点滴滴,又比如人们往往不会去向吝啬鬼借钱。根据我们的生活经验可知,一个外向的人无论在工作环境中还是在朋友聚会时,往往都会表现得热情而活跃。

当然,随着时间的推移,情境的改变,人格并不是不可改变的,其变化是渐近缓慢的,后来的变化也以原有的人格为基础。例如,现实生活的历练使人变得更为宽容大度,人生阅历的堆积使人变得更为从容淡定,挫折坎坷的冲刷使人变得更为坚韧顽强。即便是因为某种诱因对人格引起的病理性的变化也和原来的人格有关,所以临床心理工作者常通过患者原先的人格特征探寻人格异常的致病原因。也正因为人格是稳定性与可塑性的统一,对人格特征进行评估才有意义。

二、常用的人格量表

人格特征的评估就是对人格进行全面系统的描述,用标准化的人格量表对人格作出定量或定性的描述与划分,同时对个人未来的行为作出预期。

由于人格的多样性与复杂性,人格量表因理论假设和评估需要的不同而各有侧重。这里介绍四个比较常用的人格量表。

(一)加利福尼亚心理调查表

1. 加利福尼亚心理调查表概述

加利福尼亚心理调查表(California Psychological Inventory,简称CPI),由美国心理学家高夫(Harrison Gough)编制,从1951年版的15个分量表扩展至1957年版的18个分量表,其中很多题目来源于明尼苏达多相人格调查表。杨坚和龚耀先在20世纪90年代初将加利福尼亚心理调查表引进我国。

高夫编制加利福尼亚心理调查表是基于理论和实践两个目的的。理论目的在于希望使用或发展出的一套描述性的概念,能与个人及社会有所关联,也就是编一个重心放在可以广泛应用到人类行为上,而又属于人格中比较良好而非病态性格特征的测验。实践目的在于希望设计一套简便而又可靠的量表,以预测人们在一定情境下会如何说和如何做。

2. 加利福尼亚心理调查表的编制来源和用途

加利福尼亚心理调查表的编制深受明尼苏达多相人格调查表的影响,其中的很多题目来源于明尼苏达多相人格调查表。加利福尼亚心理调查表主要是供正常人(非精神异常者)使用。测验中每个量表代表的都是一些在社会生活中或社会互动中很重要的性格特征。因此,加利福尼亚心理调查表除了对于一些问题团体(例如有犯罪、反社会倾向的人)有用之外,最普遍的用途还是使用在学校、商界或工厂里,以及使用在所接触的个案主要是仍能过社会生活的人士的心理治疗与辅导机构。

3. 加利福尼亚心理调查表的结构

加利福尼亚心理调查表的每一个分量表都想涵盖人格心理学的一个重要方面。18个分量表相加起来,可以让我们从社会互动的观点对个人有所了解。这18个分量表又依据各自强调的心理特征分为四大类。

表9-6 加利福尼亚心理调查表的分类结构

第一类:评估稳重、上进、自信和人际关系的恰当性
1) 支配性(Do, Dominance)(46项)
评估领导能力、支配、坚韧和社会主动性。
2) 进取能力(Cs, Capacity for States)(32项)
牟取地位的能力指数(不是实际的或取得的地位),试图测量个人潜在的、有地位的和导致有地位的特质和属性。
3) 社交性(Sy, Sociability)(36项)
确认好交际的、善交际的、有参与气质的人。
4) 社交风度(Sp, Social Presence)(56项)
评估泰然自若、自发性、在个人与社会交往中的自信心。
5) 自我接受(Sa, Self-acceptance)(34项)
评估个人价值感、自我接受、独立思考和行动的能力。
6) 幸福感(Wb, Sense of Well-being)(44项)
确认那些很少紧张和病痛主诉的人,没有自我怀疑和理想破灭。

第二类:评估社会化、成熟度、责任心和人际价值的构成
7) 责任心(Re, Responsibility)(42项)
确认那些正直的、负责的、有可靠倾向和气质的人。
8) 社会化(So, Socialization)(54项)
指出社会成熟性、诚笃性和个人已达到的诚实性的程度。
9) 自控能力(Sc, Self-control)(50项)
评估自我管理和自我控制的程度,以及控制冲动和自我中心的程度和恰当性。
10) 忍受力(To, Tolerance)(32项)
确认那些表示从容不迫和有承受力的人,确认那些不辨社会信仰和态度的人。
11) 好印象(Gi, Good Impression)(40项)
确认能建立好印象,考虑别人会有怎样反应的那些人。
12) 从众性(Cm, Communality)(28项)
指出一个人对问卷所建立的(共同的)模式作反应或回答的程度。

第三类:评估成就潜能和智力有效性
13) 由顺从取得成就(Ac, Achievement via Conformance)(38项)

确认那些易于成功的、在任何条件下都是积极顺从的人的一些兴趣和动机因素。
14) 由独立而取得成就(Ai, Achievement via Independence)(32项)
确认那些易于成功的、在任何条件下都是积极独立自主的人的一些兴趣和动机因素。
15) 智力有效性(Ie, Intellectual Efficiency)(52项)
指出个人的和智力的已经达到的有效性程度。
第四类：智力与兴趣性形态的评估
16) 心理性(Py, Psychological-mindedness)(22项)
测量个人兴趣所在、内在需要和其他体验的程度。
17) 伸缩性(Fx, Flexibility)(22项)
指示一个人思想和社会行为灵活性和随机应变性的程度。
18) 女性化(Fe, Femininity)(32项)
评估兴趣的男性化或女性化。

4. 加利福尼亚心理调查表的实施与结果解释

其一,实施方法。加利福尼亚心理调查表的实施方法与明尼苏达多相人格调查表类似,在用于中学和大学生时,可通过团体或个别方法施测,没有严格的时间限制,一般45分钟至1小时可完成所有项目,再按常模将原始分换算成T分。加利福尼亚心理调查表和明尼苏达多相人格调查表一样都可以通过计算机施测与记分。

其二,测验有效性的解释。加利福尼亚心理调查表的三个效度量表是Wb(幸福感),Gi(好印象)和Cm(从众性)。Wb量表评估被试的"装坏"倾向,高分者可能会否认或缩小他们的问题,低分者可能夸大他们的问题或试图表现得比他们实际的适应更差一些。Gi量表评估被试的"装好"倾向,高分者可能有缩小问题和否认病例症状的倾向,是测量社会嘉许回答的一套量数。Cm量表指示被试有随机乱答或回答不实的可能。在解释加利福尼亚心理调查表的结果之前需要先查看这三个效度量表的T分,如果它们非常高(70及以上),或者非常低(30及以下),那么剖面图可能无效,测验结果无法继续解释。

5. 对加利福尼亚心理调查表的评价

加利福尼亚心理调查表的历史比明尼苏达多相人格调查表的短,但应用范围正在扩大。同明尼苏达多相人格调查表一样,加利福尼亚心理调查表也有心理测量学上的缺点,如项目重叠,"是"与"否"的回答数目不平衡等。从测量项目和分量表的选择来看,加利福尼亚心理调查表偏重通俗概念，缺乏理论基础。总体而言，加利福尼亚心理调查表不失为一个有实际应用价值的人格评估工具。

（二）艾森克人格问卷

1. 艾森克人格问卷概述

艾森克人格问卷（Eysenck Personality Questionnaire，简称 EPQ），是英国伦敦大学心理学系精神病研究所教授艾森克（Hans J. Eysenck）1975 年编制的人格评估工具。我国根据英国版作了修订，分为儿童问卷（7—15 岁）和成人问卷（16 岁以上）两个版本。

2. 艾森克人格问卷的结构

艾森克人格问卷由 E 量表（内—外倾性）、N 量表（神经质，又称情绪稳定性）、P 量表（精神质，又称倔强性）这三个人格维度的量表和 L 量表（效度）组成，共计 88 题，对每一题的回答需选择"是"或"否"。

3. 艾森克人格问卷的解释

典型外向（E 分特别高）：爱社交、广交朋友、渴望兴奋、喜欢冒险、行动常受冲动影响。反应迅速、乐观、好谈笑、情绪倾向失控、做事欠踏实。

典型内向（E 分特别高）：安静、离群、保守、交友不广但有挚友。喜欢瞻前顾后，行为不易受冲动影响，不喜欢做兴奋的事，做事有计划，生活有规律，做事严谨，倾向悲观，踏实可靠。

典型的情绪不稳定（N 分特别高）：焦虑、紧张、易怒、抑郁。睡眠不好，往往有几种心身障碍。情绪过分，对各种刺激的反应都过于强烈，动了情绪后难以平复。如与外向结合时便容易冒火、激动，以致进攻。概括地说，这是一种紧张的人，好抱偏见，以致错误。

情绪过于稳定（N 分特别低）：情绪反应很缓慢、很弱又容易平复。通常是平静的，很难生气，在一般人难以忍耐的刺激下也会有所反应，但不强烈。

有些研究发现，P 量表与 N 量表有一定相关。P 分高的成年人表现为不关心人，独身，常有麻烦，在哪里都感到不合适。有的可能残忍，不人道，缺乏同情心，感觉迟钝，常抱敌意，好进攻，对同伴和动物缺乏人类感情。P 分高的儿童常对人仇视、进攻，缺乏是非感，无社会化概念，好恶作剧。

L 量表原来作为效度量表，但实践说明 L 分高不一定就是回答不真实。

对包括明尼苏达多相人格调查表的 L 量表的研究发现,其得分高低与许多原因有关,比如年龄,民族等。

4. 对艾森克人格问卷的评价

艾森克人格问卷是以艾森克的多维人格理论为基础发展起来的,内容较少,操作及解释均不太复杂,在临床等方面都较为常用。然而,艾森克人格问卷的不足之处也正是测量的人格维度有限,无法对人格做全面深入的研究。另外,P 量表的性质也还有待继续研究。

(三)卡特尔 16 种人格因素问卷

1. 卡特尔 16 种人格因素问卷概述

卡特尔 16 种人格因素问卷(Sixteen Personality Factor Questionnaire,简称 16PF),由美国伊利诺伊州立大学人格及能力测验研究所卡特尔(Raymond B. Cattell)编制,于 1979 年引入我国。16PF 是根据人格特质说采用因素分析方法编制的。卡特尔从人们描述人格特质的词汇表中分析出人格基本的根源特质。

2. 16PF 的结构

16PF 量表共 187 题,16 种人格因素各自独立,彼此间相关性很低,每一种因素的测量都能了解到某一方面的人格特征,并能根据这 16 种因素的组合作出综合性的解释,达到全面评价人格的目的。

表 9-7 16 种人格因素的解释

类 别	项 目	具 体 描 述
16 种人格因素	A 乐群性	测试您与外界环境的适应情况,同时了解您与外界环境的交流方式。
	B 聪慧性	测试您的智力以及对问题的理解能力。
	C 稳定性	测试您的情绪特征和您对情绪的控制能力。
	E 持强性	测试您性格中的支配与顺从特征。
	F 兴奋性	测试您的兴奋性程度。
	G 有恒性	测试您一般做事时是敷衍的还是负责的。
	H 敢为性	测试您是否有冒险敢为的人格特征。
	I 敏感性	测试您对外界环境的敏感程度。
	L 怀疑性	测试您处世的怀疑态度。
	M 幻想性	测试您的幻想力和想象力。

(续表)

类别	项目	具体描述
16种人格因素	N 世故性	测试您在为人处世时的世故及老练性情况。
	O 忧虑性	测试您是否有抑郁状况。
	Q1 实验性	测试您对环境、事物的批判性情况。
	Q2 独立性	测试您的独立思维能力。
	Q3 自律性	测试您处世时的自律、自觉情况。
	Q4 紧张性	测试您的焦虑、紧张状况。
二元因素分析	适应与焦虑型内向与外向型	总体上是"随遇而安"的还是"孜孜以求的"?总体上是内向的还是外向的?
	感情用事与安详机警型	是偏感性的还是偏理性的?
	怯懦与果断型	在面临抉择时心理状态的倾向性。
综合心理素质	心理健康因素	评估人格健康状况,高分者情绪稳定、处世冷静,心态积极且充满内在动力,不会经常杞人忧天,其精神状态基本能保持放松、良好的状态。低分则表示综合的人格健康方面具有一定问题。得分小于12分时,应加以注意排查。
	专业成就	高分者情绪稳定、严于律己,做事能有始有终,善于独立思考问题并通过实践加以解决。不附和权威,并能在不同环境中坚持自己的观点,同时能妥善地解决诸如人际关系等方面的问题,以创造适合自身发展的环境。高于65分者判定为优秀。
	创造能力	该因素几乎与人格的所有因素有关。在16PF测验中,它是复合了10个基本因素的情况综合评估出来的。在这一因素上,真正能得到高分(大于98分)的人并不多,但我们在应用上可以按"越高越好"的原则对学生加以筛查选择。
	新环境成长能力	较高的聪慧性-B、有恒性-G、自律性-Q3和较低的兴奋性-F对适应新环境是有利的。这些特征能使人在新环境中保持克制、认真和利于学习思考的状态。分数大于27分为高分。

3. 16PF 结果的解释

对 16PF 的解释,首先需要掌握每个主要因素和二元因素的意义,包括在这些因素上得分高低的意义。这是最基本的,其他的解释技术都不能脱离这一基础。

剖面图是通用方法,将被试在各人格因素表上得到的原始分换算成标准分(1—10分),再制作剖面图,参照不同效标组的剖面图分布类型来解释。

另一种方法是效标估计法,采用统计方程式,即把每一因素分别乘一个特殊的加权分来预测行为或分级。

4. 对 16PF 的评价

从心理测量学的观点来看，16PF 的项目多用中性词句，不那么明显地联系到人格。每一个因素（分量表）的两端都有愿意接受的和不愿意接受的，这样的处理可以减少回答偏差。16PF 的每一个项目只出现在一个量表中，回答"是"或"否"的项目平衡，可避免定势选择回答的倾向。

（四）大五人格量表

1. 大五人格量表概述

大五人格量表（NEO Personality Inventory，简称 NEO-PI），由美国心理学家麦克雷和科斯塔（McCrae & Costa，1985）基于大五人格理论编制而成，于 1992 年完成修订版 NEO-R。中文版由中国科学院心理研究所张建新教授修订。

20 世纪 70 年代，NEO 量表只包括神经质（Neuroticism）、外向性（Extraversion）和开放性（Openness to Experience）三个因素，在此基础上，科斯塔和麦克雷又验证了宜人性（Agreeableness）和尽责性（Conscientiousness）两个因素，通常将这五个因素记忆为 OCEAN，即"人格的海洋"。

2. 大五人格量表的结构

NEO-PI-R 的题目由对行为的描述构成，共 240 题。适用于 16 岁以上无明显精神障碍的成年人。NEO-PI-R 除了评估五大人格因素之外，还能评价每一个因素的六个亚成分。NEO-R 的缩略版 NEO-FFI 由 60 题构成，每一因素包含 12 题。

大五人格量表中文版共 25 题，每个因素包含 5 题，每题五点评分，选出一般最想描述的点。比如：迫切的 5 4 3 2 1 冷静的。

表 9-8 大五人格因素

人格因素	描述
外向性 Extraversion	个体对关系的舒适感程度。一端是极端外向，另一端是极端内向。外向者爱交际，表现得精力充沛、乐观、友好和自信；内向者的这些表现则不突出，但这并不等于说他们就是自我中心的和缺乏精力的，他们偏向于含蓄、自主与稳健。
宜人性 Agreeableness	个体服从他人的倾向。得高分的人乐于助人、可靠、富有同情心；得分低的人多抱敌意，为人多疑。前者注重合作而不是竞争；后者喜欢为了自己的利益和信念而争斗。

(续表)

人格因素	描述
尽责性 Conscientiousness	测量个体的信誉，我们如何自律、控制自己。处于维度高端的人做事有计划，有条理，并能持之以恒；居于低端的人马虎大意，容易见异思迁，不可靠。
情绪稳定性 Neuroticism	个体承受压力的能力。得高分者比得低分者更容易因为日常生活的压力而感到心烦意乱。得低分者多表现为自我调适良好，不易于出现极端反应。
开放性 Openness to Experience	个体对新奇事物的兴趣和热衷程度，对经验持开放、探求的态度。这不仅是一种人际意义上的开放。得分高者不墨守成规、独立思考；得分低者多数比较传统，喜欢熟悉的事物多过喜欢新事物。

3. 大五人格量表结果的解释

大五人格量表的测试结果需由原始分转化为标准分后对照大五位置解释表进行（见表9-9）。

表9-9 大五位置解释表

强适应性 安全的、镇静的、理性的、感觉迟钝的、无负罪感的	有活力的	敏感的	易反应的		弱适应性 兴奋的、忧虑的、警觉的、高度紧张的
	35	45	55	65	
低社交性的 独立的、保守的、难打交道的、阅读艰难的	内向	中向	外向		高社交性的 确信的、社交性、热情的、乐观的、健谈的
	35	45	55	65	
低开放性 保守的、实践的、有效率的、专业的、有知识深度的	保守	温和	开拓		高开放性的 兴趣广泛的、好奇的、自由的、追求新奇的
	35	45	55	65	
低利他性的 怀疑的、攻击性的、坚韧的、自私自利的	挑战的	调停的	容纳的		高利他性的 信任的、谦虚的、合作的、坦白的、不冲突的
	35	45	55	65	
低道德感的 自发的、无组织的	灵活的	平衡的	专注的		高道德感的 依附的、有组织的、有原则经验的、谨慎的、固执的
	35	45	55	65	

4. 对大五人格量表的评价

大五人格模型（Big Five Structure 或 Five-Factor Model）是不同研究群体从许多人格资料中发现的较为一致而有代表性的人格因素理论。大五人格量表（NEO-PI）施测方便，解释明确，但从题目本身来看，其施测过程容易受到被试伪装和反应倾向的影响。如果被试能够诚实坦率地在测试中作答，其测试结果作为人格的量化工具，可为自我成长与发展提供有价值的信息。

三、常用的投射测验

以测验内容无结构和模棱两可为特征的投射测验，可用来评估较深层次的动力型人格结构。这里介绍两种最经典的投射测验。

（一）罗夏墨迹测验

1. 罗夏墨迹测验概述

罗夏墨迹测验（Rorschach Inkblot Test）缘起于瑞士精神病学家罗夏（Hermann Rorschach）1921年发表的一篇论文，他在文中描述了一种根据个体对墨迹的反应预测其行为的方法，在第二年罗夏去世后，心理学家继续根据罗夏的研究编制墨迹测验，并仍以其开创者罗夏的名字命名。

罗夏墨迹测验通过向被试呈现标准化的、由墨渍偶然形成的模样刺激图板，让被试自由地看并说出由此联想到的内容，然后将这些反应用符号进行分类记录和分析，由此对被试人格进行评估和诊断。全套测验共10张卡片，每张卡片上只有一块墨迹，墨迹的颜色不止一种。被试可以根据墨迹的任何一个部分展开联想，而且可以对一张卡片作出几种反应。尽管某些卡片很有暗示性，但它们仅仅是墨迹。

2. 罗夏墨迹测验的应用

根据大多数文献报告，罗夏墨迹测验具有心理学、临床两方面的功用。

在心理学方面，评估认知和情感（情绪）功能，评估智力、创造性潜能、自发性、心境波动程度、抑郁、欣快和焦虑，评估主动性、内向、自信、对情绪刺激的反应、控制情绪冲动的能力等。

在临床方面，身心疾病、神经症性和精神疾病的诊断，神经症的临床鉴别诊断（如癔病性神经症不同于神经症性抑郁），精神病鉴别诊断（如偏执狂不同于妄想型精神分裂症），发现自杀倾向，鉴别有无脑损伤，预测在不同情境下的外显行为，预测精神病人治疗后的疗效。

3. 对测验结果的解释

投射测验的解释不只是一种单一的解释技术，而是要求解释者具备全面的知识和经验。"魔术性的思维或水晶球样的操作在罗夏墨迹测验解释

中是无地位的。测验结果的解释过程应包括分析与综合,要智慧地在高质量的记录材料中进行。"(Exner,1986)

对罗夏墨迹测验的解释,因解释系统的不同而多少有些差异,但各系统之间仍有一些共同的方面。罗夏本人也提出不知如何去鉴别潜在症状(指测验结果特点)下的东西,因此他并不强调测验的特殊因素,认为在解释测验时应重视整体。

虽然存在各种解释系统,但各系统有前提和总合这两个共同的基本过程。(1)前提阶段。包括在结果中提到的,有各种回答的频率、比率、发生的顺序性,在自由联想和询问阶段中的口语等。调查各成分后便形成前提和假设。在这一阶段,不合理的假说很快放弃,因为它与在温习中产生的其他前提不相等。在所有成分都做过研究后,便不会简单地看待那些不平常和戏剧性的成分,那些成分的意义可能恰好更加明显地代表了被试的特异性。当然,平常的或共同的成分也很重要,因为它们正好"抓住了"整个人。(2)总合阶段。在回顾了测验材料的四个主要部分(结果总结、分数顺序、联想和询问)后,就可形成这些材料的假说,通常解释者从结果总结开始,直到联想以及询问中的口语。

4. 对罗夏墨迹测验的评价

罗夏墨迹测验的性能是广泛的,它可用来评估人格功能,还能了解认知方面的潜能。由于对使用者的技术要求较高,因此限制了使用率。临床心理学工作者希望研究者不要增加过多的手续和术语,而是增加多一些的经验效度,便于作临床应用解释。

(二)主题统觉测验

1. 主题统觉测验概述

主题统觉测验(Thematic Apperception Test,简称 TAT),由默里(Henry Alexander Murray)和摩根(Christiana Drummond Morgan)1935 年开发,全套测验由 30 张黑白图片和一张空白图片组成,图片内容多为一个或多个人物处在模糊背景中且意义隐晦。

2. 主题统觉测验的实施

主题统觉测验可以用个别测验或团体方法实施。其指导语、记分、解释等同于罗夏墨迹测验,因流派不同而异。通常,被试在安静舒适的环境里参与测试。

测试分两次进行,第一次的指导语为:"我拿一些图画给你看,你要根据每一张图画的内容讲一个故事。你要告诉我图画说明了什么样的情况?此时发生了什么事?图画的主人公内心有何感触?结局如何?想到什么就说什么,能说多少就说多少?"第二次的指导语要求被试在讲故事时发挥更大的想象力,讲得更加生动。完成全部测试需 90—120 分钟。对儿童的指导语和成人的相同。

一般情况可在 90—120 分钟内做完测验,每张图片讲一个大约 300 字的故事。当然有时不会如此顺利,例如有人讲得太快,有人会拒绝讲述。主试要能够应付这些突发情况。

在被试讲完故事后要立即进行询问,需要询问的内容包括故事中的概念不明确,用词意义不明确,故事意义不清楚。主试必须根据特定的指导语询问,请被试根据图画来解释。

3. 主题统觉测验的用途

主题统觉测验属于人格测验,临床上不能将它作为诊断测验,但可以通过它来发现一些特征性病理症,或者说不同精神障碍的人。

在主题统觉测验中,有部分信息可作为诊断参考:(1)情绪不稳定。被试对刺激图有过分的情绪反应,如解释、批判,充满情感的描述,任意编造故事内容,过于重视故事的情感,哭泣,因情感而中断故事,只描述图片的心境或情调等。(2)抑郁。被试在讲故事的过程中表现出抑郁的状态,因病种不同(如精神病性的、严重的神经症或神经质等)而有差别,但都有一个共同特点——观念性活动受阻,所以大部分故事内容都是在询问中获得的。即便如此,回答询问时通常也都是言词简短或只有个别单词。(3)强迫观念和强迫行为。强迫行为者在描述图片时很详细,详细得出奇甚至古怪。在将图画的某一部分或某一方面进行分割时非常刻板。强迫观念者过于智力化,在意识中出现过多的可能解释、怀疑、卖弄学问,往往限于故事叙述。(4)偏执的指向。包括各类偏执情况。他们见到的主题常是猜疑、特务、偷偷摸摸和从背后的袭击。从图画来推断主试的动机,将图片和人物过于道德化或进行道德批判。

4. 对主题统觉测验的评价

与罗夏墨迹测验相比,主题统觉测验呈现的刺激更有结构性,要求被试给出更复杂、意义更明确的言语表达。主题统觉测验虽然用途较广,但也存在年龄、教育水平等方面的限制。

本 章 小 结

人格评估是临床心理学工作者最有兴趣又感到最困难的心理评估内容。人格障碍一旦形成就很难治愈,DSM-Ⅳ、ICD-10 和 CCMD-3 作为三大人格障碍的诊断工具,其诊断要点既有共性又有侧重,不同诊断标准之间可作临床比较,以确定最终的诊断标准进而制定干预方案。人格量表与投射测验作为常用的人格特征评估工具,应避免陷入过度使用甚至滥用的泥沼,任何一种人格评估工具都需要在临床心理学专业人士的主持下实施,对结果的分析与解释也需要严格按照评估工具附带的手册进行,以确保人格评估的临床适用性。

推荐阅读

Aaron T. Beck,Arthur Freeman,Denise D. Davis 等(2004). 人格障碍的认知治疗[M].北京:中国轻工业出版社.

John R. Graham(1999). *MMPI-2 Assessing Personality and Psychopathology*,Third Edition. Oxford University Press.

Larry,E. Beutler(2003). *Integrative Assessment of Adult Personality*,Second Edition. The Guilford Press.

第十章　生活质量综合评定

本章导引

1. 你对你的生活满意吗？你如何评估？
2. 你如何看待健康与生病？如何评估健康问题？
3. 你如何看待社会关系与健康的关系？如何评估人际关系？

经济社会发展的最终目标并不是单纯地追求物质生活，而是追求全面的幸福生活。在物质财富积累达到一定程度后，人们对生活的心理体验问题逐渐显现出来，经济学家提出"生活质量"的概念，强调了无形的精神生活水平对人的生存与社会发展的意义。自20世纪40年代中后期始，快乐和幸福成为积极心理学关注的焦点问题。积极心理学对幸福感的关注，影响着传统的健康心理学领域，为了能够对患者的临床治疗进行积极的心理干预，研究者们也开始注意评价那些影响患者康复和适应的主观健康因素，这些努力也被称为"与健康有关的生活质量"（health-related quality of life）研究，主观幸福感（subjective well-being，简称 SWB）成为积极心理学研究领域的重要组成部分。

健康是躯体和精神上一种稳定、充满活力的一般状态，关注人体的各个组成部分是否运作良好。诗人云，"没有人是一座孤岛"，阿德勒强调，行为从人际关系的角度可得到最好的理解，人们不是孤立于他人独自行动。人际关系是人们在各种具体的社会领域中，通过人与人之间的交往建立起心理上的联系，它反映在群体活动中人们相互之间的情感距离以及相互吸引与排斥的心理状态。个人和社会关系对健康的作用很大，关系不仅影响我们健康行为的信念，也影响我们朋友的数量，甚至影响我们的健康状况。如果人际关系失调,会产生不愉快的情绪体验,具有挫折感、心情抑郁、沮丧,甚至会导致心理疾病和生理疾病。这时候,仅治疗身体症状不会有效。

第一节　幸福感与生活满意度评估

主观幸福感研究大致从20世纪50年代在美国兴起,60年代以后形成研究热点,随着中国经济发展,80年代中期以后开始进入中国研究者的视野。近年来,中国的GDP呈现持续上升的趋势,国民幸福指数却先升后降,尽管经济持续快速增长,但人们的幸福感却未持续增加。中国研究者对幸福的关注越来越多。一些心理学概念(如自尊、抑郁、心理控制源和情感疏远等)与生活质量有间接而密切的联系,但生活满意度和幸福感标明个体生活质量的基线。

一、幸福感与生活满意度概述

(一) 幸福感

一般研究者将主观幸福感理解为积极情感体验和消极情感体验的权衡。在他们看来,在特定的条件下,当一个人体验的积极情感多于消极情感时,他便会感到幸福;否则,不会感到幸福。

主观幸福感的三个基本特点:(1) 主观性,以评价自己的标准而非他人的标准来评估;(2) 相对稳定性,虽然在评定主观幸福感时会受到当时的情绪状态与情境的影响,但研究证实主观幸福感具有相对稳定性;(3) 整体性,主观幸福感是反映一个体对生活质量的整体评估,是一种综合评价。心理学上对幸福的探讨通常是从第三个角度来说的。

目前,大多数研究者比较认同迪纳(Diener, 1984)提出的概念,即主观幸福感是指个体根据一定的标准对其生活质量的总体评估,是衡量个体生活质量的重要综合性心理指标。

此外,里夫(Ryff, 1989)提出心理幸福感(psychological well-being),强调幸福感有一种心理发展的意义。他从实现人的潜能获得心理发展的意义上理解幸福感,没把幸福感局限于人们的积极、正向的感受体验。里夫(Ryff, 1995)

认为:"幸福不仅是获得快乐,而且包含通过充分发挥自身潜能而达到完美的体验。人们的自我接受性、生活目的、自我成长、是否掌握自主性和人们对环境的适应能力与把握能力是决定人们是否幸福的主要内容。"

(二)生活满意度

生活满意度是指个体依照自己选择的标准对自己大部分时间或持续一定时期生活状况的总体性认知评估,是对自己生活质量的主观体验,其水平高低受健康、经济、心境、年龄、学历、婚姻状况等多种因素的影响。

生活满意度是涉及个人生理、心理和社会的良好状态及幸福感、满足感,是生活质量的重要标志之一,与人们的身心健康状况密切相关,因而是衡量个体生活质量的综合性心理指标,包括对过去、现在、将来生活的评价和展望。

从心理咨询的角度,我们需要关注主观幸福感、生活满意度与文化、年龄等方面的相关研究,从而更好地理解来访者对生活质量的总体评估,同时简短、有效的评定量表可以帮助咨询师迅速作出正确判断。

二、幸福感与生活满意度的影响因素

(一)生活满意度的影响因素

生活满意度不仅受外部环境影响,更受到个人认知因素的影响。社会心理影响的观点认为,个人生活满意度与诸多社会心理因素有直接关联,如压力、他人支持、应对方式、角色成就和生活质量等。

(二)主观幸福感的影响因素

1. 文化

一些基本的生理需要如饥渴,具有跨文化一致性;基本的生理需要满足后,休闲活动、成长需要等因素成为影响主观幸福感的重要因素,这时可能出现个体差异和跨文化的不一致。一项研究考察了个人主义—集体主义文化在区域性与总体的生活满意中的作用。结果发现,控制国家间收入差异后,个人主义文化中,自我与生活满意的相关程度要比集体主义文化高(Oishi, Schimmack, Diener, & Suh, 1998)。主观幸福感强调对生活的整体评价,个体对自己的幸福感作出判断时,不可避免地会打上文化烙印,受文化影响。一些心理学家依据个体信息的内部来源将文化划分为个人主义文化和集体主义文化。在西方个人主义文化背景下,个体趋向于注意自己内部的主观体验而忽略情境中的相关因素和规范因素，自我的私有成分和内部成分决定一个人的个性，个体生活满意度以情感体验为基础，情感平衡与否，很多人一般会偏向自己利益的满足就是幸福。

集体主义文化更强调与他人的需要和期望的一致性，在中国文化背景下，个人主义是自私，不顾及别人而得不到文化认同，人们还趋向考虑他人利益的满足，个体生活满意度更是自己需要的满足与他人需要、期望的满足之间的平衡。

2. 年龄

年龄与主观幸福感的关系上，有研究报告显示，生活满意度在 18—19 岁之间的平均水平非常稳定，积极情感在 20—80 岁之间缓慢下降，消极情感在 20—60 岁之间缓慢下降，在 70—80 岁之间出现反弹(Diener & Suh, 1998)。也有些研究表明，年龄与主观幸福感之间存在 U 形关系，儿童时期和老年时期人的主观幸福感最高，而中年时期 40 岁左右的主观幸福感最低。

（三）幸福感与生活满意度的研究进展

早期的主观幸福感研究主要集中在对一些影响其变化的客观因素（如事件、情境、人口变量等）的描述性数理统计上。随着研究的深入，心理学家发现，外在客观因素在主观幸福感中并不起决定性作用，从而转向对一些心理机制的研究。

目前的研究重点是主、客观因素如何通过相互作用来影响主观幸福。研究方法的改进和多样化表明，对主观幸福感的研究正从笼统阶段逐渐向精细阶段迈进。

对主观幸福感的研究方法的多样化表现为：（1）自我报告是目前应用最普遍的方法，研究者通常会采用一些评定量表，请被试评定自己的满意度。本书将介绍主要的评定生活满意度的量表。（2）非自我报告，请熟悉受试者如家人、朋友、同事、客户或者受过特殊训练的观察者等提供有关受试者的快乐相关行为。（3）生活事件记忆测量法，测量生活事件记忆。（4）生理心理学方法，根据受试者的心律、心动加速率、血压、体温、呼吸频率、皮肤导电系数来判断受试者的情绪，采用面部动作编码系统（facial action coding system，简称 FACS）对面部的肌肉动作进行辨别，以确定受试者的情感，通过脑电图（EEG）来测量脑电波，根据脑电波的相位、振幅和齐整性，或者通过磁共振成像技术(MRI)测量大脑的活跃区域来判断受试者正在体验的情感种类。(5)实验法，近年来国外一些学者已经开始尝试用实验的方法对主观幸福感进行研究。

三、幸福感与生活满意度的测评工具

幸福感与生活满意度的测评工具多用于研究。

(一)国外单维度测评量表

单维度量表用于测量一般生活满意度，它假设个体在进行生活满意度判断时通常是根据自己对生活的一般感觉作出，与特殊生活满意度无关，因此在测量时只给出一些诸如"我生活得很好"，"总的来说，我对我的生活感到满意"等不涉及任何具体生活领域的项目，用各项目得分简单相加得到的总分代表不同水平的生活满意度。

1. 总体生活满意度量表

总体生活满意度量表(Satisfaction with Life Scale)，由迪纳等人(Diener, Emmons, Larsen, & Griffin, 1985)编制，包含5个项目，每个项目采用7级评分，范围内根据对题目的认同程度打分，例如"从各方面看我的生活都很理想"，"我对我的生活很满意"和"即使生命重来一次，我也不想对我的生活作出什么改变"，分值越高幸福感越强。总体生活满意质量表是一个单维度的量表，其理论基础是认为生活满意是个体比较其目前的生活状况与其自我期望的差异，这种比较与自我愿望的、其他人的或与自己过去的生活状况有关。

总体生活满意度量表被证实具有良好的测量特性，信度和效度良好(Pavot & Diener, 1993)，适用于不同年龄阶段的群体，总体生活满意质量差的内容及评分解释，具体见表10-1。

总体生活满意质量表分数解释如下。

30—35分，为很高的分数、高满意：热爱生活，认为事情往好的方面发展。他们的生活不完美，但他们认可现状是生活恩赐。个人对生活满意并不意味着他或她自满，成长、挑战是个体对生活满意的理由。对于在这个范围得分的多数人来说，生活是享受，生活的主要方面——工作、学校、家庭、休闲、个人发展都很好。

表 10-1 总体生活满意度量表

下面列出 5 项关于你生活的情况,请圈出符合陈述你情况的数字,以诚实的态度回答。

	非常不同意	不同意	稍许同意	中立	稍许同意	同意
1. 我的生活大致符合我理想	1	2	3	4	5	6
2. 我的生活很棒	1	2	3	4	5	6
3. 我满意我的生活	1	2	3	4	5	6
4. 迄今为止,我获得我生活上想拥有的重要东西	1	2	3	4	5	6
5. 即使我能再活一次,我也不想作出改变	1	2	3	4	5	6

来源:Pavot, W. & Diener, E. (1993). Review of the satisfaction with life scale. *Psychological Assessment*, 5, 164-172.

25—29 分,为高分:喜欢他们的生活,认为事情顺利。他们的生活不完美但他们总体上不错。个人对生活满意并不意味着他或她自满,成长、挑战是个体对生活部分满意的理由。对于在这个范围得分的多数人来说,生活是享受,生活的主要方面——工作、学校、家庭、休闲、个人发展都很好。个体可就不满意的地方寻找动力。

20—24 分,为平均分:经济发达国家的平均生活满意度就在这一水平。大多数的人对生活基本满意,但他们希望某些领域有所改进。有些人对生活满意,但认为他们每方面都有需要改进的地方。另一些人对生活的多数领域满意,但在 1—2 个领域需要大的改进。这一分数范围正常,因为他们的生活有需要改进的方面。不过,个体通常喜欢对生活作一些改变而进入更高的水平。

15—19 分,为稍许不满意:在生活的重要领域有小但有意义的问题,或者在很多领域很好但某一领域有重大问题。如果因近期事件导致生活满意度暂时下滑,情况会随时间好转,满意度一般会回升;如果一个人对生活多个方面存在慢性的轻度不满,一些改变可能。有时个人仅是简单的期望太高,需要作一些调整。暂时性的不满是常见又正常,如果生活许多方面都存在慢性不满则需要反思。有些人能从低水平不满中获取动力,但对生活多方面的不满令人心烦、不愉快。

10—14 分,为不满意:对生活强烈不满,生活的多个方面都不太好,或者有1—2个方面很糟糕。如果不满意是对近期生活事件如丧事、离婚、工作严重问题的应对，个体可能会回到原先的高满意状态。如果低满意度是慢性的，态度和思维方式两方面应该作出一些改变，生活的状态会好转。如果坚持，则预示事情将往坏的方向发展。低满意度有时是功能失调，因为不愉快意味着有烦心事。尽管积极改变取决于个人，但与朋友、咨询人员或者其他专家谈谈，可获得帮助走上正轨。

5—9分，为极度不满意：对面前生活极度不满。有些案例中，是对近期坏事件的反应如守寡、失业；在另一些案例中，存在慢性问题如酗酒或毒品；还有的是生活中糟糕事件如近期失去爱人。这水平的不满意是生活多方面出问题。无论不满意的原因是什么，需要其他人的帮助：朋友、家人、心理学家或其他咨询师。如果是慢性不满，个人需要作出改变，通常他人能提供帮助。

2. 生活满意度量表

生活满意度量表(Life Satisfaction Scales)，由纽格滕、哈维格斯特和托宾(Neugarten, Havighurst, & Tobin, 1961)编制，包括三个独立的分量表：生活满意度评定量表(Life Satisfaction Rating Scale，简称LSR)、生活满意度指数A(Life Satisfaction Index A，简称LSIA)和生活满意度指数B(Life Satisfaction Index B，简称LSIB)，前一个是他评量表，后两个分量表是自评量表。

生活满意度评定量表包含5个1—5分制的子量表，得分在5(满意度最低)和25(满意度最高)之间，生活满意度指数A由与生活满意度评定量表相关程度最高的20项同意—不同意式条目组成，生活满意度指数B由12项与生活满意度评定量表高度相关的开放式、清单式条目组成。生活满意度指数A得分从0(满意度最低)到20(满意度最高)，生活满意度指数B得分从0(满意度最低)到22(满意度最高)。生活满意度评定量表详见表10-2。

量表作者认为，生活满意度指数A和生活满意度指数B与生活满意度评定量表的一致性仅为中等，两位评分者评定生活满意度评定量表的一致性为0.78，生活满意度评定量表得分与临床心理学家和受试者充分面谈后所得结果的一致性为0.64；生活满意度指数A和生活满意度指数B与生活满意度评定量表的一致性分别为0.55和0.58，与临床心理学家之评定的一致性分别为0.39和0.47，生活满意度指数A与生活满意度指数B的一致性为0.73。

表 10-2 生活满意度评定量表

表 A 热情与冷漠

5. 充满热情地谈到若干项活动及交往。感觉"当前"是一生中最美好的时光。喜爱做事情,甚至待在家里也感到愉快。乐于结交朋友,追求自我完善。对生活的多个领域表现出热情。

4. 有热情,但仅限于一二项特殊的兴趣,或仅限于某个阶段。当事情出现差错并可能妨碍其积极享受生活时可表现出失望或生气。即使是很短的时间也要预先作出计划。

3. 对生活淡泊。似乎从所从事的活动中得不到什么乐趣。追求轻松和有限度的参与。可能与许多活动、事物或人完全隔离。

2. 认为生活的绝大部分是单调的,可能会抱怨感到疲乏。对许多事感到厌烦。即使参与某项活动也几乎体会不到意义或乐趣。

1. 生活就像例行公事,认为没有任何事情值得去做。

表 B 决心与不屈服

5. 奋斗不息的态度:宁可流血也不低头。有抗争精神:抵抗到底、决不放弃。积极的人格,坏事和好事都能承受,尽力而为之。不愿改变过去。

4. 能够面对现实。"我对自己的遭遇没有怨言","我随时准备承担责任","只要去寻找就一定能发现生活中美好的一面","不介意谈论生活中的困难,但也不过分渲染之","人不得不有所放弃"。

3. 自述:"我曾经攀上顶峰也曾跌入低谷,我有时在峰顶,有时却在谷底。"对生活中遇到的困难流露出遭受外在惩罚及内在惩罚的感觉。

2. 感到由于得不到休息而未能把事情办得更好,感觉现在的生活与 45 岁时截然不同,越来越糟了。"我努力工作,却什么也没有得到。"

1. 谈论自己未能承受的打击(外在惩罚),反复责怪自己(内在惩罚)。被生活压倒。

表 C 愿望与已实现目标的统一

5. 已感到已完成了自己想做的一切,已经实现或即将实现自己的人生目标。

4. 对生活中失去的机遇感到有些懊悔,"也许我应该更好地把握住那些机会,尽管如此,仍感到生活中自己想做的事情已完成得相当成功"。

3. 失去的机遇和把握住的机遇各占一成。如果能重新开始人生,宁愿意干一些不同的事情,或许接受更多的教育。

2. 为失去重要的机遇而懊悔,但对自己在某一领域(也许是其专业)中取得的成绩感到满足。

1. 感到失去了生活中的大多数机遇。

表 D 自我评价

5. 感觉正处在自己的最佳时期。"我现在做事比以往任何时候做得都好,没有比现在更美好的时光了";认为自己聪明、完美、有吸引力;认为自己比别人更重要,认为有资格随心所欲。

4. 感觉自己比一般人幸运,有把握适应生活的各种艰辛。"退休只是换个事情做而已。"对健康方面出现的任何问题均能正确对待。感到有资格随心所欲。"我想做的事情均能去做,但不会过度劳累自己。"感到能处理好自己与周围环境的关系。

3. 认为自己至少能够胜任某一领域,例如工作,但对能否胜任其他领域持怀疑态度。

2. 意识到自己已经失去年轻时的活力,但能够面对现实。感到自己不那么重要了,但并不十分介意。

1. 感到自己有所得,也有所付出。随着年纪变大感到身体各方面的状况普遍下降,但并非严重下降。认为自己的健康情况好于平均水平。

表 E 心境
5. "现在是我一生中最美好的时光。"几乎总是愉快的、乐观的。在旁人眼里其快乐似乎有些脱离现实,但又不像是装模作样。
4. 在生活中寻找快乐,知道快乐之所在并把快乐表现出来,有许多似乎属于青年人的特点。通常是正性的、乐观的情感。
3. 宛若一艘性情平和的船在缓缓地移动,一些不愉快均被正性心境中和。总体上为中性到正性的情感,偶尔可表现出急躁。
2. 希望事情宁静、平和。总体上为中性到负性情感。有轻度的抑郁。
1. 悲观、抱怨、痛苦、感到孤独,许多时间里感到抑郁,有时在与人接触时会发脾气。

男女之间以及青老年人之间的差异相对较小;本量表得分与受试者的社会地位显著相关(r=0.21—0.41)。生活满意度指数 A 经修改,组成了一个更有用的量表——生活满意度指数 Z,简称 LSIZ(Wood, Wylie, & Sheafor, 1969)。

3. 幸福感指数量表

幸福感指数量表(Index of Well-Being),由坎佩尔、康弗斯和罗杰斯(Campell, Converse, & Rodgers, 1976)编制,包括总体情感指数量表和生活满意度量表两个问卷。总体情感指数量表由 8 个项目组成,分别从"有趣的—厌倦的","快乐的—痛苦的","有价值的—无用的","朋友很多—孤独的","充实的—空虚的","充满希望的—无望的","有奖励的—沮丧的","生活对我太好了—生活未给予我任何机会"描述了情感的内涵。生活满意度量表仅有一项,即从 7 个等级中选择一个最贴近自身对生活满意程度的等级。两者的得分进行加权相加即为总体幸福感指数。该量表的情感指数的内部一致性系数为 0.89,重测信度为 0.43,与生活满意度单一测题的效标相关系数为 0.55。

4. 情感平衡量表

情感平衡量表(Affect Balance Scales),由布拉德伯恩(Bradburn, 1969)编制,主要测查一般人的积极情感、消极情感及两者的平衡,共有 10 个项目,积极情感和消极情感项目各半;积极情感项目之间的相关为 0.19—0.75,消极情感项目之间的相关为 0.38—0.72,积极情感项目与消极情感项目之间的相关小于 0.10;重测信度在 0.76—0.83 之间,与单个整体幸福感测题的相关为 0.45—0.51。该量表发展较早,应用比较广泛。

5. 积极与消极情感量表

积极与消极情感量表(Positive Affect and Negative Affect Scale,简称PANAS),由沃森、克拉克和特利根(Watson, Clark, & Tellegen, 1988)编制,共有20个项目,积极情感和消极情感各有10个项目。对采取频率和程度两种不同作答形式的量表进行效度信度检验,结果表明,两者的信度效度指标较好。而且该量表使测量更加简明方便,被广泛使用于跨文化幸福感调查。卡尼曼等人(Kahneman et al., 2004)编制出PANAS-S简式情感词表,包括12个条目的简式积极情感、消极情感词表,中文版由吴胜涛等人(2009)修订,采用利克特式0—4点记录被试当下的情感状态(0=一点没有,4=非常强烈)或持续情感状态(0=从不,4=总是),积极情感(如温暖、友好、自得其乐)和消极情感(如失落、愤怒、担忧、疲惫)。两个分量表的内部一致性系数(α)分别为0.70和0.83。

6. 纽芬兰主观幸福度量表

纽芬兰主观幸福度量表(Memorial University of Newfoundland Scale of Happiness,简称MUNSH),由科兹马和斯通斯(Kozma & Stones, 1980)融合情感平衡量表、生活满意感指数-Z和费城老年病中心信心量表(Philadelphia Geriatric Center Morale Scale)编制而成,量表重测信度0.70。1999年刘仁刚等人参考原有的译本,重新翻译和修订了该量表,在保持原意的基础上力求顾及我国的语言习惯和老年人在文化程度、社会背景方面与国外的差异。修订后的量表信度良好,可用于评定中国老年人的主观幸福感。

7. 牛津主观幸福感问卷

牛津主观幸福感问卷(Oxford Happiness Inventory,简称OHI),由阿盖尔(Argyle, 2002)基于贝克抑郁量表开发而成,包括29个项目,主要测量总体幸福感,其内部一致性系数为0.90,七周后的重测信度为0.78,结构效度也不错,为近年来使用较多的一个主观幸福感测评量表。

8. 其他应答量表

编制这些量表旨在更加综合地测查主观幸福感,同时使用图表以避免依赖于某种特定的语言,尤其在多国协作研究中;也用于减少某些幸福感和满意度量表产生的误差。弗里和坎特里尔(Free & Cantril, 1967)编制的阶梯量表(Ladder Scale),人们按照自己的评价标准,从0—10个等级中对自己当前、五年前、五年后的生活满意程度作出选择,如山高量表等。

(二) 国外多维测评量表

在多维量表中,每一个具体的生活领域都包括多个测量项目,这些项目的平均分即代表该领域的特殊生活满意度,将各领域的特殊生活满意度的得分简单或加权相加即得到一般生活满意度的得分。

1. 总体幸福感量表

总体幸福感量表(General Well-Being Schedule,简称GWB)是美国国立卫生统计中心制订的一种结构化测查工具,量表共有33项,得分越高幸福感越高。除了评定总体幸福感,本量表还通过将其内容组成6个分量表进而对幸福感的6个因子进行评分。这6个因子是:对健康的担心、精力、对生活的满足和兴趣、抑郁或愉快的心境、对情感和行为的控制以及松弛与紧张(焦虑)。

国内学者段建华(1996)对本量表进行了修订,并用修订后的量表测查了362名大学生。内部一致性系数在男性为0.91,在女性为0.95,重测一致性为0.85。本量表比其他焦虑和抑郁量表的效度好。

2. 心理幸福感量表

心理幸福感量表(Scales of Psychological Well-being,简称SPWB),由美国威斯康星大学麦迪逊分校里夫(Ryff,1989)编制,是目前测量心理幸福感最常用的量表之一。其理论基础是心理健康、临床和生命周期发展理论,通过自我接受、良好关系、独立自主、环境控制、生活目标和个人成长这六个维度测量心理幸福感。

3. 学生生活满意度量表

学生生活满意度量表(Student's Life Satisfaction Scale,简称SLSS),由许布纳(Huebner,1991)基于总体生活满意度量表开发而来,专门针对儿童青少年,共有7个项目,4级评分,要求学生对其整体生活的满意程度作出评价,总分越高,生活满意度水平越高;该量表的内部一致性系数为0.82左右,两周后的重测系数为0.74,效度指标比较理想。

4. 学生多维生活满意度量表

学生多维生活满意度量表(Multidimensional Student's Life Satisfaction Scale,简称MSLSS),由许布纳(Huebner,1994)基于学生生活满意度量表

编制而成,共有40个项目,由家庭、学校、朋友、自我、生活环境5个维度构成,每个维度代表一个生活领域,信度效度指标一直得以不断的验证和积累。该量表是目前青少年满意度研究领域中相对比较成熟的一个量表。

5. 感知生活满意度量表

感知生活满意度量表(Perceived Life Satisfaction Scale,简称PLSS),由阿德尔曼、泰勒和纳尔逊(Adelman, Taylor, & Nelson, 1989)编制,包括19个项目,测查学生对其物质生活条件、身体、与朋友和家人的关系、家庭和学校环境、个人发展、娱乐活动等方面的满意度;对9—19岁儿童的测评结果表明,该量表的内部一致性系数在0.74—0.89之间,重测信度为0.85,效度指标基本达到心理测量学的标准。

(三) 本土化量表

随着我国生活满意度研究的深入,我国研究者在经过引用和改编国外生活满意度量表并进行使用之后,自主研制了一些本土化量表,在实际测量中取得了较好的效果。

1. 大学生生活满意度评定量表

大学生生活满意度评定量表(CSLSS),由王宇中、时松和(2003)根据大中专学生生活事件量表(CSS-LES)编制,将影响大学生的主要生活事件所归纳的五个方面,即学习成绩、自己的形象和表现、同学和朋友关系、身体健康状况以及经济状况,将这五个方面按所处状态和水平从"最好"到"最差"分为7个等级,要求被试根据自己的实际情况和状况选择自己的等级。第6个项目是主观满意度,"您对自己生活总的满意程度如何",也是从"十分满意"到"十分不满意"分为7个等级,由被试进行选择。前5项的每一项记分都可以作为该方面的客观满意度;5项相加除以5的指数可以作为客观满意度分;第6项为主观满意度;客观满意度分与主观满意度分相加为个人生活满意度总分。客观满意度、主观满意度和总满意度可以分别独立使用,也可以只使用个人满意度总分。量表项目少,测评简单易行,项目表达意义清晰明确,分数计算简便,易于理解。重测稳定性较高,效度良好且项目内容能全面地涵盖大学生的生活情况。

2. 青少年生活满意度量表

青少年生活满意度量表(CMSLSS),由张兴贵、何立国和郑雪(2004)在学生多维生活满意度量表(MSLSS)基础上编制而成,与美国青少年学生的生活满意度结构有差异。中美青少年的生活满意度在四个因子上是一致的,即家庭满意、友谊满意、环境满意和学校满意;青少年生活满意度量表(CMSLSS)没有自我维度,但自由和学业两个维度是中国学生独有的。量表共36个条目,概化研究支持六因子模型,各分量表和总量表的信度较高,即可作常模参照解释,也适合作标准参照解释。

3. 多维学生生活满意度量表

多维学生生活满意度量表,由田丽丽和刘旺(2005)改编,原来的5个因子(家庭满意、学校满意、环境满意、朋友满意、自我满意)及40个项目保持不变,量表采用"十分不同意"到"十分同意"6点评分形式,有10个项目反向计分,各维度所包含题目得分的均值即为该维度的满意度得分,五个维度的得分均值为一般生活满意度的得分。得分越高,代表满意程度越高。

4. 青少年学校生活满意度评定问卷

青少年学校生活满意度评定问卷,由陶芳标、孙莹等人(2005)编制,包括12个项目,涉及青少年对自己的学习效率与能力、老师和同学对自己的学习表现、师生及同学关系、从老师和同学那里获得的帮助、学习环境5个方面的主观感受。按5级进行评分,计算总分。

5. 中国城市居民主观幸福感量表

中国城市居民主观幸福感量表(SWBS-CS),由邢占军(2003)编制,该量表从知足充裕体验、心理健康体验、社会信心体验、成长进步体验、目标价值体验、自我接受体验、身体健康体验、心态平衡体验、人际适应体验、家庭氛围体验10个维度对城市居民主观幸福感进行测量。

6. 综合幸福问卷

综合幸福问卷(Multiple Happiness Questionnaire,简称 MHQ),由苗元江(2003)编制,其中包括2个模块(主观幸福感与心理幸福感),51个测题,其中50题用7点评分,分为9个维度——生活满意、正性情感、负性情感、生命活力、健康关注、利他行为、自我价值、友好关系、人格成长,1题采用9点评分(自述幸福感)。经实践检验,该问卷信效度良好。

7. 儿童主观生活质量问卷

儿童主观生活质量问卷,由程灶火等人(1998)编制,实质是测量儿童主观幸福感。该问卷包括认知和情感两个成分,认知成分划分为家庭生活、同伴关系、学校生活、生活环境、自我认知 5 个满意维度;情感成分则包含抑郁体验、焦虑体验和躯体感情 3 个维度。问卷的信度指标较为满意,但较大的一个缺陷则是没有涉及积极情感的测量。与主观幸福感的主要结构不太吻合。

第二节 健康问题的评估

世界卫生组织 1948 年在其宪章中提出,健康不是简单的没有疾病或躯体虚弱状态,是躯体、心理和社会完满状态。健康心理学家将健康看成是一个动态的、多维度的体验,生物—心理—社会模式将人的生物学上的健康与心理状态和社会环境联系起来,人是一个完整的统一体,不仅是生物人,而且是社会人,存在着复杂的心理活动的人。任何心理功能和过程的不足或过度都可能是不健康的表现。

健康问题的评估对象包括患者和健康的人,评估范围涉及疾病,更重视健康的评估。健康评估强调生物—心理—社会模式,评估的内容涉及这三个方面及其相互影响。在具体临床工作中,不同咨询师会有所侧重,分析测评结果时应全面考虑其他方面的影响。不过,多数健康评定量表偏重评定心理健康部分。

一、健康概述

(一)心理健康的标准

有研究者将心理健康分为六大维度:自我意识正确、人际关系协调、性别角色分化、社会适应良好、情绪积极稳定、人格结构完整。

美国心理学家马斯洛和米特尔曼(Maslow & Mittelman,1941)提出的心理健康的十条标准被认为是最经典的标准:(1)充分的安全感;(2)充分了解自己,并对自己的能力作适当的估价;(3)生活的目标切合实际;(4)与现实的环境保持接触;(5)能保持人格的完整与和谐;(6)具有从经验中学习的能力;(7)能保持良好的人际关系;(8)适度的情绪表达与控制;(9)在不违背社会规范的条件下,对个人的基本需要作恰当的满足;(10) 在不违背社会规范的条件下,能作有限的个性发挥。

（二）生病的社会原因

通常,我们生病才去看医生,但我们去看医生还取决于我们对生病的感受方式。一定程度上,找医生看病的原因是我们的生活方式或个体信念,社会环境文化影响着我们的生活方式或个人信念。判断自己生病依赖于心理因素,这些心理因素是以人们对症状的含义的理解程度为基础。某些人的感觉和症状是心理因素引起的,心理因素导致身体症状的出现(Pennebaker, 1982),如惊恐障碍导致的呼吸困难。在一些国家或地区的文化里,从没有发生过某些症状,如 Arapesh 部落的妇女,孕期从不出现晨吐症状。伤兵疼痛程度往往与受伤程度无关,激烈的战斗降低了伤兵对疼痛的感觉阈限(Beecher, 1959)。

个人、文化和环境因素影响人们对疼痛的感觉和症状的描述。生病具有社交功能和医疗功能。"生病"与我们对自己的看法密切相关,它可以成为成绩不好的借口,也可能成为日常生活常规的一部分。如果某人病了,可能变得容易相处,家庭成员希望他或她停留在生病状态,或鼓励他认为自己有病。如果心理因素导致某人去看病,心理因素就与生理因素交织在一起。我们判断自己生病的条件包括:认为自己的身体状态值得注意;愿意接受确诊后生病的社会后果;相信治疗比不治疗更有用和有效。上述条件与下列因素有关:个人的自我观,对疼痛、医生和疾病的态度,对疾病的一般看法。如果认为生病是惩罚恶行,我们一般就不会承认自己生病了。

（三）生病的社会后果

生病是社会和身体的状态,使个人进入"生病角色"。

1. 生病的前提条件

个人必须通过公认的权威使生病合法化,权威就是医生,对孩子来说是父母(Parsons, 1951)。

生病必须是个人无法正常控制的因素引起的,如脑震荡呈现的醉酒状态是生病。

生病角色使我们合理摆脱某些固定义务如工作,也会带来其他问题。

一个人被迫以社会认可的方式去"尽快康复"或扮演这个角色。

2. 生病后果

生病引起身体状态的恶化、疼痛和不舒服,使患者亲人痛苦,反过来令患者产生心理疼痛包括内疚感折磨自己。患者可能要按照别人的预期忍受疼痛,调整自己的社交活动。因此,生病产生了超出身体之外的社会后果:它影响我们对自己的看法,妨碍我们与别人的关系,干扰和阻碍我们的社交娱乐活动。生病的毁灭性还表现在,疾病直接影响一个人的社会地位和"社会声誉"。疾病可能引起容貌变化,社交中不认可的视力、声音和气味的改变,或不正常的动作如流口水等。来访者必须忍受这些社交上的耻辱和肉体疼痛。

生病具有自由的社会功能,使人们摆脱了单调的生活常规,使未完成工作合法化,避免了考试、职责、任务和义务(Parsons,1951)。

生病可能成为职业性的,成为有些个体生活的节奏。

(四)生病的功能

生病可能是应付失败的一种手段,有助于人们逃避评估情境,特别是那些重要的评估情境;是自我保护的手段,保护了自尊。遇到健康和生病的问题,必须考虑上述因素。如果来访者的问题与缺乏自尊有关或存在某种个人关系障碍,仅治疗身体症状不会有效果。

二、健康的测评工具

健康是多维度的,不同研究者编制的健康量表包含的维度不同,如康奈尔医学指数(CMI)包括精神状况和躯体症状。症状自评量表(SCL-90)偏重精神症状,儿童青少年心理健康量表(MHS-CA)包括个人幸福感、焦虑因子、不适症状、人际关系和应付能力。

(一)康奈尔医学指数

康奈尔医学指数(Cornell Medical Index,简称 CMI),是美国康奈尔大学布罗德曼等人(Brodman, Deutschenkerger, & Wolff, 1956)为临床需求,基于康奈尔筛查指数(Cornell Selected Index,1949)和康奈尔服役指数(Cornell Service Index,1944)编制的自填式健康问卷。康奈尔筛查指数和康奈尔服役指数被美国在 20 世纪 40 年代应用于士兵体检,用以筛查出躯体障碍和精神障碍者。

康奈尔医学指数可在短时间内收集到大量有关医学和心理学的资料信息,起到标准化病史检查和问诊指南的效用。后来精神病学家发现,将康奈尔医学指数应用于精神障碍的筛查和健康水平的测定也有较好的效度。应用领域也日趋扩大。适用于14岁及以上的个体,可用于正常人,也可用于普通医院及精神病院中非重性精神病来访者。

康奈尔医学指数为自评问卷,共有195个问题,分成18个部分,按英文字母排序。内容包括四个方面的内容:躯体症状;家族史和既往史;一般健康和习惯;精神症状。男女问卷除生殖系统的有关问题不同外,其他内容完全相同。M—R部分有51个项目,是关于与精神活动有关的情绪、情感和行为方面的问题(见表10-3)。

表10-3 康奈尔医学指数各部分内容及项目数

序号	内容	项目数
A	眼和耳	9
B	呼吸系统	18
C	心血管系统	13
D	消化系统	23
E	肌肉骨骼系统	8
F	皮肤	7
G	神经系统	18
H	生殖泌尿系统	11
I	疲劳感	7
J	既往健康状况	9
K	既往病史	15
L	习惯	6
M	不适应	12
N	抑郁	6
O	焦虑	9
P	敏感	6
Q	愤怒	9
R	紧张	9

许丽英等人将康奈尔医学指数翻译成中文,并进行了初步修订。康奈尔医学指数界值有较好的效度。在中国医学生、内科门诊患者和神经症患者中试测,结果表明,康奈尔医学指数总分和M—R分能较敏感地反映不同人群精神障碍的程度。不同性别筛查标准参考值为:男性总分≥35分,M—R

分≥15分；女性总分≥40分，M—R≥20分。

康奈尔医学指数反映的医学症状和心理学资料丰富，症状涉及多个系统，精神症状是重要的组成部分，能全面地了解测试者的有关健康问题。其应用价值表现在：(1)为医院门诊提供标准化的采集病史方法及筛查精神障碍的工具，筛查综合医院及精神病院门诊精神障碍的可疑者。(2)同时考虑了精神状况和躯体症状，以及全面的躯体症状与精神症状的关系，突出了症状和功能在健康评价中的作用，用于正常人群中筛查躯体和心理障碍者。(3)用于指导心理干预措施的实施。(4)流行病学研究中，作为一般健康状况的评价指标；医学教学和科研中用来采集标准病史，用于心身疾病、神经症和躯体疾病的临床研究。

（二）症状自评量表

症状自评量表(Symptom Checklist 90,简称 SCL‐90)，由德罗格蒂斯(Derogatis,1975)基于康奈尔医学指数（CMI）和霍普金斯症状清单(HSCL)(Derogatis,1973)编制而成。最初由王征宇翻译成中文(1984)，后经金华、吴文源和张明园(1986)主持的全国协作组在国内 13 个地区采样制定常模，成为国内用于成人群体心理状况调查使用最多的工具。

SCL‐90 有 90 个项目，包含广泛的精神病症状学内容，如思维、情感、行为、人际关系、生活习惯及精神病性症状等。由 9 个因子组成，包括躯体化、强迫症状、人际关系敏感、抑郁、焦虑、敌对、恐惧性焦虑偏执、精神病性因子。通常是评定一周以来的症状。SCL‐90 在国外已广泛应用，国内特别是精神卫生领域，也广为应用。

SCL‐90 每一个项目均采取 5 级评分制（从 0—4 级），0＝从无，1＝轻度，2＝中度，3＝偏重，4＝严重。有的也用 1—5 级，在计算实得总分时，应将所得总分减去 90。具体说明如下：(1)从无——自觉并无该项问题(症状)；(2)轻度——自觉有该问题，但发生得并不频繁、严重；(3)中等——自觉有该项症状，其严重程度为轻到中度；(4)偏重——自觉常有该项症状，其程度为中到严重；(5)严重——自觉该症状的频度和强度都十分严重。

计分总分：将 90 个项目各个单项相加，范围在 0—360 分之间。

总症状指数(General Symptomatic Index)，国内称总均分，将总分除以 90(＝总分/90)。总的来看，被试的自我症状评价介于"从无"到"严重"的水平。

阳性项目数是指评为 1—4 分的项目数,它表示被试在多少项目中感到"有症状"。

阳性症状痛苦水平是指总分除以阳性项目数(＝总分/阳性项目数),是指个体自我感觉不佳的项目的程度处于什么水平。其意义与总症状指数的意义相同。

SCL-90 包括 9 个因子,每一个因子反映出个体某方面的症状痛苦情况,通过因子分可了解症状分布特点。总的说来,得分越高,某方面的不适感越强;得分越低,症状体验越不明显。具体的 9 个因子分与项目及解释见表 10-4。因子分＝组成某一因子的项目数÷组成某一因子的各项目总分。

表 10-4 SCL-90 的 9 个因子分

(1) 躯体化,包括 1、4、12、27、40、42、48、49、52、53、56 和 58 共 12 项,得分在 0—48 分之间。主要反映身体不适感,包括心血管、胃肠道、呼吸和其他系统的不适,头痛、背痛、肌肉酸痛,以及焦虑等躯体不适表现。

(2) 强迫症状,包括 3、9、10、28、38、45、46、51、55 和 65 共 10 项,得分在 0—40 分之间。主要指那些明知没有必要,但又无法摆脱的无意义的思想、冲动和行为,还有一些比较一般的认知障碍的行为征象也在这一因子中反映。

得分越高,表明个体越无法摆脱一些无意义的行为、思想和冲动,并可能表现出一些认知障碍的行为征兆。

(3) 人际关系敏感,包括 6、21、34、36、37、41、61、69 和 73 共 9 项,得分在 0—36 分之间,主要是指某些人际的不自在与自卑感,特别是与其他人相比较时更加突出。在人际交往中的自卑感,心神不安,明显的不自在,以及人际交流中的不良自我暗示,消极的期待等是这方面症状的典型原因。

得分越高,个体在人际交往中表现的问题就越多,自卑,自我中心越突出,表现出消极的期待。

(4) 抑郁,包括 5、14、15、20、22、26、29、30、31、32、54、71 和 79 共 13 项,得分在 0—52 分之间。苦闷的情感与心境为代表性症状,还以生活兴趣的减退,动力缺乏,活力丧失等为特征。还表现出失望、悲观以及与抑郁相联系的认知和躯体方面的感受,另外还包括有关死亡的念头和自杀的想法。

得分越高,抑郁程度越明显,极端情况下,可能会有想死亡的念头和自杀的想法。

(5) 焦虑,包括 2、17、23、33、39、57、72、78、80 和 86 共 10 项,得分在 0—40 分之间。一般指那些烦躁,坐立不安,神经过敏,紧张以及由此产生的躯体征象,如震颤等。

得分越高,焦虑表现越明显,极端时可能导致惊恐发作。

(6) 敌对,包括 11、24、63、67、74 和 81 共 6 项,得分在 0—24 分之间。主要从思想、感情及行为三方面来反映敌对的表现。其项目包括厌烦的感觉,摔物,争论直到不可控制的脾气暴发等各方面。

得分越高,个体越容易敌对,好争论,脾气难以控制。

(7) 恐惧,包括 13、25、47、50、70、75 和 82 共 7 项,得分在 0—28 分之间。恐惧的对象包括出门旅行,空旷场地,人群或公共场所和交通工具。此外,还有社交恐惧症。

(续表)

得分越高,个体越容易对一些场所和物体发生恐惧,并伴有明显的躯体症状。

(8) 偏执,包括 8、18、43、68、76 和 83 共 6 项,得分在 0—24 分之间。主要指投射性思维,敌对、猜疑、妄想、被动体验和夸大等。

得分越高,个体越易偏执,表现出投射性的思维和妄想。

(9) 精神病性,包括 7、16、35、62、77、84、85、87、88 和 90 共 10 项,得分在 0—40 分之间。反映各式各样的急性症状和行为,即限定不严的精神病性过程的症状表现。

(10) 其他项目,包括 19、44、59、60、64、66 及 87 共 7 个项目,未归入任何因子,分析时将其作为第 10 个因子来处理,以便各因子分之和等于总分。反映睡眠及饮食情况。

SCL-90 被广泛用于评定不同人群的心理卫生水平;包含有较广泛的精神病症状学内容,从感觉、情绪、思维、行为直至生活习惯、人际关系、饮食睡眠等均有所涉及。可以全面评定测试者的精神状态;可以自评,也可以他评。

(三)儿童青少年心理健康量表

儿童青少年心理健康量表(Mental Health Scale for Child and Adolescent,简称 MHS-CA),程灶火等人(2006)基于心理健康量表并结合他人研究及临床经验编制而成,心理健康量表包括个人幸福感、焦虑因子、不适症状、人际关系和应付能力。MHS-CA 有 24 个项目,5 个分量表:认知、思维和语言、情绪、意志行为和人格特征,反映儿童青少年的心理过程和特征。MHS-CA 为 7 个等级记分,两极量表,中间是健康状态,两个极端(过度或不足)可能是不健康的表现。1 和 7 是疾病状态,2 和 6 是亚健康状态,3—5 属于健康状态。

MHS-CA 由小学生与父母讨论后填写,中学生可自己填写,也可与父母讨论后填写。

(四)中小学生心理健康量表

中小学生心理健康量表(MHT),由周步成(1993)根据日本铃木清等人编制的中小学生不安倾向诊断测验修订而成,可用于综合检测中小学生的心理健康状况。量表共有 100 个项目,包括 8 个内容量表和 1 个效度量表(即测谎量表)。8 个内容量表分别是:学习焦虑、社交焦虑、孤独倾向、自责倾向、过敏倾向、身体症状、恐惧倾向、冲动倾向等。每个项目后面有"是"和"否"两个答案,要求被试根据自己的真实情况进行选择。内容量表的总分表示个人焦虑的一般倾向;各内容量表的结果可以诊断出个人焦虑中,哪个方面问题特别大。效度量表检验被试是否诚实回答问题。量表在全国二十多个省市（除港、澳、台之外）几千所中小学得到广泛使用，普遍认为符合心理测量学的要求，信度和效度高，科学性、实用性、操作性强，是全国较好的心理测量工具之一。

（五）中学生心理健康量表

中学生心理健康量表（MSSMHS）由王极盛等人（2002）编制，由被试就自己近来心理状态的真实情况进行自评，每个项目为一个陈述句，共60个项目。评分为5级评分，一次评定约需20分钟，可用作评估中学生的心理健康状况。

中学生心理健康量表包括10个分量表，分别是：（1）强迫症状，如害怕考试、作业反复修改等强迫行为；（2）偏执，如认为别人对自己有不良意图和评价不正当的偏执想法；（3）敌对，如脾气坏，常有与人争辩和摔东西等冲动行为；（4）人际关系紧张与敏感，如缺乏人际关系中的友好感受和满意度，或感到无法在人际关系中获得理解和支持；（5）抑郁，如对未来丧失信心，兴趣索然；（6）焦虑，如紧张，心神不定，烦躁；（7）学习压力，如感到学习负担重、存在厌学、害怕考试等问题；（8）适应不良，如不适应学校生活；（9）情绪不平衡，如对学习的兴趣、对老师和同学的情绪忽高忽低；（10）心理不平衡，如感到自己受到不公正的待遇，常不服气。

第三节　社会关系的评估

社会关系与健康之间的关系研究很早就开始，19世纪法国社会学家涂尔干就发现社会联系的紧密程度与自杀有关。20世纪以来，社会流行学研究表明社会隔离或社会联结紧密度低的个体，身心健康水平较低，死亡率较高。各年龄组，缺乏稳定婚姻关系和社会关系较孤立的个体易患结核病、意外事故和精神疾病如精神分裂症，死亡率高于有稳定婚姻关系者。对精神疾病来访者的研究发现，与正常人比较，神经症性来访者社交活动少，社会关系松散；精神分裂症来访者的社交面较窄，一般仅限于自己的亲人。老年人如果有较密切的社会关系，可以有效地减少抑郁症状。社会关系与临床症状相互影响,即使与他人的关系没有引起抑郁,但可能会加重抑郁(Coyne,1976)。

DSM-Ⅳ的轴Ⅳ需要报告,对轴Ⅰ和轴Ⅱ中障碍的诊断、治疗和预后造成影响的家庭或其他人际压力以及缺乏的社会支持或个人资源。心理治疗不仅治疗来访者,也可能需要治疗关系和关系伙伴。

一、人际视角

前面章节介绍了心理咨询对异常行为的成因,包含社会文化的视角,人际心理治疗的理论背景。人际关系对治疗的整合有重要意义,多种不同的心理咨询流派将人际视角纳入其理论与治疗策略,使用人际心理治疗这一术语。阿德勒学派强调人际视角,伯恩(Eric Berne)的沟通分析疗法强调人际关系,认知治疗、行为治疗和格式塔治疗都在自己的概念和操作中整合人际理论的观点。限时动力性心理治疗(Time-Limited Dynamic Psychotherapy,简称 TLDP)根植于客体关系理论框架,也采用了人际视角,选择人际理论的概念,聚焦最普遍和最有问题的人际图式,人际图式成为区分限时动力性心理治疗与长程动力学治疗(着力于人格改变)的要素。

咨询师在来访者讲述自己故事时,通过观察来访者表达方式如恭敬、戏剧化或访谈等手段来了解来访者的人际方式,探查不同时间、地点与不同人相互作用处理模式中的共同点和重复的主题。

二、社会关系与健康

(一)亲密关系与健康

1. 亲密关系

布朗和哈里斯(Brown & Harris,1978)研究了个体独有的一帮朋友和家庭或生活方式的具体特征与疾病的关系。结果发现,女性如果与丈夫或男友建立了密切信任的关系,在遭受重大损失或极度失望后患抑郁症的风险大大减少。他们认为,重要的亲密关系为个体提供自尊,自尊具有特殊作用,保护个体在冲突中患心理疾病。

有关个体拥有朋友的数量方面的研究,结果表明,与少数人的亲密关系才是有价值的关系(O'Connor & Brown,1984)。

关系破裂导致应激,家务劳动中失去体力劳动的帮助,失去情绪支持,最终产生大量严重后果,包括从悲伤到死亡(Stroebe & Stroebe,1993)。如离婚会导致身体疾病,某些人际行为方式如人格、待人接物的方式和自尊,可能对诱发心力衰竭。处于失调关系中的个体,经常出现下列问题:自卑、抑郁、头痛、扁桃体炎、肺结核、冠心病、失眠、酒精中毒、吸毒、癌症、心理障碍。

亲密关系破裂导致的严重的生理和心理失调,使得身处其中的人不得不求助咨询师。不过,目前并没有处理关系破裂的"红宝书",关系破裂是一个相互影响的过程,采用不同策略来改变态度,可能有助于恢复关系。

2. 家庭关系问题

家庭问题往往与人际关系有关,家庭关系良好,成员感到快乐;家庭关系紧张并出现问题,会带来不利的结果,包括应激,某些生理心理疾病,如神经性厌食症、癌症、心脏猝死。

3. 家庭关系与心理障碍的关系

其一,抑郁。抑郁可能是个体问题起源于人际关系的一个典型例子。人际关系不仅可能导致抑郁,而且可能加重抑郁。尽管抑郁来访者可能有其生物因素,但不幸的社会关系或缺乏信任关系使人们失去抵御沉重打击或极度失望的依靠(O'Connor & Brown,1984)。人际关系疗法强调人际关系在心理健康中起重要作用,来访者在四大问题领域中,存在1—2个问题,来访者可能对至少一个重要他人有一种非互惠性的期待(人际角色的冲突);来访者可能存在长期或暂时的社交技能方面的缺陷,从而无法建立持续的亲密关系,普遍感到孤独和社会隔离(人际关系缺陷)。

其二,酗酒、吸毒。问题饮酒者不一定是影响家庭的人,家庭可能会妨碍问题成员作出改变;如果问题成员戒酒成功,夫妻关系可能会破裂。家庭关系不仅使问题继续存在,还可能阻止解决问题的尝试。吸毒者的配偶和孩子,可能需要依赖吸毒者的毒瘾来安排自己的生活,因而抵制对瘾君子的治疗,使吸毒者重新染上毒瘾,让他们的生活常规变得有用。

其三,痛苦与家庭沟通。托尔斯泰有句名言:"幸福的婚姻大都相似,不幸的婚姻各有不同。"在强调沟通的心理学者看来,不幸的家庭有共同的特点:不幸家庭中的成员无论是否相互喜欢,他们之间习惯性的沟通方式存在问题。发生冲突事件后,成员之间的沟通模式刻板甚至仪式化可预测,相互表达的是消极情感或情绪,双方自说自话,相互配合水平低,不支持别人行为是家庭常规,行为前后不一,缺乏爱的表露和支持行为。

(二) 社会支持与健康

20世70年代初,精神病学文献中使用社会支持(social support)的概念,用量表评定法,对社会支持与身心健康的关系进行了大量研究。社会支持与精神病症状的发生率呈负相关,与预测应激事件的发生率相比,匮乏社会支持能更准确地预测心理障碍的产生;同事支持往往缓冲工作上的应激;家庭关系质量高的人,一般不会出现精神病症状,很少会出现情绪障碍如焦虑和抑郁。

总之,多数研究者认为,良好的社会支持有利于健康,而不良的社会关系会损害身心健康。社会支持一方面对应激状态下的个体提供保护,即对应激起缓冲作用,另一方面对维持一般的良好情绪体验具有重要意义。不过,也有研究发现,以色列女性在承受巨大压力如丈夫参战时,密切的社会关系网产生更多的应激,因为关系网经常传播谣言和灾难性新闻(Hobfoll & London, 1985)。

三、社会关系的测评工具

(一) 人际关系评估

1. 亲密关系体验量表

关于成人依恋,巴塞洛缪和霍罗威茨(Bartholomew & Horowitz, 1991)提出自我—他人正交模型,根据自我与他人两维度把个体分为安全型(积极自我+积极他人)、专注型(消极自我+积极他人)、冷漠回避型(积极自我+消极他人)和恐惧回避型(消极自我+消极他人)四种依恋类型,进而基于这个模型开发了关系问卷(Relation Questionnaire,简称 RQ)。

布伦南(Kelly A. Brennan)在此基础上提出将成人依恋分为依恋焦虑和依恋回避两个维度,依恋焦虑被定义为对被拒绝和被抛弃的恐惧,依恋回避的特征是对亲密关系的恐惧以及对亲近和依靠的不适。布伦南提议用连续测量方式而不用类型的依恋图式测量焦虑与回避两个维度,并与克拉克和谢弗(Brennan, Clark, & Shaver, 1998)一起编制亲密关系体验量表

(Experiences in Close Relationships Inventory，简称 ECR)。

量表有 36 个项目，利克特七点评分，要求被试考虑他们与配偶的亲密关系，对每项描述的确切性从"非常不赞成""比较不赞成""有点不赞成""不确定""有点赞成""比较赞成"到"非常赞成"进行评分。量表包括焦虑和回避两个分量表，各包含 18 个项目，具有良好的信度和效度。

亲密关系体验量表中文版由北京大学心理学系李同归和日本九州大学人间环境学府加藤和生(2006)共同修订，有较好的内部一致性信度：依恋回避分量表和依恋焦虑分量表的 α 系数分别为 0.82 和 0.77；依恋回避分量表和依恋焦虑分量表的重测信度分别为 0.71 和 0.72。

亲密关系体验量表使用方法是先计算依恋的两个维度回避因子和焦虑因子的得分，根据两个维度评分按公式计算安全、恐惧、迷恋和冷漠 4 个方面得分，产生安全型、恐惧型、迷恋型和冷漠型四种依恋类型。安全型依恋代表低水平的焦虑和回避(低焦虑＋低回避)，恐惧型依恋代表高水平的焦虑和回避(高焦虑＋高回避)，迷恋型依恋代表高焦虑和低回避(高焦虑＋低回避)，冷漠型依恋代表低焦虑和高回避(低焦虑＋高回避)。

亲密关系体验量表是国内外研究恋人之间亲密关系的最常用、最有代表性的量表。国内研究者发现，亲密关系体验量表也可适用于大学生，在对大学生样本进行的大规模研究结果表明，该量表也适用于没有恋爱经历的大学生。

2. 人际信任量表

人际信任量表(Interpersonal Trust Scale，简称 ITS)，由罗特(Rotter，1967)编制，它运用社会学习理论来测查被试对他人的行为、承诺或(口头和书面)陈述之可靠性的估计。高信任者可能较少撒谎、作弊或偷窃，可能会给他人更多机会和尊重他人的正当权利；很少与人发生冲突或环境适应不良；更讨人喜欢，无论是高信任者还是低信任者都愿与他交朋友(Rotter，1977)。

人际信任量表内容涉及不同处境下的人际信任，不同社会角色(包括父母、推销员、审判员、一般人群、政治人物和新闻媒介)。因子分析发现，量表有 2 个因子，分别是特殊信任因子(对同伴或其他家庭成员的信任)、普遍信任因子(对无直接关系者的信任)。也有研究将量表分为 3 个因子：政治信任、父辈信任和对陌生人的信任。

人际信任量表5级记分,其中1、2、3、4、5、7、9、10、11、13、15、19、24反向记分,各项目得分累加即总分。量表总得分在25—125分之间,25分为人际信任程度最低,125分为人际信任程度最高。得分越高,人际信任度越高;得分越低,人际信任度越低。

人际信任量表区分效度较好,大量研究证实可测查被试的人际信任水平(Hamsher, Geller, & Rotter, 1968; Rotter, 1967)。

3. 信任量表

信任量表(Trust Scale,简称 TS),由伦佩尔、霍姆斯和赞纳(Rempel, Holmes, & Zanna, 1985)编制,用于测查关系密切者之间的信任,用于测查关系密切者的相互信任。在该量表中,信任被定义为"当你想到与某人的关系时你是否有信心"。它共有18个项目,涉及信任的三种内涵,即可预测性、可依靠性和信赖。可预测性是指我们能否预见到同伴的特定行为,包括受我们欢迎的行为和不受我们欢迎的行为。可依靠性是信任的最核心成分。信赖则"使人们能无保留地确信同伴将继续负起责任并关心自己"。

4. 人际关系综合诊断测验

人际关系综合诊断测验,由郑日昌(1999)编制,共有28道题目,属于自评问卷,用个体在近段时间内与人交往时的表现来测量其人际交往能力的高低和人际关系行为的困扰。本测验信度和效度良好。

因子1:交谈方面,表明被试在交谈方面的行为困扰程度。因子2:交际方面,表示被试在交际方面的困扰程度。因子3:待人接物方面,表示被试在待人接物方面的困扰程度。因子4:与异性方面交往方面,表示被试跟异性朋友交往的困扰程度。

本测验从一般的人际交往情况出发,具有普遍性和概括性;易于理解,在心理诊断与测量领域被广泛使用,可以为人们自我认识和自身调整提供依据,为人们更好地适应社会及生活提供参考。适用于18周岁以上的成人。

5. 情感孤独测验

情感孤独测验由邹泓(2003)根据国外相关量表和国内实际情况修订而

成,用于测量青少年的情感孤独状态,共21个项目,包括纯孤独感、对自己社交能力的知觉、对目前同伴关系的评价和对重要关系未满足程度的知觉4个维度。测验具有较高的信度和效度,适合测量高中文化水平以上的成年人的孤独程度。

6. 中学生人际交往能力测验

中学生人际交往能力测验由王英春、邹泓和屈智勇(2006)根据中学生人际关系能力测验(Buhrmester, Furman, Wittenber et al., 1988)修订而成,用中学生在近段时间内与人交往时的表现来测量其人际交往能力的高低,它具有较高的信度和效度。本测验共有36道题目,要求被测试者根据题目的描述与自己的实际情况作出回答。

(二)社会支持评估

1. 社会支持评定量表

社会支持评定量表,由肖水源和杨德森(1987)编制,1990年小规模修订。共10个条目,包括客观支持(3条)、主观支持(4条)和对社会支持的利用度(3条)三个维度。自1986年以来,社会支持评定量表已在国内二十多项研究中应用,并被译为日文用于一项国际协作研究。从反馈结果表明,量表的设计基本合理,条目易于理解无歧义,具有较好的信度和效度。

2. 领悟社会支持量表

领悟社会支持量表(Perceived Social Support Scale,简称PSSS),由齐梅特等人(Zimet, Dahlem, Zimet, & Farley, 1988)编制,强调个体自我理解和自我感受,分别测定个体领悟到的来自各种社会支持源,分为家庭支持、朋友支持和其他支持三个维度,同时以总分反映个体感受到的社会支持总程度。含12个自评项目,每个项目采用1—7七级计分法。在275例样本中(男139,女136),家庭支持、朋友支持、其他支持和全量表的 α 系数分别为0.87、0.85、0.91和0.88,重测信度分别为0.85、0.75、0.72和0.85。研究表明,对A型行为者社会支持有降低冠心病临床症状的作用,对B型行为者则没有相似的效应(转引自Blumenthal et al., 1987)。

3. 社会支持问卷

社会支持问卷(Social Support Questionnaire,简称SSQ),由萨拉森等人(Sarason, Levine, Basham, & Sarason, 1983)编制,共有27个条目,分

为两个维度：(1) 社会支持的数量，即在需要的时候能够依靠别人的程度，主要涉及客观支持；(2) 对所获得的支持的满意程度，评定的是对支持的主观体验。

4. 社会交往调查表

社会交往调查表(Interview Schedule for Social Interaction,简称 ISSI)，由亨德森等人(Henderson, Duncan-Jones, Byrne, & Scott, 1980)编制，将社会支持分为两个维度：社会支持可利用度，自我感觉到的社会关系的适合程度。

5. 社会支持问卷

安德鲁斯等人(Andrews, Tennant, Hewson, & Vaillant, 1978)在一项城市社区研究中,应用的社会支持问卷(Social Support Questionnaire)共有16个项目,为危机情况下的支持（crisis support）、邻居关系和团体参与三个部分。

6. 马洛—克劳恩社会期望量表

马洛—克劳恩社会期望量表(Marlowe-Crowne Social Desirability Scale,简称 MCSD),由克劳恩和马洛(Crowne & Marlowe, 1960)编制,最初编制时用来测量自我陈述中的社会期望,但其后对量表的一系列研究发现,高分者比低分者对社会性强化反应更明显,对攻击有更强的抑制,对社会影响更为顺从,他们完成操作任务时更易受到他人评价的影响,偏好危险性低的行为,尽量回避别人的评价,即使获得肯定评价的可能远高于否定评价时,仍旧如此。克劳恩将其进一步修正为回避不认可,而不是寻求认可。

马洛—克劳恩社会期望量表包括33个条目,要求受试对每个条目作出"是"或"否"的回答条目属于下述两种情况之一：(1) 符合社会期望但很不常见（如承认错误）；(2) 不符合社会期望但很常见（如传闲话）。18 个条目答"是"得1分,另15个条目答"否"得1分,量表得分范围是0—33分,高分表示较强的回避不认可。33条目与明尼苏达多相人格调查表各分表有一定程度的相关,但没有爱德华兹社会期望量表(Edwards Social Desirability Scale)高。在300名大学生中测试,α 系数在 0.73—0.88,1 个月间隔的重测相关为 0.88(Crowne & Marlowe, 1964)。

马洛—克劳恩社会期望量表是社会期望评定量表,也测量认可依赖人格,还可作为情境性社会期望压力的工具。研究表明,它可以敏感地显示不同的旁观者效应,但这种效应并不能证明被试是有意识地改变自我表现。

存在争议的方面包括:(1)量表高分者掩饰倾向可能更强。基科尔特和麦格拉恩(Kiecolt & McGrath, 1979)研究发现,他们对一组人进行自我肯定的训练后,高分者在自我评定时报告较强的自我肯定,而训练人员的评定却与之不符。(2)有证据提示,高分者会出于社会认可有关的理由说谎,但没有证据表明这些人会因为别的理由说谎。(3)一些研究中还发现,根据其配偶的报告,高分者确实具有一些好的品质,如良好的适应性、友善待人等,这使结果的解释更趋复杂。(4)高分者本人可能将上述良好品质进一步夸大。

本 章 小 结

生活满意度和幸福感标明个体生活质量的基线,但目前生活满意与幸福感的测评工具多用于研究,国内研究者对生活满意度研究中使用频率最高的是迪纳的总体生活满意度量表。

健康问题的评估对象包括患者和健康人,评估范围涉及疾病,更重视健康的评估。临床工作中,不同咨询师对生物、心理、社会三个方面有不同的侧重,分析测评结果时应全面考虑其他方面的影响。多数健康评定量表偏重评定心理健康部分。

人际关系和社会支持与健康问题相关,本章介绍了人际关系评估和社会支持的评估。

推荐阅读

阿瑟·克莱曼(2010).疾痛的故事,苦难、治愈与人的境况[M].方筱丽,译.上海:上海译文出版社.

凯博文(2008).苦痛和疾病的社会根源[M].郭金华,译.上海:上海三联书店.

史蒂文·达克(2005).日常关系的社会心理学[M].姜学清,译.上海:上海三联书店.

第十一章 家庭功能与家庭关系评估

本章导引

1. 家庭有哪些功能？如何评估？
2. 家庭关系与来访者的问题有关吗？如何评估父母养育方式？
3. 如何评估婚姻质量？如何评估家庭暴力？

无论是法律意义上的传统家庭，还是其他形式的家庭（如未婚单亲家庭），所有的家庭都服从特定的限制，家庭关系不可能切断，家庭成员不可取代(Carter & McGoldrick, 1999)，家庭成员可能时空阻隔，可能生死分离，但家庭的影响始终存在(Kaye, 1985)。即使某一家庭成员一时或终生对家庭感到疏离，也不可能真正放弃家庭成员的资格。对许多人来说，与兄弟姐妹的关系可能代表着最持久的承诺和义务(Cicirelli, 1995)。家庭是个体获得成熟和支持的最重要源泉，为家庭成员提供归属感、亲密感、支持感和意义感，但家也会"伤人"，可能成为巨大痛苦的发源地。

大多数家庭治疗师对家庭实施持续评估，他们进行没有标准化的评估程序。治疗师巴加罗齐(Bagarozzi, 1985)则倡导利用测验工具来获得多维度的家庭概况，确定治疗目标和评价治疗效果。本章涉及的就是这个意义上的家庭功能的测验评估，而不是家庭治疗理论模型的特定方法的评估。

第一节 家庭功能评估

一、家庭功能评估概述

(一) 家庭特征

一个家庭不断成长,要求规则、角色、结构和互动模式有一定灵活性,才能使内部成员保持健康。一般地,健康家庭具有情境特征和阶段特征。变化过快的家庭会陷入迷惑和混乱,变化过小的家庭让成员感觉被粘住。咨询师正是寻求对混乱的平息或黏着的突破,使家庭重建更健康的模式。

1. 家庭情境

人们通常通过行为发生的情境来分析行为,行为本身远不如它具有的意义重要,家庭成员对某一情境中的行为赋予意义,相似行为在不同情境中会有不同意义。父女嬉戏中,一岁大的女儿给父亲一巴掌,没有人会因此指责孩子不孝。了解行为发生背后的人际情境非常重要,家庭成员的观念决定规则、角色、互动模式和家庭结构,这些反过来影响成员的家庭观念。当家庭发生变化,旧观念不适合当前情况时,问题就会出现。没有单一的判定标准能将一个家庭评估为病态,系统治疗的咨询师将家庭"病理"看成是功能性的或适应性的,只有从行为发生的具体情境来了解,病态的行为才有意义。

2. 家庭生活周期

大部分家庭的未来结构、组成或文化传承,都会经过特定的、可预见的标志性事件或阶段得以发展。这些阶段的特定生活事件,要求家庭随之作出相应的改变或重新适应。齐尔巴赫(Zilbach,1989)称其为家庭阶段标志。杜瓦尔(Duvall,1957)提出一个理解家庭生活的八个阶段模型,以婚姻缔结开始到夫妻双方死亡为止,确定了每个阶段持续的大致时间及有关的发展任务(见表 11-1)。该模型为婚姻与家庭咨询提供了一个重要的理论基础,被整合到婚姻与家庭咨询理论中。咨询师的工作焦点是确定并协助家庭完成与家庭生活有关的过去、现在和未来的发展任务(Carter & McGoldrick,1988)。不过,该模型没有将离婚和再婚导致的当代多种家庭结构考虑在内,没有就阶段之间的转折点提供足够的信息,而这些转折点正好是家庭问题特别多的时期(Goldenberg & Goldenberg,2005)。

表 11-1 家庭生活周期模型

家庭生活周期阶段	家庭中的地位	阶段的关键性家庭任务	阶段持续的大致时间
1. 已婚夫妻(无孩子)	妻子,丈夫	建立满意的婚姻适应;怀孕期,建立为人父母的身份	2
2. 养育孩子家庭(最大孩子在30个月内)	妻子/母亲,丈夫/父亲 婴儿期的孩子	生孩子;适应孩子发展;鼓励孩子发展	2—5
3. 养育孩子家庭(最大孩子在30个月—6岁)	妻子/母亲,丈夫/父亲 女儿/姐妹,儿子/兄弟	适应学龄前孩子的需求;应对精力消耗与缺乏私密空间	3—5
4. 养育孩子家庭	妻子/母亲,丈夫/父亲	适应学龄期孩子的家庭团体	7
(最大孩子在6—13岁)	女儿/姐妹,儿子/兄弟	鼓励孩子取得好的学习成绩	7
5. 养育孩子家庭(最大孩子在13—20岁)	妻子/母亲,丈夫/父亲	青春期孩子在成熟过程中平衡自由与责任	7
	女儿/姐妹,儿子/兄弟	父母则建立为人父母后的兴趣和职业	
6. 孩子离家独立生活(从第一孩子离家到最后一个离家)	妻子/母亲,丈夫/父亲 女儿/姐妹/姑/姨妈 儿子/兄弟/叔叔/舅舅	通过适当的方式和帮助,将年轻成年人送去工作、上大学和结婚 维持支持性的家庭基础	8
7. 中年父母(空巢到退休)	妻子/母亲/祖母/外婆 丈夫/父亲/祖父/外公	重新构建婚姻关系 与下一代及更年轻一代保持亲属联系	15
8. 步入晚年(退休到死亡)	鳏夫/寡妇	应对亲人去世和独自生活	10—15
	妻子/母亲/祖母/外婆 丈夫/父亲/祖父/外公	结束家庭或将家庭调整为适应老年的需求	

所罗门(Solomon,1973)指出,如果不能掌握与特定阶段相关的发展任务,将对家庭的运行产生不利影响。威尔科克森(Wilcoxon,1985)认为,婚姻与家庭咨询师应该帮助家庭培养与特定发展任务相关的必要的应对技巧。

(二)中国家庭

传统中国家庭内成员相互依赖,将家庭看作是一个整体系统,随着经济和科技的快速发展以及社会的急剧变化,家庭模式发生变化;同时,传统文化影响深厚,但也受到挑战,发生着一些变化。

1. 家庭模式日益小型化

中国在经济社会转型期,家庭结构发生变化,三口之家的模式占据家庭结构的主体,只有纵向亲子关系,没有横向兄弟姐妹关系,家庭关系具有明显的单向性特征。次系统的丧失,物质条件的优越,可能会导致父母溺爱孩子,容易养成子女依赖性强的特性,而独生子女表现出不愿被束缚、自我、任性的特点。

2. 传统文化影响

其一,孝文化。中国家庭在权力和界限方面的表现明显,儒家文化对家庭成员的代际角色有明确界定,家庭总体上结构化程度都很高。中国传统的家庭核心价值观是孝,传统中国家庭中往往强调子孝和对长辈的服从。对孩子强调服从,意味着孩子的独立性可能不受欢迎,家长和老师喜欢乖孩子,父母训练孩子依赖自己,孩子的学习、生活从小到大都可能被"安排",由父母安排和控制子女的生活。这些习惯被"安排"的孩子长大后,处事被动,面对复杂、竞争的社会时,容易遭遇适应不良,产生心理问题。

其二,重视教育。在中国"望子成龙、望女成凤"是再正常不过的现象,父母希望孩子实现自己未完成的梦想,弥补自己的缺憾。独生子女往往背负了父母过高期望,即使父母受过高等教育也如此。斯蒂佩克(Stipek,1998)对中美大学生引发骄傲感的情境进行对照研究,假设被试的子女被著名大学录取,相比被试自己被录取,中国大学生会对自己子女被录取感到更多骄傲,美国大学生在两种情境中的骄傲感程度一样。当孩子不能满足父母过高的期望时,中国父母对孩子非常失望,可能引发对儿童的情绪虐待,包括挑剔、挖苦、嘲笑甚至棒打。

3. 亲子冲突

中国的亲子冲突中,通常父/母是强势,传统文化"爱"的名义,"都是为你好"的说辞下,孩子一直受到强大压力和控制;同时,现代中国家庭中的孩子个体化也得到前所未有的重视,与过去的孩子相比,80后、90后的孩子个性更张扬,更不易忍受父母的过激行为。孩子可能会采取消极的适应行为如厌学、拖延行为,甚至以焦虑、抑郁等心理问题来回应,通过反抗家长的强势,减轻社会压力、争取自己的权利。这时,父母非常焦虑,困惑,加大对孩子的控制,形成恶性循环。这一切,因生存竞争激烈的时代,求学、就业压力加重了父母的焦虑,孩子的压力。

中国的家庭冲突不是现在才有。以前,由于传统文化压抑个体的感受与表达,家庭成员相互之间的真诚直率表达对对方的感受或意见会被认为不合适,特别是小辈对长辈提意见,不为长辈接受,被视为忤逆。当发生亲子冲突时,个体压抑自己的感受,往往不会主动向家人求助,更不可能向外人求助。网络时代虽使亲子冲突更为剧烈,一些年轻人网上"大逆不道"的言行如豆瓣网 anti-parents("父母皆祸害")小组成立,也刺激了社会文化机理的"孝"神经,报纸就此展开过一些讨论,但并未引来社会对这些孩子的大肆讨伐。

显然,网络为子女提供了一个宣泄情绪的场所,时代进步也使现代父母更宽容子女的"不孝"。今天的父母愿意为子女寻求帮助,成长的孩子也会主动为解决亲子关系寻求帮助。不过,咨询中一些父母往往寄希望于咨询师"改造孩子",期望咨询师让子女按父母期望的方式学习、继续竞争。换句话说,这样的父母试图借助咨询师的力量来控制孩子。如果咨询师轻视和淡化中国家庭的"超价观念"或命运感,可能就会在破坏家庭正面价值观方面冒风险,治疗关系将处于危险中。因此,咨询师需要有理解家长和孩子的文化敏感性,借助评定量表,帮助现代知识型家长意识到他们身上存在的问题。

二、家庭功能

(一)健康家庭功能的特征

费希尔和施普伦克勒(Fisher & Sprenkle,1978)研究表明,功能完整的家庭是家庭成员感觉自己有价值,受支持和安全的家庭。研究还指出,家庭成员可以表达自己,不必怕被评判,他们知道自己的观点将会被人仔细地、共情地关注,家庭成员能够在必要时进行协商。

埃伯特(Ebert,1978),斯廷内特和德弗兰(Stinnett & DeFrain,1985),沃茨、特拉斯蒂和利姆(Watts,Trusty,& Lim,1996)指出,健康家庭功能具有以下特征:感情分享、社会兴趣、适应性、界限清晰、理解情感、接受个体差异、高度发展的关爱感、合作、幽默感、提供生存和安全需要、非敌对性解决问题、整体哲学、奉献精神、相聚的时间、精神性和应对技巧。

康斯坦丁(Constantine,1986)将家庭按"有能力"与"无能力"进行了区分,"有能力"指家庭能够成功平衡家庭系统的需要,同时能兼顾家庭成员的个人利益之间的关系,尽可能找到满足家庭成员彼此冲突的利益的方法。如果做得不够或以牺牲某一成员的利益为代价,反映了家庭的无能,家庭就会呈现出不稳定、僵化、混乱的家庭模式。

刘易斯(Lewis,1976)通过7年的长期研究,1988年得出的结论是,健康家庭功能的特征包括:强有力的父母联盟、对人态度友善、尊重他人的主观性、开放直接的沟通、理解人的复杂需要和动机、自发性、主动性高、欣赏每个个体的独特性。其中,家庭交流情感和想法的能力、父母联盟在家庭功能水平中起关键作用,特别是父母联盟,不仅提供了领导角色,也作为一种人际关系模型起作用。

(二) 家庭弹性

面对威胁、创伤或危机时,所有家庭都有成长和修复的潜能,沃尔什(Walsh,1998)提出增进家庭弹性的关键要素:(1)积极信念,为家庭提供共同的价值观和态度倾向,为将来认识情境和行为决策提供指导。(2)有效组织家庭资源,是家庭面临压力时的"降压器"。(3)沟通顺畅的家庭交流,为家庭成员提供相互信任和坦然表达的气氛。

卡佩尔(Karpel,1986)提出,即使是混乱无序、虐待的家庭也有自己的资源,对贫困家庭而言,其成员尤其需要感到自我的价值、尊严和目标。阿庞特(Aponte,1999)强调,如果家庭成员体会到对生活的控制感,而不是被社会忽视的无助感,他们的适应力会得到增强。

戈登堡夫妇(Goldenberg & Goldenberg,2002)认为,所有的家庭都有增进弹性的潜在资源,传统家庭通常依据代际层级的形式组织。有弹性家庭的特征表现为:能够平衡代际连续性和变化性,维系过去、现在和未来的关系中既不纠缠也不疏离;交流轻松、顺畅;对成员的角色身份和关系期望清晰明了;尊重家庭成员的个体差异和个人需要。通过增进家庭的弹性和修复力,家庭生命力增强,获得成功解决问题的策略。

三、家庭评估的测评工具

家庭评估领域的研究者开发了信度及效度较好的自陈问卷和他评问卷

以及观察法来评估家庭功能及家庭成员。

(一) 自陈问卷

1. 家庭环境量表中文修订版

家庭环境量表(Family Environment Scale,简称 FES),由穆斯夫妇(Moos & Moos,1981)编制,被翻译成 11 种语言,广泛应用于描述不同类型正常家庭的特征和危机状态下的家庭状况,评价家庭干预下的家庭环境变化,以及对家庭环境与家庭生活的其他方面进行比较。家庭环境量表分为 10 个分量表(见表 11-2),共 90 道是非题,大约 30 分钟完成。量表涉及家庭生活的三个主要维度,即关系、个人成长和系统维持。

表 11-2 家庭环境量表的分量表

关系维度
(1) 亲密度,即家庭成员之间相互承诺、帮助和支持和程度;
(2) 情感表达(Expressiveness),即鼓励家庭成员公开活动,直接表达其情感的程度;
(3) 矛盾性(Conflict),也就是家庭成员之间公开表露愤怒、攻击和矛盾、轻蔑;

个人成长维度
(4) 独立性(Independence),即家庭成员的自尊、自信和自主程度;
(5) 成功性(Achievement Orientation),是指将一般性活动(如上学和工作)变为成就性或竞争性活动的程度;
(6) 知识性(Intellectual-Cultural Orientation),即对政治、社会、智力和文化活动的兴趣大小;
(7) 娱乐性(Active-Recreational Orientation),即参与社交和娱乐活动的程度;
(8) 道德宗教观(Moral-Religious Emphasis),即对伦理、宗教和价值的重视程度;

系统维持维度
(9) 组织性(Organization),即指安排家庭活动和责任时有明确的组织和结构的程度;
(10) 控制性(Control),即使用固定家规和程序来安排家庭生活的程度。

家庭环境量表中文修订版(FES-CV),由费立鹏、郑延平和邹定辉进行了 3 次修订,修改了在中国文化环境中不适当的几个项目;修改了同一分量表中与其他项目缺乏较高一致性的项目,难以区别正常人家庭和精神分裂症患者家庭的项目;对两个最不满意的分量表(独立性和道德宗教观)的项目进行了重新编写。FES-CV 为是非选择答卷,比家庭亲密度与适应性量表中文版答案选择的理解要容易,但要求参试者能够识字阅读,认知功能障碍患者完成该量表仍有困难。

修订后的 FES-CV 特点:(1) 亲密度、矛盾性、文化性、娱乐性四个分量表具有较好判别效度、内部一致性满意或稍差一些,能放心地使用。这四个分量表可适用于评价所有类型的中国家庭。(2) 组织性、成功性和控制性三个分量表内部一致性满意，或稍差一些；判别效度较差，不能鉴别精神分裂症家庭与对照组家庭，但可鉴别中国正常家庭和其他种类的家庭(如犯罪者的家庭，其他精神疾病患者的家庭)，这需进一步的研究来论证。(3) 独立性、道德宗教观和情感表达这三个分量表的内部一致性不满意，不能肯定这三个分量表的得分实际所测量的概念，这三个分量表需要进行大量的修改才能在中国使用。

以下因素可能影响评估结果：参试者的性别、婚姻状况、教育水平、家庭中地位、家庭的发展阶段(即家里是否有已参加工作但未婚的子女)、家庭平均收入、完成量表的方式(即自评或研究人员将量表读给参试者听)。

需要进一步研究证实的包括：分量表的内部一致性和判别效是否得到改善；是否家庭随时间变化的灵敏性；能否用来评价中国农村更为复杂的家庭；独立性、道德宗教观和情感表达这三个概念是否是中国家庭环境有意义的特征。

2. 家庭亲密度与适应性量表中文版

奥尔森等人(Olson, Portner, & Bell, 1982)编制了家庭亲密度与适应性量表(Family Adaptation and Coping Evaluation Scales，简称FACES)，后来修订为FACESII。FACESII包括2个分量表：(1) 亲密度(Cohension)，即家庭成员之间的情感联系；(2) 适应性(Adaptability)，即家庭体系随家庭处境和家庭不同发展阶段出现问题而相应改变的能力。

量表30个条目，采用五级计分。被试需要回答两次，反映自己对现在家庭和理想中的家庭状况的看法。费立鹏等人(1991)在修订过程中将量表分为实际家庭状况和理想家庭状况2个部分，共60条目。被试在实际感受上的得分减去理想家庭得分的绝对值为被试的不满意程度，差异越大说明越不满意。

家庭亲密度与适应性量表的心理测量学特征是满意的，可有效准确评价中国家庭的亲密度和适应性。家庭亲密度与适应性量表中文版(FACESII—CV)的常模与原英文版常模相似，可用于直接与西方研究结果进行比较。英文版用于各种家庭类型和治疗引起的家庭状况的变化，中文版有待进一步证实是否适合评价其他类型缺陷的家庭及农村家庭。

根据奥尔森的家庭拱极模型(circumplex model),用亲密度和适应性2个分量表可将家庭分为16种类型,但这种分类方式是否适用于中国家庭有待进一步研究和评价。

3. 比弗斯模型自陈问卷

比弗斯等人(Beavers, Hampson, & Hulgas, 1985)将比弗斯模型的等级观察量表转化成一个36道题的自陈问卷,由家庭成员填写,与观察评定量表联合使用,产生的综合结果提供了多方法、多水平的家庭系统评估。自陈问卷与外部观察评定之间有很高的一致性。

4. 家庭评定量表

家庭评定量表(Family Assessment Device,简称 FAD),与麦克马斯特临床等级量表相对应,由爱泼斯坦、鲍德温和毕晓普(Epstein, Baldwin, & Bishop, 1983)编制,60道题目,由家庭成员填写。编制的理论依据与麦克马斯特临床等级量表一样,即家庭健康与完成特定关键任务的能力密切相关。同样,家庭评定量表涵盖家庭功能的6个方面,包括家庭问题解决、家庭沟通、家庭角色、情感反应、情感介入、行为控制。

(二)他评量表

1. 比弗斯—廷伯劳家庭评定量表

比弗斯—廷伯劳家庭评定量表,由比弗斯(Beavers & Voeller, 1983)研制,是一个14道题目的5等级评定量表。现在被简称为比弗斯互动量表。比弗斯模型整合了系统理论和发展理论,包括家庭互动风格和家庭竞争能力2个维度。在家庭互动风格中,向心型家庭成员倾向于内部定向,在家庭内部寻找关系的满足,离心型家庭指向外部,表现为公开表达愤怒,在家庭外部寻求满足(Hampson & Beavers, 1996)。功能极度失调的离心家庭产生社会病态儿童(反社会、无社会责任感、自我中心)风险;极度向心型家庭则有变成精神分裂性(远离社会、逐渐退缩、无组织性)的风险。

2. 麦克马斯特临床等级量表

麦克马斯特临床等级量表,由加拿大麦克马斯特大学的爱泼斯坦、鲍德温和毕晓普(Epstein, Baldwin, & Bishop, 1983)编制,评估家庭成员完成主要任务的质量,家庭成员提供完成其生物社会发展的环境。家庭功能包括:家庭问题解决、家庭沟通、家庭角色、情感反应、情感介入、行为控制六个方面。7级计分评定,从1"极其混乱"到7"功能极好",4分以下需要治疗干预。

(三)观察法

观察法适用于偏爱客观、以外部观察者方式来评估家庭功能的人,他们认为家庭成员自陈报告不太可信。观察法可能采取互动编码图式(通过一系列的认知、情感和人际维度来解释家庭的互动模式)或等级量表(对事先确定维度的外显、可观察的互动模式进行判断与评分)的形式。观察可以在治疗师的办公室进行,也可以在一般的实验室、诊所或来访者的家里进行。

第二节　父母养育方式评估

按系统的观点,家庭中,任何两个成员都会受到第三个成员态度和行为的影响,如父母对孩子直接产生影响,夫妻关系影响孩子,儿童直接或间接地影响父母。几乎所有发展心理学家都支持家庭影响的相互作用模型,儿童的社会化也是相互影响的过程(Collins et al., 2000)。相互作用模型强调,儿童能够对父母产生或好或坏的影响;不能武断地认为,父母对儿童发展的好坏承担全部责任。

母亲间接影响父子关系,当妻子认为父亲在儿童发展中具有重要作用(Palkovitz, 1984),夫妻双方经常讨论孩子情况时(Belsky, Gilstrap, & Rovine, 1984; Levy-Shiff, 1994),父亲照顾孩子的时候会更多。儿童的冲动性间接影响夫妻关系。一个不听从要求的冲动性孩子促使母亲采取强制性措施,母亲的这种教养方式促使儿童更加有挑衅性(Crockenberg & Litman, 1990)。在教养过程中受到挫折的母亲,可能会抱怨丈夫没有积极参与,夫妻双方陷入父母责任和义务的争吵中。

追踪研究表明,教养方式对儿童的影响超过儿童对教养方式的影响(Crockenberg & Littman, 1990; Wakshclag & Hans, 1999)。对家庭教养方式的评估,可让父母意识到不当的教养方式,从而改善、调整并最终放弃不当的教养方式,让子女在良好的教养环境中成长并形成健全人格。

一、家庭关系

(一) 亲子关系

1. 亲子关系重要性

亲子关系是造成儿童发展方面的问题和心理疾病的最重要因素,父母是最重要的保护因素,成功的父母在对待孩子能力、发展水平、当前的脆弱性及不利环境条件(诸如此类的潜在压力)等方面起保护作用,形成保护因素和个别化培养之间的完美平衡,相当于给孩子打"压力"预防针。

2. 青春期亲子关系

随着儿童表现出更多的自主性,父母与青少年的冲突在青春期早期表现普遍,之后又逐渐下降。一般来说,青春期亲子冲突并不严重,也不会持续很长时间,通常集中在打扮、对朋友选择、学校功课和家务劳动这类事情上,大多数冲突源于父母和孩子的不同观点。中国父母的权威比美国白人父母持续更长时间(Greenberger & Chen, 1996; Yau & Smetana, 1996)。

关于青少年获得自主性的途径是否需要切断与父母的情感联系的一般结论是:如果青少年与父母冲突较多,能脱离家庭并获得教师、兄长或家庭外他人支持的话,他们脱离家庭会获得更好的发展(Fuhrman & Holmbeck, 1995; Rhodes, Grossman, & Resch, 2000);但那些与家庭成员保持亲密依恋的青少年,最好不要通过中断与父母的情感联系来获得自主性。与家庭成员的亲密依恋使他们逐渐获得更多的自主性,形成最好的心理社会适应模式(Lamborn & Steinberg, 1993)。

(二) 兄弟姐妹关系

1. 独生子女特征

法尔博等人(Falbo, 1992; Falbo & Polit, 1986)的研究综述表明,独生子女有以下特征:(1)相对较高的自尊和成就动机水平;(2)比有兄弟姐妹的儿童更顺从;(3)较高的智力水平,在智力和成就测验上,独生子女的成绩略高于有兄弟姐妹的儿童;(4)更可能与同伴建立良好的关系。

在人格发展上,独生子女与有兄弟姐妹的儿童没有明显的不同(Falbo & Poston, 1993; Jaio, Ji, & Jing, 1996)。只有中国的独生子女研究报告较低的焦虑和悲伤。

2. 兄弟姐妹关系的影响

个体发展中,兄弟姐妹提供情感支持是最重要的一种功能。在危难时刻,兄弟姐妹之间相互信任、相互保护和相互安慰;年长的孩子经常教弟弟妹妹新技能,与没教导经验的同伴相比,他们在学业能力和成就测验中会取得更好的成绩(Paulhus & Shaffer, 1981; Smith, 1990)。兄弟姐妹之间的交往可促进许多社会认知能力(如双方观点采择能力和情感理解能力)的发展,提高谈判和妥协的能力,促使道德判断更加成熟(Dunn, Brown, & Maguire, 1995; Herrera & Dunn, 1997; Howe, Petrakos, & Rinaldi, 1998)。

(三) 特殊家庭组成

1. 收养家庭

大部分养父母能够与收养孩子形成强的情感联系(Levy-Shiff et al., 1991),想要成为父母的愿望对儿童发展的作用比成人间的基因联系更重要(Golombok et al., 1995, 2001)。当然,如果养父母提供的环境不能很好地适应收养孩子的遗传素质,许多复杂因素可能导致被收养儿童在儿童后期和青少年期比普通同伴表现出更多的学习困难、情感问题、行为失调和犯罪行为(Deater-Deckard & Plomin, 1999; Miller et al., 2000; Sharma, McGue, & Benson, 1998)。不过,对大多数收养父母和孩子来说,收养是一个较好的安排。

2. 长期冲突家庭

冲突弥漫的家庭是儿童青少年发展的不良环境。长期的婚姻不和谐会对儿童产生直接作用,使他们情绪极端,产生更多的破坏行为,还会通过破坏父母的接纳性或敏感性及亲子关系质量而对儿童发展产生间接作用(Erel & Burman, 1995; Harold et al., 1997)。

图 11-1 父母离婚

3. 父母离婚家庭

孩子暴露在父母离婚前的婚姻冲突中,情绪、行为受到极大影响,变得抑郁、对同胞或同伴充满敌意和攻击性(Cummings & Davies, 1994)。离婚家庭经历一年或更长的危机期时,所有家庭成员生活都会受到严重破坏,父母双方都体验到情感和现实中的困难(Booth & Amato, 1991;Hetherington, 1989;Hetherington, Cox, & Cox, 1982),但儿童对离婚最初反应随年龄、气质类型和性别不同而有所变化。

学龄前和低年级儿童不理解父母离婚原因,以为自己有责任而产生抑郁(Hetherington, 1989);年长儿童知道自己不需要承担责任,但受到的伤害不亚于年幼儿童(Amado, 1993;Hetherington & Clingempeel, 1992)。父母冲突与离婚对困难型气质类型的儿童打击更大,他们会立刻表现出大量的适应问题(Henry et al., 1996;Hetherington & Clingempeel, 1992)。相对于女孩,婚姻冲突和离婚对男孩的影响更强烈和持久,离婚前,男孩比女孩表现出更多的外在行为问题(Block, Block, & Gjerde, 1986, 1988);追踪研究表明,离婚2年后,女孩能够恢复过来,但男孩仍然表现出情感抑郁,与周围人的交往存在问题(Hetherington et al., 1982;Wallerstein & Kelly, 1980)。

伴随离婚产生的情感和行为问题在两年内会逐渐消失,大多数儿童迅速发生变化,呈现健康的心理适应模式(Hetherington et al., 1998)。然而,一些儿童也会表现出延迟的负面效应。父母离婚20年后,孩子仍对离婚对家庭生活产生的影响给予负面评价(Wallerstein & Lewis, 1998),离婚家庭的青少年担心自己的婚姻不幸福(Franklin, Janoff-Bulman, & Roberts, 1990;Blakeslee & Wallerstein, 2004),离婚家庭的成人更可能经历不幸的婚姻并离婚(Amado, 1996)。

4. 再婚家庭

再婚通常提高具有监护权父母的经济水平并改善其生活环境,大多数再婚者都报告对第二次婚姻感到满意,但重组家庭给孩子带来新的挑战,他们需要适应新的养育方式,还可能要适应继兄弟姐妹的行为;同时,有监护权和没监护权的父母对他们的关注也会减少(Hetherington et al., 1998)。父母再婚之后需要花更长的时间形成稳定的家庭规则(Hetherington et al., 1999),第二次婚姻离婚的风险高于第一次(Cherlin & Furstenberg, 1994),学龄孩子经历越多的婚姻转变,学业表现和适应能力就越差。在相对稳定的混合家庭中,儿童的适应能力取决于儿童性别、年龄、混合家庭是否有继兄弟姐妹。

在稳定的母亲继父家庭,男孩比女孩获益更多,温暖接纳型的继父能减轻具有监护权的母亲对男孩的高压和控制,在很大程度上提高男孩的自尊,克服其在母亲再婚前表现出来的适应问题。女孩通常会担心继父影响到她与母亲的感情,甚至会憎恨母亲再婚,害怕母亲因再婚而忽视自己的需要(Hetherington,1989)。

父亲继母家庭对女孩的负面影响大于男孩,女孩更难适应,如果亲生母亲与孩子保持联系,这种现象更明显(Brand, Clingempeel, & Bowen Woodward, 1988; Clingempeel & Segal, 1986)。随着时间推移,稳定的继父母家庭的女孩的适应水平会提高,尽管与男孩相比,女孩的自尊水平相对较低,但她们自主性和社会责任感更强(Hetherington & Clingempeel, 1992)。

个体在青春早期比儿童和青春后期更难以适应父母再婚,大约1/3的青少年游离于重组的家庭之外。来自继父母家庭,特别是复杂继父母家庭的青少年,他们的学业问题、不良性行为和许多违法犯罪行为的发生频率高于未离婚家庭的同龄孩子(Hetherington et al. , 1999)。复杂的继父母家庭组合中,各种类型的问题更普遍,父亲和母亲都倾向于偏爱自己亲生孩子在这种有差别的环境中成长起来的儿童通常会消极应对,与继父母的心理距离更远,情感交流更少(Hetherington et al. , 1999; Mekos et al. , 1996)。

值得注意的是,虽然经历过婚姻转变的青少年在最初会出现适应困难,但最终会获得相当正常的发展,而不是变成持久的精神病理倾向(Emery & Forehand, 1994; Hetherington et al. , 1999)。研究一致表明,生活在稳定的单亲家庭或继父母家庭中的儿童比那些与亲生父母待在一起但家庭纷争不断的儿童获得更好发展(Amato & Booth, 1996; Shaw et al. , 1999)。

5. 同性恋家庭

同性恋家庭中成长的孩子在生活风格方面可能受父母影响,但在其他方面与异性恋家庭中成长的孩子没有明显区别(Chan, Raboy, & Patterson, 1998; Flaks et al. , 1995)。

研究结果表明,父母之间关于儿童教养方式的争吵,通常比婚姻冲突的其他方面更容易导致儿童和青少年时期的适应困难(Mahoney,Jouriles,& Scavone,1997)。

二、家庭影响
(一)父母教养方式
临床实践中观察到子女健康的人格和良好的社会适应能力与父母教养方式密切相关。

1. 教养方式

埃里克森(Erikson,1963)以及麦科比和马丁(Maccoby & Martin,1983)持相同观点。他们认为,整个儿童和青少年时期,教养方式的两个主要维度是:父母的接纳/反应、命令/控制。接纳/反应指父母对孩子提供支持,对孩子需要敏感的程度以及孩子达到期望时提供关爱和表扬。命令/控制指父母对孩子限制和控制的程度。

2. 教养风格

鲍姆林德(Baumrind,1967,1971)通过对学前儿童和父母的研究,提出四种教养方式:(1)专断型,一种限制性很强的教养方式,通常成人提出很多规则,期望孩子严格遵守,依靠惩罚和强制性策略迫使儿童顺从。(2)权威型,具有控制性但又比较灵活的教养方式。与专断型父母相比,权威型父母更多地接纳孩子的观点并作出反应。以合理、民主的方式来控制孩子。(3)纵容型,接纳、放任的教养方式。父母作出相对较少的要求,允许孩子自由表达自己的感受和冲动,很少对孩子行为作出坚决的控制。(4)未参与型,父母或拒绝孩子的要求或过度关注自己的事情而对孩子投入极少的时间和精力(Maccoby & Martin,1983)。

权威型教养方式与孩子积极的社会性、情感及智力发展相联系,众多跨文化、种族的研究结果证实这一观点具有普适性(Glasgow et al.,1997;Luster & McAdoo,1996;Chen et al.,1998;Pinto,Folkers,& Sines,1991)。

(二)病理性家庭环境
1. 功能失调家庭父母行为

与正常家庭相比,异常家庭的父母行为方式存在差异,历经数年形成以下家庭生活特征:(1)重视事情的消极面,如专门批评和惩罚不良行为,良好行为却得不到表扬。(2)父母观察孩子行为的能力较低，不能有效辨别出同一行为的不同表现。可能看不到孩子的些微进步以及孩子在其中付出的努力。(3)父母对孩子的惩罚不一致，有时双方对孩子的错误都不理睬，有时施以严厉惩罚。(4)父母与孩子积极接触水平较低，父母对待孩子的行为缺乏热情、专心和耐心。(5)父母与孩子的关系重点是权力、力量和强制性。

父母的上述行为可能使孩子不知所措，降低儿童的自我价值，导致年幼儿童低自尊。生活在功能失调的家庭，儿童建立其他关系时也会遇到困难，原因在于：他们缺乏学习如何建立良好关系的可靠模式，儿童自我评价较低。

2. 家庭关系问题与心理障碍的关系

20世纪40年代末以来，研究者进行了大量研究来调查家庭动力系统与精神分裂症之间的关系，这些研究的基本假设是，家庭关系障碍通常是心理障碍的主要起因，试图发现用来解释每种形式心理病态的独特家庭动力模式。研究结果包括：大部分精神分裂症患者来自不稳定的家庭，与父母早逝、离异、分居有关。父子、母子关系中存在严重问题和心理障碍的关系目前尚无定论(Lidz & Lidz, 1949)，但激发了治疗师将家庭治疗作为有效治疗方法的兴趣。

在第一章我们提到，心理障碍主要受素质—应激模型的影响，心理障碍有遗传或生物学基础，但家庭环境包括缺乏家庭支持和接受性，特别是高度的批评、敌意、过分情绪化，增加了子女患精神疾病的易感性。经历应激事件之后，有抑郁倾向的家庭成员更可能发生抑郁障碍。相反，支持性家庭环境具有保护功能，降低个体对心理障碍的易感性。

家庭影响的相互作用模型对心理障碍的解释是，对待有心理障碍（如精神分裂症）易感性的家庭成员，父母会以各种功能失调的方式作出反应，使成员的症状得以维持。

三、父母养育方式的测评工具

（一）父母养育方式评价量表

父母养育方式评价量表(Egma Minnen av Bardndosnauppforstran，简称EMBU)，由瑞典于默奥大学精神医学系佩里斯等人(Perris et al., 1980)基于谢弗(Schaefer, 1959)提出的父母教养方式维度编制而成，用来评价父母教养态度和行为。谢弗把父母教养方式分三个维度：接纳（acceptance)/拒绝

(rejection)，心理自主（psychological autonomy）/心理受控（psychological control），严厉(firm control)/放纵(lax control)。父母养育方式评价量表问世后，立即引起许多临床心理学家关注，英国等多个国家先后对它进行修订，这些国家对神经症被试的父母教养方式特征进行跨文化研究，得出较为一致的结论：神经症患者父母较正常人的父母对子女缺乏情感温暖、理解、信任和鼓励，有过多的拒绝和过度保护。

父母养育方式评价量表提供了一个探讨父母教养方式与子女心理健康关系的有力而客观的工具，为探讨心理疾病的病因学提供了一条途径；还可用来探讨父母教养方式对人格形成的影响，其应用对提高青年人的心理健康水平起到一定的作用。

父母养育方式评价量表原文为瑞典文，原量表有81个条目，涉及父母15种教养行为。

岳冬梅等人（1993）采用澳大利亚罗斯教授（Ross et al.，1982）寄来的英文版本作为原量表，由三名从事临床心理工作的人员分别翻译、汇总，指导语、条目顺序保持不变。选用的被试平均年龄19.5岁，考虑到中西方文化差异，对全部81个条目进行主因素分析，然后经因素旋转确度因素数目和条目的归属与取舍，从父亲教养方式中抽取六个主因素，母亲教养方式中抽取五个主因素，分别由58和57个条目组成，被试390人（见表11-3）。

表11-3 父母养育方式评价量表的因素构成

	因素	意义	条目数	均数	标准差
父亲	因子Ⅰ	情感温暖、理解	19	51.54	8.89
	因子Ⅱ	惩罚、严厉	12	15.84	3.98
	因子Ⅲ	过分干涉	10	20.92	3.66
	因子Ⅳ	偏爱被试	5	9.82	3.83
	因子Ⅴ	拒绝、否认	6	8.27	2.40
	因子Ⅵ	过度保护	6	12.43	3.12
母亲	因子Ⅰ	情感温暖、理解	19	55.71	9.31
	因子Ⅱ	过干涉、过保护	16	36.42	6.02
	因子Ⅲ	拒绝、否认	8	11.47	3.26
	因子Ⅴ	惩罚、严厉	9	11.13	2.84
	因子Ⅵ	偏爱被试	5	9.99	3.81

中国版父母养育方式评价量表在维度上与原量表有较大的一致性，有较好的信度、效度；可进行个别施测和团体施测；被试主要靠回忆来回答问

卷,对父母的一贯行为作出评价,而不是父母某一行为事件的影响;评估年龄过小或偏大的被试时,对结果的解释要慎重。修订后父母养育方式评价量表并未建立全国性常模,在用父母养育方式评价量表对特殊群体进行测验时,有必要建立一个取自一般群体的对照组。

(一) 子女教育心理控制源量表

子女教育心理控制源量表(Parenting Locus of Control Scale,简称PLOC),由康皮斯等人(Campis, Lyman, & Prentice - Dunn, 1986)编制,量表47个条目,5级评分,包括5个因子:教育成效、父母的责任、子女的控制、运气或机遇以及父母的控制。总量表的克龙巴赫α系数为0.92,未见到重测信度研究的报告。聚合效度研究显示,在教育子女方面有问题的父母,在成效、子女控制、父母控制量表上外控性的得分较高,其 $P<0.02$,而运气机遇量表未显出任何区别,因此作者建议可删掉该分量表。进一步研究显示,教育子女方面是否有问题与父母控制量表的得分高低有很高的相关性,$P<0.0002$。

子女教育心理控制源量表存在显而易见的缺陷:缺乏大样本的常模、没有时间稳定性方面的资料,抽样父母中子女年龄分布不清楚。尽管如此,由于量表在建立时经过了精心设计和修改,仍不失为一个有用的工具,量表条目简单易懂,与教育子女方面的问题密切相关。闫丹凤等人(2008)采用子女教育心理控制源量表发现父母在教育子女方面存在问题,儿童自我意识出现偏差。

子女教育心理控制源量表从心理控制源角度出发,评定父母对教育子女成功与失败的看法,内容涉及责任感、成效和对控制的看法。

第三节 婚姻问题评估

婚姻质量作为生活质量的一个重要方面越来越受到重视,婚姻可能是避风港,也可能成为夫妻双方最大的社会压力源。婚姻质量与人的心理健康有密切关系,国外因婚姻问题寻求心理咨询非常普遍,国内也逐渐为人们所接受,中国从20世纪90年代开始对婚姻质量进行研究。客观评定一个已婚者的婚姻质量成为心理咨询的迫切问题。

一、婚姻质量概述

（一）婚姻质量概念

汉密尔顿（Hamilton，1929）首次采用婚姻调适量表对婚姻进行测定，婚姻调适是指夫妻之间在一定时间内的相互适应，格伦和韦弗（Glenn & Weaver，1978）提议用婚姻质量取代婚姻调适的概念。新近研究者融合主观和客观来定义婚姻质量。

研究者一致认为，婚姻质量是婚姻双方的主观满意程度与婚姻关系的客观和谐程度，表现为：(1) 婚姻质量是来访者对婚姻的主观感知质量，指来访者对配偶及婚姻关系的态度和看法，是他们关于自己婚姻的幸福和满意程度。(2) 婚姻质量是婚姻关系的客观调适质量，是一个多维度的概念，经常以夫妻双方的互动模式、冲突数量、交流状况以及夫妻之间关系的结构特征等作为测量指标，研究者可以按照社会标准对这些指标进行客观评价。

（二）影响婚姻满意度的因素

1. 奥尔森的婚姻幸福影响因素

美国明尼苏达大学奥尔森等人（Olson，Fournier，& Druckman，1982）认为，婚姻质量包括主观感受（如婚姻满意度等）及客观指标（如解决冲突方式、经济安排、业余生活等）。婚姻幸福主要受三个方面因素影响：(1) 个体因素，包括文化背景、价值观、对婚姻的期望、在婚姻中承担的义务、个性等。(2) 婚姻关系，包括夫妻间权力与角色的分配、夫妻间交流、夫妻间解决冲突的方式与能力、性生活等。(3) 外界因素，包括经济状态、与子女及父母的关系、与亲友的关系等。

2. 格伦和韦弗的婚姻幸福感多元分析模型

格伦和韦弗（Glenn & Weaver，1979）的婚姻幸福感多元分析模型认为，影响婚姻质量的三个直接因素分别是来访者的社会及个人资源、对生活方式的满意度、夫妻互动中的收获。这三个因素都与婚姻质量呈正相关，即来访者的社会及个人资源越丰富，对生活方式的满意度越高，以及来自夫妻活动过程的收益越大，其婚姻质量也越高。

(三) 实证研究结果

影响婚姻质量的因素众多，也很复杂。许多研究者从不同角度来进行实证研究，得出不少研究结论。

1. 社会角色

勒基(Luckey，1960)认为，夫妻在角色界定和理解上的一致性，以及对角色的主观期望与角色的实际执行之间的一致性都使婚姻更加幸福美满。(1) 婚姻高满意度更取决于男性，男性的工具性角色功能在婚姻幸福中起着举足轻重的作用。(2) 当丈夫和妻子像他所期望的那样，双方都体会到较高的婚姻幸福感。(3) 丈夫自我印象与其对父亲印象的一致性，妻子对父亲印象的一致性与婚姻幸福呈正相关。(4) 丈夫和妻子对性别角色理解不一致并不降低婚姻质量，但丈夫的性别态度较传统保守而妻子偏向现代，婚姻呈低质化。

2. 社会阶层

与处于不同社会阶层的夫妻相比，生活在同一社会阶层里的配偶拥有更和谐的婚姻关系；社会阶层向上移动有利于改善婚姻质量，社会阶层的下移则给婚姻关系带来严重的负面影响；父母亲的社会阶层水平及其差距对子女的婚姻质量没有显著的直接影响，但可能通过子女社会经济地位的形成间接地对子女的婚姻质量产生作用。

3. 婚姻持续的时间和年龄

婚姻持续时间是对婚姻质量的一个重要影响因素，研究主要包括对家庭周期、结婚年数和年龄。罗林斯和坎农(Rollins & Cannon，1974)经过大量研究表明，婚姻满意度的周期变动呈U形状态，即结婚后未育的年轻夫妻的婚姻满意度较高，第一个孩子出生后开始下降，直至孩子离家后，身边无孩子阶段又开始上升。用夫妻各自年龄或者家庭生命周期取代结婚年数分析时，婚姻幸福感U形模式保持不变(Vaillant & Vaillant，1993)。国内有研究支持婚姻关系随家庭生命周期发展的U形理论，但低谷期为学龄前期阶段(第一个子女3—6岁)，比西方的研究提前了大约10年，侧面证明夫妻在婚后会经历一个类似"七年之痒"的敏感期(童辉杰，黄成毅，2015)。

也有研究对婚姻关系的变化持递减论观点。他们的研究发现，在家庭成立初期，夫妻的婚姻质量会经历一个明显下降的过程，但与U形曲线论的分歧点在于,家庭生命周期的中后阶段,夫妻的婚姻质量不会因退休、孩子离家而提升,尽管下降的速度会逐渐变缓,但总体下降的趋势不会改变(Blood & Wolfe,1960)。年龄对大多数夫妻关系满意度指标有一定的影响,但影响不显著,各变量的年龄变化趋势大多不是线形,没有规律,仅感情生活满意度与年龄变量呈负相关。

总的说来,婚姻关系在家庭生命周期中的波动特征更为明显,尤其当子女出生、步入青春期以及脱离原生家庭时,夫妻的婚姻关系经历了明显的变化过程;相对而言,婚姻关系随婚龄的变化曲线则更趋于平缓。主要由于婚龄仅表达一种客观的时间序列,婚龄呈现的转折点效应不及家庭生命周期明显。

4. 工作

拉塞尔等人(Frone, Russell, & Cooper, 1997)发现,长期的工作与家庭冲突预示着绝望、抑郁、糟糕的身体健康状况及压力增加等。

5. 休闲方式与质量

夫妻共同参与休闲活动有助于增加婚姻满意度,独自休闲方式则与婚姻满意度呈负相关。

缺乏互动的休闲,即使是夫妻共同参与,甚至还可能降低婚姻满意度。

休闲活动可缓解妻子沉重的生活压力,进而改进婚姻关系质量,但对丈夫不产生影响。

二、婚姻问题

这里指的婚姻问题主要指夫妻关系破裂的三种形式:婚外情、婚姻暴力和离婚。婚姻暴力见本章第四节。

(一) 婚姻问题

1. 婚外情

皮特曼和韦杰斯(Pittman & Wagers, 2005)提出,婚外情并不表明双方已没有感情,但婚外情是某种问题的信号,可能容易在无意之间毁掉婚姻。婚外情有性成分,但通常不在性。通过双方努力,婚外情不一定导致婚姻毁灭。如果处理得当,渡过这一危机,夫妻双方亲密关系可能会增强。

2. 离婚

离婚始于夫妻双方没有适应家庭角色、家庭关系、家庭居住安排及家庭经济状况等一系列变故。离婚的再适应是双方面的,虽然我们的文化偏向家庭稳定,但如前所述,与离婚家庭相比,冲突频率高、存在虐待的没离婚家庭,对儿童成长的影响更为不利。

(二)常见心理障碍与婚姻之间的关系

1. 饮酒问题

饮酒与婚姻关系紧密。早期理论模式提出,与酗酒男性结合,是对控制或依赖有强迫观念的女性的一种抵制手段。酗酒者妻子为避免自身更严重的代偿失调,需要配偶继续酗酒。早期的心理动力学认为,饮酒者配偶才是长期饮酒的根源所在。爱泼斯坦和麦克拉迪(Epstein & McCrady, 1998)用社会学习模式来定义问题饮酒及其家庭生活:个体及家庭的各种因素影响问题饮酒,就家庭层面,家庭成员之间交流困难,问题解决能力低下,逐渐出现婚姻、性生活、经济及抚养孩子方面的问题,可能会继发饮酒行为。如果饮酒者在饮酒之后得到家庭成员照顾或帮其掩饰,可能有巩固饮酒行为的作用。家庭成员的消极行为也可继发于饮酒行为,以私下饮酒来避免消极交流,从而使饮酒行为与家庭交流形成复杂的循环关系。

饮酒问题对家庭生活带来消极影响:(1)饮酒行为增加家庭成员负担,妨碍夫妻有效交流和问题解决。(2)生长在酗酒家庭的孩子可能会出现各种心理、行为及学业问题。(3)男孩更可能出现问题饮酒,尤其当父亲是酗酒者。父母中一人酗酒,子女出现酗酒的可能性不大,但超出没有酗酒者的家庭。如果子女与酗酒的父母紧密联系,子女酗酒的风险增加。(4)酗酒者对配偶的暴力行为增加;无论是否存在家庭暴力,配偶更可能出现心理或生理问题。

酗酒有心理因素,也有遗传因素。饮酒与家庭、社会系统存在相互影响,饮酒者行为影响社会系统,并受到社会系统的影响。

酗酒和其他心理障碍共病,心理障碍或导致酗酒,或继发于酗酒。最常见的 DSM-Ⅳ 轴Ⅰ并发症:吸毒、抑郁和焦虑。23%的男性终生患原发性抑郁,17%情绪问题,60%为焦虑障碍;女性终生表现为情感障碍的占35%,67%为焦虑障碍。酗酒女性更多表现为抑郁性紊乱而不是轴Ⅱ紊乱,酗酒男性在轴Ⅱ上并发症中以反社会型人格障碍最常见,发病率20%—50%。

2. 焦虑问题

婚姻可导致特定焦虑障碍(如广场恐惧障碍),没有焦虑障碍的一方使另一方长期抑郁和焦虑,焦虑障碍患者症状改善可使另一方感到抑郁。婚姻冲突可能是焦虑障碍的结果,反过来影响焦虑障碍的恢复,慢性焦虑障碍的个体对婚姻压力的反应最明显。有证据表明,不幸的婚姻即使不是恐惧障碍的诱因也会使症状持续,不良的婚姻关系预示不良的治疗效果,某些恐惧障碍治疗对婚姻关系有伤害作用(Zoellner & Craske,1999)。

3. 抑郁障碍

戈特利布和比奇(Gotlib & Beach,1995)指出,婚姻问题在抑郁障碍中起着重要作用,可预测抑郁的程度,使已有的抑郁更加严重。即使生理上治愈,婚姻不和与抑郁复发有关。研究表明,婚姻问题引起抑郁的可能性超过抑郁引起婚姻问题的可能性。抑郁患者的配偶比正常夫妻在夫妻交往中更痛苦、气恼,感受到更多的敌意、不信任和孤立感。

抑郁障碍与婚姻不和之间的关系有多种解释:婚姻不幸导致抑郁,生活压力导致抑郁,直接或间接引起婚姻矛盾;生活压力和家庭压力相互作用导致抑郁。同时,夫妻任何一方患有抑郁都可能导致婚姻问题。与抑郁患者共同生活给没有抑郁的配偶带来极大压力,从而导致婚姻关系紧张。这可能产生一个恶性循环,使婚姻不和加剧或延长抑郁患病时间。

(三)预测婚姻成功的因素

戈特曼(Gottman,1994,1998)从导致离婚的因素来评估婚姻,并认为剖析增强或破坏婚姻满意度的因素,这更有助于指导来寻求婚姻咨询的夫妻。他与合作者开展了一系列文献研究,得到关于成功婚姻与离婚的预测变量(Gottman,1994;Gottman,Coan,Carrere,& Swanson,1998;Gottman & Notarius,2000)。

1. 预示婚姻美满的变量

下列因素有利于婚姻美满:(1)处理潜在冲突时,妻子采用缓和的方式,如采用试探性而不是面质性的方法。面质性倾听技巧不一定有效,还可能加剧冲突。(2)丈夫使妻子低强度消极情感(愤怒、悲伤和紧张)逐渐降级。(3)妻子使丈夫高强度消极情感(鄙视、防御和好战性)逐渐降级。(4)对自己或对方进行生理性抚慰,进行压力管理,对男性尤其重要。通常认为,与女性相比,男性有较高水平的自主唤醒。

2. 预示离婚的因素

下列因素可预示离婚:(1)冲突期间出现批评、鄙视、防御和情感退缩。(2)缺乏积极的情感,如幽默、兴趣和喜爱。成功婚姻有高比例的积极情感互动,冲突解决期间,积极情感与消极情感之比是5∶1,不稳定婚姻中积极情感与消极情感之比是0.8∶1,但消极情绪如愤怒并不是离婚的预警器。成功的婚姻需要积极情绪与消极情绪同时表达,重要的是温柔、抚慰和消极情绪的逐渐降级。(3)冲突中,丈夫拒绝妻子的影响。

3. 增强或破坏婚姻满意度的因素

下列因素可增强或破坏婚姻满意度:(1)第一个孩子出生的第一年,夫妻回到典型的性别角色,男性回到工作中,沟通与性关系的质量急剧下降,快乐来自与孩子的互动。(2)烦恼夫妻在情绪上不能有效解决问题,甚至阻止问题解决;没有烦恼的夫妻在情绪上自我袒露,为问题解决提供便利,有效解决问题。(3)妻子对婚姻的满意度下降的两年半内,家庭可能陷入"要求/退缩"模式,即妻子要求改变,丈夫不作为或采用防御机制而退缩。(4)中年人倾向于将幽默当作一种逃避方式,老年人将幽默看作一种真诚表达情感的方式。

三、婚姻质量的测量工具

(一)奥尔森婚姻质量问卷

奥尔森等人(Olson et al.,1982)基于信度和效度较好的婚前预测问卷(PREPARE)(Olson,1970)编制了奥尔森婚姻质量问卷(ENRICH问卷),以来访者主观评价为主,强调夫妻双方对婚姻的主观感受及婚姻中客观事实的描述,从主客观两方面对婚姻质量进行综合评价,很好地揭示了婚姻质量的内涵。当时,主要用于对寻求婚姻咨询者进行诊断。

问卷共包含124个条目,内容包括过分理想化、婚姻满意度、性格相融性、夫妻交流、解决冲突的方式、经济安排、业余活动、性生活、子女和婚姻、与亲友的关系、角色平等性以及信仰一致性12个因子。每一个条目均采用5级评分制。

问卷的统计指标主要为总分和因子分。将124条各个单项分相加,即为总分。总分评分高提示婚姻质量好。12个因子,每一因子着重反映被试的婚姻某一方面的情况。将该因子所含条目的得分相加,为因子分。问卷各因子特点参见表11-4,根据因子分可绘出直观轮廓图。

表11-4 奥尔森婚姻质量问卷各因子特点

(1) 过分理想化:测定被试对婚姻的评价是否过于理想化。评分高,表明被试对婚姻的评价感情色彩浓,多见于婚前的情侣。评分低,表明被试对婚姻的评价比较现实,多见于寻求婚姻咨询的配偶中。

(2) 婚姻满意度:测定婚姻10个方面满意度,得出总的满意度。评分高表明婚姻关系大多数方面是和谐与满意的;评分低反映婚姻不满意。

(3) 性格相容性:测定被试对配偶行为方式的满意程度。主要是性格,但也包括吸烟、饮酒等。评分高表明满意配偶的行为方式;评分低表示不满意,并难以容忍。

(4) 夫妻交流:测定被试对夫妻间角色交流的感受、信念与态度。主要包括对配偶发出与接收信息的方式的评价;对夫妻间相互分享情感与信念程度如何的主观感受;以及对夫妻间交流是否恰当的评价。评分高,表明被试对夫妻交流方式与交流量感到满意;评分低表明交流有缺陷,需改善交流技巧。

(5) 解决冲突的方式:测定被试对夫妻中存在的冲突与解决方式的感受、信念及态度。主要包括夫妻对识别与解决冲突是否坦诚相见,对其解决方式是否感到满意。评分高表明对解决冲突的方式满意,大多数冲突都能解决。评分低表明冲突往往不能解决,对解决方式也不满意。

(6) 经济安排:测定被试对夫妻管理经济方法的态度。主要包括被试经济开销的习惯与观念,对家庭经济安排的看法,夫妻间经济安排的决定方式以及被试对家庭经济状态的评价。评分高表明被试对经济安排满意,对经济的开销实际的态度。评分低表明夫妻间在经济安排上有矛盾。

(7) 业余活动:测定被试业余活动的安排与满意度。主要包括业余活动的种类,是集体性的还是个人的,是主动参与还是被动参与,是夫妻共同参加还是单独活动。被试对业余活动的看法,是应该夫妻共同活动好,还是应保持相对的个人自由。评分高反映业余活动是和谐、灵活,夫妻有共感。评分低反映夫妻业余生活有矛盾。

(8) 性生活:测定被试对夫妻感情与性关系的关注度和感受。主要包括夫妻情感表达、性问题交流的程度;对性行为与性交的态度以及是否生育子女等。评分高表示被试对夫妻间情感表达满意,对性角色的状况满意。评分低表明不满意。

(9) 子女和婚姻:测定被试对是否生育子女以及子女数和态度。条目主要包括被试对夫妻双方担任父母角色的满意度,对生育子女的看法,对管教子女的意见是否统一,对子女的期望是否一致等。评分高表示对上述内容意见统一、满意。评分低表示不满意或有某一方面的矛盾。

(10) 与亲友的关系:测定被试对夫妻双方与亲友关系的感受。主要包括与双方亲友一起度过的时间量,对与亲友一起活动的评价,是否与亲友间存在潜在的冲突以及亲友对该婚姻的态度等。评分高表示夫妻双方与亲友关系和谐,评分低表示与亲友间存在潜在的冲突。

(11) 角色平等性:测定被试对婚姻关系中承担的各种角色的评价。包括家庭角色、性角色、父母角色以及职业角色等。评分高表示被试主张男女平等,希望夫妻角色公平分配。评分低表示被试主张传统的夫妻角色与责任分配。请注意,评分高低不表明对夫妻角色分配的满意度。如奥尔森研究发现,评分低的女性婚姻满意度高于评分高的女性。如果夫妻双方评分均高,提示夫妻和谐度高。

(续表)

(12) 信仰一致性：测定被试有关婚姻的宗教信念及对夫妻双方宗教信念的评价。评分高，表明被试更倾向于坚持传统的婚姻宗教信念；评分低，表明被试倾向于不愿受传统观念的束缚。双方评分一致，表明夫妻双方信仰一致，均高者提示双方均看重传统的婚姻观念。夫妻一方评分高，一方评分低，低者更可能是冲突的来源。

与其他婚姻问卷相比，具有样本量大，控制了背景因素干扰、多维度、夫妇双方评估等特点，但预测效度未得到充分的检验。奥尔森婚姻质量问卷主要用于婚姻咨询工作中，能较深入地分析婚姻关系不同侧面的满意程度，识别婚姻的冲突所在，以便有针对性地开展婚姻治疗和效果观察。问卷在我国得到广泛的应用，但由于题目较多，给实际应用带来不便。

（二）婚姻调适测验

洛克和华莱士(Locke & Wallace, 1959)收集了所有测定婚姻调适的量表，共383个条目，从中筛选出15个条目构成了婚姻调适测验(Marital Adjustment Test，简称MAT)，包括交流、性生活相容性、情感及价值观差异4个维度，为客观的价值判断和事实描述。条目满足下列条件：在原来的研究中有最好的判别水平；不与所收集的其他条目重复；研究者认为其能反映婚姻调适的重要方面。问卷要求被测者独立完成问卷，各项答案的评分已在问卷中显示。总的问卷分为各条目得分的总和。问卷的评分范围为2—158分。分数愈高，婚姻调适愈好。

研究表明，婚姻调适测验有较好的信度和效度，常被国外相关研究文献采用。中译本也有较好的信度和效度，之后发展的许多婚姻质量量表都以婚姻调适测验作为效标变量。

婚姻调适测验的优点是题目少，使用方便，能客观定量、真实可信地反映婚姻调适程度，可评定所有已婚者的婚姻调适；用于在临床上区分有无婚姻困扰的夫妻，可帮助咨询师客观评定来访者的婚姻幸福程度，以及治疗过程中婚姻调适的改善情况。

（三）夫妻调适量表

斯帕尼尔(Spanier, 1976)认为婚姻质量的测量应聚焦婚姻中的关系因素，在改进婚姻调适测验的基础上编制了夫妻调适量表(Dyadic Adjustment Scale，简称DAS)，包括双方满意度、双方凝聚力、双方一致性和情感表达四个维度。

量表的内部一致性信度、效标关联效度、同时效度和结构效度都经过了充分的验证。但量表题目分配不均,且回答类别不同,使得最后的加权结果可能无法真正反映出测量的内容,一些针对婚姻调适量表的研究结果并不总能重复这四个维度的结构,包含较多认知部分和回忆的过程,较少情感或态度的反映。

婚姻调适量表的最大优点是实用性强,可用于测量婚姻调适过程的不同方面,是 20 世纪 70 年代应用最广泛的婚姻质量量表。

(四)积极和消极婚姻质量问卷

芬彻姆和林菲尔德(Fincham & Linfield,1997)用情感体验的积极维度和消极维度来分析婚姻质量,编制了积极和消极婚姻质量问卷(Positive and Negative Quality in Marriage Scale),包括积极、消极两个维度,两者有中等程度的负相关,问卷的内部一致性信度、结构效度、效标效度得到充分的验证,与传统的婚姻调适测验相比,能够解释更多的变异。

(五)拉塞尔和马德森婚姻咨询报告

拉塞尔和马德森婚姻咨询报告(Russell & Madsen's Marriage Counseling Report,简称 MCR),由拉塞尔和马德森(Russell & Madsen,1985)基于卡特尔的 16PF 问卷编制,提供每个配偶的人格信息,及这些人格可能导致的婚姻困境以及婚姻如何加剧配偶的心理问题。

(六)泰勒—约翰逊性情分析

泰勒—约翰逊性情分析(Taylor-Johnson Temperament Anlysis,简称 TJTA),由泰勒和莫里森(Taylor & Morrison,1984)基于约翰逊(Roswell H. Johnson)1941 年编制的约翰逊性情分析(John Temperament Anlysis)修改而成。比较了被测夫妻与正常人群的相似或差异,夫妻之间的相似或差异以及他们对对方人格特征的理解程度。

(七)斯奈德婚姻满意度量表

斯奈德婚姻满意度量表(Snyder's Martial Satisfaction Inventory,简称 MSI),由斯奈德(Snyder,1981)编制,评估夫妻满意/不满意的基本方面,如沟通方面或问题解决方面。当夫妻陷入不知如何处理所关注的事情的困境中时,斯奈德婚姻满意度量表特别有用。

(八)斯图尔特夫妻咨询前量表

斯图尔特夫妻咨询前量表(Stuart's Couples Precounseling Inventory,

简称 SCPI），由斯图尔特（Stuart，1983）编制，提出夫妻满意/不满意的 15 个方面，如在养育孩子和性方面。评估夫妻双方对于关系的奉献程度，在维系关系方面的得失。

（九）婚姻质量问卷

婚姻质量问卷（Quality of Marriage Index）由诺顿（Robert Norton）1983 年编制，问卷包含 6 个项目，前 5 题采用 7 点计分，分数从 1 到 7；第 6 题要求受测者在 10 点量表上评价自己对婚姻的满意程度，分数从 1 到 10，分数越高表明婚姻满意感越低。

（十）婚姻质量多维组合量表

徐安琪和叶文振（1998）在对婚姻质量进行测量时，采用主客观综合度量法，借助因素分析确定反映婚姻质量的多元侧面或复合指标，并检验它们的测量信度。

主观指标包括三个侧面，其中每个侧面分别包含多个变量：（1）对配偶评价，包括外貌风度形象、生活能力、尊重本人、体贴本人、理解本人、信任本人、家庭角色合格等七个指标；（2）婚姻关系满意度，包括感情生活满意度、性生活满意度、两性平等、个人独立自由、夫妻和谐、婚姻幸福、夫妻感情深度、婚姻以爱情维系；（3）物质生活评价，包括住房满意度、收入满意度、物质生活满意度、余暇生活满意度。

客观指标包括三个侧面，其中每个侧面也分别包含多个变量：（1）夫妻互动，包括浪漫性、亲密性、平衡性、沟通性；（2）性生活质量，包括性快感体验、性抚爱时间、性感受交流；（3）冲突与离异意向，包括常指责否定对方、冲突频率、冲突程度、对婚姻的失望感、离异意向。

（十一）婚姻主观感受量表

婚姻主观感受量表（Marriage Perception Scale，简称 MPS），由王宇中等人（2009）编制，强调来访者的主观感受是婚姻质量的主要指标。量表有 20 个项目，包括量表总分和夫妻互动、家庭关系、夫妻冲突三个分量表。常模样本来自全国 28 个省的 3 350 对夫妻，总分均数为 64.93 ± 17.12。同质性信度为 0.889，与奥尔森总分和婚姻调适测验总分的效标关联效度分别为 0.670 和 0.658。

（十二）中国人婚姻质量问卷

中国人婚姻质量问卷（Chinese Marital Quality Inventory，简称

CMQI)，由程灶火等人(2004)根据杰克逊五步法原则，借鉴国外婚姻质量问卷结构及婚姻咨询中的经验编制，包括性格相容、夫妻交流、化解冲突、经济安排、业余活动、情感与性、子女与婚姻、亲友关系、家庭角色、生活观念10个维度，每个维度9条目，共计90个条目。重测信度、同质信度、结构效度、效标效度和实证效度均较理想。

第四节 家庭暴力

家庭暴力包括两部分：父母对儿童的虐待和忽视，夫妻之间的暴力行为。

一、儿童虐待和忽视

功能失调家庭对待儿童的不良方式表现为虐待和忽视。大多数儿童虐待的文献与发达国家有关，而不是发展中国家。发展中国家儿童通常面临营养不良、严重体罚、被遗弃、被雇为乞丐等。英国儿童保护机构的记录中，0—18岁儿童躯体虐待年发生率为0.3%(Goodman & Scott, 2005)，美国更高(Jones, 2000)。儿童虐待在美国是个严重问题，每年有大约300万的虐待报告，其中100万被儿童保护机构证实(Emery & Laumann-Billings, 1998)。2008年豆瓣网上一群中国年轻人成立了一个"Anti-Parents"(父母皆祸害)小组，两年多，小组成员发展为近17 000人，小组主题是"父母不当的教养方式造成心理阴影"，年轻人在网络上大肆"控诉"父母的"伤害"。

(一) 儿童虐待的类型

虐待方式包括烧伤、暴打、饥饿、性虐待等，还有儿童受到忽视或被剥夺了正常发展所需要的照顾。通常概括为躯体虐待、情绪虐待和儿童忽视三类。

1. 躯体虐待

父母可能将受伤儿童带去看医生，称是意外造成，也可能由邻居或他人报警。儿童躯体损伤最常见的形式是多处淤血、烧伤、咬伤、撕破上唇、骨折、皮下出血和视网膜出血。被虐待儿童的表现各异，包括对父母的害怕、焦虑或不快乐及社交退缩,低自尊,回避对他们表示友好的儿童或成人,也可表现为攻击性。

2. 情绪虐待

情绪虐待常指对儿童的持续忽视或拒绝,对儿童发展造成损害。这一术语也应用于严重的过度保护、言语虐待或将儿童作替罪羊似的指责,如为7岁前儿童贴不良的标签,是一种心理虐待,会伤害孩子的自尊。儿童在发展自主性的阶段里,最大的危机是羞愧感。羞愧帮助我们了解自己的限度,知道自己会犯错而非全能。但是,过度的羞愧感将感觉内化成实际存在的心理状态,个人的情绪、需求和欲望遭到贬抑,造成内化的自贬心理,反映出强迫性控制和完美主义倾向。情绪虐待常伴其他形式的儿童虐待。

3. 儿童忽视

比躯体虐待更常见,家长不能提供儿童需要的照顾,包括情感剥夺、忽视教育、忽视儿童的躯体安全,缺乏适当的关心,拒绝给予必要的治疗。

在虐待类型中,躯体虐待23%,性虐待12%,心理虐待6%,医护虐待6%,53%的是忽视,大约4个受虐儿童遭遇过不止一种虐待(USDHHS,2000)。

(二) 儿童虐待的危险因素

导致产生儿童虐待和忽视的原因众多又复杂,每一单独特征不能预测和解释虐待的发生,即使高危儿童和养护人匹配也不能一致预测儿童虐待。引发虐待儿童的行为包括:儿童的攻击行为、不当的行为、说谎、偷窃(Kadushin & Martin, 1981)、婚姻问题和暴力(Straus, Gelles, & Steinmetz, 1980)。下面是常见的危险因素。

1. 家庭和施虐者特征

在所有虐待类型中,大多数虐待者是父亲和/或母亲。近一半的性虐待者是父母或养育者以外的他人,其他类型的虐待者主要是父母或养育者。大约90%的儿童忽视者是母亲;90%性虐待,63%情感虐待,58%身体虐待由男性造成。

虐待儿童的成人并没有表现出独特的人格综合特征。表面看起来他们相当正常,充满爱而不可能伤害孩子。不过,虐待儿童的父母与不虐待儿童的父母之间存在一些差异。表现为:40%的虐待者有吸烟饮酒行为;30%的虐待者曾在儿童期受过虐待,表明虐待型教养方式会代际传递;虐待型的母亲通常是受虐者,在恋爱关系中受虐待;虐待型父母具有不安全的情感体验,将儿童的活跃或正常理解成不尊重或拒绝,这些父母依赖严厉的惩罚措施。不过,非虐待型父母也可能有上述特征,预测虐待者是一件困难的事。

2. 儿童特征

儿童受虐发生在各个年龄阶段,某些虐待类型与年龄有关。幼儿、学前儿童和青少年早期儿童最常见的是身体虐待和情感虐待。这些情况与儿童发展过程中的独立性和双亲冲突增加有关。性虐待多从3岁开始,之后比较稳定。

受虐儿童存在性别差异,女孩受到各种类型虐待的概率比男孩高25%,80%的性虐待受害者是女孩,女孩更可能受男性家庭成员的虐待,而男孩则更可能受到熟悉、信任的非家庭成员(如教师、教练)的虐待。

某些儿童更容易遭受成人虐待,如情感反应迟钝、活动过于反常、急躁易怒、冲动或多病的儿童。不过,容易抚养的儿童也会受到虐待。养育者特征和儿童特征都不能单独预测和解释虐待的发生;高危养育者和高危儿童匹配,容易发生危险,但也不一定就一致性地预测虐待,社会因素也起作用。

3. 环境因素

家庭特征:经济紧张或贫困、失业、经常搬家、婚姻不稳定、缺少配偶支持、需照顾的孩子太多、离婚。虐待更容易发生在贫穷和弱势群体中;此外,家庭结构与儿童虐待的可能性有关。单亲家庭更可能受到身体虐待,与父亲生活在一起的儿童受到身体虐待的概率是与母亲一起生活的2倍。身体和教育忽视在大家庭中更常见。

问题学校:学校存在教师对孩子施暴或虐待。

邻里关系:缺少社区服务;从朋友和亲戚处获得的非正式支持少。

文化:支持以强制性方法解决冲突且采用身体惩罚孩子,如中国传统文化中就有"棍棒下出孝子""不打不成器"观点。过去,中国父母的过激言行,打孩子,在"爱"的名义下会被社会和孩子接受和认同。

(三) 预后

儿童虐待与儿童期其他不幸和创伤一样,不会以一种可预测的或固定的方式影响每个儿童。虐待的影响受限于事件本身的严重程度和持续时间,事件与儿童个体和家庭特征的相互作用。缺乏正确的支持与辅导,重要的发展过程受到损害,导致各种情绪和行为问题。侵犯或忽视儿童身体和精神上的需要都会给孩子带来阴影。被躯体虐待的儿童容易发生其他问题,他们进一步受到严重伤害的危险性有10%—30%,有时伤害是致命性的。他们未来可能出现躯体障碍、发展延迟和学习困难;即使早期就给予干预,受虐儿童在儿童期和成年期的行为障碍和情绪障碍也很高(Lynch & Roberts,1982;Cohn & Daro,1987);他们成年期可能具有反社会人格(蒋奖,许燕,2008),在抚养自己的子女方面存在困难;那些能够和成年人建立良好关系,改善自尊及没脑损伤的被虐待儿童预后较好(Lynch & Roberts,1982;Rutter,1985)。

心理虐待和忽视可能比躯体虐待更广泛,也更具破坏性(Dworetzky,1996)。情绪虐待对儿童的影响包括身体发育障碍、心理发展障碍、情绪障碍和品行障碍。受虐儿童自尊受损,与他人的边界模糊或脆弱,可能影响未来亲密关系或人际关系的建立;还可能由于自我概念被贬低,习得无助,成为外控归因者,将生活的诸多问题归因于外在不可控因素,缩小自己抉择的范围,发展为抑郁或强迫性/上瘾行为。

如果儿童生活中至少有一个能提供支持和保护的重要人物并与他们保持积极关系,虐待的影响会部分减少。儿童性虐待事件中,母亲可以起到这种作用,不过她往往也是虐待者。此外,儿童的人格特征如高自尊、积极的自我感觉能在某种程度上抵御虐待对儿童的危害。那些能够和成年人建立良好关系,改善自尊及大脑没有受损的被虐待儿童预后较好(Lynch & Roberts,1982;Rutter,1985)。

儿童更关注父母为他们提供了什么,而不是没有提供什么,让他们意识到自己是正常的、被接纳的,这种倾向对他们更具有适应意义。这种观点对干预来说十分重要,有些时候,如果让儿童从家中搬走,会成为另一个应激源,导致负面影响。

二、婚姻暴力

据2008年10月7日人民日报报道,我国家庭暴力发生率为29.7%—

35.7%,其中90%以上的施暴者是男性。同时,40%的离婚案涉及家庭暴力。中国每年有28.7万人死于自杀,其中妇女15.7万人,比男性多四分之一,而农村妇女是城市妇女的三倍至五倍。家庭暴力是导致中国农村妇女自杀的最主要因素。研究表明,一旦开始暴力行为,暴力行为会持续不断出现,随着时间推移,暴力行为的频率、强度和严重性逐步升级。寻求婚姻治疗的夫妻中,暴力行为很普遍,但来访者通常可能不会主动提及,治疗师可能没发现这一问题。

(一)婚姻暴力的危险因素

对婚姻不满、生理和心理上的问题如抑郁、酗酒、创伤后神经紧张性障碍;儿童期被体罚,经历暴力性婚姻。

(二)后果

婚姻暴力可使双方或一方身体受到创伤,严重者导致死亡;可导致婚姻解体,15%—25%的美国他杀是夫妻间的谋杀。婚姻暴力除外身体上的暴力行为,还伴有心理和情感上的伤害,如对受害者贬低和羞辱,威胁性行为和损坏受害者的物品。女性通常认为,对她们心理上的伤害与身体上伤害一样甚至超过后者。配偶间存在暴力的家庭中,大约一半的家庭,父母一方或双方对孩子施暴。儿童喂养、教育以及双方对儿童照顾的责任不一致时,常导致家庭冲突和指向母亲的暴力。儿童可能卷入成人的争斗中,他们的不当行为或对注意的需求也导致婚姻冲突。这两种情况都可能启动家庭混乱和暴力的恶性循环。儿童对不良的行为和情绪反应给婚姻关系增加了额外负担,进一步恶化已不稳定的状态。

三、家庭暴力的测评工具

(一)儿童虐待和忽视评估

1. 访谈性评估

从事与儿童相关的工作人员发现儿童躯体受伤需要警惕儿童虐待的可能,包括:寻求帮助延迟、对损伤含糊其辞或前后矛盾的解释、与损伤性质和范围相矛盾的解释、对孩子缺乏关心、对提问的回答带防御性或可疑。

为确定虐待,可借助测验来评估儿童是否受虐,同时需要对父母的精神状态进行评估。这里介绍儿童受虐的测验评估。

2. 儿童期虐待问卷

儿童期虐待问卷（Childhood Trauma Questionnaire - 28 item Short Form，简称 CTQ - SF），由伯恩斯坦等人（Bernstein et al.，1994）编制，最初为 70 个条目，之后作者将其精简成 28 个条目（CTQ - SF），包括情感虐待、躯体虐待、性虐待、情感忽视和躯体忽视 5 个分量表和 3 个效度评价条目，几乎包含各种虐待形式。量表按虐待发生的频率从 1—5 评分，总分在 25—125 之间，得分越高受虐越严重。CTQ - SF 可在 5 分钟左右完成评估，能快速评价儿童期虐待，儿童和成人皆可使用。量表各虐待维度的内部一致性信度较高（克龙巴赫 α 为 0.79—0.94），重测信度 0.88，且具有良好的内容效度。

儿童期虐待问卷是目前评估儿童期是否受虐的最常用工具之一，应用于许多国家的不同人群。赵幸福等人（2005）将儿童期虐待问卷译为中文版并进行了信度和效度检验，显示儿童期虐待问卷中文版总量表信度克龙巴赫 α 系数为 0.77，重测信度为 0.75，并有较好的构想效度，除躯体忽视外其他分量表均符合心理测量学标准。儿童期虐待问卷中文版可以有效评估中国人群的儿童期虐待问题。

3. 儿童虐待倾向评估

儿童虐待倾向评估（Child Abuse Potential Inventory），由米尔纳（Milner，1994，1996）编制，评估与儿童虐待有关的家庭模式。

4. 儿童生活水平量表

儿童生活水平量表（Childhood Level of Living Scale），由波兰斯基等人（Polansky, Chalmers, Butternwieser, & Williams, 1981）编制，测量家庭中积极与消极影响的强度，用来评估忽视特别有效。

（二）婚姻暴力评估

国外有几十种家庭暴力评估工具，引进中国修订和使用的为数很少。冲突策略量表因较好的信效度和多维度设计常被当作家庭暴力评估工具的校标，诊断准确性最高的为伤害、侮辱、威胁、吼叫量表，依次是进行中的暴力评估量表、女性虐待筛查工具、虐待评估筛查表（张迎黎，张亚林，何影，柳娜，2010）。

1. 冲突策略量表

冲突策略量表（Conflict Tactics Scale，简称 CTS），由斯特劳斯（Straus，

1979)基于冲突理论编制而成,评估发生冲突的夫妻可能出现的行为,包括从非暴力行为(如平静地探讨问题)到暴力问题(如动用刀),主要评估躯体暴力。

斯特劳斯等人(Straus et al., 1996)添加了性强迫和心理攻击两方面条目,将CTS进行修订成CTS2。CTS2从协商、心理攻击、躯体暴力、性强迫和伤害5个方面评估家庭暴力。包括78个条目,一半评被试行为,一半评伴侣行为,评估过去12个月的受虐和暴力情况。采用0—7的八级计分,任何一项为阳性即为家庭暴力受虐或施暴。完成评估大约要10—15分钟。

斯特劳斯从冲突策略量表中抽取20个条目组成冲突策略量表简版(CTS2),可在3分钟内快速成评估。简版CTS2与完整版的各分量表相关系数为0.65—0.89,简版可在短时间内检出大部分的暴力行为。冲突策略量表简版能准确反映被评者的受虐和暴力行为,是目前使用最广泛的评估婚姻暴力问题的工具,常用于研究,或成为其他量表的校标,被视为家庭暴力评估的金标准,也是迄今为止唯一可同时用于男性和女性的量表。库珀等人(Cooper et al., 2010)将CTS2成功用于评定对老年人的虐待。

潘腾等人(2014)报告了冲突策略量表中文简版在1 003例广州流动育龄妇女中的运用,结果表明冲突策略量表中文简版具有良好的信度和效度,可以稳定测量我国流动育龄妇女亲密伴侣暴力的发生率,不过部分题目与原量表所属分量表有差异。

2. 混合虐待量表

赫加蒂等人(Hegarty, 1999)以女权主义理论为基础编制了混合虐待量表(Composite Abuse Scale,简称CAS),认为女性受到的虐待大部分是中度—重度的混合虐待。与单纯的情感虐待不同,它是男性对女性实施强迫或控制手段的一部分。混合虐待量表由严重混合虐待、情绪虐待、躯体虐待和困扰四个分量表组成,共30个条目。评估过去12个月女性的受虐,任何一项评估阳性即为受虐。赫加蒂等人在1836名临床患者中检验了混合虐待量表,显示四个分量表之间有很好的内部一致性信度($\alpha > 0.85$),混合虐待量表的4个维度与冲突策略量表相应的分量表比较相关系数为0.61—0.91。诊断女性受虐的敏感性和特异性分别为76%和87%,阳性预测值74%,阴性预测值89%。混合虐待量表条目繁多不适合做临床筛查工具,因信度和效度好，常用于研究。

3. 女性虐待筛查工具

女性虐待筛查工具(Woman Abuse Screening Tool，简称 WAST)，由布朗等人(Brown et al.，1996)编制，用于筛查女性情感和/或躯体虐待经历，共8个条目，任何一项回答阳性即为受虐者。量表的信度系数为0.95，结构效度和区分效度好。临床筛查受虐的特异性为96%，阳性预测值为66%—91%，阴性预测值54%—100%。福格蒂和布朗(Fogarty & Brown，2002)在西班牙语人群中研究显示，信度系数为0.75—0.91，筛查的灵敏性为89%，特异性94%，能很好地区分受虐者和非受虐者。量表的前两个问题还可组成简版女性虐待筛查工具，能正确筛查100%的非受虐女性和92%的受虐女性。女性虐待筛查工具可作为筛查工具，也可作为研究或校标工具。

4. 伤害、侮辱、威胁、吼叫量表

伤害、侮辱、威胁、吼叫量表(Hurt，Insult，Threaten and Scream，简称HITS)，由谢林等人(Sherin et al.，1998)编制，英文简称由 Hurt、Insult、Threaten 和 Scream 首字母相拼得来，代表伤害、侮辱、威胁及吼叫4种家庭暴力形式。每种形式一个问题，形成了2个言语暴力问题，2个躯体暴力问题的问卷。5分制计分，英文版大于10分为阳性。与冲突策略量表、女性虐待筛查工具的相关系数在0.75—0.86。用此量表可以识别出91%的非受虐者和96%的受虐者，临床筛查受虐行为特异性达99%。伤害、侮辱、威胁、吼叫量表条目易记，计分简单，最适合繁忙的急诊时筛查。

伤害、侮辱、威胁、吼叫量表最初评估女性受虐情况，后来沙基勒等人(Shakil et al.，2005)用伤害、侮辱、威胁、吼叫量表评估男性受害者，敏感性和特异性分别为88%和97%。对非受害者的预测值为97%，受害者的预测值为88%。米尔斯等人(Mills et al.，2006)发现，男性受害者敏感性为30%，特异性为83%。还有研究提示，伤害、侮辱、威胁、吼叫量表不能精确筛查男性受害者。

5. 虐待评估筛查表

虐待评估筛查表(Abuse Assessment Screen，简称 AAS)，由麦克法兰等人(McFarlane et al.，1992)编制，共8个条目，是非题，任何一项回答"是"为阳性。虐待评估筛查表评估终身、近12个月和孕期三个时间段内女性受到的精神和躯体虐待。虐待评估筛查表还评估性强迫问题和对施暴者的恐惧心理。虐待评估筛查表重测信度为 0.91,对轻度暴力和重度暴力的灵敏性分别为 32% 和 61%—94%,特异性 97%—99%(Rabin et al.,2009)。虐待评估筛查表是目前唯一的孕期受虐女性筛查量表。

蒂瓦里等人(Tiwari et al.,2007)对中国香港 257 名女性(100 个孕妇和 157 个非孕妇)进行虐待评估筛查表评估,发现中文版虐待评估筛查表对情绪虐待、躯体虐待和性虐待筛查的特异性为 ≥89%,敏感性为 63%—86%,阳性预测值 ≥80%,阴性预测值 66%—93%,中文版虐待评估筛查表是识别女性(特别是孕妇)受虐的有效工具。

6. 进行中的暴力评估量表

进行中的暴力评估量表(Ongoing Violence Assessment Tool,简称 OVAT),由韦斯(Weiss,2003)编制,用于评估正在进行中的家庭暴力。量表共有 4 个问题,3 个与躯体暴力相关,1 个与非躯体暴力相关,条目为是非题,任何一项回答"是"为阳性。内部一致性信度为 0.88,家庭暴力行为筛查的敏感性为 93%,特异性 86%,阳性预测值为 75%,阴性预测值 97%。厄恩斯特等人(Ernst et al.,2004)用进行中的暴力评估量表在急诊科连续评估了 2 周的就诊患者,发现诊断受虐的敏感性为 86%,特异性 83%,阳性预测值 76%,阴性预测值 96%,显示进行中的暴力评估量表可以准确识别出正在进行中的家庭暴力。

本 章 小 结

家庭是个体获得成熟和支持的重要源泉,也可能成为巨大痛苦的发源地,如儿童虐待和忽视问题。功能良好家庭成功平衡家庭系统的需要,在成员面对压力时表现出"弹性",帮助家庭成员渡过难关。如果家庭呈现出不良的互动模式,家庭成员可能出现问题。尽管亲子关系和心理障碍关系目前尚无定论,但研究一致认为,父母的养育方式与子女的健全人格、良好的社会适应能力、应对压力和困难之间存在相关。

与家庭的功能相似,婚姻关系是最重要的支持力量,也可能成为最大的压力源,婚姻与某些心理问题有关,甚至导致家庭暴力,使受害者身心遭到伤害。本章介绍了家庭功能、父母教养方式、婚姻质量、儿童虐待和婚姻暴力等与家庭问题相关的评估量表。

推荐阅读

Bradshaw, John(2010).家庭会伤人[M].郑玉英,赵家玉,译.成都:四川大学出版社.

Neil S. Jacobson & Alan S. Gurman (2001).夫妻心理治疗与辅导指南[M].贾树华,等,译.北京:中国轻工业出版社.

Prout, H. Thompson & Brown, Douglas T. (2002).儿童青少年心理咨询与治疗[M].林丹华,等,译.北京:中国轻工业出版社.

Rutter, M. & Taylor, E. (2002). *Child and adolescent psychiatry*. 4th edition. Blakwell, Oxford.

Shaffer, David R. (2007).发展心理学[M].邹泓,等,译.北京:中国轻工业出版社.

蒋奖,许燕(2008).儿童期虐待、父母教养方式与反社会人格的关系[J].中国临床心理学杂志,16(6).

第十二章　评估和诊断结果的整合与交流

本章导引

1. 构建测验环境，评估专家需要操纵哪些变量？操纵这些变量的原理是什么？
2. 评估报告由哪些部分组成？每一部分的主要内容是什么？
3. 如何实施评估结果的反馈咨询？

前面我们介绍了心理评估的原理、方法和各种评估工具，以及心理诊断系统、主要临床类型的诊断标准。本章要讨论如何构建结构化的评估程序，如何把针对来访者不同方面问题的测评结果整合形成完整的判断，如何与推荐评估的咨询师甚至来访者本人交流评估结果，把评估结果直接用于对来访者的咨询。

在本章涉及的评估过程中，评估专家的身份在几个不同角色间转换。首先，他是一个咨询师，他要界定问题的实质，以可以回答的方式重新组织问题。其次，他是一个测量专家，他要决定测评程序，形成测评的环境样本。随后他成为一个实施测验的技术人员，他要遵守测验操作规程，按指导手册的要求主持测验，对来访者的反应进行计分，然后他回到测验专家的角色，尝试对测验结果给予解释，整合测验获得的信息，调和彼此矛盾、不一致的发现。顺利完成这一系列的工作，取决于测验程序的品质是否真正针对来访者问题的本质。最后，他回到咨询师角色，与推荐来访者接受测验的临床咨询师交流评估的发现，或为来访者实施评估反馈咨询。

虽然在我国当前的临床心理实践中，独立评估并没有受到应有的重视，临床咨询师与评估专家也没有严格的区分，但我们倾向于根据两者在临床实践中的作用不同，对两者加以区分。如果来访者的问题比较复杂，临床咨询师难以通过简单的提问给来访者贴上"××障碍"标签，推荐来访者到评估专家处接受系统的测评，形成对来访者问题较全面的认识，是临床心理实践发展较成熟的国家的普遍做法。需要指出的是，我们讨论评估的过程和评估发现，并不是说我们否认临床咨询师的直觉和判断，也不是说评估可以回答临床咨询师的所有问题。整合测评的优势在于，测评的视界可以非常开阔，评估专家可能跨越来访者的各种问题，灵活采用各种测评工具，对来访者的问题形成超越单一临床理论学派立场的判断。

第一节 测评环境的构建

临床心理学家习惯上使用两类术语描述一个人的内部特点：一类术语常用于描述个体在不同情境中保持一致和稳定的特点，称为特质性特点。另一类术语常用来描述个体在不同情境中暂时表现的、因情境而不同的特点，称为状态性特点。区分特质性特点和状态性特点是有用而重要的。特质是个体稳定的品质和反应倾向，它们可以发挥作用到所有的情境中，应对各种不同环境的要求。状态则是情境诱导的反应。虽然个体的状态反应可能受特质影响，但状态更不稳定，会因环境的不同而不同。

人类大多数人格品质都同时具有特质和状态性质。诸如"人格""智力"这一类术语主要用于描述偏向特质的品质，而"急切""悲伤""抗拒"常描述的是偏向状态的反应。因此，当临床心理学家讨论基线和目前功能的差异，他们涉及的通常是状态反应。如果他们讨论来访者反应水平与标准化常模的差异，那他们考虑的通常就是特质。行为科学家的任务之一是，判断来访者的哪些品质是特质性的，哪些品质是状态性的。他们的另一个任务是，如何操作性地界定特质性品质和状态性品质，使这些品质转变成可观察、可重复的指标。只有这样，这些品质才可用于回答与诊断、病因、预后、治疗、功能受损相关的问题，而这些问题本身就是心理评估的组成部分。

心理评估使用测验作为工具，系统地测量来访者对问题的反应，而组成测验的一个个结构化的问题,是对来访者所处环境中典型情境的模拟。如果评估专家设计的环境与来访者实际生活的环境非常相似,那么我们可以合乎逻辑地认为,来访者对测验问题的反应也同样类似于他们在现实情境中的行为表现。但是,事实上没有哪个人为构造的环境或测验程序,能够哪怕逻辑上等同于来访者所处的多变的现实生活环境。因此,我们必须选择多种测验程序代表我们希望把测验结果直接运用于其中的各个不同的具体情境。

同样,没有一种反应是单一模式的。如同环境的多元复杂性,反应或行为也是由很多元素组合构成的。因此,心理评估对行为的整合解释必须阐述,在通过测验程序构建的模拟环境中观察到的来访者行为的多样性,以及组成测验反应的行为的各个不同侧面。

正如上文已经提到的,测验中的问题是对现实生活的模拟。但是,对于科学研究而言,模拟环境比现实生活环境更具优势,心理学能够通过标准化的材料和操作程序构建环境,并使之保持相对恒定。因此,如果来访者对测验的行为反应不仅与别人不同,而且还变化无常,评估专家可以合乎逻辑地推测这些差异和变化源于特定的内在特质和状态特性。

一、测验模拟环境的特征

为了有效评估来访者的问题,评估专家需要选择一组模拟环境呈现给来访者。每一个测验都有一段指导语,其作用是说明模拟环境的性质,限定来访者的反应,称为测验的要求特征。换句话说,一个测验的要求特征就是诱导来访者作出特定反应的规则。由于评估专家借助指导语系统操纵模拟环境,因此可以把测验的要求特征类似地看作实验心理学家对自变量的操纵。

模拟环境中的指导语旨在诱导产生一系列行为。有些指导语要求来访者思索,试图获得与思维过程相关的信息;有些则诱导产生情绪或人际行为。这些被诱发产生的行为的形态就是诱因环境的反应特征。反应特征说明要求特征激发的目标行为的范围,就是在每一个模拟环境中评估专家需要观察和解释的行为。评估专家观察和测量的来访者的行为和体验,相当于实验心理学家观察和记录的因变量。

为了把咨询室模拟环境中获得的信息推广到外部现实生活环境，评估专家提出两个前提假设。第一个假设是，测验环境中要求特征的复杂多变类同于来访者的日常生活环境。第二个假设是，评估专家观察到的反应特征是来访者在现实生活环境中行为表现的代表。换句话说，评估专家希望通过刺激和反应两方面的类比推论，实现对来访者问题的准确解释。

刺激的类比推论是预测测验环境中观察到的反应有多大可能或多高的频率同样也会在现实生活环境中出现的基础，反应的类比推论则是推测现实生活中可能出现行为的性质和形式的基础。刺激类比推论是模拟环境的要求特征与现实生活环境之间相似程度的函数，反应类比推论则是两种环境中行为反应的相似程度的函数。

临床评估的价值首先取决于评估专家识别现实环境与模拟环境之间相似性的能力，其次取决于评估专家是否能够构建有效的测验环境，诱导来访者产生可作类比推论的行为反应。因此，有必要仔细考虑评估专家为了构建可类比推论的测验环境可以操纵和改变的变量的维度，以及允许把测验反应类比推论到测验外环境的人类经验和行为的范围。我们首先讨论第一个问题，然后讨论第二个问题。

二、模拟环境变化的维度

为了从测验环境中获得的结果准确推测来访者现实生活环境中的行为，模拟环境和现实环境必须具有某些相同的性质。测验环境中，评估专家向来访者呈现的问题在三个两极的维度中变化，刺激特性与现实生活环境中的刺激对等。因此，每一个维度的要求特征都是独特的。

（一）结构化环境和非结构化环境

各种评估程序首先在结构化程度方面有所不同。结构化水平体现在测验的指导语（要求特征），是否限制来访者的反应，如要求来访者在若干选项中选择可能的反应，或就一种行为描述作出"正确"或"不正确"反应。明尼苏达多相人格调查表的"是""否"回答形式，韦氏智力量表的开放回答形式，是高度结构化测验的两个示例。

结构体现了人们希望刺激材料或作业任务有序、组织形式良好、容易解释的诉求。本德视觉运动格式塔测验要求来访者临摹刺激样图，"尽量画得和样图一样"，就是一个结构化的作业任务，与韦氏智力测验中的语词解释任务相同，评估专家明确告诉来访者需要他做什么、怎么做。这两项作业都要求来访者准确完成作业任务。高度结构化的测验另一个经常使用的要求特征是速度。结构化作业诱发的反应特征包括接近信息的效率、掌握知识的准确性、观察技能和选择反应倾向。韦氏智力测验的子测验都是高度结构化的，评估认知加工的技能和观察能力。明尼苏达多相人格调查表评估个体自我审视、归因和决策的特点。

非结构化的测验往往对来访者的反应没有非常明确的要求。在测验的环境中，评估专家通过不特别说明问题答案的性质，不提示可能的答案有几个，指导语缺乏针对性等方法，削弱诱导来访者如何回答问题的线索。对来访者反应的测量指标包括准确性、解决问题时心理活动组织的特点。面对意义不明的刺激，来访者很可能产生的另一个反应特点是投射。这里，投射（projection）是一个假设的过程，不是直接测量的指标。心理学家认为，任何意义含糊不清的事件都可能诱发投射，观察者用其内部的心理活动特点而不是现实解释外部世界。投射理论的观点是，当刺激缺乏结构，来访者以其个人的立场或其内部经验解释意义模糊的刺激。

罗夏墨迹测验是一个标准化非结构模拟环境的样例。测验采用视觉图形，指导语含糊其辞，要求来访者准确描述看到的形状，诱导来访者作出有组织的投射的反应。事实上，测验刺激是随意构造的墨迹斑点，并无指向特定事物的明确的形状，准确性这一要求特征的目的是迫使来访者按照要求表现其内部加工的信息组织特点。来访者赋予无意义视觉刺激的内容反映了来访者面对无序的外部环境时，会作出怎样的努力。从来访者反映的内容和性质，评估专家可以推测来访者是否具有墨守成规、有序、选择性倾向特质，力图使外部或内部世界井然有序。这一测验的刺激顺序指标反映了来访者解决问题时组织无关元素的能力，墨守成规指标指示个体顺从社会规范的程度，不能放弃异乎寻常的知觉形状标志着来访者对社会规范敏感。

面对模糊的环境刺激，个体激发其内部的心理活动作出对外部世界的解释，是投射理论的主要观点。即使采用一种更保守的立场，上述反应显然也可以看作是个体试图解决模糊问题时的一种努力。这样的话，即便有人质疑投射理论是否成立，速度、准确性、问题解决效率这些反应特征对于评估依然是有价值的。

（二）内部体验和外部体验

测验环境变化的第二个维度是要求来访者聚焦的体验的性质。评估专家可以要求来访者暴露内部体验，或者观察来访者的外部表现。这样，我们可以把各种测验按照它们侧重构建行为样本的主观方面还是客观方面标注它们的独特位置。可以直接观察的外显行为构成了客观体验，内部行为只能根据来访者的报告和外显行为推测，属于主观反应。直接观察来访者对指导语的反应是形成客观行为样本最常用的方法。行为报告或对环境的体验报告虽然在主观—客观维度连续体上比直接的行为观察更接近主观一端，也是客观体验取样常用的方法。直接的行为观察直接取样外显行为，行为报告或对环境的体验报告则通过提问对行为作出推测。

对主观行为进行评估必须依赖自陈报告或对可以揭示内部体验的行为的观察。例如，韦氏智力测验和罗夏墨迹测验都要求唤起来访者主观体验，进行行为取样，但它们的结构化程度并不相同。构建结构化程度不同的模拟环境，诱导与主观体验有关的反应，对于明确认知功能受损的程度和性质，完成诊断，是非常有用的。

大多数人格测验都在主观—客观维度连续体的若干位置进行行为取样，这不仅因为人格特质在各种不同的环境中起作用，而且因为主观体验常常是客观行为的原因。例如，明尼苏达多相人格调查表的某些问题要求来访者观察自己的外在行为，如"我经常饮酒过度"，"我不会和家人吵架"，另一些问题则要求来访者唤起自己的内部体验，如"我常常感到自己身体的某些部位像着了火、有刺痛感、像有东西在爬，或像是睡着了"，"我受性的问题困扰"。

主观反应与客观反应之间的关系并不总是像上文所说的那么清楚，因此，评估专家在回答临床心理学家提出的问题时必须保证两类反应的取样。

比较各种测验程序针对主观体验和客观体验取样的差异，有助于回答诊断和治疗问题。例如，对一个来访者报告主观体验和客观体验的敏感性、能力进行比较，可以了解来访者的应对方式偏向内部一端或外部一端的程度。假设来访者报告较高水平的焦虑主观体验，但是缺乏可观察的行为混乱反应或相应的报告，提示该来访者的问题集中在内部体验。假如另一个来访者报告酗酒、敌对行为、违规，但缺乏伴随的内部伤感情绪的迹象或相应的报告，可以推测该来访者的问题主要是外向型的冲突。如果来访者同时呈现外部行为混乱和内部情绪低落，可能说明来访者同时使用了两种应对策略。

研究结果显示，根据来访者偏向使用内部应对方式还是外部应对方式，可以预测他对不同治疗方法的反应。对于一个偏向内部应对方式的来访者，思辨、洞察导向的疗法可能效果较好；对于一个偏向外部应对方式的来访者，行为疗法、技能训练、认知疗法的效果可能更好。

（三）压力操纵

测验环境变化的第三个维度是评估专家设定的压力水平。在模拟的评估环境中，评估专家可以多种方式设置让来访者承受一定水平的心理压力，来访者应对压力的方式直接影响他回答测验问题或完成测验的作业任务的反应，评估专家因而必须根据测验压力的性质，调整对来访者反应的解释。

评估专家导入压力的方法之一是向来访者宣示测验指令，压力水平取决于指令对来访者行为规定的严格程度。对于大多数测验，评估专家常表现出高强度控制，发布作业指令，要求来访者作出反应。不过，各种测验程序对来访者反应的控制程度并不相同。有些测验程序如非结构化访谈、自由联想对来访者的反应没有严格限制，另一些测验则不同。实施高强度控制的并不一定都是高度结构化的测验，如罗夏测验，测验的结构化程度不高，但对来访者的反应指令很具体。还有一些测验，结构化程度很高，但严格的反应指令很少，如完成句子测验。

观察来访者对测验指令的反应，可以提示他在随后的咨询干预环节会遵从治疗要求还是抗拒治疗。对外部控制耐受性差的来访者，面对干预要求通常表现各种形态的挑衅、抵触，耐受性强的则可能表现顺从、试图取悦咨询师。评估专家可以系统改变测验指令的控制强度，观察来访者的反应，评估来访者倾向于采用对抗的方式还是顺从的方式应对环境的压力。

评估专家增强指令控制的方法有两种：一种方法强调反应的准确性；另一种方法强调反应的速度。例如，本德视觉运动格式塔测验通常要求来访者临摹图画尽可能画得和样图一样。要进一步增强测验环境的压力，评估专家可以在来访者完成作业的过程中，增加宣读指令的次数，重复强调："记住，要尽可能画得和样图一样。"强调速度也会带来压力，这种模式下，评估专家可以反复强调"尽量快些"，并手握计时器，做出看时间的动作。来访者对这两种压力导入方法的反应，可以有不同的解释。一种观点认为，来访者的反应显示了对冲动的认知控制能力。另一种观点认为，来访者的反应是其协调反应速度和准确性的认知能力的体现。

第二种导入压力的方法是，选择人际环境形态不同的测验程序。感受到不同的人际环境压力，会把来访者的行为导向特定的表现方式，从而反映其人际敏感程度、与他人相处的能力、服从和挑衅的阈限。具有书面指导语，可以让来访者自己一个人在房间里完成的测验程序，一般比一对一的测验带来更微弱的压力，如完成句子测验、人格问卷、团体智力测验。个别化智力测验以及大多数一对一实施的投射测验、面对面访谈都含有人际压力的成分。因此，来访者在这两种不同的测验环境中，很可能引发不同的反应。

导入压力的第三种方法是，呈现矛盾的信息或指令，要求来访者从中作出选择。通常，评估专家给予矛盾的指导语，要求来访者协调反应冲动和测验规定。来访者在这种环境中的反应可以认为反映了他的认知组织能力，有助于判断来访者是否能够有效利用认知资源克服挫折，不使负性情绪影响认知组织的质量和问题解决的结果。例如，实施本德视觉运动格式塔测验，评估专家提出准确性和速度两个要求，强调反应又快又准，加上评估专家在一旁观察反应形成的人际压力，可以观察到来访者在行为反应控制过度与控制缺乏两端之间协调的能力。

评估专家必须对上述三种压力导入方法的要求特征保持敏感，意识到它们都要求来访者具有一定程度的压力承受能力，可以对来访者面对环境压力时能否维持作业成绩在基线水平作出一般化解释。如果来访者的成绩比常态水平差，退行性的、反常的、不成熟的反应数量增多，出现冲动反应，或者情绪化反应次数增多都说明来访者面对强烈情绪体验不能维持正常的认知加工。

心理咨询中与环境压力相关的一个方面是，来访者遵照干预要求的能力。所有心理咨询都要求来访者能够一定程度牺牲个人的自由，愿意服从有益的外部权威。虽然评估和干预的特点并不完全相同，但来访者接受评估时是否愿意把控制权让给评估专家，还是可以说明他在干预时是否会为了未来的幸福服从咨询师的指导。

第二节　心理评估报告的结构

表 12-2 的心理评估报告大纲样例不同于运用单一测验工具的测验报告,它只说明运用了哪些测验工具,但并不逐一介绍每一种工具的含义,不包含单一测验报告通常含有的测验过程行为表现的描述部分,不侧重详细描述每一种测验的测验分数。这些不仅是整合测评与单一测验的区别,而且揭示了心理评估的两个基本要素:(1)评估是咨询的一部分,并不单纯是一种技术手段,它包含但不仅限于测验的过程和测验分数统计。也就是说,评估报告应该总结来访者的各方面特征,而不是重点描述测验反应。(2)一组测验或测验分数不能彼此割裂加以解释,也不能独立于测验的背景信息、常模、标准误差及其他测量参数。也就是说,评估专家必须避免着眼于一个个测验分数或个别的行为观察的冲动,因为这么做的话容易使阅读报告的人产生错觉,似乎这些数据比其他途径获得的数据更重要,或者这些数据可以独立于其他数据单独解释。

一、背景信息

心理评估报告分七个部分,前面四个部分是背景信息(评估报告一至五部分),用于帮助理解报告。

第一部分包含来访者身份,实施评估的时间。这部分信息用于资料保存和来访者追踪。

第二部分说明有待评估的问题。问题原本是推荐评估的咨询师提出的,评估专家必须进一步了解和明确问题,以心理评估可回答的问题形式加以表述。

第三部分说明评估程序,包含使用的测验清单,面谈程序,测验实施时间、地点,通常还包括过程纪要,其他有关的人提供的信息,甚至对回答问题有用的非标准化程序。咨询过程中,咨询师可能征求其他专家对来访者个案提出参考意见,评估报告这一部分信息是专家形成判断必不可少的依据,帮助专家决策是否可能根据来访者以前和当前的症状表现作出推论。

第四部分简要叙述咨询师提出的问题的背景。这一部分把来访者和评估本身置于症状发展的历程中,要说明三个问题:来访者为什么要接受评估?为什么要对来访者实施这些测验程序?为什么现在实施评估?

虽然第四部分的信息是描述性的而不是解释性的,但这部分结尾处仍可以加一段解释性陈述,说明报告的可信度。可以是如下形式:

> 来访者在整个测验过程中的反应提示,他对于测验是认真的,他仔细地回忆自己的感受,坦率地回答问题。因此,可以认为测验的结果是可信的,能够说明来访者的功能。

或者:

> 来访者在测验过程中表现出不同的动机水平,时不时出现不合作,时常不能按要求准确完成任务、内省及坦率回答问题。因此,宜对这一评估结果持适度谨慎的态度。

上述解释性陈述不单纯来自测验行为观察,而是对来访者的合作程度、诚实程度、专心程度、反应一致程度、可提供所需信息的程度的综合解释。

表 12-1 心理评估报告大纲样例

一、个人信息
1. 姓名
2. 性别
3. 年龄
4. 民族
5. 评估日期
6. 推荐评估咨询师

二、推荐评估的问题

三、评估程序

四、背景信息
1. 与澄清推荐评估的问题相关的信息
2. 评估报告可能具有的信度和效度

五、获得的印象和发现
1. 认知水平
(1) 当前的智能和认知功能,如智力、思维、记忆、知觉。
(2) 与得病前相比功能受损的程度。

（续表）

(3) 功能受损的可能原因。

（这一部分内容应该使推荐评估的咨询师了解：来访者是否罹患思维障碍、心理发展迟缓、器质性病变？）

2. 情绪和情感状态

(1) 与得病前水平的比较。

(2) 混乱程度：轻度、中度抑或严重。

(3) 混乱本质上是慢性的还是急性的？

(4) 症状的稳定性。来访者在多大程度上能够运用自身的认知资源调节和控制情绪。

（这一部分内容应该使推荐评估的咨询师了解：来访者是否罹患情感障碍，他的情绪状态基调是什么，他的情绪控制能力多强？）

3. 人际互动状况

(1) 主要的内部/人际冲突及其显著特征。

(2) 人际应对策略，包括主要的防御机制。

(3) 人格结构。

六、诊断判断

1. 获得的一系列认知、情感功能印象。

2. 最可能的诊断

七、建议

1. 风险评估，是否需要住院治疗，是否需要药物治疗？

2. 可能需要的干预周期、频率，可以使用的干预方法。

表 12 - 2　心理评估报告样例

心理评估报告

一、个人信息

1. 姓名　　　　　××

2. 性别　　　　　女

3. 年龄　　　　　49

4. 民族　　　　　汉

5. 评估日期　　　2010 - 5 - 6

6. 推荐评估咨询师　×××

二、推荐评估的问题

三、评估程序

MMPI - 2

完成句子测验

画人测验(Draw-a-Person)

本德视觉运动格式塔测验

本德视觉运动格式塔测验，压力模式

罗夏墨迹测验

韦氏成人智力测验(Wechsler Adult Intelligence Scale-Revised)

韦氏记忆量表(Wechsler Memory Scale)

本顿视觉保持测验(Benton Visual Retention Test)

敲击测验(Tapping Test)

临床访谈

(续表)

四、背景信息

来访者外表消瘦,显得憔悴、疲惫,看上去比实际年龄老态。主诉身体不适,浑身无力、感觉疲劳。这种状况已持续11年,虽经多处求治,没有改善。2009年9月以来,虚弱和疲劳症状加重,但临床医学检查未能发现明显的器质性病变。

来访者出身于教师家庭,有兄弟姐妹5人,本人是女孩中老大。来访者报告,小时候父母家教很严,但童年很幸福。她自己有一个孩子,夫妻关系和谐,但发病以后,对性生活的愿望明显减退。

来访者的丈夫是海员,经常长时间出海。丈夫不在的时候,来访者的妈妈会介入女儿的生活,显示对女儿生活的命令和控制,但来访者表示母亲这么做是出于对自己的关心,并不构成问题。

整个测验过程中,来访者能很好地合作、耐心、专注地回答问题,言语表达清晰、前后一致。因此,可以认为,评估结果反映了来访者目前的状态,是可靠的。

五、获得的印象和发现

来访者的认知水平较高,智力测验言语分量表结果:IQ=128,操作分量表结果:IQ=109,总量表结果:IQ=121。言语能力发展较好,如果集中注意,言语能力良好。相对言语能力,知觉组织能力轻度到中度受损,但仍如期望的那样处于平均水平。记忆正常。知觉运动能力轻度受损。没有发现异常的思维。

测验结果显示,来访者患有轻度非特异性中枢神经系统病变,与多方面功能受损的结果一致。值得注意的是,与右半球或顶枕部脑区有关的作业成绩比与左半球有关的成绩差,其本质和原因不清楚,需要进一步的神经功能检查。需要引起注意的是,由于来访者智力水平较高,日常社会交往时心理功能受损很可能被掩盖。体现在,尽管其知觉组织能力有缺陷,但在完成需要智能和知觉功能的作业任务时,仍能达到其同龄人的平均水平。

人格方面,有几个特别现象需要引起重视。首先,来访者表现有轻度到中度抑郁、焦虑。她担心未来的幸福,有一种无望的感觉。这种状况一部分与目前的求医有关,更多地与长期以来病态的对一些不好的事的预期或一直有一种大祸临头的预感有关。她有很多模糊的、不确定的担心、害怕,似乎一部分源于对自己情绪失控的强烈的害怕,另一部分源于对安全、秩序、依赖的夸大的需要。长期以来的心境导致了目前的抑郁情绪和轻度肌无力,而身体状况反过来又进一步加重了情感混乱,达到了中等严重程度。

其次,来访者的人格表现受情绪波动影响。她不能充分理性地评价外部环境,把自己的情绪状态和外部环境分离开。以人格化和过度反应的方式应对环境中哪怕微不足道的事,给自己对环境的感知觉染上浓烈的情绪色彩。她试图使自己远离令自己恐惧的事,逃避内心的不安,但她没有成功。她的人格特征带有明显的防御倾向,显示避免表露负性情绪,避免直接面对他人的敌意,竭力保持对自己情绪冲动的控制。但是,由于这些防御效果不稳定,导致她的情绪体验和情绪表达起伏多变。她可能先显得举止夸张,专注于某一事物,随即表现退缩,过度控制。

最后,来访者惶惶不可终日的感觉和强烈的负性情绪使她过度寻求安全感和依赖,并陷于恶性循环。她呈现病态的对死亡的恐惧,恐惧失去爱的对象,特别是她的丈夫、孩子、母亲。她渴望被关注,渴望获得安全感,但是她没有能力满足自己这些过于强烈的愿望,损害了她原本不良的自尊和自我价值感。

上述心理症状很可能加重伴随的躯体症状,通过躯体症状获得来自他人的安全感,并满足其他心理需要。更有甚者,来访者的躯体症状还可能诱发或加剧她对周围亲密关系的情感冲突,病态地预期或担心失去丈夫和孩子的爱。

总之,来访者的心理倾向兼具主动被动两方面特性,是其躯体症状的原因。她的主要心理需求是保持与他人的密切关系,从他人处获得安全感。她试图通过主动的方式缓解焦虑,包括躯体化症状和情绪宣泄。当这一努力未获成功,她转而表现抑郁和表达身体不适。情绪不稳定和抑

（续表）

郁可能就是上述应对方式的结果。她的应对方式总体而言本质是外向的，主要是形成对他人的依恋，从他人处获得心理需要满足。来访者的问题比较复杂，长期埋藏于抑郁的人格倾向中。但是，目前她的主观症状比较严重，可能会接受专业帮助，努力改变自己的状况。

六、诊断判断

难以判断目前的症状表现中，中枢神经系统功能紊乱和心理冲突分别起了什么作用。评估结果显示，可能存在轻度到中度中枢神经系统功能损伤，表现为慢性疲劳综合征，并伴有心境障碍。虽然生理的器质性问题是症状形成的原因之一，但这些因素并不足以说明长期存在的躯体症状表现，明显含有戏剧性、抑郁特征的人格模式可能也是症状加剧的重要原因。

可能的诊断：
轴Ⅰ
抑郁
心境恶劣
轴Ⅱ
需要进一步排除表演型人格障碍
轴Ⅲ
需要进一步排除未知原因的中枢神经系统功能紊乱，慢性疲劳综合征。
轴Ⅳ
目前的压力源不充分。丈夫出差似乎仅仅是一个轻度到中度的压力源。
轴Ⅴ
整体功能评分：55。

七、建议

来访者可能具有充分的智能通过干预获得帮助。目前，来访者受轻度到中度忧伤情绪困扰，并且伴随有躯体症状，提示她具有寻求心理干预的动力。基于来访者的心理需求，制订治疗方案可以包含以下几方面考虑。

1. 现阶段来访者不表现高水平抑郁或自我伤害危险，不必采取住院治疗，建议门诊和药物治疗。

2. 来访者的问题比较复杂，心理干预可以围绕几个主题开展：依赖、情绪波动、不能从他人处获得情绪支持和稳定的安全感。

3. 来访者目前呈现外向的应对方式，提示她既需要行为水平的干预，也需要认知水平的干预。针对非理性观念的办法，直接的保证，讨论，都有助于缓解即时症状，也有助于改善长期的人际互动模式。干预方案需要特别注意来访者和母亲及其他家庭成员的关系。可以把她的社会交往范围扩展到家庭以外，让她参加团体治疗和其他社会活动。

4. 目前阶段，来访者会比较合作，顺从对她的健康表示关心的人，会发现干预指导很有效。咨询师不必太过小心使用直截了当的指示，可以直接使用针对性的干预方法。虽然来访者可能一开始出现一些不适应，但很可能只是暂时的，她会习惯这些干预方法，并进入自我探索。

总之，来访者预后大约在良好的水平，抑郁症状至少得到中等程度缓解。她不太会给她自己或他人带来危害，并且可以从需要一定洞察力的干预方法中获益，但是仍然首先需要减轻她的躯体症状，并持续治疗一段时间。

评估专家：×××博士

二、印象和发现

（一）应用工作表

评估报告第五部分是应用工作表。表12-3是一个整合和归纳各种不同来源数据的工作表。评估专家首先在第一行依次输入每一种测评工具，如韦氏智力测验、画人测验、罗夏墨迹测验、临床访谈等，作为每一列输入信息的标题；然后根据最左侧每一格提示，在一种测验工具下面，尽可能详细填入收集到的数据和相关假设。

填入信息第一行的"反应和信度/效度"，要求填入来访者测验时的行为反应，以及评估专家假设测验结果的可靠程度。例如，评估程序从访谈开始，评估专家在工作表的第一列标题行填入"访谈"，以下第一格填入来访者的反应表现，然后是来访者访谈时各项功能的表现，依次分别是认知功能和思维、情感/心境/情绪控制、冲突的领域、人际应对策略、诊断、干预计划。每一种测评工具重复这一过程，使每一个测验程序获得的信息都得到仔细的审查、分析和解释。

每一种测评工具的评估结果登录完毕后，最后一列要登录的内容是"小结"，针对各种测评工具获得的来访者某一心理功能的资料，进行汇总，形成完整的假设。也就是说，这时候，评估专家依次整合每一行的信息，在超越单一工具的水平，比较分析不同来源的信息，思考是否还能形成新的假设。

完成这一过程，可以通过三个步骤。第一步，审查从不同评估工具获得的矛盾信息。例如，通过面谈和罗夏墨迹测验，评估专家怀疑来访者隐瞒了重要信息，并且实际症状比观察到的更严重，从而推测这两个评估程序的效度可疑。但是，进一步考察MMPI-2效度量表，发现结果在正常范围内，提示来访者在评估过程中做到了相当程度的开放和坦率。因此，评估专家最终判断评估结果可靠。

第二步，给每一种评估工具获得的测评结果排序，那些效度高、来访者反应可靠的信息排在前面。通常MMPI-2的评估结果排在面谈的前面，因为前者有成熟的效度量表，可以反映来访者测验时的开放度和坦率度。罗夏墨迹测验也包含一些检测来访者是否抱持防御态度的指标参数，但这些指标参数的敏感性可能不如结构化程度更好的测验。因此，可以把MMPI-2的效度评估结果置于面谈和罗夏墨迹测验之上，看成整个评估结果效度的指标。

上述例子，尽管不同的测验工具揭示来访者不同的测验态度，但这些工具本身对测验结果可靠性的评判力各不相同。有的工具经验性较强,有的工具缺乏充分的效度评估研究积累,有的工具借助逻辑推论获得测验效度结论。不难发现,评估专家根据不同工具的特点,比较分析测验结果,最终在几种不同的测验结果之间形成判断,还是比较容易的。然而,更多时候,冲突的测验结果在两种效度相当的测验之间或几种效度较低的测验之间出现,评估专家必须从繁杂的测验结果中形成若干概念性的判断。因此,整合评估结果的第三步是,根据不同测验的要求,形成横向列表假设。例如,上述例子中的来访者可能在结构性强、问题和作业任务明确的测验环境中能够做到开放和坦率,但在结构性较弱、行为期望不明确(非结构的要求特征)的测验环境中,变得更加防御。

通过上述方法,评估专家可以顺着工作表左侧各项内容,逐一整合各测验工具获得的信息,把整合的信息填入右侧"小结"栏。这样形成的评估报告具有内部连贯、协调的特点,紧密围绕推荐评估的问题,是针对一个特定的活生生的来访者的描写。

(二)报告组织

第五部分是心理评估报告的主体。虽然我们强调不要一味遵循标准报告的格式,把一个完整的来访者割裂成一片片碎片,但是评估专家们习惯使用的心理功能分类仍然是方便而有用的,它帮助我们区辨来访者不同功能间的关系和矛盾、冲突。心理评估报告大纲样例(表12-1)列出第五部分包含认知、情绪和人际三项基本心理功能。这与整合评估工作表(表12-3)不完全一样,后者为了便于对获得的信息进行编码和解释,增加了一项冲突领域,而大纲样例则把这一内容置于人际互动标题下。

每种测验工具和观察手段都仅有助于揭示和理解心理评估报告大纲、整合评估工作表中列出的功能领域的个别方面,推荐评估的咨询师提出的问题也是大多针对来访者心理功能的某个方面,但是为了在评估报告中完整地描绘来访者的问题,有必要全面阐述来访者在认知、情感、人际应对三个领域的功能运行状况。例如,关于认知功能状况的结论必须考虑若干与这一领域有关的经验,包括来访者的智力水平、问题解决能力、记忆力、思维过程、思维内容。如果推荐评估的问题是:"来访者的痴呆表现是否意味着神经系统损伤?"或"给来访者实施门诊治疗是否就可以了?"认知功能无疑应该是考虑的重点。但是，不考虑来访者的心境、情感的作用，忽视来访者的人际生活环境，将导致对来访者问题的片面理解，并可能形成不恰当的治疗方案。同样，如果评估专家对来访者的抑郁程度评估只关注其情绪功能领域，忽视其人际环境和是否出现相关的自杀观念（认知功能领域），也会导致相同的结果。

心理评估报告第五部分涉及的来访者的三个经验领域都要求明确地回答下面六个问题：(1) 哪些功能受损？(2) 与常模标准相比，功能受损的表现形式？(3) 与来访者完成作业的基线水平或得病前水平相比，功能受损的程度如何？(4) 受损功能间的关系的本质是什么？(5) 受损的可能原因是什么？(6) 每种功能受损的过程可能是怎样的，它们是否可能恢复到基线水平？

1. 认知功能

在认知功能部分，要讨论一些虽有不同但彼此关联的方面，包括智力水平、形成概念的能力、组织概念和经验的能力、解决抽象问题的能力、知觉经验的内容、信息整合能力、记忆力。从回答上述六个问题的角度，评估专家可以首先考虑认知功能的这些方面哪些比较强，哪些比较弱。设想评估发现，来访者智力水平一般，但认知组织能力良好，记忆力较差，没有证据显示情绪功能受损。因此，心理评估报告应该指出这两个特别的认知功能领域，以及它们与常模水平比较的结果：

> 来访者的智力水平在正常范围内，但是智力操作成绩显示认知效能位于较低水平。他的记忆力中等程度低于其年龄和性别所处的水平，但认知组织能力明显高于平均水平，在良好的范围。

然后，根据作业成绩与基线水平的差异状况，讨论损伤的程度：

> 来访者记忆力差是影响其作业成绩的主要方面，且明显低于其一贯功能水平。认知组织能力似乎反映了他得病前的作业水平。

下面可以强调这些认知功能领域的关系：

来访者记忆功能的缺陷可能损害他在人际交往情境中的经验组织，导致他在社会情境中显示比实际程度更低的功能性适应不良。

然后是对损伤原因的分析：

认知功能受损的不均衡模式和不同作业成绩的相对差异提示，记忆缺陷不能简单归咎于环境因素或某种整体性的功能退化，可能是某种快速发展的中枢神经系统占位性病变的征兆。

最后，提出对疾病未来发展走向的预测：

如果缺乏积极的干预，来访者的心理功能可能持续下降。不实施治疗，自然康复的可能不大。

值得注意的是，整个评估报告的着眼点是对来访者心理功能的描述，而不是测验或测验分数。通篇评估报告每句句子的主语都是来访者或来访者的心理功能水平。就评估专家的角色而言，他要论述的对象是来访者，不是测验，他的观点来源于对所有所使用的测评工具获得结果的整合，并对获得的数据进行解释。大多数情况下，评估专家比推荐评估的咨询师对测评工具更熟悉，更擅长解释测验分数。因此，评估报告应该尽量避免在评估报告中直接向推荐评估咨询师呈现未经解释的观察结果或原始测验分数。

2. 情绪功能

情绪功能常包含心境和情感两个基本方面，以及第三方面认知和情绪功能的关系。第三方面需要涉及的是，来访者调用认知资源控制和调节情绪的状况，面对情绪压力保持理性的程度，或者易受情绪感染的程度。

心境（mood）指个体的主观情绪体验。评估报告的这一部分需要首先说明来访者心境在特质和状态两个层面的特点，以及它们的作用形态。例如：

抑郁和愤怒是来访者的心境的显著特点，给他在各种不同情境中的反应都抹上这两种色彩。或者说，烦躁不安和易怒似乎是来访者长期以来惯常的情绪基调，覆盖在某些时候环境直接引发的害怕、焦虑、愉快等情绪反应之上。

临床领域，通常把心境分成欣快（euphoria）、平淡（euthymia）、恶劣（dysphoria）三类，这一区分的指导思想是想把情绪体验作原始情绪（primary emotion）和后继情绪（secondary emotion）的划分。原始情绪指个体最早出现的、动物普遍具有的、单纯的情绪，如爱、快乐、惊奇、悲伤、愤怒、害怕，由环境诱发，与生物体的生存密切相关。后继情绪是在原始情绪基础上变化形成的。

例如，欣快常被看成与积极的原始情绪及其变式如爱、快乐、惊奇相关联。临床上，欣快特指异乎寻常强烈的兴奋或快乐感。相反，平淡指的是缺乏适度的情绪水平。心境恶劣指的是强烈的不适或不良情绪，如悲伤、愤怒、恐惧，临床上分别称为抑郁、敌对和焦虑。

与心境不同，情感（affect）指的是来访者对环境可观察的情绪反应。来访者的主观心境和外部反应都是评估专家需要观察的重要方面。评估专家可以对来访者的情感表达的适宜性进行社会比较评价，说明来访者在各种不同情境中的情感反应与正常的可预期的反应之间的距离。实现这一评价的程序包括，系统改变各种测验工具的结构化程度和要求特征，呈现并获取正常的基线反应模式，观察来访者情感反应的变化范围。评估专家需要说明，来访者在多大程度上能够承受环境压力，不至于情绪失控，导致问题解决能力下降或行为不稳定。

结合情绪功能部分的三个方面和需要回答的六个问题，构成了心理评估报告的主要内容首先简要说明心境和情感的特质特征，相对功能受损的程度。然后阐述心境和情感的关系，来访者面临各种压力时可维持的调控水平。例如：

> 来访者表现中等程度抑郁心境和轻度到中度主观焦虑，但不表现高水平愤怒或敌意。情感反应总体上与心境一致，尽管反应的范围大、

强度高,对不同情境的情感反应似乎都带有心境的色彩,也就是说,来访者的抑郁和焦虑本质上都是她对环境的反应。

环境中他人的要求、时间压力、环境的结构化程度降低,都会带来明显的悲伤情绪以及伴随而来的认知效能和行为稳定性的变化。处于这些压力诱导情境,来访者的思维加工会变得更加刚性,解决问题的努力明显地缺乏灵活性,情感波动加大,行为趋于不稳定。她会显得容易流泪,行为和心理活动缺乏组织,易冲动。这些情境中,认知加工技能也会受到相当影响,但尚未达到精神障碍的程度,她仍然能够保持对现实的知觉。不能做到的是,拉开情绪与客观解决问题的距离。总之,这些情绪功能的模式似乎是长期存在的,但是受到近期婚姻危机的影响,变得急剧恶化。

这一部分的结尾要明确地回答是否存在思维障碍或心境障碍,还要指出来访者能够利用自身的认知资源控制心境和情感的程度,或者相反,认知技能和品质受狂风暴雨式情绪体验影响的程度。

3. 人际功能

认知和情绪功能并非在真空中发挥作用,评估报告对来访者内部/人际冲突和人际应对模式的阐述主要围绕其行为、思维、情感是如何表达的,行为、思维、情感之间的相互关系,以及它们与环境/人际环境的关系。这些方面反复出现的模式就是所谓的个体"人格",也就是说,人格就是一个人之所以和别人不同的反应模式。评估报告必须判定促使来访者寻求帮助的问题的程度是孤立的、对情境的反应还是影响正常功能的反复出现的行为模式。

在心理治疗临床实践领域,有若干自成体系的理论流派,从不同的视角和独特的术语理解、分析并描述心理问题。通常评估专家由于接受的专业训练不同,会对某一种理论流派更熟悉、更擅长。但是在面对来访者问题性质判定时,大多数评估专家都同意,不能简单地凭借某一种理论的立场,形成先入之见,而应该通过系统操纵情境的要求特征,观察多样化的情境是否诱导了相似的、与问题关联的行为反应。如果来访者不能根据测验情境的要求改变反应模式,或者行为反应呈现与测验情境要求无关的非逻辑变化,都可以判断来访者的问题具有人格基础。

表 12-3 整合评估工作表

	程序						小结
反应和信度/效度							
认知功能和思维							
情感/心境/情绪控制							
冲突的领域							
人际应对策略							
诊断印象							
建议							

（三）理论模型的作用

虽然我们曾强调，心理评估过程的重点是对行为实施系统观察，并且了解行为如何随着环境要求的改变发生相应的变化。但是，并不是所有的行为和情境都可以进行系统观察。心理评估的理论前提同样假设，关于人的行为和人所处的环境，我们可以建立各种不同的维度对它们进行描述、分析、比较，甚至可以说，这种维度的数量是无限的。因此，各种理论体系应运而生，以不同的结构和不同的概念系统阐述个体差异。于是，我们要问的问题是，评估专家试图完整解释来访者的问题以及与推荐评估咨询师交流评估结果时，应该或最好奉持哪一家、哪一派的学说？

我们的观点是，保持整合理论的立场是最有利的。整合理论采用一套超越一家一派的内部一致的概念图式，避免了需要改变理论立场时不同理论流派概念的矛盾；可以有充分的空间说明来访者的冲突的应对行为模式这一类复杂的问题；可以满足各种不同理论立场咨询师的需要，与他们就来访者的问题开展有效的讨论（Beutler, 1995）。

评估报告中"冲突的领域"和"人际应对策略"部分，要求评估专家不局限于理论门派的立场，整合各方面信息，提出综合的看法。这里，我们介绍三种整合框架，分别代表三种不同的抽象水平，说明理论框架在信息整合中的作用。

1. 当代心理动力学框架

心理动力学框架（contemporary psychodynamic formulation）是我们要

介绍的三种框架中最抽象的一个,它与其他两种框架的区别在于对心理问题原因的看法不同,以及通常把行为看成是内部状态的符号。因此,从心理动力学的立场,心理问题源于不可见的内部过程,而不是环境的压力。这些内部动因只能通过测验材料诱发行为,再根据特定的方法推论获得。

这一理论框架的观点强调人际期望诱发内部冲动对心理冲突的影响。它指出,来访者感受到他人对自己的需要、期望,作出相应的行为反应,构成了临床症状。来访者周围的重要人际关系的要求、期望、反应的影响力可以作为来访者抱怨程度的指标,而来访者的抱怨恰恰就是其内部冲突的核心或焦点。他人的影响越大,说明来访者的问题是调节适应的问题,而不是情境性的或反应性的问题。

冲突的人际关系模型指出,在针对来访者内部冲突的访谈中,应重点了解来访者的重要人际关系的三方面特点:期望或冲动、希望从他人那里获得的行为反应、来访者的行为。期望或冲动包括,口头声称的内容、性满足的内容、可接纳的内容、要求受到关心的方面、对能力的要求、对他人的控制。希望从他人那里获得的行为反应包括,关注的领域、支持、他人的给予、尊敬、接纳、不敏感、不合作、抱怨、退缩、情感、理解、依赖。潜在的来访者的行为或来访者对以上两方面的内投包括,屈服、口头声称的内容、依赖、无助、低自尊、愤怒、快乐、焦虑、抑郁、嫉妒、混乱、挫折感(Barber, Crits-Christoph, & Luborsky, 1990)。评估专家需要判断,来访者及其重要人际关系在多大范围内上述三个方面具有共同性。例如:

> 测验结果显示,来访者主诉受到抑郁的困扰,这是一个与他的人际关系相关的长期存在的也是目前面临的主要问题,形成于来访者及其依赖的亲密关系之间。来访者对亲密关系具有强烈的被照顾、被保护愿望,同时,他又认为他的依赖对象具有比他更强烈的情感和受关注的需要,这两方面构成了他的冲突的主要内容。于是,他压抑自己的内心需要,努力给予别人他自己想要的照顾。如果别人否认需要他的照顾,或他的"好心"没有得到好报,别人没有因为他的关心而感觉良好,他就责怪自己。这种自责中隐藏有愤怒和怨恨,但来访者很少觉察到,相反更加加剧他的负疚感和不舒服。

来访者目前的抑郁症状与他的婚姻状况有关,呈进行性形态。由于他的妻子正在在职读书,努力获得学位,他认为妻子需要他的照顾和支持,压抑了大量渴望妻子的照顾的需要不说。他觉得妻子很需要他的关心、很不安、很脆弱,这让他感到很绝望。事实上,他是因为得不到妻子的照顾而感到无助。

对于不那么亲密的人际关系,来访者的冲突有不同的表现。就同事和朋友关系而言,来访者具有较强烈的被认可的需要。需要得不到满足,会诱发内心的冲突,感觉自己作出了莫大牺牲。这种时候,他可以感觉到自己的愤怒和怨恨,不像他在亲密关系中完全感觉不到自己的不良情绪。

由于所受训练不同,可能有的评估专家强调内部冲动,有的强调心理期望;有的评估专家重视内部态度,有的重视行为反应或他人对来访者反应的期待;有的评估专家强调发展阶段,有的强调固着。尽管有这些不同的侧重点,但评估报告需要说明的是:冲突的内容,冲突的强度,问题的原因,行为失常的条件。

2. 生物社会框架

生物社会框架(biosocial formulations)侧重从个体的生理基础和环境的相互作用角度阐述症状、心理问题、行为表现,从生理基础推测来访者的需要、驱力,但相对更注重对反复出现的行为模式的描述而不是对其背后机制的推测。因此,它不太强调支撑描述的理论观点之间完全统一一致。

两个相互关联的维度构成了个体的人格模式。第一个维度是个体感受到的强化,取决于生理基础和社会压力的共同作用,根据个体在依赖和独立两方面的相对权重不同,分成四类。第二个维度是对个体在寻求需要满足时主动性/被动性的描述。这样,对来访者的描述就包含,他有依赖他人的需要(依赖型),或他有独立的需要(独立型),或倾向于同等程度满足独立和依赖两方面需要(冲突型),或倾向于逃避依赖或独立(回避型)。

根据这四种类型描述来访者的人际关系驱动力,类似于心理动力学理论在更广泛的前提下讨论人际需要和冲动。个体的内部冲突主要就是人际的和社会的。例如,一个来访者被认为具有依恋他人的需要,那么他体验到的冲突可能源于他对自己需要的强度估计过高,或者他的家庭、社会环境不能满足他的依恋需要。我们可以对其他三种类型作同样的内部和外部分析。

从描述的角度看,第二个维度涉及个体被动或主动寻求他人强化的程度,反映了他的应对风格。这两个维度结合,形成了与DSM-Ⅳ对应的八种人格类型:被动—回避(分裂型人格),主动—回避(回避型人格),被动—依赖(依赖型人格),主动—依赖(表演型人格),被动—独立(自恋型人格),主动—独立(反社会人格),被动—冲突(强迫型人格),主动—冲突(被动攻击人格)。

根据这一框架,评估报告可以是:

> 来访者呈现主动—冲突的人格特点或人格组织模式,也就是,他具有同样强烈的接近他人和避开与人交往的需要,并挣扎于两种需要间。一方面,他的依赖他人的需要因为其追求独立的强烈愿望、不允许自己过度接近别人而得不到满足;另一方面,他的独立于他人的愿望因为其渴望获得别人关爱和对别人有所依靠同样得不到满足。
>
> 来访者目前的抑郁可能反映了其人格组织模式的问题。他对妻子的依赖,得到妻子肯定、照顾的需要,削弱了他表达树立自身权威的需要,损害了他获得自我效能感的努力。

可以发现,这一框架指导下的阐述,没有涉及与来访者当前问题有关的心理模式对来访者影响的范围,也没有涉及除了已表现的问题,心理模式还可能在其他方面造成的影响。它也不涉及对发展水平或发展阶段的讨论。尽管如此,这一框架非常适合描述个体的特质差异。

3. 经验/描述框架

经验/描述框架(empirical/descriptive formulation)是一种与测评方法联系最密切的理论框架,例如行为评估就是对外显行为的描述,很少涉及行为背后的动机。

近年来,由于统计分析技术和计算机技术的进步,人格心理学家对于究竟有多少种特质使人与人不同开始在一定程度上取得一致,一些独立的研究团队从大量人格研究的资料中不断发现存在五个基本人格维度的证据,称为"大五"(Big Five)。这五个人格维度并不是研究者根据某种先定的理论推论形成的,研究者事先也不知道运算的结果会最终产生多少个维度、分别是什么内容,而是完全遵从因素分析的结果,发现哪些因子聚为一类,再提出描述性的术语。虽然关于这些因素的确切数量和确切命名仍然存在分歧,但以下五种是使用最多的(Goldberg,1992)。

神经质(Neuroticism)维度说明情绪的稳定性和调节状况。高分端预示忧伤,情绪容易波动。那些在神经质维度上得分高的人比那些得分低的人更容易因为日常生活的压力感到心烦意乱。在神经质维度上得分低的人则多表现平静、自我调适良好,不易出现极端和不良情绪反应。

外向性(Extraversion)维度的一端是极度外向,另一端是极度内向。外向者非常爱好交际,会有很多朋友,通常还表现精力充沛、乐观、友好、自信。内向者这些表现不突出,但这并不等于说他们是自我中心和缺乏精力的。

开放性(Openness to Experience)维度指对经验持开放、探求态度的倾向,包括活跃的想象力、对新生事物的自发接受、发散性思维和智力方面的好奇心。高分端的特征是,不依从习俗,独立思维。低分端的特征是,传统、保守,喜欢熟悉的事物胜于喜欢猎奇。

宜人性(Agreeableness)维度高分端的特征是,乐于助人,可信赖,富有同情心。低分端的特征是,为人多疑而抱有敌意。高得分者注重合作而不强调竞争,而低得分者喜欢为了自己的利益和信念而争斗。

尽责性(Conscientiousness)维度指向自我控制、自律的能力。位于高分端的人做事有条理,有计划,并能持之以恒。位于低分端的人凡事马虎,容易见异思迁,不可靠。

根据"大五"模型,评估报告的相关内容可以是:

> 来访者属于中等程度外向,但情绪稳定水平和经验开放水平较低。这种人格组织模式可能在社交环境中表现较明显,来访者会显得很兴奋,比较活跃,但举止言谈缺乏条理。高水平的情绪不稳定可能表现为人际行为变化无常,待人是否和善、是否能与人合作、对他人的依赖、是

否信任别人对别人感到放心都存在不稳定和多变的特点。此外,情绪不稳定提示,来访者在任何情境中的行为反应可能都带有没来由和夸张的色彩。

来访者目前比较严重的抑郁问题可能反映了情绪不稳定的泛化,使他对环境中他人的表达不敏感,不能领会环境提出的要求,不能体会人际关系中人与人的差异。这些特点都与他的人格特质关联,因此,即便环境压力的水平下降,症状仍很难自行得到缓解。

这种对"大五"特质的描述,可以再用来访者的症状表现补充,可使评估报告提供的信息更充分,向推荐评估咨询师描绘来访者特质与状态、个人与环境的关系的完整图画。

三、诊断和建议

评估报告的这两个部分(评估报告Ⅵ-Ⅶ部分)可能是最受阅读者重视的部分。的确,大多数情况下,直接回答推荐评估咨询师问题的主要就是这两部分。尽管其他部分的阐述提供了关于来访者问题的大量细节,有助于理解问题的复杂性,诊断其实是对来访者的认知、情绪、内部/人际各方面功能的概括,而干预方案则是其他所有部分描述的最终目标指向。如果对来访者认知资源的了解、对其情绪反应或内部/人际功能的描述不能在干预方案中得到充分体现,诊断就毫无价值。因此,这两个部分是整个测评过程的关键,每一种测验工具的选择都要考虑它对诊断和干预方案制订的作用。具体需要注意以下几个方面。

第一,诊断应该置于传统和临床研究领域通用的术语框架范围内,我们在其他各章已经介绍的 DSM-Ⅳ、ICD-10、CCMD-3 是我国心理卫生领域专家应用较广泛的三个临床诊断系统,尽管每个系统各有特点,专家们对不同系统使用的概念、类型名称、诊断程序可能有不同的理解,但这些系统提供了通用的描述语言,熟悉和使用这些系统有助于研究领域内相互交流。

第二,虽然对来访者的诊断大多数时候由咨询师完成,如果要为来访者制订非药物干预计划,咨询师单方面的诊断可能还不够。心理活动大量临床诊断范围外的特点和维度往往比一个"××障碍"的诊断标签更接近制订干预方案、预测干预效果的需要。评估专家设计干预方案时，在正式的诊断变量外，还应该考虑以下"来访者变量"：环境压力和资源、情境反应特质、心理预期、痛苦的程度、问题的严重性、问题的复杂程度。

第三，在充分考虑上述变量相互影响的前提下，评估专家设计干预方案应该完成三个层面的决策：选择干预背景、建立有益的关系、应用特定的程序。干预背景包括干预环境、干预形式（心理矫治还是药物治疗）、干预程序、干预周期和干预实施频率。形成建设性的关系要考虑的是，在已决定的干预背景基础上，来访者对干预过程中与咨询师的关系有怎样的心理预期。评估专家要对来访者接受干预应有的心理准备、干预环境的设置提出建议，说明干预环境如何适应来访者的预期，或者改变来访者的不当预期。只有对这些方面形成完整的看法后，评估专家才能明确心理干预的性质，运用测评的结果确定五个变量（问题的复杂性、问题的严重性、痛苦转化的动机水平、应对方式、潜在的抗拒水平），决定具体的干预程式。

问题的复杂性指来访者困扰的程度，是一种普遍的模式，还是一种随着情境变化的反应。复杂的或普遍的模式需要针对冲突的干预，而非普遍的、反应性的或简单的问题只要针对症状的干预就可以了。

问题的严重性指来访者社会体验功能损伤的程度，评估涉及症状表现、环境资源、问题存在的时间。其中环境资源主要是来访者生活的社区支持系统完备的情况，用于决策能否要求对来访者的活动范围有一定程度限制，干预的强制性程度，干预的模式和形式。严重的问题常常需要药物治疗、多种干预模式结合、增强来访者的社会联系、给予特别的监管。

痛苦转化的动机水平与问题的严重性紧密相关，指的是，来访者的痛苦的主观体验，能在多大程度上促使他接受治疗。缓解主观感觉的不舒服和紧张的人际关系，这两个方面可以作为吸引来访者的干预的目标，也可以作为评估干预是否取得进步的指标。

应对方式在外向性行为中表现为乐衷于社交、开朗、活动性强、凡事喜欢付诸行动，这类来访者可能易于服从干预的要求，适合行为疗法等着眼于行为改变的方法。自责、活动水平低、被动等内向性的应对方式似乎相对更适合需要理解、顿悟的疗法，行为疗法的效果不佳。

潜在的抗拒水平指来访者特质性的或者状态性的与干预要求对着干、不合作的倾向。对于这类来访者，宜推荐采用非指导性的干预程序。相反，能够认同干预要求和合作的来访者，会接受由咨询师控制的干预模式。

第三节　评估结果反馈咨询

一、评估干预的原理

大多数情况下，评估专家把评估报告递交给推荐评估的咨询师，可视为评估工作完成。但完整的评估程序不排除由评估专家自己向来访者反馈评估结果，并把这一环节作为咨询的组成部分。这么做的合理之处在于，测验工具都要求来访者完成某项作业任务或梳理某种内部体验，来访者在实施测验的过程中会产生对测验结果的好奇，希望了解自己的作业成绩和评估专家从中可以发现什么，自己的痛苦是否得到别人的发现和理解。因此，与来访者交流评估发现，有助于建立与来访者的良好关系。此外，测验结果反馈能更好地帮助来访者理解其生活中的问题，从而更好地应对和解决问题，激发其内在的康复动力。如果来访者在可获得情感支持的氛围中得到测验结果反馈，还可使他们感到减轻焦虑，增强信心，即便测验结果反馈可能导致痛苦的情绪反应，也令他们放松而减少防御。

二、评估干预的过程

完整的评估干预过程包括初次面谈、施测、计分、评估报告和反馈干预。

（一）初次面谈

测验评估如能与来访者的目标吻合，评估专家把来访者当作合作者，来访者更可能在测验过程中提供准确而有效的信息。

1. 测验前面谈的目标

（1）与来访者建立良好关系。

（2）为测评构建一个相互合作的任务框架。

（3）确定来访者希望从测验结果中得到回答的个人性的问题。

（4）收集背景信息。

（5）了解来访者以往的测评经验，如果来访者以前曾接受心理评估，并由于评估而经历创伤体验，应对来访者受到的任何伤害表示同情、理解。

（6）允许来访者向评估专家提问关于评估专家的问题。

（7）回答来访者就测评本身提出的问题、疑惑。

（8）讨论、安排测验。

（9）决定反馈干预的时间、地点、出席的人员。要和来访者讨论反馈干预是否允许第三者如家庭成员在场，是否要把评估的结果告诉父母、配偶，但很多青少年可能不希望让父母知道自己的情况。

（10）向来访者介绍测验工具。

2. 初次面谈的要点

面谈时，评估专家是否能与受测者建立良好关系，取决于评估专家是否能够意识到受测者的焦虑，能在多大程度上使受测者放松。

为了了解来访者的评估目标，可以提出以下问题："心理评估可以告诉你很多关于你自己的信息，告诉你自己是一个怎样的人，你想从心理评估中了解关于你自己的一些什么问题？"对于这个问题，有些人可能没有思想准备，回答不上来，说他们不知道会有这样的问题，不知道可以从心理评估中得到什么。这种反应通常是焦虑的表现，可以给予认可（如："是的，你不知道心理评估有这种用途，所以你不清楚可以提些什么问题。"），也可以给予进一步解释（如："心理测验可以用来帮助人们了解他们自己，所以如果你能够说明你想通过测验知道些什么，将是非常好的。"），或者给予某种努力的支持（如："让我们开展一些讨论，看看是否能够试着提出几个问题。"）

（二）准备反馈干预

要进行充分的准备，组织内容，仔细考虑什么当强调，什么不当说明。要了解来访者想知道什么，明确哪些反馈信息对他是合适的。应立足于来访者未来的生活，给予他希望。

1. 组织和解释测验获得的发现

2. 改写呈现给来访者的评估报告

按以下五个问题的提示改写呈现给来访者的评估报告。

(1) 评估结果与来访者的问题有什么关系？

来访者希望从评估中得到回答的问题就是其接受评估的目标，是组织反馈干预信息的重要依据，同时也揭示了测验结果中哪些内容会容易被来访者接受。

(2) 评估获得的最重要的发现是什么？

整合手头可以获得的全部信息，包括病史、与推荐前来评估的咨询师的讨论，从中挑选 5 项对来访者的未来获益最大的发现。

(3) 对于评估结果，来访者自己已经意识到并倾向于承认的有哪些？

对来访者一般心理意识水平进行评估，然后回到与问题 1 和问题 2 有关的测验结果，把这些结果分成三类。

第一层面信息：与来访者对自己的一贯认知相符，能证明来访者对自己的认识正确，容易在反馈干预时被接受。

第二层面信息：与来访者对自己的一贯认识不符，但尚不太可能对他的自尊或自我知觉构成威胁。

第三层面信息：与来访者对自己的一贯认识差异巨大，会被认为是不可思议的，会遭到本人拒绝。通常，这一类信息会使来访者受到惊吓，会激发来访者的防御机制。

(4) 哪些新的信息可以在反馈干预中被来访者接受？

有些来访者对新的信息不够开放，他们可能针对评估提出一系列问题，但难以承受比较复杂的答案。

(5) 如果来访者受到惊吓，或测验结果与来访者目前对自己的了解差异巨大，会导致什么严重后果？

反馈干预环节，经常用这个问题提醒自己是非常有必要的。对这个问题的回答隐含了对来访者的惯常应对策略和防御机制的假设：面临严重焦虑，来访者是否会保持理智？是否会断然否认？是否会变得敌对和投射？是否会出现人格分裂？

这些问题同时也构成了反馈干预的要点，可以通过反馈干预备要（参见表 12-4），提醒自己注意这些要点。

3. 借助测验结果推进移情

有句俗语说："鞋子合不合脚，只有自己知道。"说明人的体验是非常个人性的,别人往往很难确切知道身外的一件事可以在一个人的内心掀起怎样的波澜。但是,作为评估专家,必须把自己放到来访者的鞋子中,和来访者共同体会脚在鞋子中的感受,充分估计来访者在反馈干预时可能出现的反应。有些测验工具提供受测者内部感受的信息,例如,MMPI-2内容量表(Content Scales)项目的表面效度很好,如果来访者某一内容量表的得分偏高,我们可以有把握认为来访者会承认该量表呈现的问题,并易于接受评估专家对该量表结果的解释。

4. 争取获得同行情绪支持

反馈干预准备工作的最后一项内容是,评估者放慢工作进度,把关注点引回自身,审视即将到来的反馈干预是否给自己造成焦虑,如果需要,评估者有必要寻求同行或督导的支持,这一环节同样是十分重要的。评估者在反馈干预前的焦虑,可能源于他对自己能否顺利应对干预过程中出现的非预期突发事件缺乏信心。

(三)实施反馈干预

1. 建立互信的人际氛围品质

任何人与人互动交往的情境都会形成特定的氛围,干预面谈同样存在咨询师与来访者之间无形的人际氛围,评估专家应该有意识地推动建立带有合作、支持性质的面谈氛围。反馈干预过程中,评估专家传递给来访者的潜在、非言语信息可以是:"我,一个评估专家,掌握心理评估技术和你的测验数据结果。你,一个来访者,是你自身和自身的问题的专家。我满心希望,我今天要告诉你的大多数信息,一定程度上你已经知道了。我的工作主要是,用新的说法重新组织或重新描述你的内部体验,帮助你找到解决老问题的新途径。我真心希望,通过评估形成对评估工具、对你的新的认识,通过我们的交流形成对我自己的新的认识。感谢你在这个时间允许我和你一起分享你内心的体验。"

2. 使来访者放松

3. 重新建立合作的关系

降低来访者对于评估结果反馈完全无助的感觉。提示来访者反馈的目的是回答他在评估前提出的问题。借助评估结果,在评估专家自己与来访者、推荐评估咨询师之间搭建一个有效交流的平台。向来访者解释,评估结果并不是确凿无疑的,结果是否正确需要得到来访者的确认。

4. 向来访者呈现评估结果

5. 回答来访者针对评估提出的问题

从积极的、肯定的方面开始。

信息传递的顺序是,从上面的层面慢慢向下面的层面推进,从第一层面信息到第二层面信息再到第三层面信息。面谈大部分时间宜用于向来访者呈现第二层面信息。第三层面信息容易触发来访者高度焦虑,讨论过多会使来访者对反馈干预留下不良感受,只有当信息内容明显与来访者的目标一致时,它才可能会被接受。

不要向来访者报告所有的评估结果。

面谈使用的语言要符合来访者的特点,采用来访者的生活经历易于理解的比喻。

6. 向来访者呈现经过精心组织的评估结果

要求来访者证实评估发现的准确程度。

如果来访者确认某一结果准确,要求他列举实例说明。

要求或允许来访者修正评估专家对测验结果的解释,以便它们更准确。

7. 如果来访者拒绝接受非第三层面的信息

必须避免与来访者争执,牢记测验结果的解释有可能出错。可以尝试以下措施,换一种说法重复测验结果,举例说明测验结果在来访者的日常生活中可能的表现形式;询问来访者这一部分评估结果是否存在任何合理的地方;请来访者先不要急于拒绝评估结果,进一步寻找一些与这一评估结果有关的其他信息;建议来访者对这一部分评估结果持保留态度,但并不全盘否定所有评估结果。

8. 避免反馈干预最常犯的错误:反馈不足

评估专家容易犯的错误是,错把第一、第二层面信息当成第三层面信息。造成错误的原因主要是,评估者对需要和来访者讨论与社会规范不符的问题感到焦虑,不愿意使来访者感到不好意思,或者不想让来访者(也可能是不想让自己)犯窘(我怎么告诉别人你的思维不正常?)。

9. 经常停下来,对来访者的情绪反应表示支持

10. 结束反馈干预

询问来访者是否还有问题。

检查是否有失误。

向来访者承诺可以继续保持联系。

和来访者道别。

11. 干预面谈后记录

回忆、记录反馈干预的过程,总结经验、教训。

表 12-4　反馈干预备要示例

来访者×××评估反馈干预要点

一、来访者的评估目标和针对评估提出的问题
1. 如果我刑事拘留释放后又酗酒,会有麻烦吗?
2. 我对社会构成威胁吗?
3. 我可以控制我的行为吗?
4. 为什么我总是和别人处不好?
5. 来访者适合接受心理治疗吗? 如果适合,采用哪种治疗方法?

二、评估获得的最重要发现(按重要顺序)
1. 容易发怒,不可遏制。
2. 一旦发怒,极易直接付诸行动。
3. 人际关系方面,希望得到别人关心,但不会直接向别人提出照顾、支持。
4. 表面行为的背后,潜藏有不安全感、低自尊。
5. 对别人的拒绝敏感,快速作出反应,摆出"在你拒绝我之前,我先拒绝你"的姿态。

三、来访者的心理意识特点
1. 一般倾向
可能比较在意别人的行为和反应,但对自己的行为意识较薄弱。
2. 第一层面信息
人际关系中容易发怒和对他人失望。
容易对权威人物不买账。
遇事不加思考,容易付诸行动,又对行动的后果缺乏考虑。
不信任他人,对别人的感受敏感。
对心理治疗不会持开放的态度。
3. 第二层面信息
内心充满愤怒。
毫不掩饰地直接表达愤怒。
如果受到伤害,会自我保护性地快速作出反应。
不能直接开口表达希望与别人交往。
有与不良人员结交为伍的倾向。
4. 第三层面信息
潜在的对他人的依赖。
潜在的不安全感和低自尊。
对拒绝敏感。
结交不良人员以获得控制感的倾向。

四、对信息的开放度
一旦触动防御,可能使来访者极度焦虑。
如果来访者感到受到权威的批评或负性评价,会拒绝接受。

五、被高度不一致信息诱发极度焦虑的反应
可能会快速表现对抗,或间接实施报复。
可能直接否定评估反馈,或使评估反馈大打折扣。

本 章 小 结

本章的重点是如何挑选测验工具,如何组织测评;如何整合汇总评估结果,把评估结果整理成评估报告,与推荐评估咨询师交流;如何根据评估结果,安排和实施对来访者的评估结果反馈。整体内容既包含理论,更注重应用,也是对全书内容的提炼和汇总。

推荐阅读

Beutler, L. E. & Berren, M. R. (1995). *Integrative Assessment of Adult Personality*. The Guilford Publications, Inc.

Finn, S. E. (1996). *Manual for Using the MMPI-2 as a Therapeutic Intervention*. University of Minnesota Press.

Kubinger, K. D. (2009). The Technique of Objective Personality-Tests Sensu R. B. Cattell nowadays: The Viennese Pool of Computerized Tests Aimed at Experiment-Based Assessment of Behavior. 心理学报,(10):1024-1036.

刘亚男,崔丽霞(2009).心理弹性评估的现状和未来[J].首都师范大学学报(社会科学版),(增刊):167-171.

参考文献

中文部分

Aaron T. Beck,Arthur Freeman,Denise D. Davis,等(2004). 人格障碍的认知治疗[M]. 翟书涛,等,译. 北京：中国轻工业出版社.

Arnold Winston,Richard N. Rosenthal,Henry Pinsker (2010). 支持性心理治疗导论[M]. 程文红,译. 北京：人民卫生出版社.

Campbell Purton (2010). 聚焦取向心理治疗[M]. 罗希,译. 北京：中国轻工业出版社.

Cathy A. Malchiodi (2005). 儿童绘画与心理治疗[M]. 李甦,李晓庆,译. 北京：中国轻工业出版社.

Claire Golomb (2008). 儿童绘画心理学[M]. 李甦,译. 北京：中国轻工业出版社.

David R. Shaffer (2007). 发展心理学[M]. 邹泓,等,译. 北京：中国轻工业出版社.

Edwin C. Nevis (2007). 格式塔疗法治疗：观点与应用[M]. 蔡瑞峰,黄进南,何丽仪,译. 成都：四川大学出版社.

Gerald Corey (2004). 心理咨询与治疗的理论及实践(第七版)[M]. 石林,等,译. 北京：中国轻工业出版社.

Glen O. Gabbard (2010). 长程心理动力学心理治疗[M]. 徐勇,译. 北京：人民卫生出版社.

Goldenberg,Irene & Goldenberg,Herbert (2005). 家庭治疗概论[M]. 李正云,等,译. 西安：陕西师范大学出版社.

J. J. F. ter 拉克(2000). 心理诊断[M]. 陈会昌,译. 北京：华文出版社.

James Morrison(2009).精神科临床诊断[M].李欢欢,石川,译.北京:中国轻工业出版社.

Jerry M. Burger(2010).人格心理学[M].陈会昌,等,译.北京:中国轻工业出版社.

Jesse H. Wright,Monica R. Basco,Michael E. Thase(2010).学习认知行为治疗[M].武春艳,张新凯,译.北京:人民卫生出版社.

John Bradshaw(2010).家庭会伤人[M].郑玉英,赵家玉,译.成都:四川大学出版社.

Mantosh J. Dewan,Brett N. Steenbarger,Roger P. Greenberg(2010).短程心理治疗的艺术与科学(临床指南)[M].仇剑崟,译.北京:人民卫生出版社.

Michael Gelder,Paul Harrison,& Philip Cowen(2010).牛津精神病学教科书(第五版)[M].刘协和,李涛,译.成都:四川大学出版社.

Michael P. Nichols,Richard C. Schwartz(2005).家庭治疗:理论与方法[M].王曦影,胡赤怡,译.上海:华东理工大学出版社.

Michael S. Nystul(2007).心理咨询入门(第三版)[M].张敏,王锦霞,武敏,米卫文,译.北京:高等教育出版社.

Miltenberger,R. G.(2000).行为矫正的原理与方法[M].胡佩诚,等,译.北京:中国轻工业出版社.

Neil R. Carlson(2007).生理心理学[M].苏彦捷,译.北京:中国轻工业出版社.

Neil S. Jacobson & Alan S. Gurman(2001).夫妻心理治疗与辅导指南[M].贾树华,等,译.北京:中国轻工业出版社.

Phil Joyce,Charlotte Sills(2005).格式塔咨询与治疗技术[M].叶红萍,等,译.北京:中国轻工业出版社.

Prout H. Thompson & Douglas T. Brown(2002).儿童青少年心理咨询与治疗[M].林丹华,等,译.北京:中国轻工业出版社.

Richard S. Sharf(2009).心理治疗与咨询理论:概念和案例(第四版)[M].董建中,译.北京:中国人民大学出版社.

Robert J. Ursano,Stephen M. Sonnenberg,Susan G. Lazar(2010).心理动力学心理治疗简明指南——短程、间断和长程心理动力学心理治疗的原则和技术[M].林涛,王丽颖,译.北京:人民卫生出版社.

Sherry Cormier & Paula S. Nurius(2004).心理咨询师的问诊策略(第五版)[M].张建新,译.北京：中国轻工业出版社.

Timothy J. Trull, E. Jerry Phares(2005).临床心理学——概念、方法和职业[M].北京：中国轻工业出版社.

阿诺德·A.拉扎勒斯(2009).简明综合心理治疗：多模式方法[M].方莉,程文红,译.北京：商务印书馆.

阿瑟·克莱曼(2010).疾痛的故事：苦难、治愈与人的境况[M].方筱丽,译.上海：上海译文出版社.

艾里克·J.马施,大卫·A.沃尔夫(2004).儿童异常心理学[M].孟宪璋,等,译.广州：暨南大学出版社.

陈会昌(1982).对成绩落后和品德不良的学生的心理诊断——苏联心理诊断学简介[J].外国心理学,(1)：20-22+24.

陈淑惠,等(2003).中文网络成瘾量表的编制与心理计量特性研究[J].中华心理学刊,45(3)：279-294.

陈云英(1996).残疾儿童的教育诊断[M].北京：科学出版社.

程灶火,高北陵,彭健,雷莉芳(1998).儿少主观生活质量问卷的编制和信效度分析[J].中国临床心理学杂志,(1)：11-16.

程灶火,谭林湘,杨英,林晓虹,周岱,蒋小娟,苏艳华,赵勇,尉迟西翎,等(2004).中国人婚姻质量问卷的编制和信效度分析[J].中国临床心理学杂志,12(3)：226-230.

程灶火,袁国桢,杨碧秀,等(2006).儿童青少年心理健康量表的编制和信效度检验[J].中国心理卫生杂志,20(1)：15-18.

崔丽娟(2005).青少年网络成瘾的界定,特性和预防研究[D].上海：华东师范大学,博士学位论文.

崔丽娟,赵鑫(2004).用安戈夫(Angoff)方法对网络成瘾的标准设定[J].心理科学,27(3)：721-723.

杜兰德(2005).异常心理学基础(第3版)[M].张宁,译.西安：陕西师范大学出版社.

段建华(1996).总体幸福感量表在我国大学生中的试用结果与分析[J].中国临床心理学杂志,(1),56-57.

高湘萍,刘春玲(1999).学校心理病理学[M].南宁：广西教育出版社.

龚耀先(2003).心理评估[M].北京:高等教育出版社.

郭兰婷(2009).儿童少年精神病学[M].北京:人民卫生出版社.

郝伟(2008).精神病学(第6版)[M].北京:人民卫生出版社.

D.赫尔雷格尔,J.W.斯洛克姆,R.W.伍德曼(2001).组织行为学(第九版)[M].俞文钊,丁彪,等,译.上海:华东师范大学出版社.

蒋奖,许燕(2008).儿童期虐待、父母教养方式与反社会人格的关系[J].中国临床心理学杂志,16(6):642-645.

焦君华(2008).痴迷网络导致的青少年违法犯罪现象研究[D].武汉:华中师范大学,硕士学位论文.

金华,吴文源,张明园(1986).中国正常人SCL-90评定结果的初步分析[J].中国神经精神疾病杂志,12(5):260-263.

卡尔·R.罗杰斯,等(2004).当事人中心治疗:实践、运用和理论[M].李孟潮,李迎潮,译.北京:中国人民大学出版社.

凯博文(2008).苦痛和疾病的社会根源:现代中国的抑郁、神经衰弱和病痛[M].郭金华,译.上海:上海三联书店.

雷雳(2010).青少年"网络成瘾"探析[J].心理发展与教育,(5):554-560.

雷雳,陈猛(2005).互联网使用与青少年自我认同的生态关系[J].心理科学进展,(2):169-177.

雷雳,马晓辉(2010).青少年网络道德实证研究[J].中国德育,(5):5-8+16.

雷雳,杨洋,柳铭心(2005).互联网在学习不良干预中的作用[J].心理科学进展,(5):557-562.

李建华,钟建民,蔡兰云,陈勇,周末芝(2005).三种儿童孤独症行为评定量表临床应用比较[J].中国当代儿科杂志,7(1):59-62.

林伟,黄子杰,林大熙(2004).医学生网络使用情况及其与情绪状态的相关分析[J].中国心理卫生杂志,(7):501-503.

林绚晖,阎巩固(2001).大学生上网行为及网络成瘾探讨[J].中国心理卫生杂志,(4):281-283.

凌文辁,方俐洛(2004).心理与行为测量[M].北京:机械工业出版社.

刘亚男,崔丽霞(2009).心理弹性评估的现状和未来[J].首都师范大学学报(社会科学版),(增刊):167-171.

龙立荣(2009).人员测评的理论与技术[M].武汉：武汉大学出版社.

美国认知治疗协会网站：http://www.academyofct.org.

苗元江(2003).心理学视野中的幸福[D].南京：南京师范大学,博士学位论文.

尼维德,等(2009).变态心理学：变化世界中的视角(第六版)[M].吉峰,杨丽,卢国华,译.上海：华东师范大学出版社.

潘腾,凌莉,宋晓琴,徐勇,曾珈智(2014).冲突策略量表(中文简版)在流动育龄妇女中应用的信效度[J].中国健康心理学杂志,(6)：898-900.

桑标,缪小春(1990).皮博迪图片词汇测脸修订版(PPVT-R)上海市区试用常模的修订[J].心理科学通讯,(5)：20-26.

沈模卫,李鹏,徐梅,张锋(2004).大学生病理性互联网使用行为模式研究[J].华东师范大学学报(教育科学学版),22(4)：63-70.

史蒂文·达克(2005).日常关系的社会心理学[M].姜学清,译.上海：上海三联书店.

孙健敏(2007).人员测评理论与技术[M].长沙：湖南师范大学出版社.

唐宏宇(1992).考试应激对医学生心身反应、免疫功能的影响及其多因素分析[D].北京：北京医科大学精神卫生研究所,硕士学位论文.

陶芳标,孙莹,凤尔翠,苏普玉,朱鹏(2005).青少年学校生活满意度评定问卷的设计与信度、效度评价[J].中国学校卫生,26(12)：987-989.

陶国泰(1983).儿童多动症的研究[M].天津：天津科学技术出版社.

田丽丽,刘旺(2005).多维学生生活满意度量表中文版的初步测试报告[J].中国心理卫生杂志,19(5)：301-303.

童辉杰,黄成毅(2015).中国人婚姻关系的变化趋势：家庭生命周期与婚龄的制约[J].湖南社会科学,(4)：94-98.

王辉(2008).情绪与行为障碍儿童的心理行为特征及诊断与评估[J].现代特殊教育,(2)：35-38.

王极盛,丁新华(2002).中学生创新心理素质与心理健康的相关研究[J].心理科学,25(5)：538-540+638.

王君(2009).中小学生抑郁症状及其认知行为干预研究[D].合肥：安徽医科大学,硕士学位论文.

王英春,邹泓,屈智勇(2006).人际关系能力问卷(ICQ)在初中生中的初步修订[J]. 中国心理卫生杂志,20(5):306-308.

王宇中,时松和(2003)."大学生生活满意度评定量表(CSLSS)"的编制[J]. 中国行为医学科学,13(2):199-201.

王宇中,王中杰,贾黎斋,赵江涛,李瑞芳(2009). 婚姻主观感受量表(MPS)的编制[J]. 中国健康心理学杂志,17(1):112-114.

王征宇(1984). 症状自评量表(SCL-90)[J]. 上海精神医学,2(2):68-70.

危珊珊(2008). 大学生网络成瘾者的自我价值感分析[J]. 沈阳工程学院学报(社会科学版),4(2):283-285.

韦小满(2006). 特殊儿童心理评估[M]. 北京:华夏出版社.

吴胜涛,王力,周明洁,王文忠,张建新(2009). 灾区民众的公正观与幸福感及其与非灾区的比较[J]. 心理科学进展,17(3):579-587.

郗浩丽(2008). 客体关系理论转向:温尼科特研究[M]. 福州:福建教育出版社.

肖水源,杨德森(1987). 社会支持对身心健康的影响[J]. 中国心理卫生杂志,(4):184-187.

肖水源,杨洪,董群惠,杨德森(1999). 自杀态度问卷的编制及信度与效度研究(自杀系列研究之一)[J]. 中国心理卫生杂志,(4):250-251.

辛蓓(2002). 关于网络时代青少年道德价值观变化的研究[D]. 成都:电子科技大学,硕士学位论文.

忻仁娥,等(1992). Achenbach's 儿童行为量表中国标准化[J]. 上海精神医学,(1):47-55.

邢占军(2003). 中国城市居民主观幸福感量表的编制研究[D]. 上海:华东师范大学,博士学位论文.

徐安琪,叶文振(1998). 婚姻质量:度量指标及其影响因素[J]. 中国社会科学,(1),144-159.

徐娟,于红军,张德兰,姚聪燕(2007). 青少年网络成瘾的心理干预[M]. 北京:化学工业出版社.

许燕(2007). 心理咨询与治疗[M]. 合肥:安徽人民出版社.

许又新(2003). 关于"强迫症,还是精神分裂症"一文的商榷[J]. 上海精神医学,15(5):317.

闫丹凤,郭巍伟,梁执群,薛朝霞(2008). 子女教育心理控制源与小学生自我意识的相关分析[J].中国学校卫生,29(9):831-832.

杨容,郑涌,阮昆良(2004).网络成瘾(IAD)实证研究进展[J].西南师范大学学报(人文社会科学版),30(5):40-43.

杨晓玲,顾伯美,贾美香,侯沂,何瑜(1989)."白痴学者"伴精神障碍2例报告[J].中国神经精神疾病杂志,(3):181-182.

杨洋,雷雳(2007).青少年外向/宜人性人格、互联网服务偏好与"网络成瘾"的关系[J].心理发展与教育,23(2):42-48.

约翰逊(2008).心理诊断与治疗手册:给心理治疗师的指南[M].卢宁,等,译校.北京:中国轻工业出版社.

岳冬梅,等(1993).父母教养方式的初步修订及其在神经症患者的应用[J].中国心理卫生杂志,7(3):97-143.

张爱卿(2005).人才测评[M].北京:中国人民大学出版社.

张传琳(2003).现实治疗法:理论与实务[M].台北:心理出版社股份有限公司.

张兴贵,何立国,郑雪(2004).青少年学生生活满意度的结构和量表编制[J].心理科学,27(5):1257-1260.

张迎黎,张亚林,何影,柳娜(2010).几种常用家庭暴力评估工具介绍[J].中国临床心理学杂志,18(3):320-322.

张仲明,李世泽(2005).心理诊断学[M].重庆:西南师范大学出版社.

赵幸福,张亚林,李龙飞,等(2005).中文版儿童期虐待问卷的信度和效度[J].中国临床康复,20(2):105-107.

郑日昌(1999).大学生心理诊断(第1版)[M].济南:山东教育出版社.

郑瞻培(2001).强迫症与精神分裂症[J].上海精神医学,13(3):175-177.

郑瞻培(2003).强迫症,还是精神分裂症[J].上海精神医学,15(3):187-189.

郑瞻培,方贻儒(1994).强迫症还是精神分裂症[J].上海精神医学,(4):255-258.

中国精神障碍真诊断与分类标准:http://www.ccmd.net.cn.

中国自闭症网:http://www.cnautism.com.

周步成(1993).心理健康诊断测验[M].上海:华东师大心理学系.

朱智贤(1989).心理学大词典[M].北京:北京师范大学出版社.

邹泓(2003).青少年的同伴关系:发展特点、功能及其影响因素[M].北京:

北京师范大学出版社.

英文部分

Achenbach, T. M. & Edelbrock, C. (1983). *Manual for the Child Behavior Checklist*. Burlington: University of Vermont.

Addington, D., Addington, J., & Schissel, B. (1990). A depression rating scale for schizophrenia. *Schizophrenia Research*, 3, 247-251.

Adelman, H. S., Taylor, L., & Nelson, P. (1989). Minors' dissatisfaction with their life circumstances. *Child Psychiatry and Human Development*, 20, 135-147.

Ainsworth, M. D. S., Blehar, M. C., Waters, E., & Wall, S. (1978). *Patterns of attachment: A psychological study of the strange situation*. Hillsdale, NJ: Lawrence Erlbaum.

Alonso, J., Angermeyer, C., Bernert, S. et al. (2004). Prevalence of mental disorders in Europe: Results from the European Study of the Epidemiology of Mental Disorders (ESEMeD) Project. *Acta Psychiatrica Scandinavica*, 109, 21-27.

Alper, J. (1986). Depression at an early age. *Science*, 86, 44-50.

Alschuler, R. & Hattwick, L. (1947). *Painting and personality*. Chicago: University of Chicago Press.

Amado, P. R. (1993). Children's adjustment to divorce: Theories, hypotheses, and empirical support. *Journal of Marriage and the Family*, 58, 628-640.

Amado, P. R. (1996). Explaining the inter-generational transmission of divorce. *Journal of Marriage and the Family*, 58, 628-640.

Amato, P. R. & Booth, A. (1996). A prospective study of divorce and parent-child relationship. *Journal of Marriage and the Family*, 58, 356-365.

American Psychiatric Association (1994). *Diagnostic and statistical manual of mental disorders (DSM)*. Washington, DC: American Psychiatric Association.

American Psychiatric Association (2000). *Diagnostic and statistical manual of mental disorders* (4th ed. text revision). Washington, DC: American Psychiatric Association.

Anderson, H. & Goolishian, H. (1992). The client is the expert: A not-knowing approach to therapy. In S. McNamee & K. J. Gergen(Eds.), *Therapy as social construction* (pp. 25 – 29). Newbury Park, CA: Sage.

Anderson, J. C., Williams, S., McGee, R., & Silva, P. A. (1987). DSM-Ⅲ disorders in preadolescent children: Prevalence in a large sample from the general population. *Archives of General Psychiatry*, 44, 69 – 76.

Andrews, F. M. & Withey, S. B. (1976). *Social indicators of well-being*. New York: Plenum.

Andrews, G., Tennant, C., Hewson, D. M., & Vaillant, G. E. (1978). Life event stress, social support, coping style, and risk of psychological impairment. *Journal of Nervous and Mental Disease*, 166(5), 307 – 316.

Antoni, M., Levine, J., Tischer, P., Green, C., & Millon, T. (1986). Refining personality assessments by combining MCMI high-point profiles and MMPI codes, Part Ⅳ: MMPI 89/98. *Journal of Personality Assessment*, 50(1), 65 – 72.

Aponte, H. J. (1999). The stresses of poverty and the comfort of spirituality. In F. Walsh(Ed.), *Spiritual resources in family therapy*. New York: Guilford Press.

Argyle, M. (2002). The Oxford Happiness Inventory: A compact scale for the measurement of psychological well-being. *Personality Individual Difference*, 33, 1073 – 1082.

Bagarozzi, D. A. (1985). Dimensions of family evaluation. In L. L'Abate (Ed.), *The handbook of family psychology and therapy* (Vol. Ⅱ). Homewood, IL: Dorsey Press.

Barber, J. P., Connolly, M. B., Crits-Christoph, P., Gladis, L., & Siqueland, L. (2000). Alliance predicts patient' outcome beyond in-treatment change in symptoms. *Journal of Consulting and Clinical Psycholgoy*, 68(6), 1027 – 1032.

Barber, J. P., Crits-Christoph, P., & Luborsky, L. (1990). A Guide to the CCRT Standard Categories and their Classification. In L. Luborsky & P. Crits-Christoph (Eds.), *The core conflictual relationship theme* (pp. 35 – 49). New York: Basic Books.

Baron-Cohen, S., Allen, J., & Gillberg, C. (1992). Can autism bedetected at 18 months? The needle, the haystack, and the CHAT. *British Journal of Psychiatry*, 161, 839 – 843.

Barrett-Lennard, G. T. (1998). *Carl Rogers' helping system: Journey and substance.* London: Sage.

Bartholomew, K. & Horowitz, L. M. (1991). Attachment styles among young adults: A test of a four category mode. *Journal of Personality and Social Psychology*, 61, 226—244.

Baumrind, D. (1967). Child care practices anteceding three patterns of preschool behavior. *Genetic Psychology Monographs*, 75, 43 – 88.

Baumrind, D. (1971). Current patterns of parental authority. *Developmental Psychology Monograph*, 4, 1 – 103.

Baxter, L. R. (2003). Basal ganglia systems in ritualistic social displays: Reptiles and humans, function and illness. *Physiology and Behavior*, 79, 451 – 460.

Beardslee, W. R. & Goldman, S. (2003). Living beyond sadness. *Newsweek*, 70.

Beatty, L., Madden, R., Gardner, E., & Karlsen, B. (1976). *Stanford Diagnostic Mathematics Test.* New York: Harcourt Brace Javonovich.

Beautrais, A. L. (2003). Subsequent mortality in medically serious suicide attempts: A 5 year follow-up. *Australian and New Zealand Journal of Psychiatry*, 37, 595 – 599.

Beavers, W. R. & Voeller, M. N. (1983). Family models: Comparing and contrasting the Olson circumplex model with the Beavers systems model. *Family Process*, 22(1), 85 – 98.

Beavers, W. R., Hampson, R. B., & Hulgas, Y. F. (1985). Commentary: The Beavers systems approach to family assessment. *Family Process*, 22, 85 – 98.

Bechtoldt, H., Norcross, J. C., Wyckoff, L. A., Pokrywa, M. L., Campbell, I. F. et al. (2001). Theoretical orientations and employment settings of clinical and counseling psychologists: A comparative study. *The Clinical Psychologist*, 54, 3-6.

Beck, A. T., & Freeman, A. (1990). *Cognitive therapy of personality disorders*. New York: Guilford Press.

Beck, A. T., Rush, A. J., Shaw, B. F., & Emery, G. (1979). *Therapy of Depression*. New York, Guilford.

Beck, A. T., Schuyler, D., & Herman, I. (1974). Development of suicidal intent scales. In A. T. Beck, H. L. P. Resnick, & D. J. Letteri (Eds.), *The prediction of suicide* (pp. 45-46). Charles Press, Bowie.

Beck, A. T., Ward, C. H., Mendelson, M., Mock, J., & Erbaugh, J. (1961). An inventory for measuring depression. *Archives of General Psychiatry*, 4 (6), 561-571.

Beck, A. T., Weissman, A., Lester, D. et al. (1974). The measurement of pessimism: The hopelessness scale. *Journal of Consulting and Clinical Psychology*, 42, 861-865.

Beck, A. T., Wright, F. D., Newman, C. F., & Liese, B. S. (1993). *Cognitive therapy of substance abuse*. New York: Guilford Press.

Beck, J. S. (1995). *Cognitive therapy: Basic and beyond*. New York: Guilford.

Beck, A. T. (1996). Cognitive therapy of personality disorders. In P. M. Salkovskis(Ed.), *Frontiers of cognitive therapy* (pp. 165-181). New York: Guilford Press.

Beecher, H. K. (1959). Generalization from pain of various types and diverse origins. *Science*, 130(3370), 267-268.

Beekman, A. T., Copeland, J. R. M., & Prince, M. (1999). Review of community prevalence of depression in later life. *British Journal of Psychiatry*, 174, 307-311.

Belsky, J., Gilstrap, B., & Rovine, M. (1984). The Pennsylvania infant and family development project: Stability and change in mother-infant and fatherinfant interaction in a family setting at one, three, and nine months. *Child Development*, 55, 692 - 705.

Bernstein, D. P., Ahluvalia, T., Pogge, D. et al. (1997). Validity of the Childhood Trauma Questionnaire in an adolescent psychiatric population. *Journal of the American Academy of Child and Adolesccent Psychiatry*, 36 (3), 340 - 348.

Bernstein, D. P., Fink, L., Handelsman, L., Foote, J., Lovejoy, M., Wenzel, K., Sapareto, E., & Ruggiero, J. (1994). Initial reliability and validity of a new retrospective measure of child abuse and neglect. *American Journal of Psychiatry*, 151(8), 1132 - 1136.

Beutler, L. E. (1995). Integrating and Communicating Findings. In L. E. Beutler & M. R. Berren (Eds.), *Integrative assessment of adult personality* (pp. 25 - 64). The Guilford Publications, Inc.

Beutler, L. E. & Berren, M. R. (1995). *Integrative assessment of adult personality*. The Guilford Publications, Inc.

Bhagwanjee, A., Parekh, A., Paruk, Z., Petersen, I., & Subedar, H. (1998). Prevalence of minor psychiatric disorders in an adult African rural community in South Africa. *Psychological Medicine*, 28(5), 1137 - 1147.

Bill O'Connell (2001). *Solution-focused stress counseling*. London, New York: Continuum.

Bitter, J. R. & Corey, G. (1996). Family systems therapy. In G. Corey (Ed.), *Theory and practice of counseling and psychotherapy* (5th ed.) (pp. 365 - 443). Pacific Grove, CA: Brooks/Cole.

Blair, R. G. (2004). Helping older adolescents search for meaning in depression. *Journal of Mental Health Counseling*, 26, 333 - 348.

Blakeslee, S. & Wallerstein, J. S. (2004). *Second chances: Men, women, and children a decade after divorce*. New York: Mariner Books.

Blankstein, K. R. & Segal, Z. V. (2001). Cognitive assessment: Issues and methods. In K. S. Dobson (Ed.), *Handbook of cognitive-behavioral therapies*. New York: Guilford Press.

Blazer, D. G., Hughes, D. K., George, L. K. et al. (1991). Generalized anxiety disorder. In L. N. Robins & D. A. Regier(Eds.), *Psychiatric disorders in America: The epidemiological catchment area study*. New York: Maxwell Macmillan International.

Block, J. H., Block, J., & Gjerde, P. E. (1986). The personality of children prior to divorce: A prospective study. *Child Development*, 57, 827-840.

Block, J. H., Block, J., & Gjerde, P. E. (1988). Parental functioning and the home environment of families of divorce: Prospective and current analyses. *Journal of the American Academy of Child and Adolescent Psychiatry*, 27, 207-213.

Blocker, D. H. (1974). *Developmental counseling* (2nd ed.). New York: Ronald Press.

Blocker, D. H. (1987). *The professional counseling*. New York: Macmillan.

Blood, R. O. & Wolfe, D. M. (1960). *Husbands and wives: The Dynamics of Married Living*. Glencoe, Illionis: Free Press.

Blowers, L. C., Loxton, N. J., Grady-Flesser, M., Occhipinti, S., & Dawe, S. (2003). The relationship between social-cultural pressure to be thin and body dissatisfaction in preadolescent girls. *Eating Behaviors*, 4, 229-244.

Blumenthal, J. A., Burg, M. M., Barefoot, J. et al. (1987). Social support, type A behavior, and coronary artery disease. *Psychosomatic Disease*, 49, 331-340.

Blustein, D. L., Prezioso, M. S., & Schultheiss D. P. (1995). Attachment theory and career development: Current status and future directions. *The Counseling Psychologist*, 23(3), 416-432.

Bolgar, H. & Fischer L. K. (1947). Personality projection in the World Test. *American Journal of Orthopsychiatry*, 17, 117-28.

Bongar, B. (2002). *The suicidal patient: Clinical and legal standards of care* (2nd ed.). Washington, DC: American Psychological Association.

Booth, A. & Amato, P. (1991). Divorce and psychological stress. *Journal of Health and Social Behavior*, 32, 396-407.

Borkovec, T. D. & Inz, J. (1990). The nature of worry in generalized anxiety disorder: A predominance of thought activity. *Behaviour Research and Therapy*, 28, 153-158.

Bouchard, C., Rheaume, J., & Ladouceur, R. (1999). Responsibility and perfectionism in OCD: An experimental study. *Behavior Research and Therapy*, 37, 239-248.

Bowlby, M. (1969). *Attachment and loss, Vol 1: Attachment*. London: Tavistock.

Bowlby, M. (1973). *Attachment and loss, Vol 2: Separation, anxiety and anger*. New York: Basic.

Bowlby, M. (1988). *A secure base: Parent-child attachments and healthy human development*. New York: Basic.

Boy, A. V. (1989). Psychodiagnosis: A person-centered perspective. *Person-Centered Review*, 42(2), 132-151.

Bozarth, J. D. (1991). Person-centered assessment. *Journal of Counseling and Development*, 69(5), 458-461.

Bradburn, N. M. (1969). *The structure of psychological well-being*. Aldine, Chicago: Aldine Pub. Co.

Brand, E., Clingempeel, W. G., & Bowen-Woodward, K. (1988). Family relationships and children's psychological adjustment in stepmother and stepfather families: Findings and conclusions from the Philadephia Stepfamily Research Project. In E. M. Hetherington & J. D. Arasteh(Eds.), *Impact of divorce, single-parenting and stepparenting on children* (pp. 299-324). Hillsdale, NJ: Erlbaum.

Brawman, M, O., Lydiard, R. B., Emmanuel, N. et al. (1993). Psychiatric comorbidty inpatients with generalized anxiety disorder. *American Journal of Psychiatry*, 150(8), 1216-1218.

Brennan, K. A., Clark, C. L., & Shaver, P. R. (1998). Self-report measurement of adult attachment: An integrative overview. In J. A. Simpson & W. S. Rholes(Eds.), *Attachment theory and close relationships* (pp. 46-76). New York: The Guilford Press.

Brodman, K., Deutschenberger, J., & Wolff, H. G. (1956). *Manual for the Cornell Medical Index Health Questionnaire*. New York: Cornell University Medical College.

Brown, G. W. & Harris, T. O. (1978). *Social origins of depression: A study of psychiatric disorder in women*. London: Tavistock.

Brown, G. W. & Harris, T. O. (1993). Aetiology of anxiety and depressive disorders in an inner-city population. Ⅰ. Early adversity. *Psychological Medicine*, 23(1), 143–154.

Brown, J. B., Lent, B., Brett, P., Sas, G., & Pederson, L. (1996). Development of the woman abuse screening tool for use in family practice. *Family Medicine*, 28, 422–428.

Brown, K. S. & Parsons, R. D. (1998). Accurate identification of childhood aggression: A key to successful intervention. *Professional School Counseling*, 2(2), 135–140.

Bruce, S. E., Machan, J. T., Dyck, I., & Keller, M, B. (2001). Infrequency of "pure" GAD: Impact of psychiatric comorbidity on clinical course. *Depress Anxiety*, 14, 219–225.

Bruch, H. (1973). *Eating disorders: Obesity, anorexia nervosa, and the person within*. New York: Basic Books.

Bryant, M. J., Simons, A. D., & Thase, M. E. (1999). Therapist skill and patient variables in homework compliance: Controlling an uncontrolled variable in cognitive therapy outcome research. *Cognitive Therapy and Research*, 23, 381–399.

Buck, J. N. (1949). The H-T-P technique: A qualitative and scoring manual, Part 2. *Journal of Clinical Psychology*, 5, 37–76.

Buhrmester, D., Furman, W., Wittenberg, M. et al. (1988). Five domains of interpersonal competence in peer relationships. *Journal of Personality and Social Psychology*, 55(6), 991–1008.

Burns, D. D., Rude, S. S., Simons, A. D. et al. (1994). Does learned resourcefulness predict the response to cognitive behavior therapy for depression? *Cognitive Therapy and Research*, 18, 277–291.

Busseri, M. A. & Tyler, J. D. (2003). Interchangeability of the working alliance inventory and working alliance inventory, short form. *Psychological Assessment*, 15, 193-197.

Butcher, J. N., Williams, C. L., Graham, J. R., Archer, R., Tellegen, A., Ben-Porath, Y. S., & Kaemmer, B. (1992). *Minnesota Multiphasic Personality Inventory-Adolescent (MMPI-A): Manual for administration, scoring, and interpretation.* Minneapolis: University of Minnesota Press.

Butler, A. C. & Beck, J. S. (2000). Cognitive therapy outcomes: A review of meta-analyses. *Journal of the Norwegian Psychological Association*, 37, 1-9.

Butler, G., Fennell, M., Robson, P. et al. (1991). A comparison of behavior therapy and cognitive behavior therapy in the treatment of generalized anxiety disorder. *Journal of Consulting and Clinical Psychology*, 59, 167-175.

Calhoon, S. K. (1996). Confirmatory factor analysis of the Dysfunctional Attitude Scale in a student sample. *Cognitive Therapy and Research*, 20(1), 81-91.

Campell, A., Converse, P. E., & Rodgers, W. L. (1976). *The quality of American life: Perceptions, evaluations, and satisfactions.* New York: Russell Sage Foundation.

Campis, L., Lyman, R. D., & Prentice-Dunn, S. (1986). The parental locus of control scale: Development and validation. *Journal of Clinical Child Psychology*, 15(3), 260-267.

Caplan, S. E. (2002). Problematic internet use and psychosocial well-being: Development of a theory-based cognitive-behavioral measurement instrument. *Computers in Human Behavior*, 18, 553-575.

Caplan, S. E. (2005). A social skill account of problematic Internet use. *Journal of Communication*, 55, 721-736.

Carey, G. & Dilalla, D. I. (1994). Personality and psychopathology: Genetic perspectives. *Journal of Abnormal Psychology*, 103, 32-43.

Carr, E. G., Newsom, C. D., & Binkoff, J. A. (1980). Escape as a factor in the aggressive behavior of two retarded children. *Journal of Applied Behavior Analysis*, 13(1), 101-117.

Carter, B. & McGoldrick, M. (1988). Overview: The changing family life cycle — A framework for family therapy. In B. Carter & M. McGoldrick(Eds.), *A framework for family therapy*(2nd ed.). New York: Allyn and Bacon.

Carter, B. & McGoldrick, M. (1999). Overview: The expanded family life cycle: Individual, family and social perspectives. In B. Carter & M. McGoldrick (Eds.), *The expanded family life cycle: Individual, family and social perspectives*(3rd ed.). Boston: Allyn and Bacon.

Cartwright-Hatton, S. & Wells, A. (1997). Beliefs about worry and intrusions: The Meta-Cognitions Questionnaire and its correlates. *Journal of Anxiety Disorders*, 11, 279–296.

Castonguay, L. G. & Beutler, L. E. (Eds.) (2006). *Principles of therapeutic change that work*. New York: Oxford University Press.

Chamberlin, J. (2001). Putting a face on child mental illness. *Monitor on Psychology*, 32(7), 28–29.

Chambers, W. J., Puig-Antich, J., & Tabrizi, M. A. (1978). *The ongoing development of the Kiddie-SADS(schedule for affective disorders and schizophrenia for school-age children)*. Paper presented at the meeting of the American Academy of Child Psychiatry, San Diego.

Chan, R. W., Raboy, B., & Patterson, C. J. (1998). Psychosocial adjustment among children conceived via donor insemination by lesbian and heterosexual mothers. *Child Development*, 69, 443–457.

Chen, X., Hastings, P. D., Rubin, K. R., Chen, H., Cen, G., & Stewart, S. L. (1998). Child-rearing attitudes and behavioral inhibition in Chinese and Canadian toddlers: A cross-cultural study. *Developmental Psychology*, 34, 677–686.

Cherlin, A. J. & Furstenberg, F. F. (1994). Step-families in the United States: A reconsideration. In J. Blaken & J. Hagen(Eds.), *Annual review of sociology* (pp. 359–381). Palo Alto, CA: Annual reviews.

Chih-Hung Ko, Gin-Chung Liu, Sigmund Hsiao, Ju-Yu Yen, Ming-Jen Yang, Wei-Chen Lin, Cheng-Fang Yen, & Cheng-Sheng Chen (2009). Brain activities associated with gaming urge of online gaming addiction. *Journal of*

Psychiatric Research, 43(7), 739-747.

Chouinard, G., Ross-Chouinard, A., Annable, L., & Jones, B. (1980). The extrapyramidal symptom rating scale. *American Journal of Psychiatry*, 135, 228-229.

Cicirelli, V. G. (1995). *Sibling relationships across life span*. New York: Plenum Press.

Clark, D. A., Beck, A. T., & Alford, B. A. (1999). *Scientific foundations of cognitive theory and therapy of depression*. New York: John Wiley & Sons.

Clingempeel, W. G. & Segal, S. (1986). Stepparent-stepchild relationships and the psychological adjustment of children in stepmother and stepfather families. *Child Development*, 57, 474-484.

Cohen, R. J., Swerdlik, M. E., & Phillips, S. M. (1996). *Psychological Testing and Assessment*, Third Edition. California: Mayfield Publishing Company.

Cohn, A. H. & Daro, D. (1987). Is treatment too late: What 10 years evaluative research tells us. *Child Abuse and Neglect*, 11, 432-442.

Collins, W. A., Maccoby, E. E., Steinberg, L., Hetherington, E. M., & Bornstein, M. H. (2000). Contemporary research on parenting: The case for nature and nurture. *American Psychologist*, 55, 218-232.

Connolly, A. J., Natchman, W., & Pritchett, E. M. (1971). *Key Maths, Diagnostic Arithmetic Test*. American Guidance Service, Circle Pines, Minnesota.

Cooper, C., Selwood, A., Blanchard, M., Walker, Z., Blizard, R., & Livingston, G. (2010). The determinants of family carers' abusive behaviour to people with dementia: Results of the CARD study. *Journal of Affective Disorders*, 121, 136-142.

Cooper, J. E. & Oates, M. (2000). The principles of assessment in general psychiatry. In Gelder, M. G., Lopez-Ibor, Jr. J. J., & Andreasen, N. C. (Eds.), *The new Oxford textbook of psychiatry*, Chapter 1. 10. Oxford University Press, Oxford.

Cooper, P. J. & Fairburn, C. G. (1983). Binge-eating and self-induced vomitting in the community: A preliminary study. *British Journal of Psychiatry*, 142, 139 – 144.

Corsini, R. J. (1984). *Encyclopedia of psychology*. New York: John Wiley & Sons.

Costello, A. J., Edelbrock, C. Dulcan, M. K., Kalas, R., & Klaric, S. H. (1984). *Development and testing of the NIMH Diagnostic Interview Schedule for Children on a clinical population: Final report* (Contract No. RFP-DB – 81-002). Rockville, Maryland: Center for Epidemiologic Studies, National Institute of Mental Health.

Costello, A. J., Edelbrock, C., Kalas, R., Kessler, M. D., & Klaric, S. H. (1982). *The NIMH Diagnostic Interview Schedule for Children (DISC)*. Unpublished interview schedule, Department of Psychiatry, University of Pittsburgh, Pennsylvania.

Costello, E. J., Compton, S. N., Keeler, G., & Angold, A. (2003). Relationships between poverty and psychopathology: A natural experiment. *Journal of the American Medical Association*, 290(15), 2023 – 2029.

Cowie, V. (1961). The incidence of neurosis in the children of psychotics. *Acta Psychiatria Scandinavica*, 37, 37 – 71.

Coyne, J. C. (1976). Toward an international description of depression. *Psychiatry*, 39, 14 – 27.

Crick, N. R. & Dodge, K. A. (1994). A review and reformulation of social information processing mechanisms in children's social adjustment. *Psychological Bulletin*, 115, 74 – 101.

Crits-Christoph, P. (1992). The efficacy of brief dynamic psychotherapy: A meta-analysis. *American Journal of Clinical Psychology*, 36, 85 – 99.

Crockenberg, S. & Litman, C. (1990). Autonomy as competence in 2-year-olds: Maternal correlates of child defiance, compliance, and self-assertion. *Development Psychology*, 26, 961 – 971.

Crowne, D. P. & Marlowe, D. (1960). A new scale of social desirability independent of psychopathology. *Journal of Consulting Psychology*, 24(4),

349 - 354.

Crowne, D. P. & Marlowe, D. (1964). *The approval motive: Studies in evaluative dependence.* New York: Wiley.

Cummings, E. M. & Davies, P. T. (1994). *The impact of parents on their children: An emotional security perspective.* London: Jessica Kingsley.

Curren, L. , Schmidt, U. , Treasure, J. et al. (2005). Time trends in eating disorder incidence. *British Journal of Psychiatry*, *186*, 132 - 135.

Davidson, J. , Potts, N. , Richichi, E. , Ford, S. , Krishnan, R. , Smith, R. , & Wilson, W. (1991). The Brief Social Phobia Scale. *Journal of Clinical Psychiatry*, *52*(suppl. 11), 48 - 51.

Davis, R. A. (2001). A cognitive-behavioral model of pathological internet use. *Computers in Human Behavior*, *17*(2), 187 - 195.

Daw, J. (2001). Psychological assessments shown to be as valid as medical tests. *APA Monitor*, *32*(7), 46 - 47.

de Shazer, Steve (1985). *Keys to solution in brief therapy.* New York: W. W. Norton & Company.

Deater-Deckard, K. & Pomlin, R. (1999). An adoption study of the etiology of teacher and parent reports externalizing behavior problems in middle childhood. *Child Development*, *70*, 144 - 154.

Der, G. , Glover, G. , Brugha, T. S. , & Wing, J. K. (1998). SCAN version 1: Algorithms and CAPSE 10. 1. In J. K. Wing, N. Sartorius, & T. B. Ustün (Eds.), *Diagnosis and clinical measurement in psychiatry: A reference manual for SCAN/PSE - 10* (pp. 110 - 115). Cambridge, MA: Cambridge University Press.

Derogatis, L. R. (1975). How to use the Symptom Distress Checklist (SCL-90) in clinical evaluations. *Psychometric Rating Scale, Vol III. Self-Report Rating Scale*(pp. 22 - 36). Hoffmann-La Roche Inc.

DeRubeis, R. J. , Tang, T. Z. , & Beck, A. T. (2001). Cognitive therapy. In K. S. Dobson(Ed.), *Handbook of cognitive-behavioral therapies.* New York: Guilford Press.

Deurzen, E. Van (2001). *Existential counseling and psychotherapy in practice*(2nd ed.). Thousand Oaks, CA: Sage.

Dewald, P. A. (1994). Countertransference issues when the therapist is ill or disabled. *American Journal of Psychotherapy*, 48, 221–226.

Diener, E. & Suh, E. (1998). Subjective well-being and age: An international analysis. *Annual Review of Gerontology and Geriatrics*, 17, 304–324.

Diener, E. (1984). Subjective well-being. *Psychological Bulletin*, 95(3), 542–575.

Diener, E., Emmons, R. A., Larsen, R. J., & Griffin, S. (1985). The satisfaction with life scale. *Journal of Personality Assessment*, 49, 71–75.

Digdon, N. & Gotlib, I. H. (1985). Development considerations in the study of childhood depression. *Developmental Review*, 5, 162–199.

Dobson, K. S. & Dozois, D. J. (2001). Historical and philosopical bases of the cognitive behavioural therapies. In K. S. Dobson(Ed.), *Handbook of cognitive behavioral therapies* (2nd ed.). New York: Guilford Press.

Dobson, K. S. & Shaw, B. F. (1986). Cognitive assessment with major depressive disorders. *Cogntive Therapy Research*, 10, 13–29.

Doll, E. A. (1935). A genetic scale of social maturity. *The American Journal of Orthopsychiatry*, 5, 180–190.

Dunn, L. M. & Dunn, D. M. (1959). *Peabody Picture Vocabulary Test*. American Guidance Service, Circle Pines, Minn.

Dunn, L. M. & Markwardt, F. C. (1970). *Peabody Individual Achievement Test Manual*. American Guidance Service, Circle Pines, Minn.

Dunn, J., Brown, J., & Maguire, M. (1995). The development of children's moral sensibility: Individual difference and emotional understanding. *Development Psychology*, 31, 649–659.

Durkheim, E. (1897). *Suicide: A study in sociology* (1951 Edition, J. A. Spaulding & G. Simpson, Trans.). London: Routledge.

Duvall, E. M. (1957). *Family development*. Philadephia: Lippincott.

Dworetzky, J. P. (1996). *Introduction to child development* (6th ed.). New York: ITP.

Ebert, B. (1978). The healthy family. *Family Therapy*, 5(3), 227-232.

Eccles, J. S., Midgley, C., Wigfield, A., Buchanan, C. M., Reuman, D., Flanagan, C., & Iver, D. M. (1993). Development during adolescence: The impact of stage-environment fit on young adolescents' experiences in schools and families. *American Psychologist*, 48, 90-101.

Edelbrock, C. & Costello, A. J. (1988). Structured psychiatric interviews for children. In M. Rutter, A. H. Tuma, & I. S. Lann(Eds.), *Assessment and diagnosis in child psychopathology* (pp. 82-112). New York: Guilford Press.

Elkind, D. (1984). *All grown up and no place to go: Teenagers in crisis*. Reading, MA: Addison-Wesley.

Ellis, A. & Dryden, W. (1997). *The practice of rational emotive behavior therapy* (2nd ed.). New York: Springer Publishing Company.

Ellis, A. & Grieger, R. (1977) (Eds.). *Handbook of rational-emotive therapy*. New York: Springer

Ellis, A. (1983). *The case against religiosity*. New York: Institute for Rational-Emotive Therapy.

Ellis, A. (2001). *Overcoming destructive beliefs, feelings, and behaviors: New directions for rational emotive behavior therapy*. Amherst, NY: Prometheus Books.

Ellis, L. & Boning, S. I. (2003). Genetics and occupation-related preferences: Evidence from adaptive and non-adaptive families. *Personality and Individual differences*, 35, 929-937.

Ellis, A. (2005). Rational emotive behavior therapy. In R. J. Corsini & D. Wedding(Eds.), *Current psychotherapies* (7th ed.) (pp. 166-201). Itasca, IL: F. E. Peacock.

Emery, R. E. & Forehand, R. (1994). Parental divorce and children's well-being: A focus on resilience. In R. J. Haggerty, L. R. Sherrod, N. Garmezy, & M. Rutter(Eds.), *Stress, risk, and resilience in children and adolescents* (pp. 64-99). New York: Cambridge University Press.

Emery, R. E., & Laumann-Billings, L. (1998). An overview of the nature, causes, and consequences of abusive family relationships: Toward differentiating maltreatment and violence. *American Psychologist*, 53,121-135.

Enns, M. W., Cox, B., & Larsen, D. K. (2000). Perceptions of parental bonding and symptom severity in adults with depression: Mediation by personality dimensions. *The Canadian Journal of Psychiatry*, 45(3),263-268.

Epstein, E. E. & McCrady, B. S. (1998). Behavioral couples treatment of alcohol and drug use disorders: Currents status and innovations. *Clinical Psychology Review*, 18(6), 689-711.

Epstein, B. N., Baldwin, L. M., & Bishop, D. S. (1983). The McMaster family assessment device. *Journal of Marital and Family Therapy*, 9, 171-186.

Epston, D. & White, M. (1992). *Experience, contradiction, narrative, and imagination: Selected papers of David Epston and Michael White, 1989-1991.* Adelaide, South Australia: Dulwich Centre Publications.

Erikson, E. H. (1963). *Childhood and society* (2nd ed.). New York: Norton.

Ernst A. A., Weiss, S. J., Cham, E. et al. (2004). Detecting ongoing intimate partner violence in the emergency department using a simple 4-question screen: The OVAT. *Violence Vict*, 19(3): 375-384.

Essau, C. A. & Wittchen, H.-U. (1993). An overview of the Composite International Diagnostic Interview(CIDI). *International Journal of Methods in Psychiatric Research*, 3(2), 79-85.

Fairburn, C. G. & Beglin, S. J. (1994). Assessment of eating disorders: Interview or self-report questionnaire? *International Journal of Eating Disorders*, 16, 363-370.

Fairburn, C. G. & Brownell, K. (2001). *Eating disorders and obesity: A comprehensive handbook*. London: Guilford Press.

Fairburn, C. G., Cooper, Z., Doll, H. A., & Welch, S. L. (1999). Risk factors for anorexia nervosa: Three integrated case-control comparisons. *Archives of General Psychiatry*, 56, 468-476.

Falbo, T. (1992). Social norms and the one-child family: Clinical and policy implications. In F. Boer & J. Dunn(Eds.),*Children's sibling relationships*(pp. 71-82). Hillsdale,NJ: Erlbaum.

Falbo,T. & Polit, D. F. (1986). Quantitative review of the only child literature: Research evidence and theory development. *Psychological Bulletin*, 100, 176-189.

Falbo,T. & Poston, D. L. , Jr. (1993). The academic, personality, and physical outcomes of only children in China. *Child Development*, 64, 18-35.

Fazio, A. F. (1977). *A concurrent validational study of the NCHS General Well-Being Schedule*. Hyattsville, MD: US Department of Health, Education, and Welfare, National Center for Health Statistics (Vital & Health Statistics, Series 2, No. 73, DHEW Publication No. [HRA] 78-1347).

Fennell, M. J. V. & Teasdale, J. D. (1987). Cognitive therapy for depression: Individual differences and the process of change. *Cognitive Therapy and Research*, 11, 253-271.

Fernandez,E. (1997). The grim legacy of divorce. *Atlanta Constitution*, p. F5.

Field, T. , Healy, B. , Goldstein, S. , Zimmerman, E. A. , & Kuhn, C. (1988). Infants of depressed mothers show "depressed" behavior even with nondepressed adults. *Child Development*, 59, 1569-1579.

Fincham,F. D. & Linfield,K. J. (1997). A new look at martial quality: Can spouses feel positive and negative about their marriage? *Journal of Family Psychology*, 11(4),489-502.

Finlay-Jones, R. & Brown, G. W. (1981). Type of stressful life event and the onset anxiety and depressive disorders. *Psychological Medicine*, 11, 803-816.

Finn, S. E. (1996). *Manual for Using the MMPI-2 as a Therapeutic Intervention*. Minneapolis, MN: University of Minnesota Press.

Fisher, B. L. & Sprenkle, D. H. (1978). Therapists' perceptions of healthy family functioning. *International Journal of Family Counseling*, 19(4), 9-18.

Flaks,D. K. , Ficher,I. , Masterpasqua,F. , & Joseph,G. (1995). Lesbians choosing motherhood: A comparative study of lesbian and heterosexual parents and their children. *Developmental Psychology*, *31*, 105–114.

Foa, E. B., Grayson, J. B., Steketee, G. S., Doppet, H. G., Turner, R. M., & Latimer, P. R. (1983). Success and failure in the behavioral treatment of obsessive-compulsives. *Journal of Consulting and Clinical Psychology*, *51*, 287–297.

Foa, E. B., Kozak, M. J., Salkovskis, P., Coles, M. E., & Amir, N. (1998). The validation of a new obsessive–compulsive disorder scale: The Obsessive–Compulsive Inventory. *Psychological Assessment*, *10*, 206–214.

Fogarty, C. T. & Brown, J. B. (2002). Screening for abuse in Spanish-speaking women. *Journal of American Board Family Practice*, *15*, 101–111.

Fombonne, E. (2003a). The prevalence of autism. *Journal of the American Medical Association*, *2*, 87–89.

Fombonne, E. (2003b). Epidemiological surveys of autism and other pervasive developmental disorders: An update. *Journal of Autism and Developmental Disorders*, *33*, 365–382.

Fonagy, P., Leigh, T., Steele, M., Steele, H., Kennedy, R., Mattoon, G., Target, M., & Gerber, A. (1996). The relation of attachment status, psychiatric classication, and response to psychotherapy. *Journal of Consulting and Clinical Psychology*, *64*, 22–31.

Frank, E. & Kupfer, D. J. (2000). Peeking through the door to the 21st century. *Archives of General Psychiatry*, *57*, 83–85.

Frankl, V. E. (1959). *Man's search for meaning: An introduction to logotherapy*. Boston, MA: Beacon.

Franklin, K. M., Janoff-Bulman, R., & Roberts, J. E. (1990). Long-term impact of parental divorce on optimism and trust: Changes in general assumptions or narrow beliefs? *Journal of Personality and Social Psychology*, *59*, 743–755.

Free, L. A. & Cantril, H. (1967). *The political beliefs of Americans: A study of public opinion*. New Brunswick: Rutgers University Press.

From, I. (1984). Reflections on Gestalt therapy after thirty-two years of practice: A requiem for Gestalt. *The Gestalt Journal*, 7, 4-12.

Frone, M., Russell, M., & Cooper, M. L. (1997). Relation of work-family conflict to health outcomes: A four-year longitudinal study of employed parents. *Journal of Occupational and Organizational Psychology*, 70, 325-335.

Fuhrman, T. & Holmbeck, G. N. (1995). A contextual-moderator analysis of emotional anatomy and adjustment in adolescence. *Child Development*, 66, 351-363.

Fyer, A. J., Mannuzza, S., Klein, D. F., & Liebowitz, M. (1993). A direct interview family study of social phobia. *Archives of General Psychiatry*, 4, 286-293.

Gabbard, G. O. (2004). *Long-term psychodynamic psychotherapy: A basic text*. Washington, DC: American Psychiatric Association.

Gackenbach, J. (Ed.)(1998). *Psychology and the Internet: Intrapersonal, interpersonal, and transpersonal implications*. San Diego, CA: Academic Press.

Garlick, D. (2003). Integrating brain science research with intelligence research. *Current Directions in Psychological Science*, 12, 185-189.

Gergen, K. (1994). *Realities and relationships*. Cambridge, MA: Harvard University Press.

Gilligan, C. (1982). *In a different voice*. Cambridge, MA: Harvard University Press.

Gilligan, C. (1987). Adolescent development reconsidered. In C. Irwin (Ed.), *Adolescent social behavior and health*. San Francisco: Jossey-Bass.

Glasgow, T. R., Dornbusch, S. M., Troyer, L., Steinberg, L., & Ritter, P. L. (1997). Parenting style, adolescents attributions, and educational outcomes in nine heterogeneous high schools. *Child development*, 68, 507-529.

Glasser, W. (1998). *Choice theory: A new psychology of personal freedom*. New York: Harper Collins.

Glasser, W. (2000). *Counseling with choice theory*. New York: Harper Collins.

Glenn, N. D. & Weaver, C. N. (1978). A multivariate, multisurvey study of marital happiness. *Journal of Marriage and the Family*, 44(2), 269-282.

Glenn, N. D. & Weaver, C. N. (1979). A note on family situation and global happiness. *Social Forces*, 57(3), 960 – 967.

Glennon, B. & Weisz, J. R. (1977). An observational approach to the assessment of anxiety in young children. *Journal of Consulting and Clinical Psychology*, 46, 1246 – 1257.

Goldberg, D. P. (1972). *The detection of psychiatric illness by questionnaire*. Maudsley Monograph No. 21, Oxford: Oxford University Press.

Goldberg, D. P. & Hillier, V. F. (1979). A scaled version of the General Health Questionnaire. *Psychological Medicine*, 9, 139 – 145.

Goldberg, L. R. (1992). The development of markers for the Big-Five factor structure. *Psychological Assessment*, 4(1), 26 – 42.

Goldberg, R. W., Rollins, A. L., & McNary, S. W. (2004). The Working Alliance Inventory: Modification and use with people with serious mental illnesses in a vocational rehabilitation program. *Psychiatric Rehabilitation Journal*, 27(3), 267 – 270.

Goldenberg, H. & Goldenberg, I. (2002). *Counseling today's family therapy*(4th ed.). Pacific Grove, CA: Brooks/Cole.

Goldenberg, L. & Goldenberg, H. (2005). *Family therapy: An overview* (7th ed.). Monterey, CA: Brooks/Cole.

Goldman, L. (1990). Qualitative assessment. *The Counseling Psychologist*, 18, 205 – 213.

Goldstein, G. & Hersen, M. (Ed.)(1984). *Handbook of psychological assessment*. New York: Pergamon.

Goleman, D. (1997). *Emotional intelligence*. New York: Bantam.

Goleman, D. (1994). Childhood depression may herald adults ills. *The New York Times*, C1, C10.

Golomb, C. (1977). Representational development of the human figure: A look at the neglected variables of SES, IQ, sex, and verbalization. *Journal of Genetic Psychology*, 131, 297 – 332.

Golomb, C. (1994). Drawing as representation: The child's acquisition of a meaningful graphic language. *Visual Arts Research*, 20(2), 14 – 28.

Golomb, C. (2002). *Child art in context: A cultural and comparative perspective*. Washington, DC: APA Books.

Golombok, S., Cook, R., Bish, A., & Murray, C. (1995). Families created by new reproductive technologies: Quality of parenting and social and emotional development of the children. *Child Development*, *66*, 285–298.

Golombok, S., MacCallum, F., & Goodman, E. (2001). The "test-tube" generation: Parent-child relationships and the psychological well-being of in vitro fertilization at adolescence. *Child Development*, *72*, 599–608.

Goodman, W. K., Price, L. H., Rasmussen, S. A., Mazure, C., Fleischmann, R. L., Hill, C. L., Heninger, G. R., & Charney, D. S. (1989). The Yale-Brown Obsessive Compulsive Scale: I. Development, use, and reliability. *Archives of General Psychiatry*, *46*, 1006–1011.

Goodman, R. & Scott, S. (2005). *Child psychiatry* (2nd ed). Oxford: Blackwell.

Goodyer, I. (2000). Emotional disorders with their onset in childhood. In M. G. Gelder, J. J., López-Ibor Jr., & N. C. Andersen (Eds.), *The new Oxford textbook of psychiatry*, Chapter 9. 2. 5. Oxford: Oxford University Press.

Goodyer, I., Ashby, L., Altham, P. M. E. et al. (1993). Temperament and major depression in 11–16 year old. *Journal of Child Psychology and Psychiatry*, *34*, 1409–1423.

Goodyer, I., Kolvin, I., & Gatzanis, S. (1985). Recent undesirable life and psychiatric disorder in childhood and adolescence. *British Journal Psychiatry*, *147*, 517–523.

Gotlib, I. H. & Beach, S. R. H. (1995). A marital/family discord model of depression: Implications for therapeutic intervention. In N. S. Jacobson & A. S. Gurman (Eds.), *Clinical handbook of couple therapy* (pp. 411–436). New York: Guilford.

Gottman, J. M. (1994). *Why marriages succeed or fail*. New York: Simon and Schuster.

Gottman, J. M., Coan, J., Carrere, S., & Swanson, C. (1998). Predicting marital happiness and stability from newlywed interactions. *Journal of Marriage and the Family*, 60, 5 - 22.

Gould, M. S., Greenberg, T., Velting, D. M., & Shaffer, D. (2003). Youth suicide risk and preventive interventions: A review of the past 10 years. *Evidence Based Mental Health*, 6, 121.

Goyette, C. H., Conners, C. K., & Ulrich, R. F. (1978). Normative data on revised Conners Parent and Teacher Rating Scales. *Journal of Abnormal Child Psychology*, 6, 221 - 236.

Greenberg, L. S. & Paivio, S. C. (1997). *Working with emotions in psychotherapy: The practicing professional*. New York: Guilford Press.

Greenberger, E. & Chen, C. (1996). Perceived family relationships and depressed mood in early and late adolescence: A comparison of European and Asian Americans. *Development Psychology*, 32, 707 - 716.

Grissom, R. J. (1996). The magical number 7 +/- 2: Meta-meta-analysis of the probability of superior outcome in comparisons involving therapy, placebo, and control. *Journal of Consulting and Clinical Psychology*, 64(5), 973 - 82.

Grohol, J. M. (1999). Too much time online: Internet addiction or healthy social interactions. *Cyberpsychology and Behavior*, 2(5), 395 - 401.

Gunnell, D., Peters, T., Kammerling, R. et al. (1995). Relation between parasuicide, suicide, psychiatric admissions, and socio-economic deprivation. *British Medical Journal*, 311(6999), 226 - 230.

Guthrie, P. C. & Mobley, B. D. (1994). A comparison of the differential diagnostic efficiency of three personality disorder inventories. *Journal of Clinical Psychology*, 50(4), 656 - 665.

Gutterman, J. T. (1992). Doing mental health counseling: A social constructionist revision. *Journal of Mental Health Counseling*, 18(3), 228 - 252.

Guy, W. (1976). The Clinical Global Impression Scale. In *Early Clinical Drug Evaluation Unit (ECDEU) Assessment Manual for Psychopharmacology-Revised* (pp. 218 - 222). Rockville, MD: US Department of Health, Education and Welfare, ADAMHA, MIMH Psychopharmacology Research Branch.

Hall, A. S. & Parsons, J. (2001). Internet addiction: College students case study using best practices in behavior therapy. *Journal of Mental Health Counseling*, 23(4), 312-322.

Halmi, K. A. et al. (2000). Perfectionism in anorexia nervosa: Variation by clinical subtype, obsessionality, and pathological eating behavior. *American Journal of Psychiatry*, 157(11), 1799-1805.

Hamann, E. E. (1994). Clinicians and diagnosis: Ethical concerns and clinician competence. *Journal of Counseling and Development*, 72(3), 259-260.

Hamilton, G. (1929). *A research in marriage*. New York: Medical Research Press.

Hamilton, M. (1959). The assessment of anxiety states by rating. *British Journal of Medical Psychology*, 32(1), 50-55.

Hamilton, M. (1960). A rating scale for depression. *Journal of Neurology, Neurosurgery and Psychiatry*, 23(1), 56-62.

Hamilton, M. (1967). Development of a rating scale for primary depressive illness. *British Journal of Social and Clinical Psychology*, 6(4), 278-96.

Hammen, C. & Rudolph, K. D. (2003). Children mood disorders. In E. R. Mash & R. A. Barkley(Eds.), *Child psychopathology*(pp. 233-278). New York: Guilford Press.

Hammen, C., Brennan P. A., & Shih, J. H. (2004). Family discord and stress predictors of depression and other disorders in adolescent children of depressed and non-depresed mothers. *Journal of the American Academy of Child and Adolescent Psychiatry*, 43(8), 994-1002.

Hammill, D. & Newcomer, P. (1982). *Test of Language Development: Primary Edition*. San Antonio, Texas: Psychological Corporation.

Hampson, R. B. & Beavers, W. R. (1996). Measuring family therapy outcomes in a clinical setting: Families that do better or do worse in therapy. *Family Process*, 35(3), 347-361.

Hamsher, J. H., Geller, J. D., & Rotter, J. B. (1968). Interpersonal trust, internal-external control, and the Warren Commission Report. *Journal of*

Personality and Social Psychology, 9(3), 210 – 215.

Harrington, R. (2002). Affective disorders. In M. Rutter & E. Taylor (Eds.), *Child and adolescent psychiatry*, Chapter 29. Oxford: Blackwell.

Harris, A. E. & Curtin, L. (2002). Parental perceptions, early maladaptive schemas, and depressive symptoms in young adults. *Cognitive Therapy and Research*, 26(3), 405 – 416.

Harris, D. E. (1963). *Children's drawings as measures of intellectual maturity: A revision and extension of Goodenough Draw A-Man Test*. San Diego, CA: Harcourt Brace Jovanovich.

Harris, T. (2001). Recent developments in understanding the psychological aspects of depression. *British Medical Bulletin*, 57(1), 17 – 32.

Hartung, C. M. & Widiger, T. A. (1998). Gender differences in the diagnosis of mental disorders: Conclusion and controversies of the DSM - IV. *Psychological Bulletin*, 123(3), 260 – 278.

Havighurst, R. J. (1972). *Developmental tasks and education* (3rd ed.). New York: David McKay.

Hawton, K. E. & van Heeringen, K. (2000). *The international handbook of suicide and attempted suicide*. Chichester: John Wiley.

Hawton, K. E., Harriss, L., Hall, S., Simkin, S., Bale, E., & Bond, A. (2003). Deliberate self-harm in Oxford, 1990 – 2000: A time of change in patient characteristics. *Psychological Medicine*, 33(6), 987 – 995.

Hawton, K. E., Harriss, L., Hodder, K., Simkin, S., & Gunnell, D. (2001). The influence of the economic and social environment on deliberate self-harm and suicide: An ecological and person-based study. *Psychological Medicine*, 31(5), 827 – 836.

Hay, P. A. (1996). Addressing the complexities in culture and gender in counseling. *Journal of Counseling and Development*, 74(4), 332 – 338.

Hegarty, K., Sheehan, M., & Schonfeld, C. (1999). A multidimensional definition of partner abuse: Development and preliminary validation of the composite abuse scale. *Journal of Family Violence*, 14(4), 399 – 415.

Henderson, S., Duncan-Jones, P., Byrne, D. G., & Scott, R. (1980).

Measuring social relationships: The Interview Schedule for Social Interaction. *Psychological Medicine*, *10*(4), 723-734.

Hendin, H., Maltsberger, J. T., Lipschitz, A., Pollinger, H., & Kyle, J. (2001). Recognizing and responding to a suicide crisis. *Suicide and Life-Threatening Behavior*, *31*(2), 115-128.

Henry, B., Caspi, A., Moffitt, T. E., & Silva, P. A. (1996). Temperamental and familial predictors of violent and nonviolent criminal convictions: Age 3 to 18. *Developmental Psychology*, *32*(4), 614-623.

Herrera, C. & Dunn, J. (1997). Early experiences with family conflict: Implications for arguments with a close friend. *Development Psychology*, *33*(5), 869-881.

Hershenson, D. B. & Power, P. W. (1987). *Mental counseling*. New York: Pergamon Press.

Hershenson, D. B., Power, P. W., & Waldo, M. (1996). *Community counseling: Contemporary theory and practice*. Boston: Allyn and Bacon.

Hetherington, E. M., Bridges, M., & Insabella, G. M. (1998). What matters? What does not? Five perspectives on the association between marital transitions and children's adjustments. *American Psychologist*, *53*(2), 167-184.

Hetherington, E. M. (1989). Coping with family transitions: Winners, losers, and survivors. *Child Development*, *60*, 1-14.

Hetherington, E. M. & Stanley-Hagan, M. (1999). The adjustment of children with divorced parents: A risk and resiliency perspective. *Journal of Child Psychology and Psychiatry*, *40*, 129-140.

Hetherington, E. M., Clingempeel, W. G. et al. (1992). Coping with marital transitions: A family systems perspective. *Monographs of the Society for Research in Child Development*, *57*(2-3, Serial No. 227), 1-14.

Hetherington, E. M., Cox, M., & Cox, R. (1982). Effects of divorce on parents and children. In M. E. Lamb(Ed.), *Nontraditional families* (pp. 233-288). Hillsdale, NJ: Erlbaum.

Hiller, W., Zaudig, V. M., & Bose, M. V. (1989). The overlap between depression and anxiety on different levels of psychopathology. *Journal of*

Affective Disorders, *16*, 223-231.

Hobfoll, S. E. & London, P. (1986). The relationship of self-concept and social support to emotional distress among women during war. *Journal of Social and Clinical Psychology*, 4(2), 189-203.

Hodgson, R. J. & Rachman, S. (1977). Obsessional-compulsive complaints. *Behavior Research and Therapy*, *15*, 389-395.

Hohenshil, T. H. (1996). Editorial: Role of assessment and diagnosis in counseling. *Journal of Counseling and Development*, 75(1), 64-66.

Hollon, S. D. & Kendall, P. C. (1980). Cognitive self-statements in depression: Development of an automatic thoughts questionnaire. *Cognitive Therapy and Research*, *4*, 383-395.

Hopkins, B., Ronalg, R. G., Michel, G. F., & Rochat, P. (2004). *The Cambridge encyclopedia of child development*. Cambridge: Cambridge University Press.

Howe, N., Petrakos, H., & Rinaldi, C. M. (1998). "All the sheeps are dead. He murdered them": Sibling pretense, negotiation, internal state language, and relationship quality. *Child Development*, *69*, 182-191.

Huebner, E. S. (1991). Initial development of the Student's Life Satisfaction Scale. *School Psychology International*, *12*, 231-240.

Huebner, E. S. (1994). Preliminary development and validation of a multidimensional life scale for children. *Psychological Assessment*, 6(2), 149-158.

Ilardi, S. S. & Craighead, W. E. (1994). The role of nonspecific factors in cognitive-behavior therapy for depression. *Clinical Psychology: Science and Practice*, *1*, 138-156.

Janca, A., Ustun, T. B., & Sartorius, N. (1994). New versions of World Health Organization instruments for the assessment of mental disorders. *Acta Psychiatrica Scandinavica*, *90*, 73-83.

Jiao, S., Ji, G., & Jing, Q. (1996). Cognitive development of Chinese urban only children and children with siblings. *Child Development*, *67*, 387-395.

John R. Graham (1999). *MMPI - 2 Assessing Personality and Psychopathology*, Third Edition. Oxford: Oxford University Press.

Jones, D. P. H. (2000). Child abuse and neglect. In M. G. Gelder, J. J. López-Ibor Jr. & N. C. Andreasen (Eds.), *The new Oxford textbook of psychiatry*. Oxford: Oxford University Press.

Joyce, P. & Sills, C. (2001). *Skills in Gestalt counselling and psychotherapy*. London, Thousand Oaks & New Delhi: Sage Publications.

Kadushin, A. & Martin, J. A. (1981). *Child abuse: A international event*. New York: Columbia University Press.

Kahneman, D., Kreuger, A., Schkade, D., Schwarz, N., & Stone, A. (2004). A survey method for characterizing daily life experience: The day reconstruction method. *Science, 306*, 1776-1780.

Kalafat, J. & Ryerson, D. M. (1999). The implementation and institutionalization of a school-based youth suicide prevention program. *Journal of Primary Prevention, 19*, 157-175.

Karlsen, B., Madden, R., & Gardner, E. F. (1966). *Manual for administering and interpreting Stanford Diagnostic Reading Test*. New York: Harcourt.

Karpel, M. A. (1986). *Family resources: The hidden partner in family therapy*. New York: Guilford Press.

Kaufman, A. S. & Kaufman, N. L. (1983). *Kaufman Assessment Battery for Children (K-ABC)*. American Guidance Service.

Kay, S. R., Fiszbein, A., & Opler, L. A. (1987). The positive and negative syndrome scale (PANSS) for schizophrenia. *Schizophrenia Bulletin, 13*(2), 261-276.

Kaye, K. (1985). Toward a developmental psychology of the family. In L. L. Abate (Ed.), *The handbook of family psychology and therapy* (Vol. 1). Homewood, IL: Dorsey Press.

Kazdin, A. E. (1988). Child depression. In E. J. Mash & L. Terdal (Eds.), *Behavioral assessment of childhood disorders* (2nd ed.) (pp. 157-196). New York: Guilford Press.

Kazdin, A. E. (1989). Developmental psychopathology: Current research, issues, and directions. *American Psychologist*, 44(2), 180 - 187.

Kazdin, A. E. (1993). Adolescent mental health: Prevention and treatment programs. *American Psychologist*, 48(2), 127 - 141.

Kazdin, A. E. (2001). *Behavior modification in applied settings*. Wadsworth/Thomson Learning.

Keller, J. M., McClellan-Green, P. D., Kucklick, J. R., Keil, D. E., & Peden-Adams, M. M. (2006). Effects of organochlorine contaminants on loggerhead sea turtle immunity: Comparison of a correlative field study and in vitro exposure experiments. *Environmental Health Perspectives*, 114, 70 - 76.

Kendler, K. S., Neale M. C., Kessler, R. C. et al. (1992). Major depression and generalized anxiety disorder: The same genes (partly) different environments? *Archives of General Psychiatry*, 49, 716 - 722.

Kessler, B. C. & Walter, E. E. (1998). Epidemiology of DSM-III-R major depression and minor depression among adolescents and young adults in the National Comorbidity Survey. *Depression and Anxiety*, 7, 3 - 14.

Kessler, R. C., McGonagle, K. A., Zhao, S., Nelson, C. B., Hughes, M., Eshleman, S. et al. (1994). Lifetimes and 12-month prevalence of DSM - III - R psychiatric disorders in the United States: Results from the National Comorbidity Survey. *Archives of General Psychiatry*, 51, 8 - 19.

Kiecolt, J. & McGrath, E. (1979). Social desirability responding in the measurement of assertive behavior. *Journal of Consulting and Clinical Psychology*, 47, 640 - 642.

Kiesler, D. J. & Watkins, K. (1989). Interpersonal complementarity and the therapeutic alliance: A study of relationship in psychotherapy. *Psychotherapy: Theory, Research, and Practice*, 26, 183 - 194.

Kilpatrick, D. G., Ruggiero, K. J., Acierno, R., Saunders, B. E., Resnick, H. S., & Best, C. L. (2003). Violence and risk of PTSD, major depression, substance abuse/dependence, and comorbidity: Results from the national survey of adolescents. *Journal of Consulting and Clinical Psychology*, 71, 692 - 700.

Klein, D. N. , Schwartz, J. E. , Santiago, N. J. , Vivian, D. , Vocisano, C. , Castonguay, L. G. , Arnow, B. , Blalock, J. A. , Manber, R. , Markowitz, J. C. , Riso, L. P. , Rothbaum, B. , McCullough, J. P. , Thase, M. E. , Borian, F. E. , Miller, I. W. , &Keller, M. B. (2003). Therapeutic alliance in depression treatment: Controlling for prior change and patient characteristics. *Journal of Consulting and Clinical Psychology*, 71 (6), 997-1006.

Kleinman, A. (1986). *Social origins of distress and disease: Depression, neurasthenia, and pain in modern China*. New Haven: Yale University Press.

Klerman, F. G., Weissman, M. M. , Rounsaville, B. J. et al. (1984). *Interpersonal psychotherapy of depression*. New York: Basic Books.

Klerman, G. L. (1992). Drug treatment of panic disorder: Reply to comment by Marks and associates. *British Journal of Psychiatry*, 161, 465-471.

Kolhberg, L. (1963). Development of children's orientation towards a moral order: Sequence in the development of moral thought. *Vita Humana*, 6, 11-13.

Kolhberg, L. (1973). Continuities in childhood and adult moral development revisited. In P. B. Baltes & K. W. Schair(Eds.), *Life-span developmental psychology: Personality and socialization*. New York: Academic Press.

Kolhberg, L. (1981). *The philosophy of moral of development*. New York: Harper & Row.

Kopala, M. & Keitel, M. A. (Eds.) (2003). *Handbook of counseling women*. Thousand Oaks, CA: Sage.

Koplin, B. & Agathen, J. (2002). Suicidality in children and adolescents: A review. *Current Opinions in Pediatrics*, 14, 713-717.

Koppitz, E. M. (1968). *Psychological evaluation of children's human figure drawings*. New York: Grune & Stratton.

Koppitz, E. M. (1984). *Psychological evaluation of human figure drawings by middle school pupils*. New York: Grune & Stratton.

Kovacs, M. (1978). *Children's Depression Inventory(CDI)*. Unpublished manuscript, University of Pittsburgh.

Kovacs, M. (1982). *The Interview Schedule for Children (ISC)*. Unpublished interview schedule, Department of Psychiatry, University of Pittsburgh, Pennsylvania.

Kovacs, M. (1989). Affective disorders in children and adolescents. *American Psychologist*, 44, 209-215.

Kovacs, M. (1992). *The Children's Depression Inventory (CDI) manual*. New York: Multi-Health Systems.

Kovacs, M. (1996). Presentation and course of major depressive disorder during childhood and later years of the life span. *Journal of the American Academy of Child and Adolescent Psychiatry*, 35(6), 705-715.

Kozma, A. & Stones, M. J. (1980). The measurement of happiness: Development of the Memorial University of Newfoundland Scale of Happiness (MUNSH). *Journal of Gerontology*, 35, 906-912.

Krug, D. A., Arick, J. R., & Almond, P. J. (1980). Behavior checklist for identifying severely handicapped individuals with high levels of autistic behavior. *Journal of Child Psychology and Psychiatry*, 21, 221-229.

Kubinger, K. D. (2009). The technique of Objective Personality-Tests sensu R. B. Cattell nowadays: The Viennese pool of computerized tests aimed at experiment-based assessment of behavior. 心理学报, 41(10): 1024-1036.

Lachar, D. & Gruber, C. P. (1995). *Personality inventory for youth manual: Technical guide*. Los Angeles: Western Psychological Services.

Lam, D. H., Wong, G., & Sham, P. (2001). Prodromes, coping strategies and the course of illness in bipolar affective disorder: A naturalistic study. *Psychological Medicine*, 31, 1397-1402.

Lamberg, L. (2003). Advances in eating disorders offer food for thought. *Journal of the American Medical Association*, 290, 1437-1442.

Lambert, M. J. & Bergin, A. E. (1994). The effectiveness of psychotherapy. In A. E. Bergin & S. L. Gdield (Eds.), *Handbook of psychotherapy and behavior change* (4th ed., pp. 143-189). New York: Wiley.

Lambert, M. J. (1992). Psychotherapy outcome research: Implications for integrative and eclectic therapists. In J. C. Norcross & M. R. Goldfried (Eds.), *Handbook of psychotherupy integration* (pp. 94 – 129). New York: Basic.

Lambert, M. C., Weisz, J. R., Knight, F., Desrosiers, M. F., Overly, K., & Thesiger, C. (1992). Jamaican and American adult perspective on child psychopathology: Further exploration of the threshold model. *Journal of Consulting and Clinical Psychology*, 60, 146 – 149.

Lamborn, S. D. & Steinberg, L. (1993). Emotional autonomy redux: Revising Ryan and Lynch. *Child Development*, 64, 483 – 499.

Langlois, S. & Morrison, P. (2002). Suicide deaths and suicide attempts. *Health Reports*, 13(2), 9 – 22.

Larry E. Beutler (2003). *Integrative assessment of adult personality*, Second Edition. New York: The Guilford Press.

Lazarus, A. A. & Lazarus, C. N. (1991). *The Multimodal Life History Inventory*. Champaign, IL: Research Press.

Leahy, R. L. (2003). *Cognitive therapy techniques: A practioner's guide*. New York: Guilford.

Leary, M. R. (1983). Social anxiousness: The construct and its measurement. *Journal of Personality Assessment*, 47(1), 66 – 75.

Leckman, J. F., Grice, D. E., Boardman, J., Zhang, H., Vitale, A., Bondi, C., Alsobrook, J., Peterson, B. S., Cohen, D. J., Rasmussen, S. A., Goodman, W. K., McDougle, C. J., & Pauls, D. L. (1997). Symptoms of obsessive-compulsive disorder. *The American Journal of Psychiatry*, 154(7), 911 – 917.

Leff, J. (1981). *Psychiatry around the globe: A transcultural view*. New York: Dekker.

Leland, H., Shellhaas, M., Nihira, K., & Foster, R. (1967). Adaptive behavior: A new dimension in the classification of the mentally retarded. *Mental Retardation Abstrats*, 4(3), 359 – 387.

Levy-Shiff, R., Goldschmidt, L., & Har-Evan, D. (1991). Transition to parenthood in adoptive families. *Development Psychology*, 16, 425 – 432.

Levy-Shiff, R. (1994). Individual and contextual correlates of marital change across the transition to parenthood. *Development Psychology*, 16, 425 – 432.

Lewinsohn, P. M., Joiner, T. E., & Rohde, P. (2001). Evaluation of cognitive diathesis-stress models in predicting major depressive disorder in adolescents. *Journal of Abnormal Psychology*, 110(2), 203 – 215.

Lewinsohn, P. M., Roberts, R. E., Seeley, J. R., Rohde, P., Gotlib, I. H., & Hops, H. (1994). Adolescent psychopathology: II. Psychosocial risk factors for depression. *Journal of Abnormal Psychology*, 103, 302 – 315.

Lewis, A. J. (1936). Problems of obsessional neurosis. *Proceedings of the Royal Society of Medicine*, 29, 352 – 36.

Lewis, J. M. (1988). The transition to parenthood: The rating of prenatal marital competence. *Family Process*, 27, 149 – 165.

Lewis, J. M., Beavers, W. R., Gossett, J. T., & Phillips, V. A. (1976). *No single thread: Psychological health in family systems*. New York: Brunner/Mazel.

Le-Grange, D., Telch, C. F., & Tibbs, J. (1998). Eating attitudes and behaviour in 1435 South African Caucasian and Non-Caucasian College students. *American Journal of Psychiatry*, 155, 250 – 254.

Liddle, P. F., Barnes, T. R., Morris, D., & Haque, S. (1989). Three syndromes in chronic schizophrenia. *British Journal of Psychiatry*, supplements, (7), 119 – 22.

Liddle, P. F., Carpenter, W. T., & Crow, T. (1994). Syndromes of schizophrenia: Classic literature. *The Journal of Mental Science*, 165(6), 721 – 727.

Lidz, R. & Lidz, T. (1949). The family environment of schizophrenic patients. *American Journal of Psychiatry*, 106, 332 – 342.

Liebowitz, M. R. (1987). Social phobia. *Modern Problems in Pharmacopsychiatry*, 22, 141 – 173.

Lilienfeld, S. O., Wood, J. M., & Garb, H. N. (2000). The scientific status of projective techniques. *Psychological Science in the Public Interest*, 1, 27–66.

Linehan, M. M., Armstrong, H. E., Suarez, A., Allmon, D., & Heard, H. L. (1991). Cognitive-behavioral treatment of chronically parasuicidal borderline patients. *Archives of General Psychiatry*, 48, 1060–1064.

Linehan, M. M., Goodstein, J. L., Nielsen, S. L., & Chiles, J. A. (1983). Reasons for staying alive when you are thinking of killing yourself: The reasons for living inventory. *Journal of Consulting and Clinical Psychology*, 51(2), 276–86.

Lipton, A. A. & Simon, F. S. (1985). Psychiatric diagnosis in a state hospital: Manhattan State revisited. *Hospital and Community Psychiatry*, 36(4), 368–373.

Locke, H. J. & Wallace, K. M. (1959). Short martial-adjustment and prediction test: Their reliability and validity. *Marriage and Family Living*, 21(3), 251–255.

Lopez, F. G. (1995). Contemporary attachment theory: An introduction with implication for counseling Psychology. *The Counseling Psychologist*, 23(3), 395–415.

Loranger, A. W., Sartorius, N., Andreoli, A., Berger, P., Buchheim, P., Channabasavanna, S. M. et al. (1994). The International Personality Disorder Examination (IPDE). The World Health Organization/Alcohol, Drug Abuse, and Mental Health Administration International Pilot Study of Personality Disorders. *Archives of General Psychiatry*, 51(3), 215–224.

Luby, J. L., Mrakotsky, C., Heffelfinger, A. et al. (2003). Modification of DSM-IV criteria for depressed preschool children. *American Journal of Psychiatry*, 160, 1169–1172.

Luckey, E. B. (1960). Marital satisfaction and its association with congruence of perception. *Marriage and the Family*, 32, 49–54.

Luster, T. & McAdoo, H. (1996). Family and child influences on educational attainment: A secondary analysis of the High/Scope Perry preschool data. *Developmental Psychology*, 32, 26–39.

Lynch, M. & Roberts, J. (1982). *Consequence of child abuse.* London: Academic Press.

L'Abate, L. (Ed.) (1994). *Handbook of developmental family psychology and psychopathology.* New York: Wiley.

Maccoby, E. E. & Martin, J. A. (1983). Socialization in the context of the family: Parent-child interaction. In P. H. Mussen (Series Ed.) & E. M. Hetherington(Ed.), *Handbook of child psychology: Vol. 4. Socialization, personality and social development* (pp. 1–101). New York: Wiley.

Machover, K. (1949). *Personality projection in the drawing of the human figure.* Springfield, IL: Charles C Thomas.

Mahoney, M. & Moes, A. (1997). Complexity and psychotherapy: Promising dialogues and practical issues. In Frank Masterpasqua & Phyllis A. Perna (Eds.), *The psychological meaning of chaos: Translating theory into practice* (pp. 177–198). American Psychological Assocation, Washington, DC.

Mahoney, A., Jouriles, E. N., & Scavone, J. (1997). Martial adjustment, marital discord over childrearing, and behavior problems: Moderating effects of child age. *Journal of Clinical Child Psychology, 26,* 415–423.

Malchiodi, C. (1997). *Breaking the silence: Art therapy with children from violent homes* (2nd ed., rev.). New York: Brunner/Mazel.

Maloney, M. & Ward, M. P. (1976). *Psychological Assessment: A Conceptual Approach.* New York: Oxford University Press.

Martin Payne (2006). *Narrative therapy: An introduction for counselors* (2nd ed.). London: Thousand Oaks, Calif.: Sage.

Martin, D. J., Garske, J. P., & Davis, M. K. (2000). Relation of the therapeutic alliance with outcome and other variables: A meta-analytic review. *Journal of Consulting and Clinical Psychology, 68,* 438–450.

Maslow, A. H. & Mittelman, B. (1941). *Principles of abnormal psychology: The dynamics of psychic illness.* New York. Harper and Brothers.

Maslow, A. H. (1968). *Toward the psychology of being* (2nd ed.). New York: Van Nostrand Reinhood.

Mattick, R. P. & Clarke, J. C. (1998). Development and validation of measures of social phobia scrutiny fear and social interaction anxiety. *Behaviour Research and Therapy*, 36, 455–470.

Mazure, C. M. & Maciejewski, P. K. (2003). A model of risk for major depression: Effects of life stress and cognitive style vary by age. *Depression and Anxiety*, 17, 26–33.

McCrae, R. R. & Costa, P. X. Jr. (1985). Comparison of EPI and psychoticism scales with measures of the five-factor model of personality. *Personality and Individual Differences*, 6, 587–597.

McFarlane, J., Parker, B., Soeken, K., & Bullock, L. (1992). Assessing for abuse during pregnancy: Severity and frequency of injuries and associated entry into prenatal care. *Journal of the American Medical Association*, 267(23), 3176–3178.

McGinn, L. & Sanderson, W. C. (2001). What allows cognitive behavioral therapy to be brief: Overview, efficacy, and crucial factors facilitating brieftreatment. *Clinical Psychology: Science and practice*, 8, 23–37. Retrieved November 26, 2003 from PsycINFO database.

McGoldrick, M., Giordano, J., & Gakcia-Preto, N. (2005). *Ethnicity and family therapy* (3rd ed.). New York: Guilford.

Mekos, D., Hetherington, E. M., & Reiss, D. (1996). Sibling differences in problem behavior and parental treatment in nondivorced and remarried families. *Child Development*, 67, 2148–2165.

Melnick, J. & Nevis, S. (1987). Power, choice and surprise. *Gestalt Journal*, 9, 43–51.

Melnick, J. & Nevis, S. (1997). Gestalt diagnosis and DSM-IV. *British Gestalt Journal*, 6(2), 97–106.

Meyer, G. J. et al. (2001). Psychological Testing and Psychological Assessment: A Review of Evidence and Issues. *American Psychologist*, 56(2), 128–165.

Meyer, A. (1957). *Psychobiology: A science of man*. Oxford, England: Charles C Thomas.

Meyer, B., Pilkonis, P. A., Krupnick, J. L., Egan, M. K., Simmens,

S. J. , & Sotsky, S. M. (2002). Treatment expectancies, patient alliance, and outcome: Further analyses from the National Institute of Mental Health Treatment of Depression Collaborative Research Program. *Journal of Consulting and Clinical Psychology*, *70*(4), 1051-1055.

Michael Gelder, Philip Cowen, & Paul Harrison(2006). *Shorter Oxford textbook of psychiatry*. 5th edition. New York: Oxford University Press.

Mieczkowski, T. A. , Sweeney, J. A. , Haas, G. L. et al. (1993). Factor composite of the Suicide intent scale. *Suicide and Self-Threatening Behavior*, *23*, 37-45.

Miller, B. C. , Fan, X. , Christensen, M. , Grotevant, H. D. , & Van Dulmen, M. (2000). Comparisons of adopted and nonadopted adolescents in a large, nationally representative sample. *Child Development*, *71*,1458-1473.

Mills, T. J. , Avegno, J. L. , & Haydel, M. J. (2006). Male victims of partner violence: Prevalence and accuracy of screening tools. *The Journal of Emergency Medicine*, *31*(4), 447-452.

Milner, J. S. (1994). Assessing physical child abuse risk: The child abuse potential inventory. *Clinical Psychology Review*, *14*, 547-583.

Milner, J. S. (1996). *The Child Abuse Potential Inventory: Manual* (2nd ed.). Webster, NC: Psytec.

Miltenberger, R. G. , Fuqua, R, W. , & McKinley, T. (1985). Habit reversal with muscle tics: Replication and component analysis. *Behavior Therapy*, *16*(1), 39-50.

Minuchin, S. (1974). *Families and family therapy*. Cambridge, MA: Harvard University Press.

Minuchin, S. , Rosman, B. L. , & Baker, L. (1978). *Psychosomatic families: Anorexia nervosa in context*. Cambridge, MA: Harvard University Press.

Montgomery, S. A. & Asberg, M. (1979). A new depression scale designed to be sensitive to change. *British Journal of Psychiatry*, *134*(4), 382-389.

Moos, R. H. & Moos, B. (1981). *Family Environment Scale manual*. Palo

Alto, CA: Consulting Psychologists Press.

Morey, L. C. & Ochoa, E. S. (1989). An investigation of adherence to diagnostic criteria: Clinical diagnosis of the DSM - Ⅲ personality disorders. *Journal of Personality Disorders*, 3(3), 180 - 192.

Morrison, J. (1995). *The first interview: An introduction to the art and science of mental health interviewing*. New York: Guilford Press.

Narrow, W. E., Rae, D. D., Robins, L. N., & Regier, D. A. (2002). Revised prevalence estimates of mental disorders in the United States: Using a clinical significance criterion to reconcile 2 surveys' estimates. *Archives of General Psychiatry*, 59, 115 - 123.

Nathan, P. E. & Gorman, J. M. (Eds.) (2007). *A guide to treatments that work* (3rd ed.). New York: Oxford University Press.

Nathan, P. E. & Harris, S. L. (1980). *Psychopathology and society*. 2nd ed. New York: McGraw-Hill.

Neimeyer, R. A. & Mahoney, M. J. (Eds.) (1995). *Constructivism in psychotherapy*. Washington, DC: American Psychological Association.

Nelson-Jones, R. (1992). *Lifeskills helping: A textbook of practical counselling and helping skills* (3rd ed.). Sydney: Holt, Rinehart and Winston.

Neugarten, B. L., Havighurst, R. J., & Tobin, S. S. (1961). The measurement of life satisfaction. *Journal of Gerontology*, 16, 134 - 143.

NIMH(National Institute of Mental Health) (2003). http://www.nimh.nih.gov/research/highrisksuicide.cfm.

Norcross, J. C., Karpiak, C. P., & Santoro, S. O. (2005). Clinical psychologists across the years: The division of clinical psychology from 1960 to 2003. *Journal of Clinical Psychology*, 61(12), 1467 - 1483.

Norcross, J. C., Strausser-Kirtland, D., & Missar, C. D. (1988). The processes and outcomes of psychotherapists' personal treatment experiences. *Psychotherapy: Theory, Research, Practice, Training*, 25(1), 36 - 43.

Nordstrom, P., Samuelson, M., Asberg, M., Traskman-Bendz, L., Aberg-Wistedt, A., Nordin, C., & Bertilsson, L. (1994). CSF 5-HIAA predicts suicide risk after attempted suicide. *Suicide and Life-Threatening*

Behavior, 24(1), 1-9.

Noyes, R., Woodman, C., Garvey, M. J. et al. (1992). Generalized anxiety disorder vs. panic disorder: Distinguishing characteristic and patterns of morbidity. *Journal of Nervous and Mental Disease*, 180, 369-379.

Oei, T. P. S. & Shuttlewood, G. J. (1996). Specific and nonspecific factors in psychotherapy: A case of cognitive therapy for depression. *Clinical Psychology Review*, 16(2), 83-103.

Oishi, S., Schimmack, U., Diener, E., & Suh, E. M. (1998). The measurement of values and individualism-collectivism. *Personality and Social Psychology Bulletin*, 24, 1177-1189.

Olson, D. H., Portner, J., & Bell, R. (1982). FACES II: Family Adaptability and Cohesion Evaluation Scales. In D. Olson, H. McCubbin, H. Barnes, A. Larsen, M. Muxen, & M. Wilson (Eds.), *Family inventories* (pp. 5-24). St. Paul: University of Minnesota.

Olson, D. H. (1970). *Building a strong marriage*. Minneapolis, MN: Prepare-Enrich.

Olson, D. H. (1986). Circumplex model VII: Validation studies and FACES III. *Family Process*, 26, 337-351.

Olson, D. H., Fournier, D., & Druckman, J. (1982). *Prepare/Enrich counselor's manual*. Minneapolis, MN: Prepare/Enrich.

Olson, D. H. et al. (1982). ENRICH. In D. H. Olson et al. (Eds.), *Family Inventories Inventories used in a national survey of families across the family life cycle*. St. Panl: Family Social Science, University of Minesota.

Orbach, L., Feshbach, S., Carlson, G., Glaubman, H., & Gross, Y. (1983). Attraction and repulsion by life and death in suicide and in normal children. *Journal of Consulting and Clinical Psychology*, 51, 661-670.

Orzack, M. (1999). Computer addiction: Is it real or is it virtual? *Harvard Mental Health Letter*, 15(7), 8.

Overall, J. E. & Gorham, D. R. (1962). The brief psychiatric rating scale. *Psychological Reports*, 10, 799-812.

Owens, D., Horrocks, J., & House, A. (2002). Fatal and non-fatal repetition of self-harm: Systematic review. *The British Journal of Psychiatry*, *181*, 193–199.

O'Connor, P. & Brown, G. W. (1984). Supportive relationships: Fact or fantasy? *Journal of Social and Personal Relationships*, *1*, 159–175.

Palkovitz, R. (1984). Parental attitudes and fathers interactions with their 5-month-old infants. *Development Psychology*, *20*, 1054–1060.

Palmer, C. A. & Hazelrigg, M. (2000). The guilty but mentally ill verdict: A review and conceptual analysis of intent and impact. *Journal of the American Academy of Psychiatry and the Law*, *28*, 47–54.

Palmer, B. (2000). *Helping people with eating disorders: A clinical guide to assessment and treatment*. Chichester: John Wiley.

Parr, G. D. & Ostrovsky, M. (1991). The role of moral development in deciding how to counsel children and adolescents. *The School Counselor*, *39*, 14–19.

Parsons, T. (1951). *The social system*. London: Routledge.

Patterson, G. R., DeBaryshe, R. D., & Ramsey, E. (1989). A developmental perspective on antisocial behavior. *American Psychologist*, *44*(2), 329–335.

Paul Bennett(2007), *Abnormal and Clinic Psychology*. 北京：人民邮电出版社(影印版).

Paulhus, D. & Shaffer, D. R. (1981). Sex differences in the impact of number of older and number of younger siblings on school aptitude. *Social Psychology Quarterly*, *44*, 363–368.

Pavot, W. & Diener, E. (1993). Review of the satisfaction with life scale. *Psychological Assessment*, *5*, 164–172.

Paykel, E. S., Cooper, Z., & Ramana, R. (1992). Life events, social support and marital relationships in the outcome of severe depression. *Psychological Medicine*, *26*(1), 121–133.

Pennebaker, J. W. (1982). *The psychology of physical symptoms*. New York: Springer-Verlag.

Perlman, L. M. (2001). Nonspecific, unintended, and serendipitous effects in psychotherapy. *Professional Psychology: Research and Practice*, 32(3), 283–288.

Perris, C. et al. (1980). Development of a new inventory for assessing memories of parental rearing behavior. *Acta Psychiatrica Scandinavica*, 61, 265–271.

Persons, J. B., Davidsons, J., & Tompkins, M. A. (2000). *Essential components of cognitive-behavior therapy for depression*. Washington, DC: American Psychiatric Association.

Petersen, A. C., Compas, B. E., Brooks/Gunn, J., Stemmler, M., Ey, S., & Grant, K. E. (1993). Depression in adolescence. *American Psychologist*, 48(2), 155–168.

Pfeffer, C. R. (1994). Developmental issues in child and adolescent suicide: A discussion. *New Directions for Child and Adolescent Development*, (64), 109–114.

Piaget, J. (1952). *The origins of intelligence in children* (M. Cook, Trans.). New York: Norton.

Piaget, J. (1965). *The moral judgment of the child* (M. Gabain, Trans.). New York: Free Press. (Original work published 1936.)

Pinto, A., Folkers, E., & Sines, J. O. (1991). Dimensions of behavior and home environment in school-age children: India and the United States. *Journal of Cross-Cultural Psychology*, 22, 491–508.

Piotrowski, C., Belter, R. W., & Keller, J. W. (1998). The impact of "managed care" on the practice of psychological testing: Preliminary findings. *Journal of Personality Assessment*, 70, 441–447.

Pittman, F. S. & Wagers, T. P. (2005). Teaching fidelity. *Journal of Clinical Psychology*, 61, 1407–1419.

Plomin, R. & Crabbe, J. C. (2001). DNA. *Psychological Bulletin*, 126, 806–828.

Polansky, N. A., Chalmers, M. A., Buttenweiser, E., & Williams, D. P. (1981). *Damaged parents: An anatomy of child neglect*. Chicago: University of Chicago Press.

Poznanski, E. O. , Cook, S. C. , & Carroll, B. J. (1979). A depression rating scale for children. *Pediatrics*, 64, 442-450.

Prochaska, J. O. & Norcross, J. C. (2007). *Systems of psychotherapy: A transtheoretical analysis* (Sixth Edition). Belmont, CA: Thompson Brooks/Cole.

Rabin, R. F. , Jennings, J. M. , Campbell, J. C. et al. (2009). Intimate partner violence screening tools: A systematic review. *American journal of preventive medicine*, 36(5), 439-445.

Rak, C. F. & Patterson, L. E. (1996). Promoting resilience in at-risk children. *Journal of Counseling and Development*, 74(4), 368-373.

Rapee, R. M. (1991). Generalized anxiety disorder: A review of clinical features and theoretical concepts. *Clinical Psychology Review*, 11, 419-440.

Rector, N. A. & Beck, A. T. (2001). Cognitive-behavioral therapy for schizophrenia: An empirical review. *Journal of Nervous and Mental Disease*, 189, 278-287.

Remafedi, G. et al. (1998). The relationship between suicide risk and sexual orientation: Results of a population-based study. *American Journal of Public Health*, 88(1), 57-60.

Rempel, J. K. , Holmes, J. G. , & Zanna, M. P. (1985). Trust in close relationships. *Journal of Personality and Social Psychology*, 49, 95-112.

Rhodes, J. E. , Grossman, J. B. , & Resch, N. L. (2000). Agents of change: Pathways through which mentoring relationships influence adolescents academic adjustment. *Child Development*, 71, 1662-1671.

Ricciardelli, L. A. & McCabe, M. P. (2001). Children's body image concerns and eating disturbance: A review of the literature. *Clinical Psychology Review*, 21, 325-344.

Rice, F. , Harold G. , & Thapar, A. (2002). The genetic aetiology of childhood depression: A review. *Journal of Child Psychology and Psychiatry*, 43, 65-79.

Rice, K. G. & Meyer, A. L. (1994). Preventing depression among young adolescents: Preliminary process results of psycho-educational program. *Journal* of Counseling and Development, 73(2), 145–152.

Ridley, C. R., Li, L. C., & Hill, C. L. (1998). Multicultural assessment: reexamination, reconceptualization, and practical application. *The Counseling Psychologist*, 26, 827–910.

Roback, H. (1968). Human figure drawings: Their utility in the clinical Psychologist's armamentarium for personality assessment. *Psychological bulletin*, 70(1), 1–19.

Robins, L. N., Helzer, J. E., Croughan, J., & Ratcliff, K. S. (1981). National Institute of Mental Health Diagnostic Interview Schedule. Its history, characteristics, and validity. *Archives of General Psychiatry*, 38, 381–389.

Robinson, T. N., Killen, J. D., & Litt, I. F. (1996). Ethnicity and body dissatisfaction: Are Hispanic and Asian girls at increased risk for for eating disorders? *Journal of Adolescent Health*, 19(6), 384–393.

Rogers, C. (1951). *Client-centered therapy*. Boston: Houghton Mifflin.

Rollins, B. C. & Cannon, K. F. (1974). Marital satisfaction over the family life cycle: A re-evaluation. *Journal of Marriage and the Family*, 32, 20–27.

Ronald Jay Cohen & Mark E. Swerdlik(2006). *Psychological testing and assessment*(6th). 人民邮电出版社.

Ross, M. W. et al. (1982). New inventory for measurement of parental rearing patterns. *Acta Psychiatrica Scandinavica*, 66, 499–507.

Rothwell, W. (2005). How brief is solution focused brief therapy? A comparative study. *Clinical Psychology and Psychotherapy*, 12(5), 402–405.

Rotter, J. B. (1967). A new scale for the measurement of interpersonal trust. *Journal of Personality*, 35(2), 651–665.

Rotter, J. B. (1977). *Interpersonal trust, trustworthiness and gullibility*. Presidential address presented at the meeting of the Eastern Psychological Association, Boston.

Rubinstein, S. & Caballero, B. (2000). Is Miss America an undernourished role model? *Journal of the American Medical Association*, 283(12), 1569.

Rudd, M. D. (1989). The prevalence of suicidal ideation among college students. *Suicide and Life-Threatening Behavior*, *19*, 173–183.

Russell, G. (1979). Bulimia nervosa: An ominous variant of anorexia nervosa. *Psychological Medicine*, *9*(3), 429–48.

Russell, T. & Madsen, D. H. (1985). *Marriage counseling report user's guide*. Champaign, IL: Institute for Personality and Ability Testing.

Rutter, M. & Taylor, E. R. (2002). *Child and adolescent psychiatry* (4th edition). Oxford: Blackwell.

Rutter, M. (1985). Resilience in the face of adversity, protective factors and resistance to psychiatric disorder. *British Journal of Psychiatry*, *147*, 598–611.

Rutter, M. (1972). Psychiatric disorder and intellectual impairment in childhood. *British Journal of Hospital Medicine*, *8*, 137–140.

Rutter, M., Tizard, J., & Whitmore. K. (Eds.) (1970). *Education, health, and behavior*. London: Longmans.

Ryff, C. D. (1989). Happiness is everything, or is it? Explorations on the meaning of psychological well-being. *Journal of Personality and Social Psychology*, *57*(6), 1069–1081.

Ryff, C. D. (1995). Psychological well-being in adult life. *Current Directions in Psychological Science*, *4*, 99–104.

Safran, J. D. & Segal, Z. V. (1990). *Interpersonal process in cognitive therapy*. New York: Basic Books.

Sakolske, D. H. & Janzen, H. L. (1987). Dependency. In A. Thomas & J. Grimes (Eds.), *Children's needs: Psychological perspectives* (pp. 157–166). Washington, DC: The National Association of School Psychologists.

Salkovskis, P. M. (1997). Obsessive-compulsive disorder. In D. M. Clark & C. G. Fairburn (Eds.), *Science and practice of cognitive behavior therapy*. Oxford: Oxford University Press.

Sallee, A. L. & Levine, E. S. (1992). *Listen to our children: Clinical theory and practice* (revised). Dubuque: Kendall Hunt Publishing Company.

Salovey, P. & Mayer, J. D. (1990). Emotional intelligence. *Imagination, Cognition, and Personality*, *9*, 185–211.

Sanavio, E. (1988). Obsessions and compulsions: The Padua Inventory. *Behaviour Research and Therapy*, *26*, 169-177.

Sapolsky, R. M. (2003). Gene therapy for psychiatric disorders. *American Journal of Psychiatry*, *44*, 454-458.

Sarason, I. G., Levine, H. M., Basham, R. B., & Sarason, B. R. (1983). Assessing social support: The Social Support Questionnaire. *Journal of Personality Social Psychology*, *44*, 127-130.

Schaefer, E. S. (1965). Children's reports of parental behavior: An inventory. *Child Development*, *36*, 413-424.

Schaefer, E. S. (1959). A circumplex model for maternal behavior. *Journal of Abnormal and Social Psyhology*, *59*, 226-235.

Schopler, E. & Reichler, J. (1980). Toward objective classification of childhood autism: Childhood Autism Rating Scale(C. A. R. S.). *Journal of Autism and Developmental Disorders*, *10*, 91-103.

Schwaetz, C. E., Wright, C. I., Skin, L. M., Kagan, J., & Rauch, S. L. (2003). Inhibited and uninhibited infants "grown up": Adult amygdala response to novelty. *Science*, *300*, 1952-1953.

Schwitzer, A. M., Rodriguez, L. E., Thomas, C., & Salimi, L. (2001). The eating disorders NOS diagnostic profile among college women. *Journal of American College Health*, *49*, 157-166.

Sensky, T., Turkington, D., Kingdon, D., Scott, J. L., Scott, J., Siddle, R., O'Carroll, M., & Barnes, T. R. E. (2000). A randomised controlled trial of cognitive behavioural therapy in schizophrenia resistant to medication. *Archives of General Psychiatry*, *57*, 165-172.

Shadish, W. R., Matt, G. E., Navarro, A. M., & Phillips, G. (2000). The effects of psychological therapies under clinically representative conditions: A meta-analysis. *Psychological Bulletin*, *126*, 512-529.

Shaffer, D., Gould, M. S., Brasic, J., Ambrosini, P., Fisher, P., Bird, H. et al. (1983). A Children's Global Assessment Scale (CGAS). *Archives of General Psychiatry*, *40*(11), 1228-1231.

Shafran, R. & Mansell, W. (2001). Perfectionism psychopathology: A review of research and treatment. *Clinical Psychology Review*, 21, 879-906.

Shakil, A., Smith, D., Sinacore, J., & Krepcho, M. (2005). Validation of the HITS domestic violence screening tool with males. *Family Medicine*, 37(3), 193-198.

Shapira, N. A., Lessig, M. C., Goldsmith, T. D., Szabo, S. T., Lazoritz, M., Gold, M. S., & Stein, J. D. (2003). Problematic internet use: Proposed classification and diagnostic criteria. *Depression and Anxiety*, 17, 207-216.

Sharma, A. R., McGue, M. K., & Benson, P. L. (1998). The psychological adjustment of United State adopted adolescents and their nonadopted sibling. *Child Development*, 69, 791-802.

Shaw, B. F., Elkin, I., Yamaguchi, J., Olmsted, M., Vallis, T. M., Dobson, K. S. et al. (1999). Therapist competency ratings in relation to clinical outcome in cognitive therapy of depression. *Journal of Consulting and Clinical Psychology*, 67, 837-846

Shaw, D. S., Winslow, E. E., & Flanagan, C. (1999). A prospective study of the effects of martial status and family relations on young children's adjustment among African American and European American families. *Child Development*, 70, 742-755.

Sheehan, D. V. & Mao, C. G. (2003). Paroxetine treatment of generalized anxiety disorder. *Psychopharmacology Bulletin*, 37(Suppl 1), 64-75.

Sherin, K., Sinacore, J., Li, X., Zitter, R., & Shakil, A. (1998). HITS: A short domestic violence screening tool for use in a family practice setting. *Clinical Research and Methods*, 30(7), 508-512.

Siegel, D. J. (1999). *The developing mind: Toward a neurobiology of interpersonal experience*. New York: base of text Guilford.

Sinacore-Guinn, A. L. (1995). The Diagnostic Window: Culture-and Gender-Sensitive Diagnosis and Training. *Counselor Education and Supervision*, 35(1), 18-31.

Skegg, K. (2005), Self harm. *Lancet*, 366, 1471-1483.

Skoog, G. & Skoog, I. (1999). A 40 year follow-up of patients with obsessive-compulsive disorder. *Archives of General Psychiatry*, 56, 121-127.

Smith, M. L. & Glass, G. V. (1977). Meta-analysis of psychotherapy outcome studies. *American Psychologist*, 32, 752–760.

Smith, M. L., Glass, G. V., & Miller, T. I. (1980). *The benefits of psychotherapy*. Baltimore: Johns Hopkins University Press.

Smith, K. A., Morris, J. S., & Friston, K. J. (1999). Brain mechanisms associated with depressive relapse and associated cognitive impairment following acute tryptophan depletion. *British Journal of Psychiatry*, 176, 72–75.

Smith, T. W. (1990). Academic achievement and teaching younger siblings. *Social Psychology Quarterly*, 53, 352–363.

Snaith, R. P., Baugh, S. J., Clayden, A. D., Husain, A., & Sipple, M. A. (1982). The Clinical Anxiety Scale: An instrument derived from the Hamilton Anxiety Scale. *British Journal of Psychiatry*, 141, 518–523.

Snyder, D. K. (1981). *Martial Satisfaction Inventory* (MSI). Los Angeles: Western Psychological Services.

Solomon, M. A. (1973). A developmental, conceptual premise for family therapy. *Family Process*, 12, 179–188.

Spanier, G. B. (1976). Measuring dyadic adjustment: New scales for assessing the quality of marriage and similar dyads. *Journal of Marriage and the Family*, 38, 15–28.

Spiegler, M. D. & Guevremont, D. C. (2003). *Contemporary behavior therapy* (4th ed.). CA: Belmont, Wadsworth.

Spielberger, C. D., Barker, L. R., Russell, S. F., Crane, R. S., Westberry, L. G., Knight, J., & Marks, E. (1979). *The Preliminary Manual for the State-Trait Personality Inventory*. University of South Florida. Typescript.

Spitz, R. L. (1946). Anaditic depression. *Psychoanalytic Study of Child*, 2, 113–117.

Spitzer, R. L., Williams, J. B. W., & Gibbon, M. (1987). *Structured Clinical Interview for DSM -Ⅲ - R - Non - Patient Version* (SCID-NP 4/1/87). Biometrics Research Department, New York State.

Spitzer, R. L., Williams, J. B. W., Gibbon, M., & First, M. (1990).

Structured Clinical Interview for DSM -Ⅳ - R - Patient - Edition(SCID - P). Washington, DC: American Psychiatric Press.

Sroufe, L. A. (1997). Psychopathology as an outcome of development. *Development and Psychopathology*, 9, 251 - 268.

Stabler, B. (1984). *Children's drawings*. Chapel Hill, NC: Health Science Consortium.

Stein, M. B., Chartier, M. J., Hazen, A, L. et al. (1998). A direct-interview family study of generalized social phobia. *American Journal of Psychiatry*, 155, 90 - 97.

Stemberger, R. R. et al. (1995). Social phobia: An analysis of possible developmental factors. *Journal of Abnormal Psychology*, 194, 526 - 531.

Stevens, S. E., Hynan, M. T., & Allen, M. (2000). A metaanalysis of common factor and specific treatment effects across the outcome domains of the phase model of psychotherapy. *Clinical Psychology: Science and Practice*, 7, 273 - 290.

Stice, E. (2001). A prospective test of the dual-pathway model of bulimic pathology: Mediating effects of dieting and negative affect. *Journal of Abnormal Psychology*, 110, 124 - 135.

Stinnett, N. & DeFrain, J. (1985). *Secrets of strong families*. Boston: Little, Brown.

Stipek, D. (1998). Differences between Americans and Chinese in the circumstances evoking pride, shame, and guilt. *Journal of Cross-Cultural Psychology*, 29(5), 616 - 629.

Stone, D. R. & Nielsen, E. C. (1982). *Educational Psychology: The Development of Teaching Skills*. New York: Harper & Row.

Strassberg, Z., Dodge, K. A., Pettit, G. S., & Bates, J. E. (1994). Spanking in the home and children's subsequent aggression toward kindergarten peers. *Development and Psychopathology*, 6, 445 - 461.

Straus, M. A. (1979). Measuring intrafamily conflict and violence: Conflict tactics scale. *Journal of Marriage and Family*, 41, 75 - 88.

Straus, M. A., Hamby, S. L., Boney-McCoy, S., & Sugarman, D. B.

(1996). The Revised Conflict Tactics Scales (CTS2): Development and preliminary psychometric data. *Journal of Family Issues*, *17*(3), 283–316.

Straus, M. A., Gelles, R. J., & Steinmetz, S. (1980). *Behind closed doors: Violence in the American family*. Garden City, NY: Doubleday/Anchor.

Stricker, G. & Gold, J. R. (1999). The Rorschach: Towards a nomothetically based, idiographically applicable, configurational model. *Psychological Assessment*, *11*, 240–250.

Strober, M., Hanna, G., & McCracken, J. (1989). Bipolar illness. In C. Last & M. Hersen (Eds.), *Handbook of child psychiatric diagnosis*. New York: Wiley.

Stroebe, M. S. & Stroebe, W. (1993). The mortality of bereavement. In M. S. Stroebe & R. O. Hanson (Eds.), *Handbook of bereavement* (pp. 175–195). Cambridge: Cambridge University Press.

Stuart, R. B. (1983). *Couples' pre-counseling inventory, counselor's guide*. Champaign, IL: Research Press.

Suler, J. R. (2004). The online disinhibition effect. *CyberPsychology and Behavior*, *7*, 321–326.

Sullivan, H. S. (1953). *The interpersonal theory of psychiatry*. New York: Norton.

Sundberg, N. D. (1977). *Assessment of persons*. Englewood Cliffs, NJ: Prentice-Hall.

Swensen, C. H. (1968). Empirical evaluations of human figure drawings: 1957–1966. *Psychological Bulletin*, *70*(1), 20–44.

Taylor, R. M. & Morrison, L. P. (1984). *Taylor-Johnson temperament analysis manual*. Los Angeles: Psychological Publications.

Taylor, S. (1995). Assessment of obsession-compulsion: Reliability, validity, and sensitivity to treatment effects. *Clinical Psychology Reviews*, *15*, 261–296.

Thase, M. E. (1997). Cognitive-behavioral therapy for substance abuse disorders. In Leah J. Dickstein, Michelle B. Riba, & John M. Oldham(Eds.), *American Psychiatric Press Review of psychiatry*, vol. 16. Washington, DC.

The McKnight Investigators (2003). Risk factors for the onset of eating disorders in adolescent girls: Results of the McKnight Longitudinal Rink Factor Study. *American Journal of Psychiatry*, 160, 248-254.

Tilfors, M., Furmark, T., Marteinsdottir, I. et al. (2001). Cerebral blood flow during anticipation of public speaking in social phobia: A PET study. *Biological Psychiatry*, 52, 1113-1119.

Tiwari, A., Fong, D. Y., Chan, K. L. et al. (2007). Identifying intimate partner violence: Comparing the Chinese abuse assessment screen with the Chinese revised conflict tactics scales. *BJOG: An International Journal of Obstetrics and Gynaecology*, 114(9), 1065-1071

Tobin, S. (1985). Lacks and shortcomings in Gestalt therapy. *The Gestalt Journal*, 8, 65-71.

Turner, S. M., Beidel, D. C., Dancu, C. V., & Stanley, M. A. (1989). An empirically derived inventory to measure social fears and anxiety: The Social Phobia and Anxiety Inventory. *Psychological Assessment: A Journal of Consulting and Clinical Psychology*, 1, 35-40.

USDHHS(U. S. Department of Health and Human Services) (1999). *Mental health: A report of the surgeon general*. Rockville, MD: U. S. Department of Health and Human Services, Substance Abuse and Mental Health Services Administration, Center for Mental Health Services, National Institute of Health, National Institute of Mental Health.

USDHHS(U. S. Department of Health and Human Services) (2000). *Healthy people 2010*. Sudbury, MA: Jones and Bartlett.

Vaillant, C. O. & Vaillant, G. E. (1993). Is the U-cure of Marital Satisfaction an Illusion? A 40-year study of Marriage. *National Council on Family Relations*, 55(1), 230-239.

Verberne, T. J. P. (2001). A developmental model of vulnerability to suicide: Consistency with some recurrent findings. *Psychological Reports*, 89, 6-21.

Viken, R. J., Treat, T. A., Nosofsky, R. M., McFall, R. M., & Palmeri, T. J. (2002). Modeling individual differences in perceptual and attentional processes related to bulimic symptoms. *Journal of Abnormal*

Psychology, 111, 598 - 609.

Wagner, W. G. (1994). Counseling with children: An opportunity for tomorrow. *The Counseling Psychologist*, 22(3), 381 - 401.

Wagner, W. G. (1996). Optinal development in adolescence: What is and how it can be encouraged. *The Counseling Psychologist*, 24(3), 360 - 399.

Wakshclag, L. S. & Hans, S. L. (1999). Relation of maternal responsiveness during infancy to the development of behavior problems in high-risk youths. *Development Psychology*, 35, 569 - 579.

Wallerstein, J. S. & Lewis, J. (1998). The long-term impact of divorce on children: A first report from a 25-year study. *Family and Conciliation Courts Review*, 36, 363 - 383.

Wallerstein, J. S. & Kelly, J. B. (1980). *Surviving the break up: How children and parents cope with divorce.* New York: Basic Books.

Walsh, F. (1998). *Strengthening family resilience.* New York: Guilford Press.

Walsh, W. B. & Betz, N. E. (1990). *Test and Assessment.* New Jersey: Prentice Hall.

Walsh, W. B. (1990). Putting assessment in context. *The Counseling Psychologist*, 18, 262 - 265.

Wampold, B. E. (2001). *The great psychotherapy debate: Models, methods and findings.* Mahwah, NJ: Lawrence Erlbaum, Publishers.

Wampold, B. E., Mondin, G. W., Moody, M., Stich, F., Benson, K., & Ahn, H. (1997). A meta-analysis of outcome studies comparing bona fide psychotherapies: Empirically, "all must have prizes". *Psychological Bulletin*, 122, 203 - 215.

Wartik, N. (2001). Bullying: A serious business. *Child*, 78 - 84.

Warwar, S. & Greenberg, L. S. (2000). Advance in theories of change and counseling. In S. D. Brown & R. W. Lent (Eds.), *Handbook of counseling psychology* (3rd ed.) (pp. 571 - 600). New York: Wiley & Sons.

Watkins, C. E., Campbell, V. L., Nieberding, R., & Hallmark, R. (1995). Contemporary practice of psychological assessment by clinical psychologists. *Professional Psychology: Research and Practice*, 26, 54-60.

Watson, D. & Friend, R. (1969). Measurement of social-evaluative anxiety. *Journal of Counseling and Clinical Psychology*, 33, 448-457.

Watson, D., Clark, L. A., & Tellegen, A. (1988). Development and Validation of Brief Measures of Positive and Negative Affect-the Panas Scales. *Journal of Personality and Social Psychology*, 54, 1063-1070.

Watts, R. E., Trusty, J., & Lim, M. (1996). Characteristics of healthy families as a model of systemic social interest. *Canadian Journal of Adlerian Psychology*, 26(1), 1-12.

Wechsler, D. (1989). *Wechsler Preschool and Primary Scale of Intelligence-Revised*. San Antonio: Psychological Corporation.

Weich, S., Churchill, R., & Lewis, G. (2003). Dysfunctional attitudes and the common mental disorders in primary care. *Journal of Affective Disorders*, 75(3), 269-278.

Weiss, S. J., Ernst, A. A., Cham, E. et al. (2003). Development of a screen for ongoing intimate partner violence. *Violence and Victims*, 18(2), 131-141.

Weissman, A. N. & Beck, A. T. (1978). *Development and validation of the Dysfunctional Attitudes Scale*. Paper presented at the American Educational Research Association Annual Convention, Toronto, Canada.

Weisz, J. R., Suwanlertet, S., Chaiyasit, W., Weiss, B., Walter, B. R., & Anderson, W. W. (1988). Thai and American perspectives on over-and under-controlled child behavior problems: Exploring the threshold model among parents, teachers, and psychologists. *Journal of Consulting and Clinical Psychology*, 56, 601-609.

Wells, A. (1994). A multi-dimensional measure of worry: Development and preliminary validation of the anxious thoughts inventory. *Anxiety Stress Coping*, 6, 289-299.

Wells, A. (2005). The metacognitive model of GAD: Assessment of meta-worry and relationship with DSM-Ⅳ generalized anxiety disorder. *Cognitive Therapy and Research*, 29, 107-121.

Wells, K. B, Stewart, A., Haysm, R. D. et al. (1989). The functioning and well-being of depressed patients: Results from the medical outcomes study. *The Journal of the American Medical Association*, 262, 914-919.

Werner, E. E. (1992). The children of Kauai: Resiliency and recovery in adolescence and adulthood. *Journal of Adolescent Health*, 13, 262-268.

Werner, E. E. & Smith, R. S. (1982). *Vulnerable but not invincible: A longitudinal study of resilient children and youth*. New York: McGraw-Hill.

Werner, E. E. & Smith, R. S. (1992). *Overcoming the adds: High risk children from birth to adulthood*. Ithaca, NY: Cornell University Press.

Wetzler, S. & Marlowe, D. B. (1993). The diagnosis and assessment of depression, mania, and psychosis by self-report. *Journal of Personality Assessment*, 60(1), 1-31.

Whisman, M. A. (1993). Mediators and moderators of change in cognitive therapy of depression. *Psychological Bulletin*, 114, 248-265.

Whitaker, C. A. (1976). The technique of family therapy. In G. P. Sholevar (Ed.)(1977), *Changing sexual values and the family*. Springfield, Ill: Charles Thomas.

WHO (1989). *Schedules for Clinical Assessment in Neuropsychiatry (SCAN)*. Geneva: World Health Organisation.

WHO (1992). *SCAN (Schedules for Clinical Assessment in Neuropsychiatry)*. Geneva: World Health Organization.

WHO (2003). *Suicide rate*. http://www.who.int/mental_health/prevention/suicide/suiciderates/en/ Geneva: WHO.

Wilcoxon, S. A. (1985). Healthy family functioning: The other side of family pathology. *Journal of Counseling and Development*, 63, 495-499.

Williams, R. B., Marchuk, D. A., Gadde, K. M., Barefoot, J. C., Grichnik, K., Helms, M. et al. (2003). Serotonin-related gene polymorphisms and central nervous system Serotonin function. *Neuropsychopharmacology*, 28, 533-541.

Winerman, L. (2004). Panel stresses youth suicide prevention. *Monitor on Psychology*, 35, 18.

Wing, J. K., Beevor, A. S., Curtis, R. H., Park, S. B. G., Hadden,

S., & Burns, A. (1998). Health of the nation outcome scale (HoNOS): Research and development. *British Journal of Psychiatry*, 172, 11-18.

Wing, J. K., Cooper, J., & Sartorius, N. (1974). *Measurement and Classification of Psychiatric Symptoms*. New York: Cambridge University Press.

Wood, V., Wylie, M. L., & Sheafor, B. (1969). An analysis of a short self-report measure of life satisfaction: Correlation with rater judgment. *Journal of Gerontology*, 24(4), 465-469.

Woods, C. M., Vevea, J. L., Chambless, D. L., & Bayen, U. J. (2002). Are compulsive checkers impaired in memory? A meta-analytic review. *Clinical Psychology: Science and Practice*, 9, 353-366.

Worell, J. & Remer, P. (2003). *Feminist perspective in therapy: Empowering diverse women*. Hoboken, Wiley.

World Health Organization (1992). *The ICD-10 classification of mental and behavioral disorders: Clinical descriptions and diagnostic guidelines*. World Health Organization, Geneva.

Wright, J. H. (Ed.)(2004). *Cognitive-behavior therapy*. Washington, DC: American Psychiatric Publishing Inc.

Wright, J. H. & Thase, M. E. (1992). Cognitive and biological therapies: A synthesis. *Psychiatric Annuals*, 22, 451-458.

Wright, J. H., Beck, A. T., & Thase, M. E. (2003). Cognitive therapy. In R. E. Hales, S. C. Yudofsky, & J. A. Talbott(Eds.), *Textbook of clinical psychiatry* (pp. 1245-1284), Fourth edition. Washington, DC: American Psychiatric Publishing.

Wubbolding, R. (2000). *Reality therapy for the 21st century*. Philadelphia: Brunner-Routledge.

Yalom, I. D. (1980). *Existential psychotherapy*. New York: Basic Books.

Yau, J. & Smetana, J. G. (1996). Adolescent-parent conflict among Chinese adolescents in Hong Kong. *Child Development*, 67, 1262-1275.

Yontef, G. (1983). The self in Gestalt therapy: Reply to Tobin. *The Gestalt Journal*, 5, 55-70.

Young, E. A., McFatter, R., & Clopton, J. R. (2001). Family functioning, peer influence, and media influence as predictors of bulimic behavior. *Eating Behaviors*, *2*, 323–337.

Young, K. S. & Rodgers, R. C. (1998). *Internet addiction: Personality traits associated with its development*. Bradford Paper presented at the 69th annual meeting of the Eastern Psychological Association.

Young, K. S. (1996). Psychology of computer use: XI. Addictive use of the internet: A case that breaks the stereotype. *Psychological Reports*, *79*, 899–902.

Young, K. S. (1998). Internet addiction: The emergence of a new clinical disorder. *CyberPsychology and Behavior*, *1*, 237–244.

Young, K. S. (1999). Internet addiction: Symptoms, evaluation, and treatment. In L. VandeCreek & T. L. Jackson (Eds.), *Innovations in clinical practice: A source book* (Volume 17, pp. 19–32). Sarasota, FL: Professional Resource Press.

Young, K. S. (2005). An empirical examination of client attitudes towards online counseling. *CyberPsychology and Behavior*, *8*(2), 172–177.

Zilbach, J. J. (1989). The family life cycle: A framework for understanding children in family therapy. In L. Combrinck-Graham (Ed.), *Children in family contexts: Perspectives on treatment*. New York: Guilford Press.

Zimet, G. D., Dahlem, N. W., Zimet, S. G., & Farley, G. K. (1988). The multidimensional scale of perceived social support. *Journal of Personality Assessment*, *52*, 30–41.

Zimmerman, M. (2003). What should the standard of care for psychiatric diagnostic evaluations be? *Journal of Nervous and Mental Disease*, *191*, 281–286.

Zimmermann, P., Wittchen, H.-U., Hofler, M. et al. (2003). Primary anxiety disorders and the development of subsequent alcohol use disorders: A 4-year community study of adolescents and young adults. *Psychological Medicine*, *33*, 1211–1222.

Zinbarg, R. E. & Mohlman, J. (1998). Individual differences in the acquisition of affectively valenced associations. *Journal of Personality and Social Psychology*, 74(4), 1024–1040.

Zoellner, L. A. & Craske, M. G. (1999). Interoceptive accuracy and panic. *Behaviour Research and Therapy*, 37, 1141–1158.

Zung, W. W. (1971). A rating instrument for anxiety disorders. *Psychosomatics*, 12, 371–379.

图书在版编目(CIP)数据

心理评估与诊断/刘世宏,高湘萍,徐欣颖著.-上海:
上海教育出版社,2017.8(2025.8重印)
(心理咨询与治疗系列丛书/李丹,李正云主编)
ISBN 978-7-5444-7472-6

Ⅰ.①心… Ⅱ.①刘…②高…③徐… Ⅲ.①心理测验②心理诊断 Ⅳ.①B841.7②R44

中国版本图书馆 CIP 数据核字(2017)第 244852 号

责任编辑　谢冬华
封面设计　郑　艺

心理咨询与治疗系列丛书
李　丹　李正云　主编
心理评估与诊断
刘世宏　高湘萍　徐欣颖　著

出版发行　上海教育出版社有限公司
官　　网　www.seph.com.cn
地　　址　上海市闵行区号景路 159 弄 C 座
邮　　编　201101
印　　刷　启东市人民印刷有限公司
开　　本　700×1000　1/16　印张 30.75　插页 3
字　　数　470 千字
版　　次　2017 年 8 月第 1 版
印　　次　2025 年 8 月第 4 次印刷
书　　号　ISBN 978-7-5444-7472-6/B·0120
定　　价　68.00 元

如发现质量问题,读者可向本社调换　　电话:021-64373213